科学出版社“十三五”普通高等教育本科规划教材

# 电动力学

王友年　宋远红　编著

科学出版社
北京

## 内 容 简 介

本书是在作者近些年讲授电动力学课程的基础上编写的，系统阐述了电磁场的基本概念、基本理论和解决电磁场问题的基本方法. 本书共八章，包括矢量场分析、静电场、静磁场、电磁现象的普遍规律、电磁波的传播、电磁波的辐射、狭义相对论基础、运动带电粒子的电磁辐射. 书后附有习题答案.

本书可作为高等学校物理类及相关专业的电动力学课程的教材.

**图书在版编目(CIP)数据**

电动力学/王友年，宋远红编著. —北京：科学出版社，2020.1

科学出版社“十三五”普通高等教育本科规划教材

ISBN 978-7-03-064180-9

Ⅰ. ①电… Ⅱ. ①王… ②宋… Ⅲ. ①电动力学-高等学校-教材 Ⅳ. ①O442

中国版本图书馆 CIP 数据核字(2020)第 010220 号

责任编辑：窦京涛 崔慧娴 / 责任校对：彭珍珍
责任印制：赵 博 / 封面设计：迷底书装

科学出版社 出版
北京东黄城根北街 16 号
邮政编码：100717
http://www.sciencep.com

北京富资园科技发展有限公司印刷

科学出版社发行 各地新华书店经销

*

2020 年 1 月第 一 版 开本：720×1000 B5
2024 年 7 月第七次印刷 印张：17 1/2

字数：352 000

**定价：49.00 元**

# 前　言

电动力学是物理类及相关专业的一门重要的本科生专业基础课程，主要讨论电磁场理论和狭义相对论. 电磁场是物质的一种形式，它具有能量、动量和角动量，并有自身的运动规律. 当电磁场与带电体和电介质发生相互作用时，可以相互交换能量、动量和角动量，且遵从相应的守恒定律. 自 19 世纪 60 年代以来，电动力学作为一门学科得到了快速的发展，其中 1865 年麦克斯韦发表《电磁场的动力学理论》一文，总结出电磁场的普遍运动规律，并预言了电磁波的存在；1905 年爱因斯坦发表《论动体的电动力学》一文，创建了狭义相对论，并使电磁场理论在洛伦兹变换下具有协变性. 进入 20 世纪以来，等离子体、雷达探测、光纤通信、粒子加速器、核磁共振等技术的飞速发展，对电动力学提出新的课题，推动了电动力学的继续发展.

由于作者最近几年在为大连理工大学王大珩物理科学班讲授电动力学课程，所以本书是在作者授课的讲义基础之上经过反复修改、整理而成. 本书在编写过程中，有如下几点考虑：

(1) 在电动力学课程中，涉及大量的矢量分析，而物理专业的学生对矢量场分析并不是很熟悉. 为了使学生能够顺利地掌握电磁理论，本书在第 1 章专门介绍矢量场分析的基础知识，包括矢量的代数运算、矢量的微分运算、张量分析，以及曲面坐标系中的梯度、散度及旋度等.

(2) 为了便于学生接受，本书在内容安排上遵循先易后难、循序渐进的原则，并按照电磁理论产生、发展的先后顺序进行介绍，即先介绍静电场和静磁场，再介绍电磁现象的普遍规律. 在此基础上，进一步介绍电磁波的传播和辐射、狭义相对论基础及运动带电粒子的电磁辐射等.

(3) 本书在内容的选取和编排上做了如下两点尝试：①在不失课程内容的系统性和逻辑性的前提下，力争使内容简明扼要，删除一些不必要的内容，重点突出电磁场的基本概念、基本原理和解决电磁场问题的基本方法；②尽量使各章节的前后顺序合理、内容相互连贯及层次清晰.

(4) 在每章的后面分别增加了“本章小结”，除了对该章的内容进行归纳外，还对该章中的一些重要问题进行说明和强调. 此外，为了激发学生学习电动力学的兴趣，增强其对库仑、奥斯特、安培、法拉第、麦克斯韦、赫兹及爱因斯坦等物理学家对电磁场理论发展的贡献的了解，本书还在相关章节的后面增加了关于这些物理学家的简介.

(5) 本书在例题和习题的筛选上，力争做到少而精，不是放在题的量上和难度上，而是重在训练学生对电动力学基本概念和基本理论的掌握.

本书在编写过程中，参考了国内外一些电动力学的教材，借此机会，向这些教材的作者表示衷心感谢.

大连理工大学物理学院的徐立昕和孙昊两位教授对本书的初稿进行了仔细的阅读和推敲，并提出了很多宝贵的修改意见，特此致谢. 还要感谢苏子轩、黄佳伟、孙景毓等助课研究生对本书初稿和习题答案的校对.

最后，还要感谢科学出版社的领导及编辑窦京涛对本书出版给予的大力支持和帮助，感谢大连理工大学教材建设出版基金对本书出版的资助.

由于作者的学识水平有限，书中难免存在不足之处，恳请读者批评指正.

王友年　宋远红

2018 年 7 月于大连理工大学

# 目　录

# 第 1 章　矢量场分析

由于电场和磁场都是矢量场，因此本书将涉及大量的矢量场分析，包括矢量的代数运算、微分及积分. 除此之外，还要涉及一些张量场的分析. 熟练掌握和运用矢量和张量分析，是学好电动力学的前提和关键. 因此，本章将简要介绍有关矢量和张量分析的内容，重点放在它们的运算技巧方面.

## 1.1　矢量的代数运算

如果一个物理量既有大小，又有方向，那么这个物理量就是矢量，如电场、磁场和电流密度等都是矢量. 在三维欧氏空间中，可以把任意一个矢量 $\boldsymbol{A}$ 表示为

$$\boldsymbol{A}=\sum_{i=1}^{3}A_i\boldsymbol{e}_i \tag{1.1-1}$$

其中，$A_i(i=1,2,3)$ 为矢量 $\boldsymbol{A}$ 在三个坐标轴上的投影；$\boldsymbol{e}_i$ 是三个坐标轴上的单位矢量. 单位矢量 $\boldsymbol{e}_i$ 满足如下正交关系：

$$\boldsymbol{e}_i\cdot\boldsymbol{e}_j=\delta_{ij} \tag{1.1-2}$$

其中，$\delta_{ij}$ 是克罗内克符号，即

$$\delta_{ij}=\begin{cases}1 & (i=j)\\ 0 & (i\neq j)\end{cases} \tag{1.1-3}$$

矢量 $\boldsymbol{A}$ 的模为

$$|\boldsymbol{A}|=A=\sqrt{\sum_{i=1}^{3}A_i^2} \tag{1.1-4}$$

下面介绍矢量的代数运算.

**(1) 矢量加减法.** 对任意两个矢量 $\boldsymbol{A}$ 和 $\boldsymbol{B}$ 进行相加或相减，其结果仍为一个矢量

$$\boldsymbol{A}\pm\boldsymbol{B}=\sum_{i=1}^{3}(A_i\pm B_i)\boldsymbol{e}_i \tag{1.1-5}$$

且 $\boldsymbol{A}$ 和 $\boldsymbol{B}$ 对应的分量直接进行相加或相减.

**(2) 矢量的点积**. 任意两个矢量 $\boldsymbol{A}$ 和 $\boldsymbol{B}$ 的点积为一个标量，其定义为

$$\boldsymbol{A}\cdot\boldsymbol{B}=\sum_{i=1}^{3}A_iB_i=AB\cos\theta \tag{1.1-6}$$

其中，$\theta$ 为两个矢量的夹角. 根据上面的定义式，显然有

$$\boldsymbol{A}\cdot\boldsymbol{A}=A^2 \tag{1.1-7}$$

$$\boldsymbol{A}\cdot\boldsymbol{B}=\boldsymbol{B}\cdot\boldsymbol{A} \tag{1.1-8}$$

$$\boldsymbol{A}\cdot(\boldsymbol{B}+\boldsymbol{C})=\boldsymbol{A}\cdot\boldsymbol{B}+\boldsymbol{A}\cdot\boldsymbol{C} \tag{1.1-9}$$

其中，$\boldsymbol{C}$ 也是一个三维矢量.

**(3) 矢量的叉积**. 任意两个矢量 $\boldsymbol{A}$ 和 $\boldsymbol{B}$ 的叉积为一个矢量，其定义为

$$\boldsymbol{A}\times\boldsymbol{B}=AB\sin\theta\boldsymbol{e}_n \tag{1.1-10}$$

其中，$\boldsymbol{e}_n$ 是一个单位矢量，其方向垂直于矢量 $\boldsymbol{A}$ 和 $\boldsymbol{B}$ 构成的平面，与 $\boldsymbol{A}$ 和 $\boldsymbol{B}$ 成右手螺旋关系. 也可以把两个矢量的叉积写成如下形式：

$$\begin{aligned}\boldsymbol{A}\times\boldsymbol{B}&=(A_2B_3-A_3B_2)\boldsymbol{e}_1+(A_3B_1-A_1B_3)\boldsymbol{e}_2+(A_1B_2-A_2B_1)\boldsymbol{e}_3\\&=\begin{vmatrix}\boldsymbol{e}_1&\boldsymbol{e}_2&\boldsymbol{e}_3\\A_1&A_2&A_3\\B_1&B_2&B_3\end{vmatrix}\end{aligned} \tag{1.1-11}$$

显然有

$$\boldsymbol{A}\times\boldsymbol{A}=0 \tag{1.1-12}$$

$$\boldsymbol{A}\times\boldsymbol{B}=-\boldsymbol{B}\times\boldsymbol{A} \tag{1.1-13}$$

$$\boldsymbol{A}\times(\boldsymbol{B}+\boldsymbol{C})=\boldsymbol{A}\times\boldsymbol{B}+\boldsymbol{A}\times\boldsymbol{C} \tag{1.1-14}$$

**(4) 矢量的三重积**.

(a) 三个矢量的混合积为一个标量，其定义为

$$\boldsymbol{A}\cdot(\boldsymbol{B}\times\boldsymbol{C})=|\boldsymbol{A}|\cdot|\boldsymbol{B}\times\boldsymbol{C}|\cos\theta \tag{1.1-15}$$

其中，$\theta$ 是矢量 $\boldsymbol{A}$ 与矢量 $\boldsymbol{B}\times\boldsymbol{C}$ 的夹角. 利用式(1.1-11)，可以把三个矢量的混合积表示为

$$\boldsymbol{A}\cdot(\boldsymbol{B}\times\boldsymbol{C})=\begin{vmatrix}A_1&A_2&A_3\\B_1&B_2&B_3\\C_1&C_2&C_3\end{vmatrix} \tag{1.1-16}$$

显然有

$$\boldsymbol{A}\cdot(\boldsymbol{B}\times\boldsymbol{C})=\boldsymbol{B}\cdot(\boldsymbol{C}\times\boldsymbol{A})=\boldsymbol{C}\cdot(\boldsymbol{A}\times\boldsymbol{B}) \tag{1.1-17}$$

即三个矢量按顺序轮换，其混合积不变.

(b)三个矢量的矢积为一个矢量，其定义为

$$\boldsymbol{A}\times(\boldsymbol{B}\times\boldsymbol{C})=\boldsymbol{B}(\boldsymbol{A}\cdot\boldsymbol{C})-\boldsymbol{C}(\boldsymbol{A}\cdot\boldsymbol{B}) \tag{1.1-18}$$

可见，把上式左端括号外的矢量与括号内较远的矢量点积，所得的项为正；反之，与括号内较近的矢量点积，所得的项为负.

## 1.2　矢量的微分运算

在一般情况下，电场和磁场等物理量都随空间坐标变化. 为了描述这些物理量在空间中的变化行为，要涉及对它们的空间微分. 本节将介绍梯度、散度、旋度和常用的微分公式，以及矢量场的积分定理.

1. 标量的梯度

在三维正交坐标系中，标量函数 $f$ 的梯度 $\nabla f$ 为

$$\nabla f=\sum_{i=1}^{3}\frac{\partial f}{\partial s_i}\boldsymbol{e}_i \tag{1.2-1}$$

其中，$\partial s_i$ 为沿着三个坐标方向的线元. 在直角坐标系中，$s_1=x,\ s_2=y,\ s_3=z$，函数 $f$ 的梯度为

$$\nabla f=\frac{\partial f}{\partial x}\boldsymbol{e}_x+\frac{\partial f}{\partial y}\boldsymbol{e}_y+\frac{\partial f}{\partial z}\boldsymbol{e}_z \tag{1.2-2}$$

特别是当 $f=r$ 时，有

$$\nabla r=\frac{\boldsymbol{r}}{r} \tag{1.2-3}$$

其中，$\boldsymbol{r}=x\boldsymbol{e}_x+y\boldsymbol{e}_y+z\boldsymbol{e}_z$ 为位置矢量；当 $f=\dfrac{1}{r}$ 时，有

$$\nabla\left(\frac{1}{r}\right)=-\frac{\boldsymbol{r}}{r^3} \tag{1.2-4}$$

式(1.2-3)及式(1.2-4)在本书后续章节中将被用到.

2. 矢量的散度

考虑一个被闭合曲面 $S$ 包围的区域，其体积为 $\nabla V$，则矢量函数 $\boldsymbol{A}$ 的散度定义为

$$\nabla\cdot\boldsymbol{A}=\lim_{\Delta V\to 0}\frac{\oint_S \boldsymbol{A}\cdot\mathrm{d}\boldsymbol{S}}{\Delta V} \tag{1.2-5}$$

其中，$\oint_S \boldsymbol{A}\cdot\mathrm{d}\boldsymbol{S}$ 为矢量 $\boldsymbol{A}$ 穿过闭合曲面的通量. 在三维直角坐标系中，取这个体积元为一个正六面体，即 $\Delta V = \Delta x\Delta y\Delta z$，可以得到散度的表示式为

$$\nabla\cdot\boldsymbol{A} = \frac{\partial A_x}{\partial x} + \frac{\partial A_y}{\partial y} + \frac{\partial A_z}{\partial z} \tag{1.2-6}$$

根据式(1.2-6)，很容易证明，有

$$\nabla\cdot\boldsymbol{r} = 3 \tag{1.2-7}$$

在数学上，散度表示一个矢量在空间某点向外或向内的发散程度，如图 1-1 所示. 在物理上，散度表示一个物理场的有源性. 如果一个物理场的散度不为零，则表明这个物理场是有源的，如由电荷分布产生的静电场.

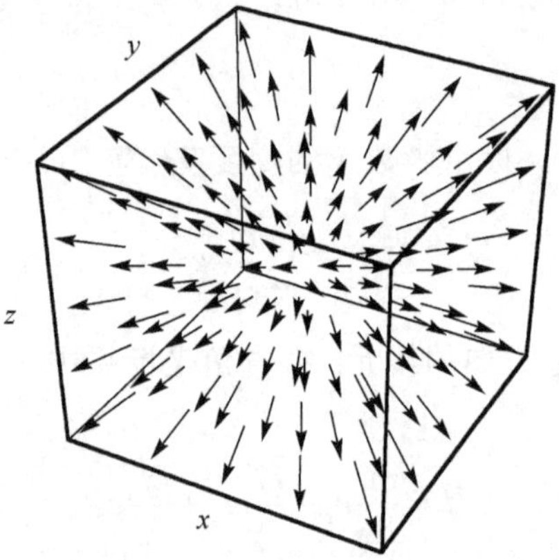


图 1-1

对一个标量函数 $f$ 的梯度 $\nabla f$ 再取散度，有

$$\nabla\cdot(\nabla f) \equiv \nabla^2 f \tag{1.2-8}$$

其中，$\nabla^2$ 为拉普拉斯算子. 在直角坐标系中，拉普拉斯算子的表示式为

$$\nabla^2 = \frac{\partial^2}{\partial x^2} + \frac{\partial^2}{\partial y^2} + \frac{\partial^2}{\partial z^2} \tag{1.2-9}$$

在后面的章节中将看到，对于一个无源的静电场，标势 $f$ 满足拉普拉斯方程

$$\nabla^2 f = 0 \tag{1.2-10}$$

3. 矢量的旋度

考虑一个被闭合曲线 $L$ 包围的区域，其面积为 $\Delta S$，则矢量函数 $\boldsymbol{A}$ 的旋度定义为

$$(\nabla\times\boldsymbol{A})_n=\lim_{\Delta S\to 0}\frac{\oint_L \boldsymbol{A}\cdot\mathrm{d}\boldsymbol{L}}{\Delta S} \tag{1.2-11}$$

其中，$\boldsymbol{n}$ 为面元 $\Delta S$ 的法线方向；$\oint_L \boldsymbol{A}\cdot\mathrm{d}\boldsymbol{L}$ 为矢量 $\boldsymbol{A}$ 沿闭合曲线 $L$ 的环量. 在三维直角坐标系中旋度的表示式为

$$\nabla\times\boldsymbol{A}=\left(\frac{\partial A_z}{\partial y}-\frac{\partial A_y}{\partial z}\right)\boldsymbol{e}_x+\left(\frac{\partial A_x}{\partial z}-\frac{\partial A_z}{\partial x}\right)\boldsymbol{e}_y+\left(\frac{\partial A_y}{\partial x}-\frac{\partial A_x}{\partial y}\right)\boldsymbol{e}_z \tag{1.2-12}$$

称 $\nabla\times\boldsymbol{A}$ 为矢量 $\boldsymbol{A}$ 的旋度. 对于 $\boldsymbol{A}=\boldsymbol{r}$，显然有

$$\nabla\times\boldsymbol{r}=0 \tag{1.2-13}$$

在数学上，一个矢量的旋度表示该矢量场在空间某点的旋转程度，旋转的方向与矢量场的方向满足右手定则，如图 1-2 所示. 在物理上，如果一个物理量(矢量场)的旋度不为零，则表明该物理场是有旋的，如感应电场.

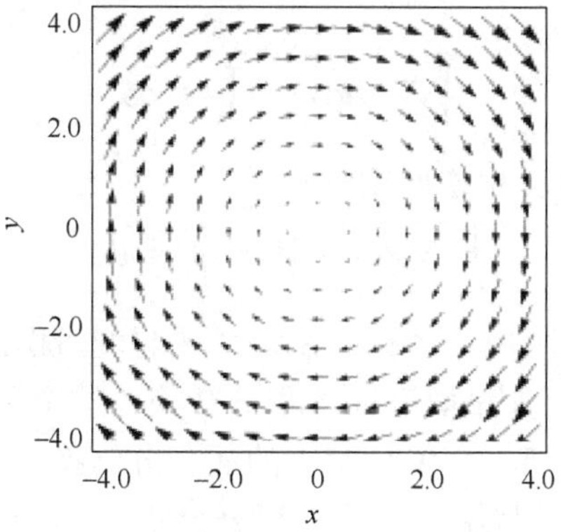


图 1-2

可以证明，对一个标量函数 $f$ 的梯度 $\nabla f$ 再取旋度，其结果为零

$$\nabla\times(\nabla f)=0 \tag{1.2-14}$$

由此表明，如果一个矢量场的旋度为零，则这个矢量场可以用一个标量场的梯度来表示. 同样还可以证明，对一个矢量场 $\boldsymbol{A}$ 的旋度 $\nabla\times\boldsymbol{A}$ 再取散度，其结果为零

$$\nabla\cdot(\nabla\times\boldsymbol{A})=0 \tag{1.2-15}$$

该式表明，如果一个矢量场的散度为零，则这个矢量场可以用另外一个矢量场的旋度来表示.

4. 常用的微分公式

根据上述梯度、散度及旋度的定义式，可以有如下常用的微分公式：

$$\nabla(fg) = f\nabla g + g\nabla f \tag{1.2-16}$$

$$\nabla\cdot(f\boldsymbol{A}) = f\nabla\cdot\boldsymbol{A} + \boldsymbol{A}\cdot\nabla f \tag{1.2-17}$$

$$\nabla\times(f\boldsymbol{A}) = \nabla f\times\boldsymbol{A} + f\nabla\times\boldsymbol{A} \tag{1.2-18}$$

$$\nabla(\boldsymbol{A}\cdot\boldsymbol{B}) = \boldsymbol{A}\times(\nabla\times\boldsymbol{B}) + \boldsymbol{B}\times(\nabla\times\boldsymbol{A}) + (\boldsymbol{A}\cdot\nabla)\boldsymbol{B} + (\boldsymbol{B}\cdot\nabla)\boldsymbol{A} \tag{1.2-19}$$

$$\nabla\cdot(\boldsymbol{A}\times\boldsymbol{B}) = (\nabla\times\boldsymbol{A})\cdot\boldsymbol{B} - \boldsymbol{A}\cdot(\nabla\times\boldsymbol{B}) \tag{1.2-20}$$

$$\nabla\times(\boldsymbol{A}\times\boldsymbol{B}) = (\boldsymbol{B}\cdot\nabla)\boldsymbol{A} + (\nabla\cdot\boldsymbol{B})\boldsymbol{A} - (\boldsymbol{A}\cdot\nabla)\boldsymbol{B} - (\nabla\cdot\boldsymbol{A})\boldsymbol{B} \tag{1.2-21}$$

$$\nabla^2\boldsymbol{A} = \nabla(\nabla\cdot\boldsymbol{A}) - \nabla\times(\nabla\times\boldsymbol{A}) \tag{1.2-22}$$

考虑到微分算子具有矢量性和微分性，同时利用梯度、散度及旋度的定义式(1.2-1)、(1.2-5)及(1.2-11)，可以直接证明上面的公式. 这里不再进行逐一证明.

5. 矢量场的积分定理

根据式(1.2-5)及式(1.2-11)，可以分别得到两个积分公式，即高斯 (Gauss)定理(又称散度定理)

$$\int_V \nabla\cdot\boldsymbol{A}\mathrm{d}V = \oint_S \boldsymbol{A}\cdot\mathrm{d}\boldsymbol{S} \tag{1.2-23}$$

和斯托克斯(Stokes)定理(又称旋度定理)

$$\int_S (\nabla\times\boldsymbol{A})\cdot\mathrm{d}\boldsymbol{S} = \oint_L \boldsymbol{A}\cdot\mathrm{d}\boldsymbol{L} \tag{1.2-24}$$

其中，$V$ 为所考虑的空间区域的体积；$S$ 为区域的表面积；$L$ 为边界上的闭合曲线. 根据高斯定理,可以把一个矢量散度的体积分转换为这个矢量穿过闭合曲面的通量；根据斯托克斯定理，可以把一个矢量旋度的面积分转换成这个矢量沿着闭合曲线的积分. 在电磁场理论中，经常用到这两个积分公式.

## 1.3 张 量 分 析

在电磁场理论中，不仅用到矢量，还要用到张量. 我们知道，对于三维空间中的一个矢量，它有 3 个分量，而对于三维空间中的张量，则有 9 个分量. 本节将简单介绍张量的代数运算及微分运算.

1. 并矢

并矢就是把两个矢量直接进行并列，不作点积或叉积运算，是一个简单的张量. 矢量 $\boldsymbol{A}$ 和 $\boldsymbol{B}$ 构成的并矢为

$$\boldsymbol{AB} = \sum_{i=1}^{3}\sum_{j=1}^{3} A_i B_j \boldsymbol{e}_i \boldsymbol{e}_j \tag{1.3-1}$$

其中，$A_iB_j$ 为并矢的 9 个分量；$\boldsymbol{e}_i\boldsymbol{e}_j$ 为两个单位矢量构成的并矢. 显然，在一般情况下，有 $\boldsymbol{AB}\neq\boldsymbol{BA}$.

并矢与一个矢量的点积是一个矢量，即

$$\begin{cases}(\boldsymbol{AB})\cdot\boldsymbol{C}=\boldsymbol{A}(\boldsymbol{B}\cdot\boldsymbol{C})\\ \boldsymbol{C}\cdot(\boldsymbol{AB})=(\boldsymbol{C}\cdot\boldsymbol{A})\boldsymbol{B}\end{cases}\tag{1.3-2}$$

显然有，$(\boldsymbol{AB})\cdot\boldsymbol{C}\neq\boldsymbol{C}\cdot(\boldsymbol{AB})$.

2. 张量

在三维空间中，可以把一个张量 $\overleftrightarrow{\boldsymbol{T}}$ 表示为

$$\overleftrightarrow{\boldsymbol{T}}=\sum_{i=1}^{3}\sum_{j=1}^{3}T_{ij}\boldsymbol{e}_i\boldsymbol{e}_j\tag{1.3-3}$$

其中，$T_{ij}$ 为该张量的 9 个分量，可以构成一个 $3\times3$ 的矩阵. 对 $T_{ij}$ 的两个下标进行交换，如果 $T_{ij}=T_{ji}$，则称该张量为对称张量；如果 $T_{ij}=-T_{ji}$，则称该张量为反对称张量. 当 $T_{ij}=\delta_{ij}$ 时，$\overleftrightarrow{\boldsymbol{T}}$ 变为一个单位张量

$$\overleftrightarrow{\boldsymbol{I}}=\sum_{i=1}^{3}\sum_{j=1}^{3}\delta_{ij}\boldsymbol{e}_i\boldsymbol{e}_j=\boldsymbol{e}_1\boldsymbol{e}_1+\boldsymbol{e}_2\boldsymbol{e}_2+\boldsymbol{e}_3\boldsymbol{e}_3\tag{1.3-4}$$

张量 $\overleftrightarrow{\boldsymbol{T}}$ 与矢量 $\boldsymbol{A}$ 点积后的结果为矢量

$$\begin{aligned}\overleftrightarrow{\boldsymbol{T}}\cdot\boldsymbol{A}&=\sum_{i,j=1}^{3}T_{ij}\boldsymbol{e}_i\boldsymbol{e}_j\cdot\sum_{k=1}^{3}A_k\boldsymbol{e}_k=\sum_{i,j,k=1}^{3}T_{ij}A_k\delta_{jk}\boldsymbol{e}_i\\&=\sum_{i,j=1}^{3}T_{ij}A_j\boldsymbol{e}_i=\sum_{i=1}^{3}\left(\sum_{j=1}^{3}T_{ij}A_j\right)\boldsymbol{e}_i\end{aligned}\tag{1.3-5}$$

$$\begin{aligned}\boldsymbol{A}\cdot\overleftrightarrow{\boldsymbol{T}}&=\sum_{k=1}^{3}A_k\boldsymbol{e}_k\cdot\sum_{i,j=1}^{3}T_{ij}\boldsymbol{e}_i\boldsymbol{e}_j=\sum_{i,j=1}^{3}A_iT_{ij}\boldsymbol{e}_j\\&=\sum_{j=1}^{3}\left(\sum_{i=1}^{3}A_iT_{ij}\right)\boldsymbol{e}_j=\sum_{i=1}^{3}\left(\sum_{j=1}^{3}T_{ji}A_j\right)\boldsymbol{e}_i\end{aligned}\tag{1.3-6}$$

可见，除非 $\overleftrightarrow{\boldsymbol{T}}$ 是一个对称张量，否则 $\overleftrightarrow{\boldsymbol{T}}\cdot\boldsymbol{A}\neq\boldsymbol{A}\cdot\overleftrightarrow{\boldsymbol{T}}$. 张量 $\overleftrightarrow{\boldsymbol{T}}$ 及张量 $\overleftrightarrow{\boldsymbol{W}}$ 的双点积定义为

$$\overleftrightarrow{\boldsymbol{T}}:\overleftrightarrow{\boldsymbol{W}}=\sum_{i=1}^{3}\sum_{j=1}^{3}T_{ij}W_{ji}\tag{1.3-7}$$

其结果为一个标量. 可以证明，单位张量 $\overleftrightarrow{\boldsymbol{I}}$ 与一个矢量 $\boldsymbol{A}$ 点乘的结果还是这个矢量自身，即

$$\overleftrightarrow{\boldsymbol{I}}\cdot\boldsymbol{A}=\boldsymbol{A}\cdot\overleftrightarrow{\boldsymbol{I}}=\boldsymbol{A} \tag{1.3-8}$$

下面介绍张量的微分运算. 微分算子点乘一个张量称为这个张量的散度，即

$$\nabla\cdot\overleftrightarrow{\boldsymbol{T}}=\frac{\partial}{\partial x}(\boldsymbol{e}_x\cdot\overleftrightarrow{\boldsymbol{T}})+\frac{\partial}{\partial y}(\boldsymbol{e}_y\cdot\overleftrightarrow{\boldsymbol{T}})+\frac{\partial}{\partial z}(\boldsymbol{e}_z\cdot\overleftrightarrow{\boldsymbol{T}}) \tag{1.3-9}$$

微分算子叉乘一个张量称为这个张量的旋度

$$\begin{aligned}\nabla\times\overleftrightarrow{\boldsymbol{T}}=&\boldsymbol{e}_x\left(\frac{\partial}{\partial y}(\boldsymbol{e}_z\cdot\overleftrightarrow{\boldsymbol{T}})-\frac{\partial}{\partial z}(\boldsymbol{e}_y\cdot\overleftrightarrow{\boldsymbol{T}})\right)+\boldsymbol{e}_y\left(\frac{\partial}{\partial z}(\boldsymbol{e}_x\cdot\overleftrightarrow{\boldsymbol{T}})-\frac{\partial}{\partial x}(\boldsymbol{e}_z\cdot\overleftrightarrow{\boldsymbol{T}})\right)\\&+\boldsymbol{e}_z\left(\frac{\partial}{\partial x}(\boldsymbol{e}_y\cdot\overleftrightarrow{\boldsymbol{T}})-\frac{\partial}{\partial y}(\boldsymbol{e}_x\cdot\overleftrightarrow{\boldsymbol{T}})\right)\end{aligned} \tag{1.3-10}$$

根据微分算子 $\nabla$ 的性质，有如下恒等式:

$$\nabla\cdot(\varphi\overleftrightarrow{\boldsymbol{T}})=\nabla\varphi\cdot\overleftrightarrow{\boldsymbol{T}}+\varphi\nabla\cdot\overleftrightarrow{\boldsymbol{T}} \tag{1.3-11}$$

与矢量的积分公式(1.2-23)和(1.2-24)相似，可以证明对于一个张量 $\overleftrightarrow{\boldsymbol{T}}$，也有如下积分公式:

$$\int_V\nabla\cdot\overleftrightarrow{\boldsymbol{T}}\mathrm{d}V=\oint_S\mathrm{d}\boldsymbol{S}\cdot\overleftrightarrow{\boldsymbol{T}} \tag{1.3-12}$$

$$\int_S\mathrm{d}\boldsymbol{S}\cdot(\nabla\times\overleftrightarrow{\boldsymbol{T}})=\oint_L\mathrm{d}\boldsymbol{L}\cdot\overleftrightarrow{\boldsymbol{T}} \tag{1.3-13}$$

这里需要注意，在一般情况下，$\mathrm{d}\boldsymbol{S}\cdot\overleftrightarrow{\boldsymbol{T}}\neq\overleftrightarrow{\boldsymbol{T}}\cdot\mathrm{d}\boldsymbol{S}$，$\mathrm{d}\boldsymbol{L}\cdot\overleftrightarrow{\boldsymbol{T}}\neq\overleftrightarrow{\boldsymbol{T}}\cdot\mathrm{d}\boldsymbol{L}$.

**例题 1.1** 计算微分 $\nabla\boldsymbol{r}$.

**解** 利用微分表示式，有

$$\begin{aligned}\nabla\boldsymbol{r}&=\left(\frac{\partial}{\partial x}\boldsymbol{e}_x+\frac{\partial}{\partial y}\boldsymbol{e}_y+\frac{\partial}{\partial z}\boldsymbol{e}_z\right)(x\boldsymbol{e}_x+y\boldsymbol{e}_y+z\boldsymbol{e}_z)\\&=\boldsymbol{e}_x\boldsymbol{e}_x+\boldsymbol{e}_y\boldsymbol{e}_y+\boldsymbol{e}_z\boldsymbol{e}_z\\&=\overleftrightarrow{\boldsymbol{I}}\end{aligned}$$

**例题 1.2** 计算 $\nabla\cdot(\boldsymbol{r}\boldsymbol{A})$，其中 $\boldsymbol{A}$ 为任意矢量，是 $\boldsymbol{r}$ 的函数.

**解** 按照微分法则，有

$$\begin{aligned}\nabla\cdot(\boldsymbol{r}\boldsymbol{A})&=\frac{\partial}{\partial x}(x\boldsymbol{A})+\frac{\partial}{\partial y}(y\boldsymbol{A})+\frac{\partial}{\partial z}(z\boldsymbol{A})\\&=\boldsymbol{A}+x\frac{\partial\boldsymbol{A}}{\partial x}+\boldsymbol{A}+y\frac{\partial\boldsymbol{A}}{\partial y}+\boldsymbol{A}+z\frac{\partial\boldsymbol{A}}{\partial z}\\&=3\boldsymbol{A}+(\boldsymbol{r}\cdot\nabla)\boldsymbol{A}\end{aligned}$$

作为特例 $\boldsymbol{A}=\boldsymbol{r}$，有

$$\nabla\cdot(\boldsymbol{rr})=3\boldsymbol{r}+\boldsymbol{r}\cdot\nabla\boldsymbol{r}=4\boldsymbol{r}$$

**例题 1.3**　计算 $\nabla\cdot(\boldsymbol{Ar})$，其中 $\boldsymbol{A}$ 为任意矢量，是 $\boldsymbol{r}$ 的函数.

**解**　按照微分法则，有

$$\begin{aligned}\nabla\cdot(\boldsymbol{Ar})&=\frac{\partial}{\partial x}(A_x\boldsymbol{r})+\frac{\partial}{\partial y}(A_y\boldsymbol{r})+\frac{\partial}{\partial z}(A_z\boldsymbol{r})\\&=\frac{\partial A_x}{\partial x}\boldsymbol{r}+A_x\boldsymbol{e}_x+\frac{\partial A_y}{\partial y}\boldsymbol{r}+A_y\boldsymbol{e}_y+\frac{\partial A_z}{\partial z}\boldsymbol{r}+A_z\boldsymbol{e}_z\\&=\boldsymbol{A}+(\nabla\cdot\boldsymbol{A})\boldsymbol{r}\end{aligned}$$

与例题 1.2 的结果进行比较，可见有 $\nabla\cdot(\boldsymbol{rA})\neq\nabla\cdot(\boldsymbol{Ar})$.

**例题 1.4**　计算 $\nabla\cdot(\boldsymbol{Arr})$，其中 $\boldsymbol{A}$ 为任意矢量，是 $\boldsymbol{r}$ 的函数.

**解**　按照微分法则，有

$$\begin{aligned}\nabla\cdot(\boldsymbol{Arr})&=\frac{\partial}{\partial x}(A_x\boldsymbol{rr})+\frac{\partial}{\partial y}(A_y\boldsymbol{rr})+\frac{\partial}{\partial z}(A_z\boldsymbol{rr})\\&=\frac{\partial A_x}{\partial x}\boldsymbol{rr}+A_x\boldsymbol{e}_x\boldsymbol{r}+A_x\boldsymbol{re}_x+\frac{\partial A_y}{\partial y}\boldsymbol{rr}+A_y\boldsymbol{e}_y\boldsymbol{r}+A_y\boldsymbol{re}_y+\frac{\partial A_z}{\partial z}\boldsymbol{rr}+A_z\boldsymbol{e}_z\boldsymbol{r}++A_z\boldsymbol{re}_z\\&=\boldsymbol{Ar}+\boldsymbol{rA}+(\nabla\cdot\boldsymbol{A})\boldsymbol{rr}\end{aligned}$$

我们将在第 3 章和第 6 章分别讨论磁多极展开和电磁波辐射时用到以上各题的计算结果.

## 1.4　曲面坐标系中的梯度、散度及旋度

在 1.2 节分别给出了在直角坐标系中梯度、散度及旋度的表示式. 在一些实际问题中，所遇到的区域并不是直角区域，而是柱状或球状区域. 本节将给出梯度、散度及旋度在柱坐标系和球坐标系中的表示式. 通常称这两种坐标系为曲面坐标系.

在一个正交曲面坐标系中，空间中任意一点的坐标为 $\{u_1,u_2,u_3\}$. 考虑一个正交曲面的六面体积元，它的三个边长(弧元) $\mathrm{d}s_i$ $(i=1,2,3)$、三个面元 $\mathrm{d}\sigma_i$ 及体积元 $\mathrm{d}V$ 分别为

$$\mathrm{d}s_1=h_1\mathrm{d}u_1,\quad \mathrm{d}s_2=h_2\mathrm{d}u_2,\quad \mathrm{d}s_3=h_3\mathrm{d}u_3 \tag{1.4-1}$$

$$\mathrm{d}\sigma_1=h_2h_3\mathrm{d}u_2\mathrm{d}u_3,\quad \mathrm{d}\sigma_2=h_3h_1\mathrm{d}u_3\mathrm{d}u_1,\quad \mathrm{d}\sigma_3=h_1h_2\mathrm{d}u_1\mathrm{d}u_2 \tag{1.4-2}$$

$$\mathrm{d}V=h_1h_2h_3\mathrm{d}u_1\mathrm{d}u_2\mathrm{d}u_3 \tag{1.4-3}$$

其中，系数 $h_i$ 一般是变量 $u_1$、$u_2$及$u_3$ 的函数. 对于球坐标系和柱坐标系，这些系数的表示式是不同的.

根据梯度、散度及旋度的原始定义式(1.2-1)、(1.2-5)及(1.2-11)，并利用上面的弧元、面元及体积元的表示式，可以得到曲面坐标系中梯度、散度及旋度的表示式为

$$\nabla f=\frac{1}{h_1}\frac{\partial f}{\partial u_1}\boldsymbol{e}_1+\frac{1}{h_2}\frac{\partial f}{\partial u_2}\boldsymbol{e}_2+\frac{1}{h_3}\frac{\partial f}{\partial u_3}\boldsymbol{e}_3 \tag{1.4-4}$$

$$\nabla\cdot\boldsymbol{A}=\frac{1}{h_1h_2h_3}\left[\frac{\partial}{\partial u_1}(h_2h_3A_1)+\frac{\partial}{\partial u_2}(h_3h_1A_2)+\frac{\partial}{\partial u_3}(h_1h_2A_3)\right] \tag{1.4-5}$$

$$\begin{aligned}\nabla\times\boldsymbol{A}=&\frac{1}{h_2h_3}\left[\frac{\partial}{\partial u_2}(h_3A_3)-\frac{\partial}{\partial u_3}(h_2A_2)\right]\boldsymbol{e}_1\\&+\frac{1}{h_3h_1}\left[\frac{\partial}{\partial u_3}(h_1A_1)-\frac{\partial}{\partial u_1}(h_3A_3)\right]\boldsymbol{e}_2\\&+\frac{1}{h_1h_2}\left[\frac{\partial}{\partial u_1}(h_2A_2)-\frac{\partial}{\partial u_2}(h_1A_1)\right]\boldsymbol{e}_3\end{aligned} \tag{1.4-6}$$

令 $\boldsymbol{A}=\nabla f$，并利用式(1.4-4)和式(1.4-5)，可以得到拉普拉斯(Laplace)算子 $\nabla^2$ 作用在标量函数上的表示式

$$\nabla^2 f=\frac{1}{h_1h_2h_3}\left[\frac{\partial}{\partial u_1}\left(\frac{h_2h_3}{h_1}\frac{\partial f}{\partial u_1}\right)+\frac{\partial}{\partial u_2}\left(\frac{h_3h_1}{h_2}\frac{\partial f}{\partial u_2}\right)+\frac{\partial}{\partial u_3}\left(\frac{h_1h_2}{h_3}\frac{\partial f}{\partial u_3}\right)\right] \tag{1.4-7}$$

下面分别对柱坐标系和球坐标系进行讨论.

1. 柱坐标系

在柱坐标系中，空间任意一点的位置可以用 $\rho$ 、$\phi$ 及 $z$ 三个变量来描述，即

$$u_1=\rho,\quad u_2=\phi,\quad u_3=z$$

见图 1-3. 它们与直角坐标系中三个坐标变量 $x$ 、$y$ 及 $z$ 的变换关系为

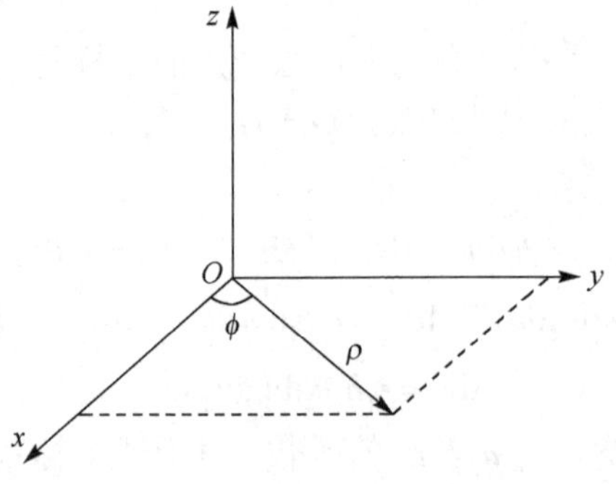


图 1-3

$$\begin{cases} x=\rho\cos\phi \\ y=\rho\sin\phi \\ z=z \end{cases} \tag{1.4-8}$$

在柱坐标系中可以把矢量 $\boldsymbol{A}$ 分解为

$$\boldsymbol{A}=A_\rho\boldsymbol{e}_\rho+A_\phi\boldsymbol{e}_\phi+A_z\boldsymbol{e}_z \tag{1.4-9}$$

其中，$\{\boldsymbol{e}_\rho,\boldsymbol{e}_\phi,\boldsymbol{e}_z\}$ 为柱坐标系中的三个单位矢量，它们与直角坐标系中的三个单位矢量 $\{\boldsymbol{e}_x,\boldsymbol{e}_y,\boldsymbol{e}_z\}$ 之间的变换关系为

$$\begin{cases} \boldsymbol{e}_\rho=\cos\phi\boldsymbol{e}_x+\sin\phi\boldsymbol{e}_y \\ \boldsymbol{e}_\phi=-\sin\phi\boldsymbol{e}_x+\cos\phi\boldsymbol{e}_y \\ \boldsymbol{e}_z=\boldsymbol{e}_z \end{cases} \tag{1.4-10}$$

或

$$\begin{cases} \boldsymbol{e}_x=\cos\phi\boldsymbol{e}_\rho-\sin\phi\boldsymbol{e}_\phi \\ \boldsymbol{e}_y=\sin\phi\boldsymbol{e}_\rho+\cos\phi\boldsymbol{e}_\phi \\ \boldsymbol{e}_z=\boldsymbol{e}_z \end{cases} \tag{1.4-11}$$

注意，与直角坐标系中的单位矢量一样，在柱坐标系中单位矢量 $\boldsymbol{e}_\rho$、$\boldsymbol{e}_\phi$ 及 $\boldsymbol{e}_z$ 也是相互正交的；但是在不同的空间位置，单位矢量 $\boldsymbol{e}_\rho$ 及 $\boldsymbol{e}_\phi$ 是变化的，这一点与直角坐标系不同.

在柱坐标系中，沿着三个坐标轴方向的弧元分别为

$$\mathrm{d}s_1=\mathrm{d}\rho,\ \ \mathrm{d}s_2=\rho\mathrm{d}\phi,\ \ \mathrm{d}s_3=\mathrm{d}z \tag{1.4-12}$$

由此可以给出系数 $h_i$ 为

$$h_1=1,\quad h_2=\rho,\quad h_3=1 \tag{1.4-13}$$

将这些系数分别代入式(1.4-4)～式(1.4-7)，可以得到柱坐标系中的梯度、散度、旋度及作用在标量函数上的拉普拉斯算子的表示式

$$\nabla f=\frac{\partial f}{\partial\rho}\boldsymbol{e}_\rho+\frac{1}{\rho}\frac{\partial f}{\partial\phi}\boldsymbol{e}_\phi+\frac{\partial f}{\partial z}\boldsymbol{e}_z \tag{1.4-14}$$

$$\nabla\cdot\boldsymbol{A}=\frac{1}{\rho}\frac{\partial}{\partial\rho}(\rho A_\rho)+\frac{1}{\rho}\frac{\partial A_\phi}{\partial\phi}+\frac{\partial A_z}{\partial z} \tag{1.4-15}$$

$$\nabla\times\boldsymbol{A}=\left(\frac{1}{\rho}\frac{\partial A_z}{\partial\phi}-\frac{\partial A_\phi}{\partial z}\right)\boldsymbol{e}_\rho+\left(\frac{\partial A_\rho}{\partial z}-\frac{\partial A_z}{\partial\rho}\right)\boldsymbol{e}_\phi+\left(\frac{1}{\rho}\frac{\partial}{\partial\rho}(\rho A_\phi)-\frac{1}{\rho}\frac{\partial A_\rho}{\partial\phi}\right)\boldsymbol{e}_z \tag{1.4-16}$$

$$\nabla^2 f = \frac{1}{\rho}\frac{\partial}{\partial\rho}\left(\rho\frac{\partial f}{\partial\rho}\right) + \frac{1}{\rho^2}\frac{\partial^2 f}{\partial\phi^2} + \frac{\partial^2 f}{\partial z^2} \tag{1.4-17}$$

利用式(1.2-22)及式(1.4-4)～式(1.4-7)，可以得到柱坐标系中拉普拉斯算子作用在一个矢量函数 $\boldsymbol{A}$ 上的表示式，其结果为

$$\nabla^2 \boldsymbol{A} = (\nabla^2 \boldsymbol{A})_\rho \boldsymbol{e}_\rho + (\nabla^2 \boldsymbol{A})_\phi \boldsymbol{e}_\phi + (\nabla^2 \boldsymbol{A})_z \boldsymbol{e}_z \tag{1.4-18}$$

其中

$$(\nabla^2 \boldsymbol{A})_\rho = \nabla^2 A_\rho - \frac{A_\rho}{\rho^2} - \frac{2}{\rho^2}\frac{\partial A_\phi}{\partial\phi} \tag{1.4-19}$$

$$(\nabla^2 \boldsymbol{A})_\phi = \nabla^2 A_\phi - \frac{A_\phi}{\rho^2} + \frac{2}{\rho^2}\frac{\partial A_\rho}{\partial\phi} \tag{1.4-20}$$

$$(\nabla^2 \boldsymbol{A})_z = \nabla^2 A_z \tag{1.4-21}$$

显然，对于这种曲面坐标系，有 $\nabla^2 \boldsymbol{A} \neq \nabla^2 A_\rho \boldsymbol{e}_\rho + \nabla^2 A_\phi \boldsymbol{e}_\phi + \nabla^2 A_z \boldsymbol{e}_z$，这不同于直角坐标系中的结果.

2. 球坐标系

在球坐标系中，空间任意一点的位置可以用 $r$ 、$\theta$ 及 $\phi$ 三个变量来描述，即

$$u_1 = r,\quad u_2 = \theta,\quad u_3 = \phi$$

见图 1-4. 它们与直角坐标系中三个坐标变量 $x$ 、$y$ 及 $z$ 的变换关系为

$$\begin{cases} x = r\sin\theta\cos\phi \\ y = r\sin\theta\sin\phi \\ z = r\cos\theta \end{cases} \tag{1.4-22}$$

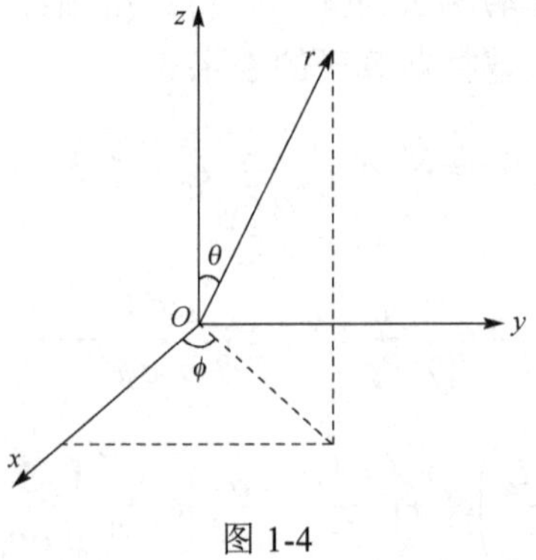


图 1-4

在球坐标系中可以把矢量 $\boldsymbol{A}$ 分解为

$$\boldsymbol{A} = A_r\boldsymbol{e}_r + A_\theta\boldsymbol{e}_\theta + A_\phi\boldsymbol{e}_\phi \tag{1.4-23}$$

其中，$\{\boldsymbol{e}_r,\boldsymbol{e}_\theta,\boldsymbol{e}_\phi\}$ 为球坐标系中的三个单位矢量，它们与直角坐标系中的三个单位矢量 $\{\boldsymbol{e}_x,\boldsymbol{e}_y,\boldsymbol{e}_z\}$ 之间的变换关系为

$$\begin{cases}\boldsymbol{e}_r=\sin\theta\cos\phi\boldsymbol{e}_x+\sin\theta\sin\phi\boldsymbol{e}_y+\cos\theta\boldsymbol{e}_z\\ \boldsymbol{e}_\theta=\cos\theta\cos\phi\boldsymbol{e}_x+\cos\theta\sin\phi\boldsymbol{e}_y-\sin\theta\boldsymbol{e}_z\\ \boldsymbol{e}_\phi=-\sin\phi\boldsymbol{e}_x+\cos\phi\boldsymbol{e}_y\end{cases} \tag{1.4-24}$$

或

$$\begin{cases}\boldsymbol{e}_x=\sin\theta\cos\phi\boldsymbol{e}_r+\cos\theta\cos\phi\boldsymbol{e}_\theta-\sin\phi\boldsymbol{e}_\phi\\ \boldsymbol{e}_y=\sin\theta\sin\phi\boldsymbol{e}_r+\cos\theta\sin\phi\boldsymbol{e}_\theta+\cos\phi\boldsymbol{e}_\phi\\ \boldsymbol{e}_z=\cos\theta\boldsymbol{e}_r-\sin\theta\boldsymbol{e}_\theta\end{cases} \tag{1.4-25}$$

在球坐标系中，沿着三个坐标轴方向的弧元分别为

$$\mathrm{d}s_1=\mathrm{d}r,\ \mathrm{d}s_2=r\mathrm{d}\theta,\ \mathrm{d}s_3=r\sin\theta\mathrm{d}\phi \tag{1.4-26}$$

对应的系数 $h_i$ 为

$$h_1=1,\quad h_2=r,\quad h_3=r\sin\theta \tag{1.4-27}$$

再根据式(1.4-4)～式(1.4-7)，可以得到球坐标系中的梯度、散度、旋度及作用在标量函数上的拉普拉斯算子的表示式

$$\nabla f=\frac{\partial f}{\partial r}\boldsymbol{e}_r+\frac{1}{r}\frac{\partial f}{\partial\theta}\boldsymbol{e}_\theta+\frac{1}{r\sin\theta}\frac{\partial f}{\partial\phi}\boldsymbol{e}_\phi \tag{1.4-28}$$

$$\nabla\cdot\boldsymbol{A}=\frac{1}{r^2}\frac{\partial}{\partial r}(r^2A_r)+\frac{1}{r\sin\theta}\frac{\partial}{\partial\theta}(\sin\theta A_\theta)+\frac{1}{r\sin\theta}\frac{\partial A_\phi}{\partial\phi} \tag{1.4-29}$$

$$\begin{aligned}\nabla\times\boldsymbol{A}=&\left[\frac{1}{r\sin\theta}\frac{\partial}{\partial\theta}(\sin\theta A_\phi)-\frac{1}{r\sin\theta}\frac{\partial A_\theta}{\partial\phi}\right]\boldsymbol{e}_r\\&+\left[\frac{1}{r\sin\theta}\frac{\partial A_r}{\partial\phi}-\frac{1}{r}\frac{\partial}{\partial r}(rA_\phi)\right]\boldsymbol{e}_\theta+\left[\frac{1}{r}\frac{\partial}{\partial r}(rA_\theta)-\frac{1}{r}\frac{\partial A_r}{\partial\theta}\right]\boldsymbol{e}_\phi\end{aligned} \tag{1.4-30}$$

$$\nabla^2 f=\frac{1}{r^2}\frac{\partial}{\partial r}\left(r^2\frac{\partial f}{\partial r}\right)+\frac{1}{r^2\sin\theta}\frac{\partial}{\partial\theta}\left(\sin\theta\frac{\partial f}{\partial\theta}\right)+\frac{1}{r^2\sin^2\theta}\frac{\partial^2 f}{\partial\phi^2} \tag{1.4-31}$$

同样可以得到拉普拉斯算子作用在一个矢量函数上的表示式

$$\nabla^2 \boldsymbol{A} = (\nabla^2 \boldsymbol{A})_r \boldsymbol{e}_r + (\nabla^2 \boldsymbol{A})_\theta \boldsymbol{e}_\theta + (\nabla^2 \boldsymbol{A})_\phi \boldsymbol{e}_\phi \tag{1.4-32}$$

其中

$$(\nabla^2 \boldsymbol{A})_r = \nabla^2 A_r - \frac{2A_r}{r^2} - \frac{2}{r^2 \sin\theta}\frac{\partial(\sin\theta A_\theta)}{\partial\theta} - \frac{2}{r^2\sin\theta}\frac{\partial A_\phi}{\partial\phi} \tag{1.4-33}$$

$$(\nabla^2 \boldsymbol{A})_\theta = \nabla^2 A_\theta + \frac{2}{r^2}\frac{\partial A_r}{\partial\theta} - \frac{A_\theta}{r^2\sin^2\theta} - \frac{2\cos\theta}{r^2\sin^2\theta}\frac{\partial A_\phi}{\partial\phi} \tag{1.4-34}$$

$$(\nabla^2 \boldsymbol{A})_\phi = \nabla^2 A_\phi - \frac{A_\phi}{r^2\sin^2\theta} + \frac{2}{r^2\sin\theta}\frac{\partial A_r}{\partial\phi} + \frac{2\cos\theta}{r^2\sin^2\theta}\frac{\partial A_\theta}{\partial\phi} \tag{1.4-35}$$

在第 5 章讨论电磁波的传播时，将会看到波电场的幅值 $\boldsymbol{E}(\boldsymbol{r})$ 满足如下亥姆霍兹方程：

$$\nabla^2 \boldsymbol{E} + k^2 \boldsymbol{E} = 0$$

其中，$k$ 是波数. 这里就出现了拉普拉斯算子作用在电场的幅值上，即 $\nabla^2 \boldsymbol{E}$ . 如果所考虑的区域的形状为球形或圆柱，尤其是在非球对称或非轴对称的情况下，亥姆霍兹方程的解将会很复杂.

## 本 章 小 结

矢量场分析是电动力学课程的数学基础. 在本课程的后续章节中，要大量用到矢量代数运算、矢量的微分和积分，甚至还要用到张量的代数运算、微分和积分. 此外，还要做如下几点说明：

(1) 在矢量的代数运算中，三个矢量的叉积运算是非常重要的. 在第 5 章、第 6 章和第 8 章讨论电磁波的传播及辐射时，多处用到三个矢量的叉积运算.

(2) 如果一个微分算子作用在两个甚至三个矢量场，既要注意它的矢量性，又要注意它的微分性，不能随意交换微分算子与矢量场的位置.

(3) 矢量场的散度定理和旋度定理也是两个非常重要的公式. 借助散度定理，可以把一个是矢量场散度的体积分转换为矢量场沿闭合曲面的面积分；借助于旋度定理，可以把一个矢量场旋度的面积分转换为矢量场沿闭合曲线的线积分. 在第 2 章和第 3 章将看到，静电场的高斯定理和静磁场的安培环路定理正是分别基于散度定理和旋度定理得到的.

(4) 在本课程的后续内容中，要遇到球形区域或柱形区域中的电磁场问题，因此要用到曲面坐标系的梯度、散度及旋度的表示式，以及拉普拉斯算子的表示式. 此外，还要用到直角坐标系与柱坐标系、球坐标系之间的单位矢量的转换关系式.

# 习　　题

1. 设 $\boldsymbol{r}$ 是三维坐标空间中的位置矢量，证明如下式子成立：

(1) $\nabla\cdot\left(\dfrac{\boldsymbol{r}}{r}\right)=\dfrac{2}{r}$；　　(2) $\nabla\cdot\left(\dfrac{\boldsymbol{r}}{r^3}\right)=0\quad(r\neq 0)$

2. 设矢量 $\boldsymbol{A}$ 和 $\boldsymbol{B}$ 都是位置矢量 $\boldsymbol{r}$ 的函数，证明有如下等式成立：

$$\nabla(\boldsymbol{A}\cdot\boldsymbol{B})=\boldsymbol{A}\times(\nabla\times\boldsymbol{B})+\boldsymbol{B}\times(\nabla\times\boldsymbol{A})+(\boldsymbol{A}\cdot\nabla)\boldsymbol{B}+(\boldsymbol{B}\cdot\nabla)\boldsymbol{A}$$

3. 设矢量 $\boldsymbol{A}$ 和 $\boldsymbol{B}$ 都是位置矢量 $\boldsymbol{r}$ 的函数，证明有如下等式成立：

$$\nabla\times(\boldsymbol{A}\times\boldsymbol{B})=(\boldsymbol{B}\cdot\nabla)\boldsymbol{A}+(\nabla\cdot\boldsymbol{B})\boldsymbol{A}-(\boldsymbol{A}\cdot\nabla)\boldsymbol{B}-(\nabla\cdot\boldsymbol{A})\boldsymbol{B}$$

4. 设 $\boldsymbol{p}$ 为一个常矢量，证明如下式子成立：

$$\nabla\left(\boldsymbol{p}\cdot\frac{\boldsymbol{r}}{r^3}\right)=-\left[\frac{3(\boldsymbol{p}\cdot\boldsymbol{r})\boldsymbol{r}}{r^5}-\frac{\boldsymbol{p}}{r^3}\right]$$

5. 设 $\boldsymbol{m}$ 为一个常矢量，证明如下式子成立：

$$\nabla\times\left(\frac{\boldsymbol{m}\times\boldsymbol{r}}{r^3}\right)=\left[\frac{3(\boldsymbol{m}\cdot\boldsymbol{r})\boldsymbol{r}}{r^5}-\frac{\boldsymbol{m}}{r^3}\right]$$

6. 设 $r$ 是三维坐标空间中位置矢量的大小，计算如下式子：

(1) $\nabla\nabla r$；　　(2) $\nabla\nabla\left(\dfrac{1}{r}\right)$

# 第 2 章　静　电　场

本章将从静电学的实验定律，即从库仑定律出发，引入静电场和静电势的概念，并建立静电场和静电势所遵从的偏微分方程，讨论介质的极化效应对静电场的影响以及静电场的边值关系. 在此基础上，进一步讨论静电场的唯一性定理，并介绍计算静电场(电势)的不同方法，其中包括分离变量法、电像法、格林函数法及电多极展开法. 此外，还介绍静电能以及小带电体在外电场中的能量.

## 2.1　真空中的静电场

### 1. 库仑定律

1785 年，法国物理学家库仑(Coulomb)利用自己发明的扭秤对两个静止点电荷之间的相互作用力进行了精密测量，发现这种相互作用力有如下性质：

(1) 该力与每个点电荷的电量成正比；

(2) 该力与两个点电荷的距离平方成反比；

(3) 该力的方向沿着两个电荷的连线方向；

(4) 如果它们为异号电荷，则为吸引力；反之，为排斥力.

对于两个电量分别为 $Q$ 和 $Q'$ 的静止点电荷，它们距坐标原点的位置矢量分别为 $\boldsymbol{r}$ 和 $\boldsymbol{r}'$. 根据库仑定律，它们之间的相互作用力为

$$\boldsymbol{F}=\frac{1}{4\pi\varepsilon_0}\frac{QQ'}{\left|\boldsymbol{r}-\boldsymbol{r}'\right|^2}\boldsymbol{e}_{r-r'} \tag{2.1-1}$$

其中

$$\boldsymbol{e}_{r-r'}=\frac{\boldsymbol{r}-\boldsymbol{r}'}{\left|\boldsymbol{r}-\boldsymbol{r}'\right|} \tag{2.1-2}$$

$\boldsymbol{e}_{r-r'}$ 为单位矢量，$\varepsilon_0$ 是真空介电常数或真空电容率. 在国际单位制中，有 $\varepsilon_0=8.85\times10^{-12}\ \mathrm{F/m}$. 实验已经表明：小到原子核内部($10^{-17}$ m)，大到宇宙空间($10^7$ m)，库仑定律都成立.

库仑定律是电磁学发展史上的第一个定量规律，也是电磁学的基本定律之一. 在如下讨论中，我们将根据库仑定律引出静电场的概念，进而对静电场的性质进行讨论，如静电场的散度和旋度.

2. 静电场

库仑定律只是从实验现象上给出了两个点电荷之间相互作用力的大小和方向，并没有对这种相互作用力的物理本质进行解释. 早期人们认为这种作用力是一种超距离的作用力，即一个电荷可以直接作用在另外一个电荷上，无须借助于任何介质. 现在普遍被接受的观点是：在点电荷周围的空间内存在着一种特殊的物质，即电场，两个点电荷之间的相互作用力就是通过这种电场来传递的.

假设一个电量为 $Q'$ 的静止点电荷，位于 $\boldsymbol{r}'$ 处，则在它的周围存在一个电场 $\boldsymbol{E}$. 如果有另外一个带电量为 $Q$ 的点电荷(称试探电荷)位于电场中的某点 $\boldsymbol{r}$，则它受到的电场力为

$$\boldsymbol{F}=Q\boldsymbol{E}(\boldsymbol{r}) \tag{2.1-3}$$

比较式(2.1-1)与式(2.1-3)，可以得出点电荷 $Q'$ 产生的电场为

$$\boldsymbol{E}=\frac{1}{4\pi\varepsilon_0}\frac{Q'}{\left|\boldsymbol{r}-\boldsymbol{r}'\right|^2}\boldsymbol{e}_{r-r'} \tag{2.1-4}$$

这就是一个静止的点电荷产生的电场.

静电场满足叠加性原理，即对于多个静止的点电荷在空间某点产生的总电场等于每个点电荷在该点产生的电场之和. 假设有 $N$ 个点电荷 $Q_i'$ $(i=1,2,3,\cdots,N)$，分别位于 $\boldsymbol{r}_i'$ 点，则这些点电荷在空间某点 $\boldsymbol{r}$ 处产生的总电场为

$$\boldsymbol{E}=\sum_{i=1}\frac{1}{4\pi\varepsilon_0}\frac{Q_i'}{\left|\boldsymbol{r}-\boldsymbol{r}_i'\right|^2}\boldsymbol{e}_{r-r_i'} \tag{2.1-5}$$

叠加原理表明：每个点电荷产生的电场是相互独立的，与其他电荷的存在无关.

考虑一个带电体的电荷分布是连续的，设电荷密度为 $\rho(\boldsymbol{r}')$，体积为 $V$，见图 2-1. 在这个带电体中取一个小体积元 $\mathrm{d}V'=\mathrm{d}x'\mathrm{d}y'\mathrm{d}z'$，与这个小体积元对应的电量为 $\mathrm{d}Q'=\rho(\boldsymbol{r}')\mathrm{d}V'$. 根据叠加性原理，则这个带电体在空间某点 $P$ 处产生的电场为

$$\boldsymbol{E}(\boldsymbol{r})=\frac{1}{4\pi\varepsilon_0}\int_V\frac{\rho(\boldsymbol{r}')\boldsymbol{e}_{r-r'}}{\left|\boldsymbol{r}-\boldsymbol{r}'\right|^2}\mathrm{d}V' \tag{2.1-6}$$

式中的积分遍及电荷分布的区域.

如果电荷分布在一个面积 $S$ 上，对应的面电荷分布为 $\sigma(\boldsymbol{r}')$，则与面元 $\mathrm{d}S'$ 对应的电量为 $\mathrm{d}Q'=\sigma(\boldsymbol{r}')\mathrm{d}S'$. 这样，面电荷在观察点 $\boldsymbol{r}$ 处产生的电场为

$$\boldsymbol{E}(\boldsymbol{r})=\frac{1}{4\pi\varepsilon_0}\int_S\frac{\sigma(\boldsymbol{r}')\boldsymbol{e}_{r-r'}}{\left|\boldsymbol{r}-\boldsymbol{r}'\right|^2}\mathrm{d}S' \tag{2.1-7}$$

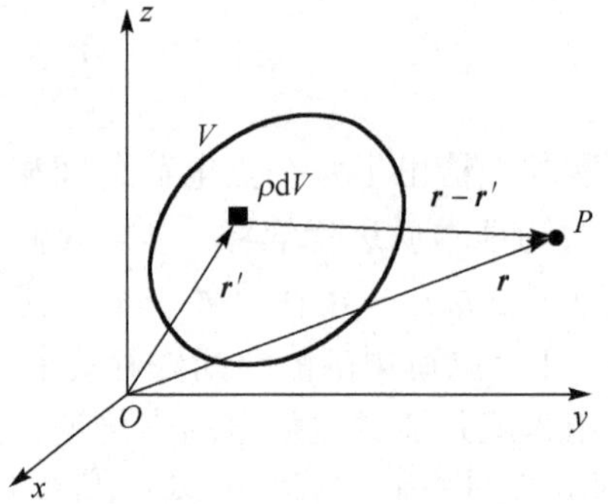


图 2-1

类似地，如果电荷在一条线 $L$ 上连续分布，其中电荷的线密度为 $\lambda(\boldsymbol{r}')$，它所产生的电场为

$$\boldsymbol{E}(\boldsymbol{r})=\frac{1}{4\pi\varepsilon_0}\int_L\frac{\lambda(\boldsymbol{r}')\boldsymbol{e}_{r-r'}}{|\boldsymbol{r}-\boldsymbol{r}'|^2}\mathrm{d}L' \tag{2.1-8}$$

原则上讲，一旦给出电荷密度分布，就可以由式(2.1-6)～式(2.1-8)计算出静电场的空间分布. 但在实际情况下，仅当电荷分布具有某种对称性时，如球对称或柱对称，才可以由上面的式子解析地计算出电场. 一般情况下，则需要借助数值方法才能计算出电场的空间分布.

**例题 2.1** 一个长度为 $2L$ 的均匀带电直线，水平放置，其线密度为 $\lambda$，如图 2-2 所示. 求直线中点上方 $z$ 点处的电场.

**解** 取坐标原点 $(0,0,0)$ 在直线的中点处，并在中点左右两边 $\pm x'$ 各取一个小的线元 $\mathrm{d}L'=\mathrm{d}x'$，两个小线元的位置分别为 $(-x',0,0)$ 及 $(x',0,0)$. 由于对称性，带电直线在观察点 $\boldsymbol{r}=(0,0,z)$ 处产生的电场为(方向沿 $z$ 轴)

$$\begin{aligned}E_z&=\frac{1}{4\pi\varepsilon_0}\int_0^L\frac{\lambda}{(x'^2+z^2)}\cdot\frac{2z}{\sqrt{x'^2+z^2}}\mathrm{d}x'\\&=\frac{1}{4\pi\varepsilon_0}\frac{2\lambda L}{z\sqrt{L^2+z^2}}\end{aligned} \tag{2.1-9}$$

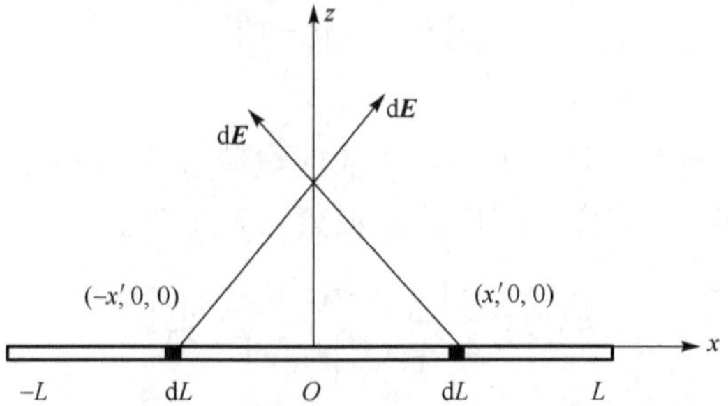


图 2-2

当 $z \gg L$ 时，上式退化为一个点电荷产生的电场

$$E_z = \frac{1}{4\pi\varepsilon_0}\frac{2\lambda L}{z^2} = \frac{Q}{4\pi\varepsilon_0 z^2} \tag{2.1-10}$$

其中，$Q = 2\lambda L$ 为电量.

3. 静电场的散度

在一些情况下，预先并不知道电荷分布的具体形式. 例如，对于一个处于外电场中的导体，其表面上将会出现感应电荷，并产生感应电场. 导体周围的电场是由外电场和感应电场构成的，但人们预先并不知道这种感应电荷在导体表面上是如何分布的，无法直接由上面的积分形式确定电场的空间分布. 在这种情况下，可以由电场所满足的微分方程来确定电场的空间分布.

将式(2.1-6)两边对空间位置矢量 $\boldsymbol{r}$ 取散度，并注意源电荷密度 $\rho(\boldsymbol{r}')$ 与 $\boldsymbol{r}$ 无关，有

$$\nabla\cdot\boldsymbol{E}(\boldsymbol{r}) = \int_V \frac{\rho(\boldsymbol{r}')}{4\pi\varepsilon_0}\nabla\cdot\left(\frac{\boldsymbol{r}-\boldsymbol{r}'}{|\boldsymbol{r}-\boldsymbol{r}'|^3}\right)\mathrm{d}V \tag{2.1-11}$$

利用微分公式

$$\nabla\left(\frac{1}{|\boldsymbol{r}-\boldsymbol{r}'|}\right) = -\frac{\boldsymbol{r}-\boldsymbol{r}'}{|\boldsymbol{r}-\boldsymbol{r}'|^3} \tag{2.1-12}$$

可以把式(2.1-11)表示为

$$\nabla\cdot\boldsymbol{E}(\boldsymbol{r}) = -\int_V \frac{\rho(\boldsymbol{r}')}{4\pi\varepsilon_0}\nabla^2\left(\frac{1}{|\boldsymbol{r}-\boldsymbol{r}'|}\right)\mathrm{d}V' \tag{2.1-13}$$

其中，$\nabla^2$ 为拉普拉斯算子. 再利用数学物理方法中的格林(Green)函数方程

$$\nabla^2\left(\frac{1}{|\boldsymbol{r}-\boldsymbol{r}'|}\right) = -4\pi\delta(\boldsymbol{r}-\boldsymbol{r}') \tag{2.1-14}$$

最后，可以得到静电场满足的微分方程为

$$\nabla\cdot\boldsymbol{E}(\boldsymbol{r}) = \frac{\rho(\boldsymbol{r})}{\varepsilon_0} \tag{2.1-15}$$

这是静电学中一个最基本的微分方程. 该方程表明：对于静止电荷产生的电场，它是有源的，其散度不为零.

由方程(2.1-15)可以看出，空间某点电场的散度只与该点的电荷密度有关，与其他位置的电荷分布无关，这反映出电荷对电场作用的局域性. 另外，由于方程(2.1-15)是一个微分方程，该方程的解除了与方程右边的源项有关外，还依赖于电场所服从的边界条件.

4. 高斯定理

考虑一个闭合曲面 $S$，其包围的体积为 $V$．如果在该闭合曲面内有电荷分布 $\rho(\boldsymbol{r})$，则它所包围的电量为

$$Q = \int_V \rho \mathrm{d}V \tag{2.1-16}$$

对方程(2.1-15)两边进行体积分，有

$$\int_V (\nabla \cdot \boldsymbol{E}) \mathrm{d}V = \frac{1}{\varepsilon_0} \int_V \rho \mathrm{d}V = \frac{Q}{\varepsilon_0} \tag{2.1-17}$$

利用矢量分析中的高斯定理，见式(1.2-23)，可以将上式左边的体积分转化为面积分，有

$$\oint_S \boldsymbol{E} \cdot \mathrm{d}\boldsymbol{S} = \frac{Q}{\varepsilon_0} \tag{2.1-18}$$

该方程表明：电场穿过任意闭合曲面 $S$ 的总通量 $\oint_S \boldsymbol{E} \cdot \mathrm{d}\boldsymbol{S}$ 等于该曲面内的总电量 $Q$ 除以真空介电常数 $\varepsilon_0$，与曲面外的电荷无关．这就是静电学的**高斯**(Gauss)**定理**.

对于给定的电荷电量 $Q$，如果所考虑的区间具有某种对称性，如具有球对称性或柱对称性，利用高斯定理就能很容易地计算出电场的空间分布.

**例题 2.2**　一个半径为 $a$、电量为 $Q$ 的小球，其电量是均匀分布的．求球内外的电场分布，并计算电场的散度.

**解**　由于小球均匀带电，其电荷密度为 $\rho = \dfrac{Q}{V} = \dfrac{3Q}{4\pi a^3}$．由于该问题具有球对称性，可以利用高斯定理来计算电场分布．以小球的球心为坐标原点，以 $r$ 为半径作一个球面.

(1)当 $r < a$ 时，该球面所包含的电量为 $\int \rho \mathrm{d}V = \dfrac{4\pi r^3}{3}\rho$．由高斯定理(2.1-18)，有

$$E \cdot 4\pi r^2 = \frac{1}{\varepsilon_0} \rho \frac{4\pi r^3}{3}$$

即电场的大小为

$$E = \frac{Q}{4\pi\varepsilon_0} \frac{r}{a^3}$$

其方向沿着球的径向.

(2)当$r>a$时，该球面所包含的电量为$Q$. 由高斯定理，有

$$E\cdot 4\pi r^2=\frac{1}{\varepsilon_0}Q$$

即

$$E=\frac{Q}{4\pi\varepsilon_0 r^2}$$

这相当于一个点电荷所产生的电场.

5. *静电场的旋度*

静电场是一个矢量场. 要描述一个矢量场的性质，不仅要知道它的散度，还要知道它的旋度.

将方程(2.1-6)两边取旋度，有

$$\nabla\times\boldsymbol{E}(\boldsymbol{r})=\int_V\frac{\rho(\boldsymbol{r}')}{4\pi\varepsilon_0}\nabla\times\left(\frac{\boldsymbol{r}-\boldsymbol{r}'}{|\boldsymbol{r}-\boldsymbol{r}'|^3}\right)\mathrm{d}V' \tag{2.1-19}$$

令$\boldsymbol{R}=\boldsymbol{r}-\boldsymbol{r}'$，并根据矢量微分，有

$$\nabla\times\left(\frac{\boldsymbol{r}-\boldsymbol{r}'}{|\boldsymbol{r}-\boldsymbol{r}'|^3}\right)=\nabla\times\left(\frac{\boldsymbol{R}}{R^3}\right)=\frac{1}{R^3}\nabla\times\boldsymbol{R}+\nabla\left(\frac{1}{R^3}\right)\times\boldsymbol{R}=0 \tag{2.1-20}$$

由此可以得到

$$\nabla\times\boldsymbol{E}=0 \tag{2.1-21}$$

这表明：静电场的旋度为零，即静电场是一个无旋场. 这是静电场的一个最基本的性质.

取一闭合回路$L$，它所包含的面积为$S$. 利用矢量分析的旋度定理，有

$$\int_S(\nabla\times\boldsymbol{E})\cdot\mathrm{d}\boldsymbol{S}=\oint_S\boldsymbol{E}\cdot\mathrm{d}\boldsymbol{L}$$

将式(2.1-21)代入上式，可以得到

$$\oint_L\boldsymbol{E}\cdot\mathrm{d}\boldsymbol{L}=0 \tag{2.1-22}$$

即静电场沿任一闭合回路的环量为零.

## 2.2 介质中的静电场

前面讨论的是在真空情况下由自由的静止电荷产生的静电场. 当有介质存在时，将会对电场的空间分布产生影响. 这是因为在电场的作用下，介质将被极化，

并产生极化电荷(或束缚电荷). 这时空间任一点的电场来自于自由电荷和极化电荷的共同贡献.

1. 介质极化的概念

本节所指的介质为绝缘介质，或称电介质，其内部没有自由移动的电荷. 按照极化的物理机制不同，可以将介质分为两种类型.

对于一些介质，如氢气、氧气及二氧化碳等分子，其分子的正负电荷中心完全重合，被称为**无极性分子**；对于另外一些介质，如水、二氧化硅等分子，其正负电荷的中心不重合，存在分子电偶极矩 $\boldsymbol{p}$，称为**有极性分子**. 对于有极性分子构成的介质，尽管内部存在大量的微观分子电偶极矩，但由于分子的热运动，这些电偶极矩的取向是杂乱无章的，因此从宏观上看，分子的总电偶极矩为零.

当有外电场存在时，无极性分子的正负电中心将被拉开，形成分子电偶极矩；而对于有极性分子，它的电偶极矩将偏向外电场方向. 这样，无论是无极性分子还是有极性分子构成的介质，在外电场的作用下，其内部都存在着宏观电偶极矩.

2. 极化强度

可以引入极化强度 $\boldsymbol{P}$ 来定量地描述介质的宏观极化过程. 在介质中取一小体积元 $\Delta V$，在该小体积元内所有 $N$ 个分子，其总电偶极矩为 $\sum \boldsymbol{p}$. 极化强度的定义为

$$\boldsymbol{P}=\frac{\sum \boldsymbol{p}}{\Delta V} \tag{2.2-1}$$

当介质极化时，可以将分子视为由相距为 $l$ 的一对正负电荷 $\pm q$ 构成的，分子的电偶极矩为 $ql\boldsymbol{e}_l$，其中 $\boldsymbol{e}_l$ 为单位矢量. 假设介质中单位体积内的分子个数为 $n$，则介质的极化强度为

$$\boldsymbol{P}=nql\boldsymbol{e}_l \tag{2.2-2}$$

在介质中取一面积元 $\mathrm{d}\boldsymbol{S}$，并以 $\mathrm{d}\boldsymbol{S}$ 为底和以 $l$ 为边，作一体积元 $l\mathrm{d}\boldsymbol{S}\cdot\boldsymbol{e}_l$，如图 2-3 所示. 假设一些电偶极子的正电荷穿过面元 $\mathrm{d}\boldsymbol{S}$，对应的总电量为

$$nq\left(l\boldsymbol{e}_l\cdot\mathrm{d}\boldsymbol{S}\right)=\boldsymbol{P}\cdot\mathrm{d}\boldsymbol{S}$$

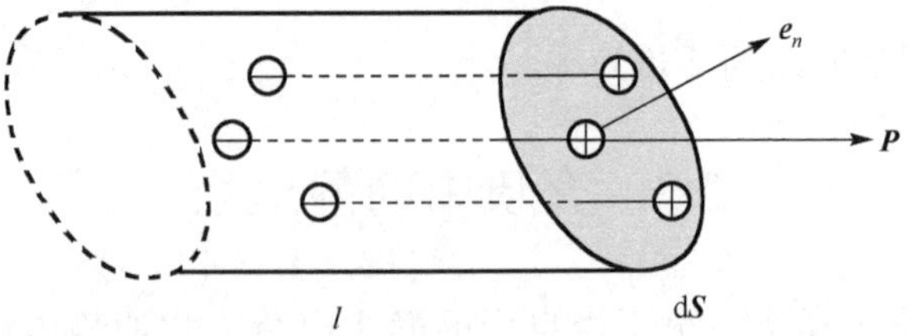


图 2-3

由于介质宏观上是电中性的，所以要求穿出体积元的正电荷总量等于留在该体积元的负电荷总量，即

$$\boldsymbol{P}\cdot \mathrm{d}\boldsymbol{S}=-\mathrm{d}Q_p \tag{2.2-3}$$

介质的极化，引起分子中的正负电荷分离，从而在介质中出现了空间局域的电荷密度分布 $\rho_p(\boldsymbol{r})$，这样有

$$\mathrm{d}Q_p=\rho_p \mathrm{d}V$$

但这种电荷分离是以电偶极子的形式出现的，也就是说，这种电荷分离受到一定束缚，因此称 $\rho_p(\boldsymbol{r})$ 为束缚电荷密度，或极化电荷密度. 对方程(2.2-3)两边积分，有

$$\oint_S \boldsymbol{P}\cdot \mathrm{d}\boldsymbol{S}=-\int_V \rho_p \mathrm{d}V \tag{2.2-4}$$

利用矢量分析中的高斯定理，可以把上式左边的面积分转化成体积分，这样可以得到束缚电荷密度与极化强度之间的关系

$$\nabla\cdot \boldsymbol{P}=-\rho_p \tag{2.2-5}$$

由此可见，介质的极化强度取决于其内部束缚电荷的密度. 由于分子的电偶极矩方向总是从负电荷指向正电荷，所以极化强度 $\boldsymbol{P}$ 的方向也是从负电荷指向正电荷.

由式(2.2-5)可以看出，仅当介质内的极化不均匀时，在介质的内部才会出现束缚电荷密度. 对于均匀介质，束缚电荷只能出现在介质的表面. 现在考虑两种介质，其极化强度分别为 $\boldsymbol{P}_1$ 和 $\boldsymbol{P}_2$，在两者的交界面上取一面积元 $\mathrm{d}\boldsymbol{S}$，由介质 1 通过界面进入介质 2 的正电荷为 $\boldsymbol{P}_2\cdot \mathrm{d}\boldsymbol{S}$，而由介质 2 通过界面进入介质 1 的正电荷为 $\boldsymbol{P}_1\cdot \mathrm{d}\boldsymbol{S}$. 这样，穿过面积元的净的电荷量为 $(\boldsymbol{P}_2-\boldsymbol{P}_1)\cdot \mathrm{d}\boldsymbol{S}$. 假设界面上的束缚电荷密度为 $\sigma_p(\boldsymbol{r})$，则有

$$-\sigma_p \mathrm{d}S=(\boldsymbol{P}_2-\boldsymbol{P}_1)\cdot \mathrm{d}\boldsymbol{S}$$

设界面的法线方向的单位矢量为 $\boldsymbol{e}_n$，它由介质 1 指向介质 2. 由上式可以进一步得到

$$\sigma_p=-(\boldsymbol{P}_2-\boldsymbol{P}_1)\cdot \boldsymbol{e}_n \tag{2.2-6}$$

可见，界面上的束缚电荷密度与两种介质的极化强度有关.

### 3. 介质中的高斯定理

在介质中，需要考虑束缚电荷对电场的影响. 这时可以把真空中的电场微分方程(2.1-15)修改为

$$\nabla \cdot \boldsymbol{E} = \frac{1}{\varepsilon_0}(\rho + \rho_p) \tag{2.2-7}$$

为了便于描述，下面引入**电位移矢量**

$$\boldsymbol{D} = \varepsilon_0 \boldsymbol{E} + \boldsymbol{P} \tag{2.2-8}$$

这样可以把方程(2.2-7)写为

$$\nabla \cdot \boldsymbol{D} = \rho \tag{2.2-9}$$

这是描述介质中静电场的一个基本方程. 不过这里 $\boldsymbol{D}$ 是一个辅助物理量，它并不等于介质中的电场. 对式(2.2-9)两边进行体积分，利用矢量分析中的高斯定理，可以得到

$$\oint_S \boldsymbol{D} \cdot \mathrm{d}\boldsymbol{S} = Q \tag{2.2-10}$$

注意：这里的 $\rho$ 和 $Q$ 分别为自由电荷密度和自由电荷的电量.

一旦知道了自由电荷密度，由方程(2.2-9)可以求出电位移矢量 $\boldsymbol{D}$，但还不能直接确定出介质中的电场，因为极化强度 $\boldsymbol{P}$ 仍然是一个未知量. 极化强度是描述介质响应外电场作用的一个物理量，它不仅取决于外电场，还取决于介质的性质. 实验和理论研究都表明：对于空间各向同性的介质，如果外电场不是太强，极化强度将正比于总电场，即

$$\boldsymbol{P} = \varepsilon_0 \chi_{\mathrm{e}} \boldsymbol{E} \tag{2.2-11}$$

其中，$\chi_{\mathrm{e}}$ 为介质的极化率，它仅与介质的性质有关. 将式(2.2-11)代入式(2.2-8)，可以得到电位移矢量与电场的关系为

$$\boldsymbol{D} = \varepsilon_0 \varepsilon_{\mathrm{r}} \boldsymbol{E} \equiv \varepsilon \boldsymbol{E} \tag{2.2-12}$$

其中，$\varepsilon_{\mathrm{r}} = 1 + \chi_{\mathrm{e}}$ 为介质的相对介电常数；$\varepsilon = \varepsilon_0 \varepsilon_{\mathrm{r}}$ 为介质的介电常数. 可以从有关文献中查找到一些介质的介电常数.

对空间各向异性的介质(如晶体)，其介电常数也是空间各向异性的，这时可以把电位移矢量表示为

$$D_i = \sum_{j=1}^{3} \varepsilon_{ij} E_j \quad (i = 1, 2, 3) \tag{2.2-13}$$

其中，$\varepsilon_{ij}$ 为介电张量的分量，共有 9 个.

前面已经看到，在真空中静电场是无旋的. 这里需要说明的是，介质的出现不会改变静电场是无旋的这一性质，因为介质内部束缚电荷产生的电场也是无旋的. 这样，仍有

$$\nabla \times \boldsymbol{E} = 0 \tag{2.2-14}$$

但在一般情况下，电位移矢量的旋度不为零，这是因为

$$\nabla\times\boldsymbol{D}=\nabla\times(\varepsilon\boldsymbol{E})=\nabla\varepsilon\times\boldsymbol{E}+\varepsilon\nabla\times\boldsymbol{E}=\nabla\varepsilon\times\boldsymbol{E}$$

只有当介质是均匀极化的 $(\nabla\varepsilon=0)$ 或 $\nabla\varepsilon\times\boldsymbol{E}=0$ 时，才有 $\nabla\times\boldsymbol{D}=0$.

## 2.3 静电场的边值关系

在实际问题中，通常会遇到两种不同的介质交界面. 由于介质的性质不同，电场在交界面附近会产生突变，这时不能直接采用微分方程(2.1-15)或(2.2-9)来计算电场. 因此，有必要确定电场强度在交界面两侧的变化行为，即边值关系.

### 1. 法向边值关系

考虑两种不同的介质 1 和 2，其介电常数分别为 $\varepsilon_1$ 和 $\varepsilon_2$. 在两种介质交界面处作一扁平的圆柱体，其底面积为 $\Delta S$，高为 $h$，圆柱的轴线与界面的法线方向一致，见图 2-4. 利用积分形式的高斯定理，见方程(2.2-10)，有

$$(D_{n2}-D_{n1})\Delta S+\Delta N=\rho h\Delta S$$

其中，$\Delta N$ 为侧面的电通量. 当 $h\to 0$ 时，有 $\Delta N\to 0$，以及 $\rho h\to\sigma$，因此有

$$D_{n2}-D_{n1}=\sigma \tag{2.3-1}$$

其中，$\sigma$ 为自由电荷的面密度. 由此可见，如果在界面上有自由电荷密度分布，电位移矢量的法线分量是不连续的.

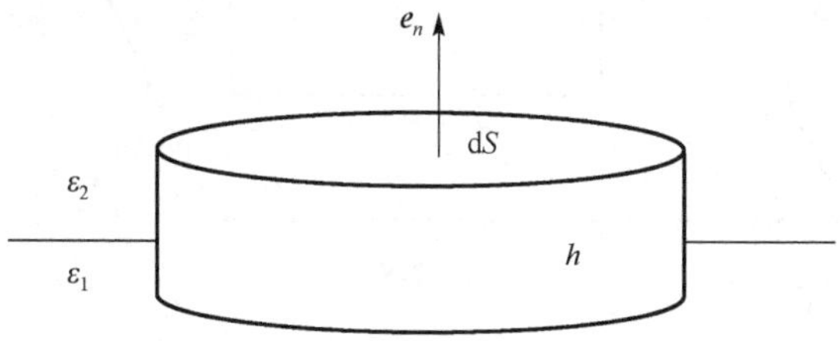


图 2-4

将式 $\boldsymbol{D}=\varepsilon\boldsymbol{E}$ 代入式(2.3-1)，可以得到

$$\varepsilon_2 E_{n2}-\varepsilon_1 E_{n1}=\sigma \tag{2.3-2}$$

如果界面上没有自由电荷的面密度存在，则有

$$\varepsilon_2 E_{n2}-\varepsilon_1 E_{n1}=0 \tag{2.3-3}$$

可见，无论界面是否有自由电荷的面密度，电场的法线分量在界面上都是不连续的.

2. 切向边值关系

在横跨两种介质交界面上作一高度为 $h$、宽度为 $d$ 的矩形，其中 $d \gg h$，见图 2-5. 将式(2.1-22)应用到该矩形上，可以得到

$$(E_{2t} - E_{1t})d + \Delta C = 0$$

其中，$\Delta C$ 是电场沿矩形两个短边的线积分之和，正比于 $h$. 当 $h \to 0$ 时，有 $\Delta C \to 0$，由此得到

$$E_{2t} = E_{1t} \tag{2.3-4}$$

可见，电场强度的切向分量在交界面上是连续的. 注意，在一般情况下，电场强度的切向分量是一个垂直界面法向的二维矢量，即

$$\boldsymbol{E}_{2t} = \boldsymbol{E}_{1t} \tag{2.3-5}$$

利用式(2.2-12)及式(2.3-4)，可以得到

$$\frac{D_{2t}}{\varepsilon_2} = \frac{D_{1t}}{\varepsilon_1} \tag{2.3-6}$$

这表明，电位移矢量的切向分量在两种介质交界面上总是不连续的.

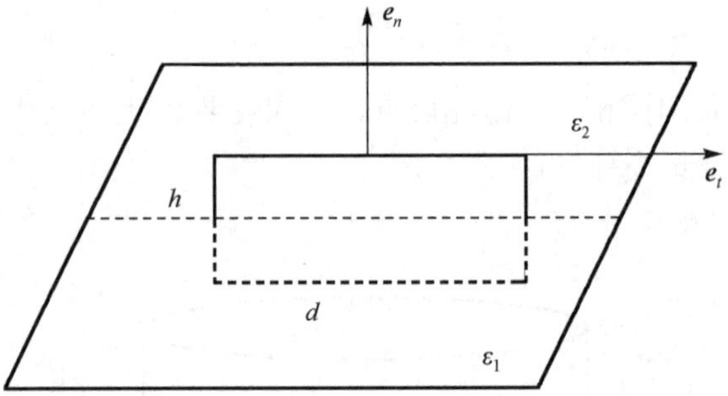


图 2-5

3. 导体表面的边值关系

如果所考虑的界面是理想导体与介质的交界面，由于理想导体内部不存在静电场，由式(2.3-2)和式(2.3-5)，可以得到紧邻导体外表面的电场为

$$E_n = \frac{\sigma}{\varepsilon} \tag{2.3-7}$$

$$\boldsymbol{E}_{2t} = 0 \tag{2.3-8}$$

其中，$\varepsilon$ 为导体外侧空间的介电常数. 导体的外侧也可以是真空，这时取 $\varepsilon_2 = \varepsilon_0$.

## 2.4 静 电 势

由于静电场是无旋的，即$\nabla\times\boldsymbol{E}=0$，这样可以用一个标量函数$\varphi(\boldsymbol{r})$的梯度表示静电场

$$\boldsymbol{E}(\boldsymbol{r})=-\nabla\varphi(\boldsymbol{r}) \tag{2.4-1}$$

称$\varphi(\boldsymbol{r})$为静电势. 式(2.4-1)中的负号表示电场的方向与电势梯度的方向相反，即电场指向电势下降的方向. 此外还可以看到，如果将静电势$\varphi(\boldsymbol{r})$加上任一常数$\varphi_0$，不会影响静电场的值. 这说明：静电势的取值是相对的，依赖于参考点的电势选取.

利用关系式

$$\nabla\left(\frac{1}{|\boldsymbol{r}-\boldsymbol{r}_i'|}\right)=-\frac{\boldsymbol{r}-\boldsymbol{r}_i'}{|\boldsymbol{r}-\boldsymbol{r}_i'|^3}$$

根据式(2.1-5)，可以把静止的点电荷在真空中产生的电场表示为

$$\boldsymbol{E}=-\sum_{i=1}\frac{Q_i'}{4\pi\varepsilon_0}\nabla\left(\frac{1}{|\boldsymbol{r}-\boldsymbol{r}_i'|}\right) \tag{2.4-2}$$

比较式(2.4-1)与式(2.4-2)可以得到静止的点电荷在真空产生的电势为

$$\varphi(\boldsymbol{r})=\sum_{i=1}\frac{1}{4\pi\varepsilon_0}\frac{Q_i'}{|\boldsymbol{r}-\boldsymbol{r}_i'|} \tag{2.4-3}$$

类似地，可以得到连续电荷分布在无界真空中产生的静电势

$$\varphi(\boldsymbol{r})=\frac{1}{4\pi\varepsilon_0}\int_V\frac{\rho(\boldsymbol{r}')}{|\boldsymbol{r}-\boldsymbol{r}'|}\mathrm{d}V' \quad (体分布) \tag{2.4-4}$$

$$\varphi(\boldsymbol{r})=\frac{1}{4\pi\varepsilon_0}\int_S\frac{\sigma(\boldsymbol{r}')}{|\boldsymbol{r}-\boldsymbol{r}'|}\mathrm{d}S' \quad (面分布) \tag{2.4-5}$$

$$\varphi(\boldsymbol{r})=\frac{1}{4\pi\varepsilon_0}\int_L\frac{\lambda(\boldsymbol{r}')}{|\boldsymbol{r}-\boldsymbol{r}'|}\mathrm{d}L' \quad (线分布) \tag{2.4-6}$$

**例题 2.3** 求一对相距为$d$、电荷量$q$相等而符号相反的点电荷在较远处产生的电势.

**解** 在直角坐标系中，取坐标原点位于负电荷$(-q)$所在的位置，$z$轴沿着正负电荷的连线方向，如图 2-6 所示. 在较远处$(r\gg d)$任一点$P$的电势为

$$\varphi=\frac{q}{4\pi\varepsilon_0}\left(\frac{1}{r_+}-\frac{1}{r}\right)$$

其中，$r_+=\sqrt{r^2+d^2-2rd\cos\theta}$，$\theta$ 是 $z$ 轴与位置矢量 $\boldsymbol{r}$ 的夹角. 由于 $r\gg d$，则有

$$r_+\approx r\left(1-\frac{d}{r}\cos\theta\right),\quad \frac{1}{r_+}\approx\frac{1}{r}\left(1+\frac{d}{r}\cos\theta\right)$$

这样电偶极矩在 $P$ 点产生的电势为

$$\varphi\approx\frac{q}{4\pi\varepsilon_0}\frac{d}{r^2}\cos\theta=\frac{\boldsymbol{p}\cdot\boldsymbol{r}}{4\pi\varepsilon_0 r^3} \tag{2.4-7}$$

其中，$\boldsymbol{p}=qd\boldsymbol{e}_z$ 为电偶极矩. 可见，一对正负电荷在较远处产生的电势相当于一个电偶极矩 $\boldsymbol{p}$ 产生的电势. 我们将在 2.9 节中详细讨论这个问题.

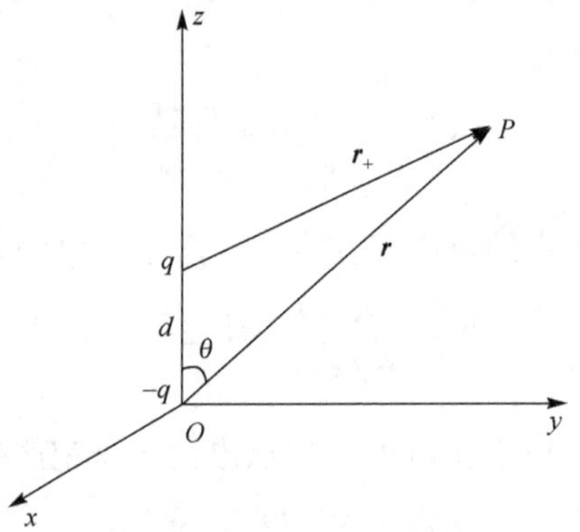


图 2-6

对于均匀各向同性的介质，将式(2.4-1)代入微分方程(2.2-9)，并利用 $\boldsymbol{D}=\varepsilon\boldsymbol{E}$，可以得到电势所满足的偏微分方程

$$\nabla^2\varphi=-\frac{\rho}{\varepsilon} \tag{2.4-8}$$

该方程为泊松(Poisson)方程. 当所考虑的区域内没有电荷分布时，方程(2.4-8)变为拉普拉斯(Laplace)方程

$$\nabla^2\varphi=0 \tag{2.4-9}$$

利用式(2.1-14)，很容易证明在无界区域中，方程(2.4-8)的解为

$$\varphi(\boldsymbol{r})=\frac{1}{4\pi\varepsilon}\int_V\frac{\rho(\boldsymbol{r}')}{|\boldsymbol{r}-\boldsymbol{r}'|}\mathrm{d}V' \tag{2.4-10}$$

泊松方程或拉普拉斯方程是静电学中一个非常重要的方程. 一旦给出电势的边界条件，就可以通过泊松方程或拉普拉斯方程确定出有界区域中电势的空间分布，进而再根据式(2.4-1)确定出电场. 下面给出电势的边界条件.

1. 导体表面上的条件

如果导体表面上的电势为已知量 $\varphi_0(\boldsymbol{r}_S)$，则对应的边界条件为

$$\varphi\Big|_{r_S} = \varphi_0(\boldsymbol{r}_S) \tag{2.4-11}$$

其中，$\boldsymbol{r}_S$ 是导体表面上的点. 按照数学物理方法的分类，式(2.4-11)为第一类边界条件. 在一些情况下，尽管不知道导体表面上的电势，但导体表面所带的电量 $Q$ 是已知的. 在这种情况下，由高斯定理(见式(2.1-18))可以得到

$$\oint_S \left(-\frac{\partial \varphi}{\partial n}\right) \mathrm{d}S = \frac{Q}{\varepsilon} \tag{2.4-12}$$

其中，$\dfrac{\partial \varphi}{\partial n}$ 为电势沿导体表面外法线方向上的导数；$\varepsilon$ 为导体外侧空间的介电常数. 该式与式(2.3-7)是等价的.

2. 不同介质交界面上的衔接条件

对于两种均匀介质的交界面，根据电场的边值关系式(2.3-2)以及 $\boldsymbol{E} = -\nabla\varphi$，可以得到电势的导数在交界面上的边值关系为

$$\varepsilon_2\left(\frac{\partial \varphi}{\partial n}\right)_2 - \varepsilon_1\left(\frac{\partial \varphi}{\partial n}\right)_1 = -\sigma \tag{2.4-13}$$

其中，$\sigma$ 为界面上的自由电荷密度；$\varepsilon_1$ 和 $\varepsilon_2$ 分别为两种介质的介电常数. 此外，根据式(2.4-1)，可以得到在边界面两侧的电势差为

$$\varphi_2 - \varphi_1 = -\int_{L_1}^{L_2} \boldsymbol{E} \cdot \mathrm{d}\boldsymbol{L} \tag{2.4-14}$$

其中，$L_1$ 和 $L_2$ 分别位于界面的两侧. 当 $L_1 \to L_2$ 时，由于电场强度的变化有限，因此在交界面上电势连续，即

$$\varphi_2 = \varphi_1 \tag{2.4-15}$$

式(2.4-13)和式(2.4-15)为电势在两种介质交界面上的衔接条件. 条件(2.4-15)与电场切向分量的边界条件 $E_{2t} = E_{1t}$ 是一致的. 在计算不同介质中的静电势时，会经常用到上述衔接条件.

## 2.5 静电场的唯一性定理

由前面的讨论可知，在一个有界区域中，如果知道了电势的边界条件，就可以

通过求解泊松方程确定出电势，进而确定出静电场. 本节将讨论静电场的唯一性问题，即在什么样的边界条件下泊松方程的解才是唯一的.

**静电场的唯一性定理**：如果在区域$V$内自由电荷的密度分布$\rho$已知，且电势$\varphi$在该区域的边界$S$上满足如下条件：

$$\varphi|_S = f(\boldsymbol{r}_S) \quad \text{（第一类边界条件）} \tag{2.5-1}$$

或

$$\frac{\partial \varphi}{\partial n}\Big|_S = g(\boldsymbol{r}_S) \quad \text{（第二类边界条件）} \tag{2.5-2}$$

那么在该区域内泊松方程

$$\nabla^2 \varphi = -\frac{\rho}{\varepsilon} \tag{2.5-3}$$

的解是唯一的，其中$f(\boldsymbol{r}_S)$或$g(\boldsymbol{r}_S)$为已知函数. 下面分三种情况对这个唯一性定理进行证明.

1. 均匀介质情况

现在考虑一个体积为$V$的区域，其表面为$S$，且区域内只有一种介电常数为$\varepsilon$的均匀介质. 在区域内，电势满足泊松方程(2.5-3)和边界条件(2.5-1)或(2.5-2). 在证明唯一性定理之前，先证明一个恒等式. 设$\phi$和$\psi$为任意两个标量函数，根据微分法则，显然有

$$\nabla \cdot (\phi \nabla \psi) = \phi \nabla^2 \psi + \nabla \phi \cdot \nabla \psi$$

将上式两边进行积分，有

$$\int_V \nabla \cdot (\phi \nabla \psi)\, \mathrm{d}V = \int_V (\phi \nabla^2 \psi + \nabla \phi \cdot \nabla \psi)\, \mathrm{d}V$$

再将上式左边的体积分转化为面积分

$$\int_V \nabla \cdot (\phi \nabla \psi)\, \mathrm{d}V = \oint_S \phi \frac{\partial \psi}{\partial n} \mathrm{d}S$$

由此得到如下恒等式：

$$\oint_S \phi \frac{\partial \psi}{\partial n} \mathrm{d}S = \int_V (\phi \nabla^2 \psi + \nabla \phi \cdot \nabla \psi)\, \mathrm{d}V \tag{2.5-4}$$

特别是当$\psi = \phi$时，有

$$\oint_S \psi \frac{\partial \psi}{\partial n} \mathrm{d}S = \int_V (\psi \nabla^2 \psi + |\nabla \psi|^2)\, \mathrm{d}V \tag{2.5-5}$$

下面采用反证法来证明. 令泊松方程(2.5-3)有两个不同的解，分别为$\varphi_1$和$\varphi_2$. 引入函数$\psi = \varphi_2 - \varphi_1$，显然函数$\psi$满足拉普拉斯方程

$$\nabla^2\psi=0 \tag{2.5-6}$$

利用方程(2.5-6)，可以把式(2.5-5)变为

$$\oint_S \psi\frac{\partial\psi}{\partial n}\mathrm{d}S=\int_V|\nabla\psi|^2\mathrm{d}V \tag{2.5-7}$$

另一方面，根据条件(2.5-1)或(2.5-2)，函数$\psi$满足的边界条件为

$$\psi|_S=0 \tag{2.5-8}$$

或

$$\frac{\partial\psi}{\partial n}\Big|_S=0 \tag{2.5-9}$$

由此可见，无论对齐次边界条件(2.5-8)还是(2.5-9)，恒等式(2.5-7)的左边都为零. 这样有

$$\int_V|\nabla\psi|^2\mathrm{d}V=0$$

由于被积函数恒大于或等于零，因此可以断定$\nabla\psi=0$，即函数$\psi$只可能为零或常数. 这样电势$\varphi_1$和$\varphi_2$仅相差一个常数，但电势叠加一个常数没有物理意义，对电场没有影响. 这样就证明了$\varphi_1$和$\varphi_2$为泊松方程的同一个解.

2. 不同介质情况

为简单起见，假设所考虑的区域内由两种不同的均匀介质$\varepsilon_1$和$\varepsilon_2$构成，见图 2-7. 与上面一样，仍采用反证法来证明. 这里仍假设$\psi$是两个不同解的差，即$\psi=\varphi_2-\varphi_1$，并把公式(2.5-7)分别应用到区域 1 和区域 2 中，可以得到

$$\int_{S_1}\psi\frac{\partial\psi}{\partial n}\mathrm{d}S+\int_{S_{12}}\psi\frac{\partial\psi}{\partial n}\mathrm{d}S=\int_{V_1}|\nabla\psi|^2\mathrm{d}V \tag{2.5-10}$$

$$\int_{S_2}\psi\frac{\partial\psi}{\partial n}\mathrm{d}S-\int_{S_{12}}\psi\frac{\partial\psi}{\partial n}\mathrm{d}S=\int_{V_2}|\nabla\psi|^2\mathrm{d}V \tag{2.5-11}$$

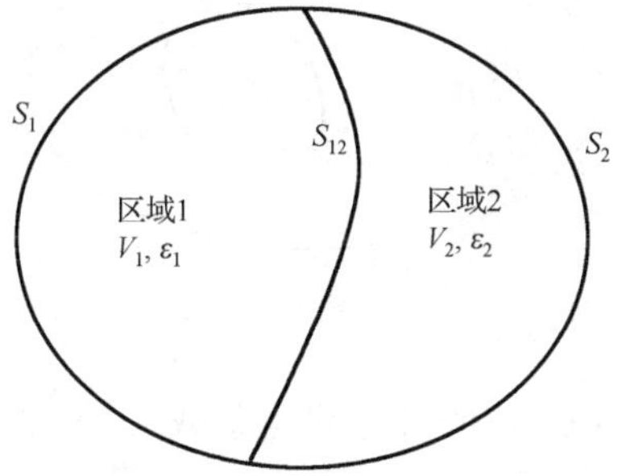


图 2-7

注意，这里已经把区域 1 和区域 2 的边界分成了内边界和外边界，而且利用了如下事实：区域 1 的内边界的法向方向与区域 2 的内边界的法向方向相反.

下面再分别把式(2.5-10)两边乘以 $\varepsilon_1$ 和把式(2.5-11)两边乘以 $\varepsilon_2$，并利用外边界上的积分为零这一事实，见式(2.5-8)和式(2.5-9)，可以得到

$$\int_{S_{12}}\left[\varepsilon_1\left(\psi\frac{\partial\psi}{\partial n}\right)\bigg|_1-\varepsilon_2\left(\psi\frac{\partial\psi}{\partial n}\right)\bigg|_2\right]\mathrm{d}S=\int_{V_1}\varepsilon_1|\nabla\psi|^2\mathrm{d}V+\int_{V_2}\varepsilon_2|\nabla\psi|^2\mathrm{d}V \tag{2.5-12}$$

在两种介质的交界面 $S_{12}$ 上，电势 $\varphi_1$ 和 $\varphi_2$ 应满足衔接条件(2.4-13)和(2.4-15)，因此函数 $\psi$ 作为这两个解之差，也应满足这两个衔接条件

$$\begin{cases}\psi|_1=\psi|_2\\ \varepsilon_1\dfrac{\partial\psi}{\partial n}\Big|_1=\varepsilon_2\dfrac{\partial\psi}{\partial n}\Big|_2\end{cases} \tag{2.5-13}$$

这样方程(2.5-12)的左边为零，因此可以得到

$$\int_{V_1}\varepsilon_1|\nabla\psi|^2\mathrm{d}V+\int_{V_2}\varepsilon_2|\nabla\psi|^2\mathrm{d}V=0$$

这意味着在区域 1 和区域 2 内 $\nabla\psi$ 处处为零，即函数 $\varphi_1$ 和 $\varphi_2$ 为泊松方程的同一个解.

3. *有导体存在的情况*

为简单起见，假设所讨论的区域 $V$ 内只有一个导体存在，且导体外部被均匀的介质所包围，见图 2-8. 除去导体后，介质所占的区域为 $V'$，其外边界为 $S$，内边界为导体的表面 $S'$. 外边界条件上的 $\varphi$ 或 $\dfrac{\partial\varphi}{\partial n}$ 给定，见式(2.5-1)或式(2.5-2)；而对内边界(导体表面)条件，可以分为两种类型：第一类是导体表面上的 $\varphi$ 已知，第二类是导体表面上的带电量 $Q$ 已知.

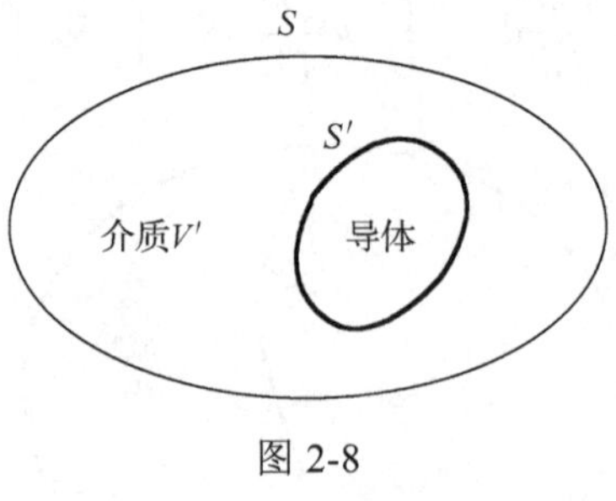


图 2-8

对于第一类问题，在区域 $V'$ 的外边界上 $\varphi$ 或 $\dfrac{\partial\varphi}{\partial n}$ 已知，内边界上 $\varphi$ 也已知，这样根据前面(均匀介质的情况)的证明可知，如果 $V'$ 内自由电荷密度分布 $\rho$ 已知，泊

松方程的解是唯一的.

对于第二类问题，在区域$V'$的内边界(导体表面)上电量已知，即

$$\oint_{S'}\frac{\partial\varphi}{\partial n'}\mathrm{d}S'=-\frac{Q}{\varepsilon_0} \tag{2.5-14}$$

与先前一样，可以假设在区域$V'$内泊松方程有两个不同的解$\varphi_1$和$\varphi_2$，且令$\psi=\varphi_2-\varphi_1$. 由于$\varphi_1$和$\varphi_2$在内边界上都满足条件(2.5-14)，这样函数$\psi$满足的条件为

$$\oint_{S'}\frac{\partial\psi}{\partial n'}\mathrm{d}S'=0 \tag{2.5-15}$$

再考虑导体表面的等势性，则进一步得到

$$\oint_{S'}\psi\frac{\partial\psi}{\partial n'}\mathrm{d}S'=0 \tag{2.5-16}$$

另外，由于在区域$V'$的外边界上$\varphi$或$\frac{\partial\varphi}{\partial n}$是已知的，因此也有

$$\oint_{S}\psi\frac{\partial\psi}{\partial n}\mathrm{d}S=0 \tag{2.5-17}$$

这样根据式(2.5-7)，很容易证明$\nabla\psi$在区域$V'$为零，即$\varphi_1$和$\varphi_2$为泊松方程的同一个解.

根据上面的证明，可以得到如下结论：如果在所考虑的区域内有导体存在，无论是导体表面上的电势$\varphi$已知，还是导体表面上的带电量$Q$已知，在该区域内泊松方程的解是唯一的. 这里需要指出，在实际情况中，导体表面上的电量与电场是相互依赖的，无法预先知道. 通常是先确定出电场分布，再确定导体表面上的电量.

唯一性定理在解决静电学一些实际问题中起着重要的作用. 因为该定理表明，只要在所考虑的区域电势满足给定的两种边界条件的其中一种，即$\varphi$或$\frac{\partial\varphi}{\partial n}$在边界上的值已知，不管采用什么方法来求解泊松方程，泊松方程的解是唯一的. 这样，人们就可以采用简便的方法来求解，甚至提出一些试探解.

**例题 2.4** 在一个导体球壳与一个同心的导体球之间充满两种介质，左半部的介电常数为$\varepsilon_1$，右半部的介电常数为$\varepsilon_2$，外球壳的半径为$R_2$，导体球的半径为$R_1$. 设导体球的带电量为$Q$，外球壳接地. 分别求出导体球与介质交界面上的自由电荷分布$\sigma_f$和束缚电荷分布$\sigma_p$.

**解** 由于两个半球充满的是不同的介质，显然其不具备球对称性，无法直接利用高斯定理来确定介质中的电场分布. 下面根据唯一性定理，采用试探法来确

定两种介质中的电场和电位移矢量，进而确定导体面上的自由电荷分布和束缚电荷分布.

设两种介质中的电场和电位移矢量分别为 $\boldsymbol{E}_1$、$\boldsymbol{D}_1$ 和 $\boldsymbol{E}_2$、$\boldsymbol{D}_2$，并取对称轴 $z$ 的方向沿两种介质的交界面. 由于在两种介质的交界面上没有自由电荷存在，因此由静电场的边值关系，有

$$E_{1t} = E_{2t} \tag{2.5-18}$$

$$D_{1n} = D_{2n} \tag{2.5-19}$$

可以假设两种介质中的电场一样，且具有球对称性，即

$$\boldsymbol{E}_1 = \boldsymbol{E}_2 = \frac{A}{r^3}\boldsymbol{r} \quad (A\text{为常数}) \tag{2.5-20}$$

显然，在两种介质的交界面上(设为 $x=0$ 的面)有

$$\boldsymbol{E}_{1t} = \boldsymbol{E}_{2t} = A\frac{y\boldsymbol{e}_y + z\boldsymbol{e}_z}{(y^2+z^2)^{3/2}}, \quad E_{1n} = E_{2n} = 0$$

另外，根据式 $\boldsymbol{D} = \varepsilon\boldsymbol{E}$，有 $D_{1n} = D_{2n} = 0$. 也就是说，由式(2.5-20)给出的电场满足边界条件(2.5-18)和(2.5-19)，因此它是本问题的解. 下面的任务是确定出常数 $A$ 的值.

根据高斯定理，有

$$\oint_S \boldsymbol{D}\cdot \mathrm{d}\boldsymbol{S} = \oint_{S_1} \varepsilon_1 \boldsymbol{E}_1 \cdot \mathrm{d}\boldsymbol{S} + \oint_{S_2} \varepsilon_2 \boldsymbol{E}_2 \cdot \mathrm{d}\boldsymbol{S} = Q \tag{2.5-21}$$

其中，$S_1$ 和 $S_2$ 分别为左右半球的面积. 将式(2.5-20)代入式(2.5-21)，可以得到

$$\varepsilon_1 \frac{A}{R_1^2} 2\pi R_1^2 + \varepsilon_2 \frac{A}{R_1^2} 2\pi R_1^2 = Q$$

由此确定出常数 $A$ 为

$$A = \frac{Q}{2\pi(\varepsilon_1+\varepsilon_2)}$$

这样两种介质中的电场和电位移矢量分别为

$$\boldsymbol{E}_1 = \boldsymbol{E}_2 = \frac{Q}{2\pi(\varepsilon_1+\varepsilon_2)r^3}\boldsymbol{r} \tag{2.5-22}$$

$$\boldsymbol{D}_1 = \frac{\varepsilon_1 Q}{2\pi(\varepsilon_1+\varepsilon_2)r^3}\boldsymbol{r} \quad (\text{左半球}) \tag{2.5-23}$$

$$\boldsymbol{D}_2 = \frac{\varepsilon_2 Q}{2\pi(\varepsilon_1+\varepsilon_2)r^3}\boldsymbol{r} \quad (\text{右半球}) \tag{2.5-24}$$

再根据公式 $\boldsymbol{D}=\varepsilon_0\boldsymbol{E}+\boldsymbol{P}$，可以得到两种介质中的极化强度为

$$\boldsymbol{P}_1=\frac{(\varepsilon_1-\varepsilon_0)Q}{2\pi(\varepsilon_1+\varepsilon_2)r^3}\boldsymbol{r} \quad (\text{左半球}) \tag{2.5-25}$$

$$\boldsymbol{P}_2=\frac{(\varepsilon_2-\varepsilon_0)Q}{2\pi(\varepsilon_1+\varepsilon_2)r^3}\boldsymbol{r} \quad (\text{右半球}) \tag{2.5-26}$$

由于导体球内部的电场为零，则根据边值关系(2.3-1)，可以得到导体球面上的自由电荷面密度为

$$\sigma_{f1}=D_{1r}\Big|_{r=R_1}=\frac{\varepsilon_1 Q}{2\pi(\varepsilon_1+\varepsilon_2)R_1^2} \quad (\text{左半球}) \tag{2.5-27}$$

$$\sigma_{f2}=D_{2r}\Big|_{r=R_1}=\frac{\varepsilon_2 Q}{2\pi(\varepsilon_1+\varepsilon_2)R_1^2} \quad (\text{右半球}) \tag{2.5-28}$$

再根据式(2.2-6)，可以得到介质表面上的束缚电荷面密度为

$$\sigma_{p1}=-P_{1r}\Big|_{r=R_1}=-\frac{(\varepsilon_1-\varepsilon_0)Q}{2\pi(\varepsilon_1+\varepsilon_2)R_1^2} \quad (\text{左半球}) \tag{2.5-29}$$

$$\sigma_{p2}=-P_{2r}\Big|_{r=R_1}=-\frac{(\varepsilon_2-\varepsilon_0)Q}{2\pi(\varepsilon_1+\varepsilon_2)R_1^2} \quad (\text{右半球}) \tag{2.5-30}$$

可以看出，尽管在导体球的左右两个半球面上自由电荷面密度和束缚电荷面密度都不相等，但是两个半球面上总的电荷面密度是相等的，即

$$\sigma_{f1}+\sigma_{p1}=\sigma_{f2}+\sigma_{p2}$$

这个结果是必然的，因为只有当球面上总的电荷密度分布均匀时，导体球内部的电场才能为零，介质内的电场才具有球对称性分布.

## 2.6 分离变量法

在一些实际问题中，在所考虑的区间内没有自由电荷分布，静电场是由导体表面上的感应电荷或电势产生的，或者是由介质表面上的极化电荷产生的. 例如，平行板电容器内部的电场是由两个导体极板上的电荷决定的. 根据 2.4 节的讨论可知，如果在一个有界区域中没有自由电荷存在，则电势 $\varphi$ 服从拉普拉斯方程

$$\nabla^2\varphi=0 \tag{2.6-1}$$

其中，电势满足一定的边界条件. 由于拉普拉斯方程是一个二阶偏微分方程，因此边界条件的个数等于所考虑的空间维数的 2 倍，如所考虑的是三维空间，必须有六

个边界条件；对于二维空间，则只能有四个边界条件. 这些边界条件可以是齐次的，也可以是非齐次的，但不能都是齐次的，否则方程(2.6-1)只能有零解.

方程(2.6-1)是一个齐次偏微分方程，可以采用分离变量法来求解. 分离变量法的基本步骤是：首先把一个偏微分方程化成若干个常微分方程，即所谓的“化偏为常”；其次，利用其中的齐次边界条件或周期性条件、自然边界条件等确定出这些常微分方程的本征值和本征函数，并对这些本征解进行叠加，给出拉普拉斯方程的一般解；最后，再利用其中的非齐次边界条件确定出一般解中的叠加系数.

这里需要说明的是：拉普拉斯方程解的形式不仅取决于边界条件，还取决于所考虑区域的几何形状. 详细情况可以参考有关“数学物理方法”的教材. 下面分别以直角坐标系、平面极坐标系和球坐标系为例，介绍采用分离变量法求解拉普拉斯方程的过程.

### 1. 直角坐标系

下面仅以具体的例子来介绍在直角坐标系中用分离变量法求解拉普拉斯方程的过程.

**例题 2.5** 考虑两个无限大的接地金属平板，它们都平行于 $xz$ 平面，其中一个位于 $y=0$ 平面，另一个位于 $y=a$ 平面，见图 2-9. 两个平板的左端 $(x=0)$ 被无限长的绝缘条连接，并且其电势维持为 $f(y)$（已知函数）. 求两个平行板之间的电势分布.

**解** 因为所考虑的区域沿 $z$ 轴方向为无穷大，因此电势分布与变量 $z$ 无关，即电势 $\varphi$ 仅是变量 $x$ 和 $y$ 的函数. 另外，由于在两个平板之间没有自由电荷存在，因此电势满足拉普拉斯方程

$$\frac{\partial^2\varphi}{\partial x^2}+\frac{\partial^2\varphi}{\partial y^2}=0 \tag{2.6-2}$$

对应的边界条件为

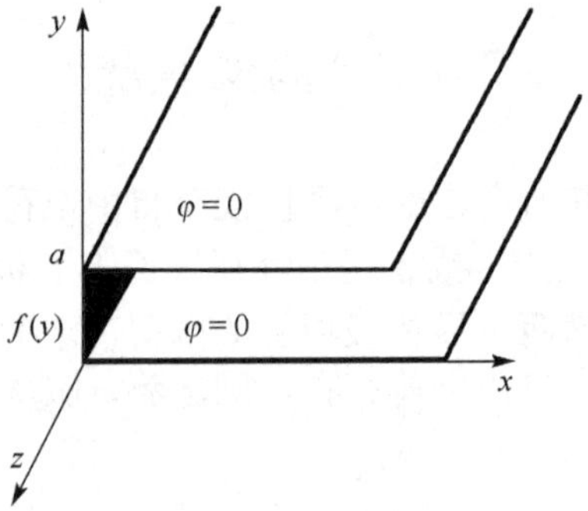


图 2-9

$$\begin{cases}\varphi(0,y)=f(y)\\ \varphi(\infty,y)=0\end{cases}\tag{2.6-3}$$

$$\begin{cases}\varphi(x,0)=0\\ \varphi(x,a)=0\end{cases}\tag{2.6-4}$$

采用分离变量法求解方程(2.6-2)，即把函数 $\varphi(x,y)$ 分离成两个单变量函数 $X(x)$ 和 $Y(y)$ 的乘积

$$\varphi(x,y)=X(x)Y(y)\tag{2.6-5}$$

并代入方程(2.6-2)，可以得到

$$\frac{1}{X}\frac{\mathrm{d}^2X}{\mathrm{d}x^2}=-\frac{1}{Y}\frac{\mathrm{d}^2Y}{\mathrm{d}y^2}\tag{2.6-6}$$

由于上式左右两端分别只是变量 $x$ 和 $y$ 的函数，因此它们只可能等于一个常数. 设这个常数为 $\lambda$，这样可以得到

$$\frac{\mathrm{d}^2X}{\mathrm{d}x^2}-\lambda X=0\tag{2.6-7}$$

$$\frac{\mathrm{d}^2Y}{\mathrm{d}y^2}+\lambda Y=0\tag{2.6-8}$$

由于边界条件(2.6-4)也是齐次的，因此也可以对其进行分离变量，有

$$Y(0)=0,\quad Y(a)=0\tag{2.6-9}$$

利用齐次边界条件(2.6-9)，可以得到方程(2.6-8)的本征解为

$$Y_n(y)=\sin(\sqrt{\lambda_n}\,y)\tag{2.6-10}$$

其中，本征值为

$$\sqrt{\lambda_n}=\frac{n\pi}{a}\quad(n=1,2,3,\cdots)\tag{2.6-11}$$

将 $\lambda=\lambda_n$ 代入方程(2.6-7)，并考虑到条件 $\varphi(\infty,y)=0$，可以得到

$$X_n(x)=c_n\mathrm{e}^{-\sqrt{\lambda_n}x}\tag{2.6-12}$$

其中，$c_n$ 为待定系数.

再对上面得到的本征解进行叠加，则拉普拉斯方程(2.6-2)的一般解为

$$\varphi(x,y)=\sum_{n=1}^{\infty}c_n\mathrm{e}^{-n\pi x/a}\sin\left(\frac{n\pi}{a}y\right)\tag{2.6-13}$$

其中，$c_n$ 由边界条件 $\varphi(0,y)=f(y)$ 确定，即

$$\sum_{n=1}^{\infty} c_n \sin\left(\frac{n\pi}{a} y\right) = f(y)$$

利用三角函数的正交性，可以得到叠加系数为

$$c_n = \frac{2}{a} \int_0^a f(y) \sin\left(\frac{n\pi}{a} y\right) \mathrm{d}y \tag{2.6-14}$$

这样，一旦给定函数 $f(y)$ 的形式，就可以计算出叠加系数. 当 $f(y) = \varphi_0$ 为常数时，有

$$c_n = \frac{2\varphi_0}{a} \int_0^a \sin\left(\frac{n\pi}{a} y\right) \mathrm{d}y = \begin{cases} 0 & (n\text{为偶数}) \\ \dfrac{4\varphi_0}{n\pi} & (n\text{为奇数}) \end{cases}$$

这样两个金属平板间的电势分布为

$$\varphi(x, y) = \frac{4\varphi_0}{\pi} \sum_{n=1,3,5,\cdots}^{\infty} \frac{1}{n} \mathrm{e}^{-n\pi x/a} \sin\left(\frac{n\pi}{a} y\right) \tag{2.6-15}$$

2\. 平面极坐标系

在平面极坐标系 $(r, \phi)$ 中，拉普拉斯方程的形式为

$$\frac{1}{r} \frac{\partial}{\partial r}\left(r \frac{\partial \varphi}{\partial r}\right) + \frac{1}{r^2} \frac{\partial^2 \varphi}{\partial \phi^2} = 0 \tag{2.6-16}$$

令 $\varphi(r, \phi) = R(r)\Phi(\phi)$，并代入方程(2.6-16)，可以得到

$$\Phi''(\phi) + \lambda \Phi(\phi) = 0 \tag{2.6-17}$$

$$r \frac{\mathrm{d}}{\mathrm{d}r}\left(r \frac{\mathrm{d}R}{\mathrm{d}r}\right) - \lambda R = 0 \tag{2.6-18}$$

其中，$\lambda$ 为本征值. 下面分两种情况来确定 $\lambda$ 的值.

当极角 $\phi$ 的取值为 $(0, 2\pi)$ 时，函数 $\Phi(\phi)$ 应满足周期性条件

$$\Phi(\phi) = \Phi(\phi + 2\pi) \tag{2.6-19}$$

这时 $\lambda$ 只能取如下值：

$$\lambda = m^2 \quad (m = 0, 1, 2, 3, \cdots) \tag{2.6-20}$$

这样方程(2.6-17)的本征解为

$$\Phi_m(\phi) = A_m \cos m\phi + B_m \sin m\phi \tag{2.6-21}$$

其中，$A_m$ 及 $B_m$ 为常数. 这时方程(2.6-18)是一个典型的欧拉方程，其解为

$$R_m(r)=\begin{cases}C_0+D_0\ln r & (m=0)\\ C_m r^m+\dfrac{D_m}{r^m} & (m\geqslant 1)\end{cases} \tag{2.6-22}$$

其中，$C_0$、$D_0$、$C_m$及$D_m$为常数. 这样方程(2.6-16)的一般解为

$$\begin{aligned}\varphi(r,\phi)=&C_0+D_0\ln r\\ &+\sum_{m=1}^{\infty}(C_m r^m+D_m r^{-m})(A_m\cos m\phi+B_m\sin m\phi)\end{aligned} \tag{2.6-23}$$

其中，系数$A_m$、$B_m$、$C_m$及$D_m$由边界条件确定. 为了便于确定这些系数，也可把上式改写为

$$\begin{aligned}\varphi(r,\phi)=&C_0+D_0\ln r+\sum_{m=1}^{\infty}r^m(A_m\cos m\phi+B_m\sin m\phi)\\ &+\sum_{m=1}^{\infty}r^{-m}(C_m\cos m\phi+D_m\sin m\phi)\end{aligned} \tag{2.6-24}$$

其中，已进行了相应的系数代换.

假设所考虑的区域为一个半径为$a$的圆形区域，由于在圆心$r=0$处电势的取值应有限，式(2.6-24)中的系数$D_0$、$C_m$和$D_m$应为零，因此有

$$\varphi(r,\phi)=C_0+\sum_{m=1}^{\infty}r^m(A_m\cos m\phi+B_m\sin m\phi) \tag{2.6-25}$$

如果在圆周的边界上电势的取值为$\varphi(a,\phi)=f(\phi)$，利用三角函数的正交性，就可以确定出系数$C_0$、$A_m$和$B_m$分别为

$$\begin{cases}C_0=\dfrac{1}{2\pi}\displaystyle\int_0^{2\pi}f(\phi)\,\mathrm{d}\phi\\ A_m=\dfrac{1}{\pi a^m}\displaystyle\int_0^{2\pi}f(\phi)\cos m\phi\,\mathrm{d}\phi & (m\geqslant 1)\\ B_m=\dfrac{1}{\pi a^m}\displaystyle\int_0^{2\pi}f(\phi)\sin m\phi\,\mathrm{d}\phi\end{cases} \tag{2.6-26}$$

**例题 2.6** 一个半径为$a$的无限长直导体圆柱位于一个均匀外电场$\boldsymbol{E}_0$中，其中圆柱的轴线与电场的方向垂直，且圆柱表面接地，见图 2-10. 求解圆柱外的电场分布.

**解** 取圆柱的轴线为$z$轴，外电场的方向沿$x$轴方向.

由于圆柱是无限长的，电场和电势分布与轴向变量$z$无关. 因此，可以仅考虑圆柱体上某一个圆截面周围的电场和电势分布. 圆柱体外面的总电场应为圆柱体自身产生的电场和外电场之和. 由于圆柱外没有自由电荷存在，因此电势满足拉普拉斯方程，其一般解为式(2.6-24). 下面根据边界条件来确定其中的叠加系数.

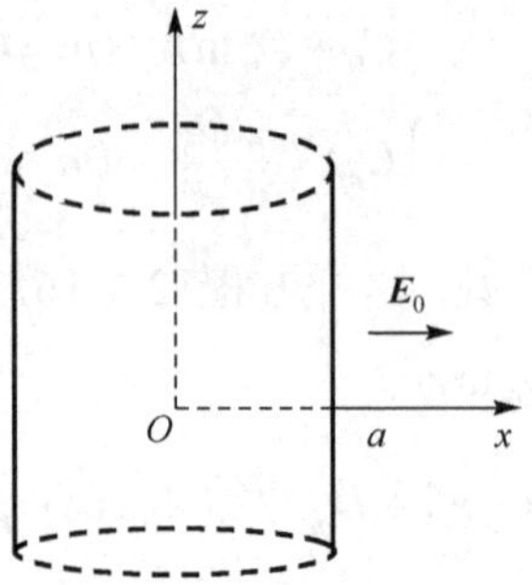


图 2-10

(1) 在无穷远处，仅有外电场，即

$$\boldsymbol{E}\big|_{r\to\infty} = -\nabla\varphi\big|_{r\to\infty} = \boldsymbol{E}_0$$

由此可以得到如下条件：

$$\varphi\big|_{r\to\infty} = -E_0 r\cos\phi \tag{2.6-27}$$

另外，根据式(2.6-24)，有

$$\varphi\big|_{r\to\infty} = \sum_{m=1}^{\infty} r^m (A_m\cos m\phi + B_m\sin m\phi) \tag{2.6-28}$$

比较式(2.6-27)与式(2.6-28)，有

$$A_1 = -E_0,\ A_m = 0\ (m>1),\ B_m = 0$$

这样式(2.6-24)变为

$$\varphi(r,\phi) = C_0 + D_0\ln r - E_0 r\cos\phi + \sum_{m=1}^{\infty} r^{-m}(C_m\cos m\phi + D_m\sin m\phi) \tag{2.6-29}$$

(2) 由于导体圆柱接地，则有 $\varphi\big|_{r=a}=0$. 根据式(2.6-29)，有

$$C_0 + D_0\ln a - E_0 a\cos\phi + \sum_{m=1}^{\infty} a^{-m}\left(C_m\cos m\phi + D_m\sin m\phi\right) = 0$$

由此可以得到

$$C_0 = -D_0\ln a,\ \ C_1 = E_0 a^2,\ C_m = 0\ \ (m\geqslant 1),\ \ D_m = 0$$

这样可以进一步把式(2.6-29)化简为

$$\varphi(r,\phi) = D_0\ln(r/a) - E_0 r\cos\phi + E_0(a^2/r)\cos\phi \tag{2.6-30}$$

其中，系数 $D_0$ 与导体圆柱表面的带电量有关.

当方位角的变化范围不是 0 ～ 2π 时，就不能使用周期性条件 $\Phi(\phi) = \Phi(\phi+2\pi)$ 确定本征值 $\lambda$，需要由边界条件来确定. 下面通过具体的例子来说明这个问题.

**例题 2.7** 有两个导体平面以 $\alpha$ 角度相交，见图 2-11，其中导体平面上的电势为 $\varphi_0$. 求两导体平面相交区域中的电势分布，并分析尖角附近的电场.

**解** 仍然可以使用分离变量法求解拉普拉斯方程. 不过对于现在的情况，本征值为 $\lambda=\nu^2$，其中 $\nu$ 不再是整数，这时可以把拉普拉斯方程的一般解表示为

$$\varphi(r,\phi)=\left(C_0+D_0\ln r\right)\left(A_0+B_0\phi\right)+\sum_{\nu>0}^{\infty}\left(C_\nu r^\nu+D_\nu r^{-\nu}\right)\left(A_\nu\cos\nu\phi+B_\nu\sin\nu\phi\right) \tag{2.6-31}$$

由于在靠近尖角处，$r\to 0$，电势的值应有界，因此要求 $D_\nu=0(\nu\geqslant 0)$，则有

$$\varphi(r,\phi)=A_0+B_0\phi+\sum_{\nu>0}^{\infty}r^\nu\left(A_\nu\cos\nu\phi+B_\nu\sin\nu\phi\right) \tag{2.6-32}$$

其中已进行系数代换. 下面根据边界条件来确定 $\nu$ 的值及叠加系数 $A_\nu$ 和 $B_\nu$.

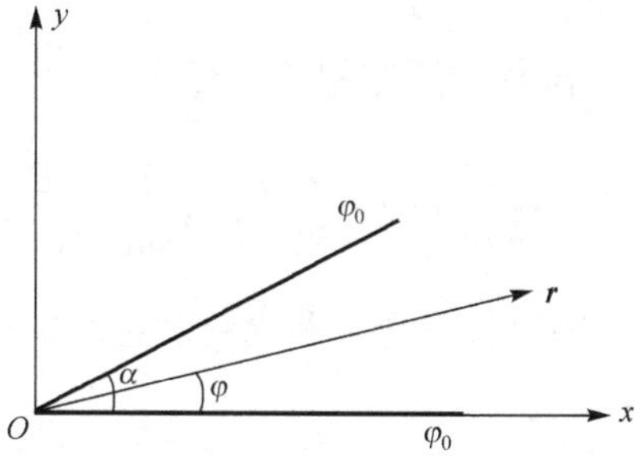


图 2-11

由边界条件 $\varphi(0)=\varphi(\alpha)=\varphi_0$，可以得到

$$\begin{cases}\varphi_0=A_0+\sum_{\nu>0}^{\infty}A_\nu r^\nu \\ \varphi_0=A_0+B_0\alpha+\sum_{\nu>0}^{\infty}r^\nu\left(A_\nu\cos\nu\alpha+B_\nu\sin\nu\alpha\right)\end{cases}$$

由此确定出

$$A_0=\varphi_0,\ A_\nu=0\ (\nu>0),\quad B_0=0,\ \nu=\frac{m\pi}{\alpha}\ (m=1,2,3,\cdots)$$

这样可以把两个导体平面相交区域中的电势分布表示为

$$\varphi(r,\phi)=\varphi_0+\sum_{m=1}^{\infty}B_m r^{m\pi/\alpha}\sin\left(\frac{m\pi}{\alpha}\phi\right) \tag{2.6-33}$$

其中，常数 $B_m$ 由远离尖角的某一曲面上的边界条件确定(本题没有给出这个条件).

当 $r \to 0$ 时，在式(2.6-33)中仅保留到一阶小量，则有

$$\varphi(r,\phi) \approx \varphi_0 + B_1 r^{\pi/\alpha} \sin\left(\frac{\pi}{\alpha}\phi\right) \tag{2.6-34}$$

对应的电场为

$$\begin{cases} E_r = -\dfrac{\partial \varphi}{\partial r} = -B_\nu \dfrac{\pi}{\alpha} \sin\left(\dfrac{\pi\phi}{\alpha}\right) r^{(\pi/\alpha)-1} \\ E_\phi = -\dfrac{1}{r}\dfrac{\partial \varphi}{\partial \phi} = -B_\nu \dfrac{\pi}{\alpha} \cos\left(\dfrac{\pi\phi}{\alpha}\right) r^{(\pi/\alpha)-1} \end{cases} \tag{2.6-35}$$

由此可以看出，当 $r \to 0$ 和 $\alpha > \pi$ 时，尖角处的电场很强. 对于一个位于电场中的导体，其尖锐边缘处的电场很强，这就是所谓的边缘效应.

3. 球坐标系

在球坐标系 $(r,\theta,\phi)$ 中，拉普拉斯方程解的形式为

$$\left[\frac{1}{r^2}\frac{\partial}{\partial r}\left(r^2\frac{\partial}{\partial r}\right) + \frac{1}{r^2 \sin\theta}\frac{\partial}{\partial \theta}\left(\sin\theta\frac{\partial}{\partial \theta}\right) + \frac{1}{r^2\sin^2\theta}\frac{\partial^2}{\partial \phi^2}\right]\varphi(r,\theta,\phi) = 0 \tag{2.6-36}$$

为了简化讨论，这里只讨论轴对称问题，即电势和电场的空间分布与方位角 $\phi$ 无关. 这样可以把方程(2.6-36)化简为

$$\left[\frac{1}{r^2}\frac{\partial}{\partial r}\left(r^2\frac{\partial}{\partial r}\right) + \frac{1}{r^2 \sin\theta}\frac{\partial}{\partial \theta}\left(\sin\theta\frac{\partial}{\partial \theta}\right)\right]\phi(r,\theta) = 0 \tag{2.6-37}$$

根据分离变量法，令 $\varphi(r,\theta) = R(r)\Theta(\theta)$，并代入式(2.6-37)，可以得到如下两个方程：

$$\frac{\mathrm{d}}{\mathrm{d}r}\left(r^2\frac{\mathrm{d}R}{\mathrm{d}r}\right) - \lambda R = 0 \tag{2.6-38}$$

$$\frac{\mathrm{d}}{\mathrm{d}\theta}\left(\sin\theta\frac{\mathrm{d}\Theta}{\mathrm{d}\theta}\right) + \lambda\sin\theta\ \Theta = 0 \tag{2.6-39}$$

其中，$\lambda$ 为分离变量过程中引入的常数.

根据数学物理方法，可以证明：仅当 $\lambda = l(l+1)$ $(l = 0,1,2,3,\cdots)$ 时，方程(2.6-39)才存在有界解，对应的本征函数为

$$\Theta = P_l(\cos\theta) \tag{2.6-40}$$

其中，$P_l(x)$ 是勒让德(Legendre)多项式 $(x = \cos\theta)$，它们的表示式为

$$\begin{cases} P_0(x)=1 \\ P_1(x)=x \\ P_2(x)=\dfrac{1}{2}(3x^2-1) \\ \cdots\cdots \\ P_l(x)=\displaystyle\sum_{n=0}^{l/2}(-1)^n\frac{(2l-2n)!}{2^l n!(l-n)!(l-2n)!}x^{l-2n} \end{cases} \tag{2.6-41}$$

而且满足如下正交归一性关系：

$$\int_{-1}^{1}P_k(x)P_l(x)\mathrm{d}x=\frac{2}{2l+1}\delta_{l,k} \tag{2.6-42}$$

将 $\lambda=l(l+1)$ 代入方程(2.6-38)，有

$$R(r)=A_l r^l+B_l r^{-(l+1)} \tag{2.6-43}$$

最后得到拉普拉斯方程在球坐标系中的一般解为

$$\varphi(r,\theta)=\sum_{l=0}^{\infty}(A_l r^l+B_l r^{-(l+1)})P_l(\cos\theta) \tag{2.6-44}$$

其中，叠加系数 $A_l$ 和 $B_l$ 由边界条件确定.

**例题 2.8** 一个半径为 $a$，介电常数为 $\varepsilon$ 的均匀介质球位于均匀的外电场 $\boldsymbol{E}_0$ 中，求介质球内外的电势分布和电场分布，见图 2-12.

**解** 当介质球处在外电场中时，介质球表面将被极化，出现极化电荷. 球外的总电场为极化电荷产生的电场与外电场之和，而介质球内部的电场仅为球面上极化电荷产生的电场. 由于在介质球内外没有自由电荷存在，所以电势分布满足拉普拉斯方程 $\nabla^2\varphi=0$.

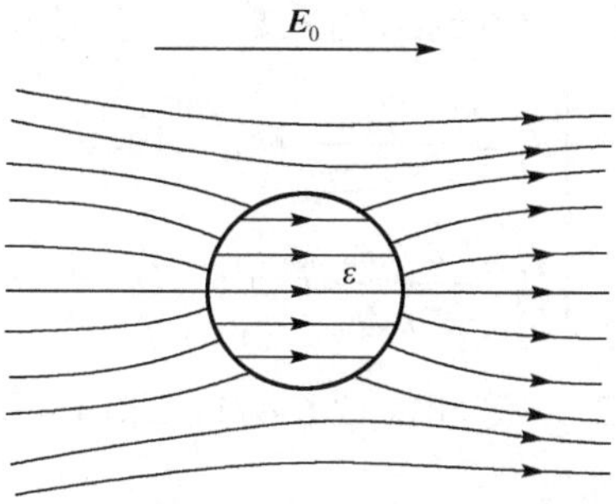


图 2-12

选取球坐标系，并以介质球的球心为坐标原点，以外电场的方向为极轴方向. 根据式(2.6-44)，则球内外的电势分布为

$$\varphi_1(r,\theta)=\sum_{l=0}^{\infty}A_l r^l P_l(\cos\theta)\quad(0<r<a)\tag{2.6-45}$$

$$\varphi_2(r,\theta)=\sum_{l=0}^{\infty}(C_l r^l+D_l r^{-(l+1)})P_l(\cos\theta)\quad(a<r)\tag{2.6-46}$$

其中，$A_l$、$C_l$及$D_l$为叠加系数，由边界条件来确定. 在式(2.6-45)中已经考虑到球心处的电势有限.

(1) 在无穷远处$(r\to\infty)$，球面上极化电荷产生的电场应为零，因此电场为$\boldsymbol{E}\big|_{r\to\infty}=E_0\boldsymbol{e}_z$，即$-\dfrac{\partial\varphi_2}{\partial z}\Big|_{r\to\infty}=E_0$，由此可以得到

$$\varphi_2\big|_{r\to\infty}=-E_0 z=-E_0 r\cos\theta$$

因此，可以把式(2.6-46)改写为

$$\varphi_2(r,\theta)=-E_0 r\cos\theta+\sum_{l=0}^{\infty}D_l r^{-(l+1)}P_l(\cos\theta)\qquad(a<r)\tag{2.6-47}$$

(2) 由于在球面上$(r=a)$没有自由电荷分布，电势满足如下边值关系：

$$\begin{cases}\varphi_1\big|_{r=a}=\varphi_2\big|_{r=a}\\ \varepsilon\left(-\dfrac{\partial\varphi_1}{\partial r}\right)\Big|_{r=a}=\varepsilon_0\left(-\dfrac{\partial\varphi_2}{\partial r}\right)\Big|_{r=a}\end{cases}\tag{2.6-48}$$

将式(2.6-45)和式(2.6-47)代入上面的边值关系，有

$$\begin{cases}\displaystyle\sum_{l=0}^{\infty}A_l a^l P_l(\cos\theta)=-E_0 a P_1(\cos\theta)+\sum_{l=0}^{\infty}D_l a^{-(l+1)}P_l(\cos\theta)\\ \displaystyle\varepsilon\left[\sum_{l=1}^{\infty}A_l l a^{l-1}P_l(\cos\theta)\right]=\varepsilon_0\left[-E_0P_1(\cos\theta)-\sum_{l=0}^{\infty}D_l(l+1)a^{-(l+2)}P_l(\cos\theta)\right]\end{cases}$$

分别比较上面两式左右边同阶$P_l(\cos\theta)$的系数，可以得到

$$\begin{cases}A_1=-\dfrac{3\varepsilon_0}{\varepsilon+2\varepsilon_0}E_0,\quad A_l=0\\ D_1=\dfrac{\varepsilon-\varepsilon_0}{\varepsilon+2\varepsilon_0}E_0a^3,\quad D_l=0\end{cases}\tag{2.6-49}$$

将得到的系数分别代入式(2.6-45)和式(2.6-47)，球内外的电势分布可以表示为

$$\begin{aligned}\varphi_1(r,\theta)&=-\frac{3\varepsilon_0}{\varepsilon+2\varepsilon_0}E_0 r\cos\theta\\ &=-\frac{3\varepsilon_0}{\varepsilon+2\varepsilon_0}\boldsymbol{E}_0\cdot\boldsymbol{r}\quad(0<r<a)\end{aligned}\tag{2.6-50}$$

$$\varphi_2(r,\theta) = -E_0 r\cos\theta + \frac{\varepsilon-\varepsilon_0}{\varepsilon+2\varepsilon_0}\frac{E_0 a^3\cos\theta}{r^2}$$
$$= -\boldsymbol{E}_0\cdot\boldsymbol{r} + \frac{\varepsilon-\varepsilon_0}{\varepsilon+2\varepsilon_0}\frac{a^3}{r^3}\boldsymbol{E}_0\cdot\boldsymbol{r} \quad (a<r) \tag{2.6-51}$$

下面进一步分析介质球的极化效应对电场分布的影响. 根据式(2.6-50)，可以得到介质球内部的电场为

$$\boldsymbol{E}_1 = -\nabla\varphi_1 = \frac{3\varepsilon_0}{\varepsilon+2\varepsilon_0}\boldsymbol{E}_0 \tag{2.6-52}$$

可见，球内的电场与外电场 $\boldsymbol{E}_0$ 的方向相同，但其值小于 $E_0$. 这是因为球面上的极化电荷产生的极化电场与外电场反向，使得总电场减弱.

为了计算球外的电场，我们先分析一下式(2.6-51)右边第二项的物理意义. 介质球内部的极化强度为

$$\boldsymbol{P} = \chi_e\varepsilon_0\boldsymbol{E}_1 = (\varepsilon-\varepsilon_0)\boldsymbol{E}_1 = 3\varepsilon_0\frac{\varepsilon-\varepsilon_0}{\varepsilon+2\varepsilon_0}\boldsymbol{E}_0 \tag{2.6-53}$$

对应的总电偶极矩为

$$\boldsymbol{p} = V_{球}\boldsymbol{P} = 4\pi a^3\varepsilon_0\frac{\varepsilon-\varepsilon_0}{\varepsilon+2\varepsilon_0}\boldsymbol{E}_0 \tag{2.6-54}$$

利用电偶极矩 $\boldsymbol{p}$ 的表示式，可以把式(2.6-51)改写为

$$\varphi_2(r,\theta) = -\boldsymbol{E}_0\cdot\boldsymbol{r} + \frac{\boldsymbol{p}\cdot\boldsymbol{r}}{4\pi\varepsilon_0 r^3} \quad (a<r) \tag{2.6-55}$$

可见上式右边的第二项为一个电偶极矩所产生的电势. 利用如下矢量微分公式：

$$\nabla\left(\boldsymbol{p}\cdot\frac{\boldsymbol{r}}{r^3}\right) = -\left[\frac{3(\boldsymbol{p}\cdot\boldsymbol{r})\boldsymbol{r}}{r^5} - \frac{\boldsymbol{p}}{r^3}\right]$$

可以得到球外的电场为

$$\boldsymbol{E} = -\nabla\varphi_2 = \boldsymbol{E}_0 + \frac{1}{4\pi\varepsilon_0}\left[\frac{3(\boldsymbol{p}\cdot\boldsymbol{r})\boldsymbol{r}}{r^5} - \frac{\boldsymbol{p}}{r^3}\right] \tag{2.6-56}$$

这说明在介质球外，可以把介质球的极化电荷等效为一个位于球心处的电偶极子，球外的总电场为电偶极子产生的电场与外电场之和.

## 2.7 电 像 法

在一些实际问题中，会遇到在导体附近有一个(或几个)点电荷存在的情况. 在

点电荷的作用下，导体表面将会出现感应电荷. 这时导体附近的总电场为点电荷产生的电场和导体表面感应电荷产生的电场之和. 然而，由于导体表面上感应电荷是未知的，按照通常的方法很难确定出电场分布.

下面介绍解决这类问题的一种特殊方法. 可用一个“假想”的点电荷来代替导体表面上的感应电荷，且假想的电荷位于求解区域的外部. 这样，根据静电场的唯一性定理，在所求解区域内任一处的总电势是由原来的点电荷(源电荷)和假想的点电荷(像电荷)共同产生的，但要满足给定的边界条件. 称这种方法为“电像法”. 在这种方法中，导体表面就像一面“镜子”，假想的像电荷为源电荷在镜子中的“像”. 在电像法中，最核心的问题是如何确定出像电荷的位置和电量. 下面通过几个具体的例子来说明如何运用电像法来解决静电学的一些特殊问题.

**例题 2.9**　设有一接地无限大的导体平面，在导体平面上方有一个正的点电荷，其电量为 $Q$，到导体平面的垂直距离为 $h$. 求上半空间的电势分布及导体表面上的感应电荷面密度.

**解**　在直角坐标系中，取导体平面位于 $z=0$ 的平面，并且 $z$ 轴通过点电荷所在的位置. 点电荷的位置为 $(0,0,h)$，如图 2-13 所示. 由于 $Q>0$，因此在导体平面上将感应出负电荷. 用一个像电荷 $Q'$ 来代替导体表面上的感应电荷. 为了满足导体表面上电势为零(因为导体接地)这一边界条件，像电荷只能位于下半平面，其位置为 $(0,0,-h)$，且电量为 $-Q$. 这样，在 $z>0$ 的区域内，电势分布为

$$\varphi=\frac{Q}{4\pi\varepsilon_0}\left(\frac{1}{\sqrt{x^2+y^2+(z-h)^2}}-\frac{1}{\sqrt{x^2+y^2+(z+h)^2}}\right) \tag{2.7-1}$$

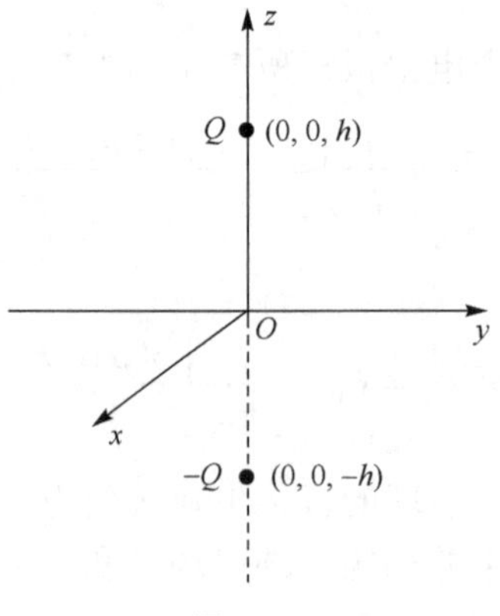


图 2-13

根据这个电势分布，可以确定出导体表面上感应电荷的面密度分布为

$$\sigma'=\varepsilon_0 E_z\big|_{z=0}=-\varepsilon_0\frac{\partial\varphi}{\partial z}\Big|_{z=0}=-\frac{Qh}{2\pi(r^2+h^2)^{3/2}} \tag{2.7-2}$$

其中，$r=\sqrt{x^2+y^2}$．很容易验证导体表面上的感应电荷量 $Q'$ 为

$$Q'=\int_{-\infty}^{\infty}\mathrm{d}x\int_{-\infty}^{\infty}\mathrm{d}y\sigma'(x,y)=\int_0^{\infty}\sigma'(r)2\pi r\mathrm{d}r=-Q$$

**例题 2.10**　在真空中有一半径为 $a$ 的接地导体球壳，在距球心为 $h$ 的地方放置一点电荷（$h>a$），其电量为 $Q$．求球外的电势分布及球面上的感应电荷面密度分布．

**解**　取球心为坐标原点 $O$，球心到点电荷的连线方向为 $z$ 轴，见图 2-14．在点电荷 $Q$ 的作用下，球面上将出现感应电荷．用一个位于球内的像电荷 $Q'$ 来等效地代替球面上的感应电荷．由于对称性，像电荷应位于 $OQ$ 的连线上，设它距球心的距离为 $h'$．

现在关键的问题是如何选取 $Q'$ 和 $h'$ 的值，使得球面上的电势为零．

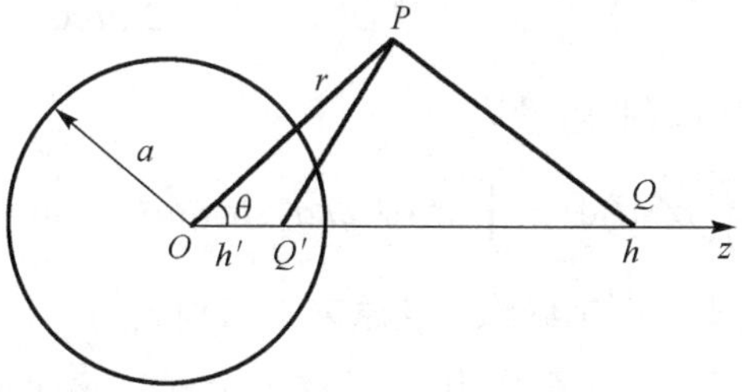


图 2-14

考虑球外任一点 $P$，它距球心的距离为 $r$．在 $P$ 点的电势为

$$\varphi=\frac{1}{4\pi\varepsilon_0}\left(\frac{Q}{\sqrt{r^2+h^2-2rh\cos\theta}}+\frac{Q'}{\sqrt{r^2+h'^2-2rh'\cos\theta}}\right)\tag{2.7-3}$$

其中，$\theta$ 为 $P$ 点的位置矢量 $\boldsymbol{r}$ 与 $z$ 轴的夹角．因为球面上 $(r=a)$ 的电势为零，则有

$$\frac{Q}{\sqrt{a^2+h^2-2ah\cos\theta}}=-\frac{Q'}{\sqrt{a^2+h'^2-2ah'\cos\theta}}$$

将上式两边平方，可以得到

$$Q'^2(a^2+h^2-2ah\cos\theta)=Q^2(a^2+h'^2-2ah'\cos\theta)$$

要使该式对任意的角度 $\theta$ 都成立，只能有

$$\begin{cases}Q^2(a^2+h'^2)=Q'^2(a^2+h^2)\\Q^2h'=Q'^2h\end{cases}$$

由此可以得到

$$\begin{cases}h'=a^2/h\\Q'=-aQ/h\end{cases}\tag{2.7-4}$$

或

$$\begin{cases} h' = h \\ Q' = Q \end{cases} \tag{2.7-5}$$

显然，由式(2.7-5)给出的结果不符合题意，应略去. 因此，像电荷的电量及距球心的距离由式(2.7-4)给出. 这样，球外的电势分布为

$$\varphi = \frac{1}{4\pi\varepsilon_0}\left(\frac{Q}{\sqrt{r^2+h^2-2rh\cos\theta}} - \frac{Q}{\sqrt{a^2+(h/a)^2r^2-2rh\cos\theta}}\right) \tag{2.7-6}$$

根据上面得到的电势分布，可以计算出球面上的感应电荷的密度分布

$$\sigma' = \varepsilon_0\left(-\frac{\partial\varphi}{\partial r}\right)\bigg|_{r=a} = -\frac{Q}{4\pi}\frac{h^2-a^2}{a\left(a^2+h^2-2ah\cos\theta\right)^{3/2}} \tag{2.7-7}$$

可以验证球面上的感应电荷的电量为

$$Q' = \oint_S \sigma'(\theta)\mathrm{d}S = \int_0^\pi \sigma'(\theta)2\pi a^2\sin\theta\mathrm{d}\theta = -aQ/h \tag{2.7-8}$$

如果导体球不是接地，而是绝缘，且原来不带电，则当一个电量为 $Q>0$ 的点电荷放在导体球附近时(离球心的距离为 $h$)，球面上就会感应出等量的正负电荷，但球面上的电势应该保持为一个常数. 这时仍可以用电像法确定球外的电势分布. 在这种情况下，可以假设存在两个像电荷 $\pm Q'$，其中像电荷 $Q'=-aQ/h$ 位于距球心为 $h'=a^2/h$ 处，它等效于球面上的感应负电荷；而像电荷 $-Q'$ 位于球心处，它等效于球面上的感应正电荷. 这样，球外任意一点的电势为

$$\varphi = \frac{1}{4\pi\varepsilon_0}\left(\frac{Q}{\sqrt{r^2+h^2-2rh\cos\theta}} + \frac{Q'}{\sqrt{r^2+h'^2-2rh'\cos\theta}} - \frac{Q'}{r}\right) \tag{2.7-9}$$

当 $r=a$ 时，上式右边括号内的前两项之和为零，这时球面的电势为

$$\varphi = -\frac{1}{4\pi\varepsilon_0}\frac{Q'}{a} = \frac{1}{4\pi\varepsilon_0}\frac{Q}{h} = \text{常数}$$

满足边界条件. 可见式(2.7-9)为该问题的唯一解.

由上述例题可以看出，电像法是唯一性定理的一个实际应用. 尽管这种方法可以巧妙地确定出电势分布，无须求解泊松方程，但它具有很大的局限性，要求所考虑的边界形状具有某种几何对称性.

## 2.8　格林函数法

前面已经看到，如果在一个有界区域中没有电荷分布，可以采用分离变量法来

求解拉普拉斯方程. 当所考虑的区域内有电荷分布存在时，电势分布服从泊松方程，这时分离变量法不再适用. 本节介绍如何采用格林函数来确定电势分布.

考虑在一个体积为 $V$ 的有界区域中，有连续电荷分布 $\rho(\boldsymbol{r})$. 电势分布 $\varphi(\boldsymbol{r})$ 服从泊松方程

$$\nabla^2\varphi(\boldsymbol{r})=-\frac{1}{\varepsilon_0}\rho(\boldsymbol{r}) \tag{2.8-1}$$

电势在边界 $S$ 上的取值一定，即

$$\varphi(\boldsymbol{r})\big|_S=f(\boldsymbol{r}_S) \tag{2.8-2}$$

其中，$\boldsymbol{r}_S$ 为边界上的点，法向 $\boldsymbol{n}$ 指向区域的外部. 下面将通过引入格林函数，把空间任意一点的电势 $\varphi(\boldsymbol{r})$ 用电荷密度 $\rho(\boldsymbol{r})$ 及电势在边界的取值 $f(\boldsymbol{r}_S)$ 表示.

假设有一个单位点电荷，位于 $\boldsymbol{r}'$ 点，它在空间某点 $\boldsymbol{r}$ 激发的电势 $G(\boldsymbol{r},\boldsymbol{r}')$ 满足的方程为

$$\nabla^2G(\boldsymbol{r},\boldsymbol{r}')=-\delta(\boldsymbol{r}-\boldsymbol{r}')/\varepsilon_0 \tag{2.8-3}$$

式中，$\delta(\boldsymbol{r}-\boldsymbol{r}')$ 为 $\delta$ 函数，它有如下性质：

$$\delta(\boldsymbol{r}-\boldsymbol{r}')=\begin{cases}0 & (\boldsymbol{r}\neq\boldsymbol{r}')\\ \infty & (\boldsymbol{r}=\boldsymbol{r}')\end{cases} \tag{2.8-4}$$

$$\int\delta(\boldsymbol{r}-\boldsymbol{r}')g(\boldsymbol{r}')\mathrm{d}V'=g(\boldsymbol{r}) \tag{2.8-5}$$

其中，$g(\boldsymbol{r})$ 为任意的连续函数. 称 $G(\boldsymbol{r},\boldsymbol{r}')$ 为格林函数，方程(2.8-3)为格林函数方程. 根据 $\delta$ 函数的性质，格林函数具有如下对称性：

$$G(\boldsymbol{r},\boldsymbol{r}')=G(\boldsymbol{r}',\boldsymbol{r}) \tag{2.8-6}$$

分别将方程(2.8-1)两边乘以函数 $G(\boldsymbol{r},\boldsymbol{r}')$ 和将方程(2.8-3)两边乘以函数 $\varphi(\boldsymbol{r})$，相减后进行体积分，可以得到

$$\begin{aligned}&\int_V\left[G(\boldsymbol{r},\boldsymbol{r}')\nabla^2\varphi(\boldsymbol{r})-\varphi(\boldsymbol{r})\nabla^2G(\boldsymbol{r},\boldsymbol{r}')\right]\mathrm{d}V\\&=\frac{1}{\varepsilon_0}\int_V\delta(\boldsymbol{r}-\boldsymbol{r}')\varphi(\boldsymbol{r})\mathrm{d}V-\frac{1}{\varepsilon_0}\int_V G(\boldsymbol{r},\boldsymbol{r}')\rho(\boldsymbol{r})\mathrm{d}V\end{aligned} \tag{2.8-7}$$

利用式(2.8-5)，可以进一步得到

$$\varphi(\boldsymbol{r}')=\int_V G(\boldsymbol{r},\boldsymbol{r}')\rho(\boldsymbol{r})\mathrm{d}V+\varepsilon_0\int_V[G(\boldsymbol{r},\boldsymbol{r}')\nabla^2\varphi(\boldsymbol{r})-\varphi(\boldsymbol{r})\nabla^2G(\boldsymbol{r},\boldsymbol{r}')]\mathrm{d}V \tag{2.8-8}$$

再利用第二格林公式

$$\int_V(\varphi\nabla^2\psi-\psi\nabla^2\varphi)\,\mathrm{d}V=\oint_S\left(\varphi\frac{\partial\psi}{\partial n}-\psi\frac{\partial\varphi}{\partial n}\right)\mathrm{d}S \tag{2.8-9}$$

可以把式(2.8-8)右边的第二项转化成面积分，有

$$\varphi(\boldsymbol{r}')=\int_V G(\boldsymbol{r},\boldsymbol{r}')\rho(\boldsymbol{r})\mathrm{d}V+\varepsilon_0\oint_S\left[G(\boldsymbol{r},\boldsymbol{r}')\frac{\partial\varphi(\boldsymbol{r})}{\partial n}-\varphi(\boldsymbol{r})\frac{\partial G(\boldsymbol{r},\boldsymbol{r}')}{\partial n}\right]\mathrm{d}S \quad (2.8\text{-}10)$$

将上式中的变量 $\boldsymbol{r}$ 和 $\boldsymbol{r}'$ 对调，并利用格林函数的对称性，有

$$\varphi(\boldsymbol{r})=\int_V G(\boldsymbol{r},\boldsymbol{r}')\rho(\boldsymbol{r}')\mathrm{d}V'+\varepsilon_0\oint_S\left[G(\boldsymbol{r},\boldsymbol{r}')\frac{\partial\varphi(\boldsymbol{r}')}{\partial n'}-\varphi(\boldsymbol{r}')\frac{\partial G(\boldsymbol{r},\boldsymbol{r}')}{\partial n'}\right]\mathrm{d}S' \quad (2.8\text{-}11)$$

很显然，上式右边的第一项和第二项分别来自于电荷源的贡献和边界的贡献. 也就是说，借助于格林函数，可以把空间任意一点的电势用源区的电荷密度和在边界上电势及其导数的取值来表示.

现在剩下的问题是如何确定出格林函数 $G(\boldsymbol{r},\boldsymbol{r}')$ . 仅由方程(2.8-3)不能完全确定出 $G(\boldsymbol{r},\boldsymbol{r}')$ 的形式，还必须规定 $G(\boldsymbol{r},\boldsymbol{r}')$ 所满足的边界条件. 对于第一类边界条件，即式(2.8-2)，可以选取格林函数满足第一类齐次边界条件

$$G(\boldsymbol{r},\boldsymbol{r}')\big|_S=0 \quad (2.8\text{-}12)$$

这时电势的表示式为

$$\varphi(\boldsymbol{r})=\int_V G(\boldsymbol{r},\boldsymbol{r}')\rho(\boldsymbol{r}')\mathrm{d}V'-\varepsilon_0\oint_S f(\boldsymbol{r}')\frac{\partial G(\boldsymbol{r},\boldsymbol{r}')}{\partial n'}\mathrm{d}S' \quad (2.8\text{-}13)$$

对于第一类边值问题，原则上可以根据方程(2.8-3)和边界条件(2.8-12)确定出格林函数，但在实际情况下，仅当区域的边界具有某种几何对称性(如球对称性)时，才可以确定出有界区域中格林函数的解析表示式.

下面以一个半径为 $a$ 的球形区域为例来进行讨论. 在这种情况下，格林函数的定解问题为

$$\begin{cases}\nabla^2 G(\boldsymbol{r},\boldsymbol{r}')=-\delta(\boldsymbol{r}-\boldsymbol{r}')/\varepsilon_0\\ G(\boldsymbol{r},\boldsymbol{r}')\big|_S=0\end{cases} \quad (2.8\text{-}14)$$

这相当于求解一个位于 $\boldsymbol{r}'$ 点的单位点电荷在一个接地的导体球内产生的电势，其中 $r'<a$. 根据 2.7 节的讨论，可以用电像法确定出像电荷的位置及电量

$$r_1=\frac{a^2}{r'},\quad q_1=-\frac{a}{r'} \quad (2.8\text{-}15)$$

格林函数为源电荷与像电荷产生的电势之和

$$G(\boldsymbol{r},\boldsymbol{r}') = \frac{1}{4\pi\varepsilon_0|\boldsymbol{r}-\boldsymbol{r}'|} + \frac{q_1}{4\pi\varepsilon_0|\boldsymbol{r}-\boldsymbol{r}_1|}$$

$$= \frac{1}{4\pi\varepsilon_0}\left[\frac{1}{\sqrt{r^2+r'^2-2rr'\cos\psi}} + \frac{q_1}{\sqrt{r^2+r_1^2-2rr_1\cos\psi}}\right] \tag{2.8-16}$$

其中，$\psi$ 是 $\boldsymbol{r}=(r,\theta,\phi)$ 与 $\boldsymbol{r}'=(r',\theta',\phi')$ 的夹角

$$\cos\psi = \sin\theta\sin\theta'\cos(\phi-\phi') + \cos\theta\cos\theta' \tag{2.8-17}$$

根据式(2.8-16)，进而可以求出格林函数在球面上（$r'=a$）的导数为

$$\left.\frac{\partial G}{\partial n'}\right|_S = \left.\frac{\partial G}{\partial r'}\right|_{r'=a} = -\frac{a^2-r^2}{4\pi\varepsilon_0 a(r^2+a^2-2ra\cos\psi)^{3/2}} \tag{2.8-18}$$

再将式(2.8-16)及式(2.8-18)代入式(2.8-13)，可以得到

$$\varphi(\boldsymbol{r}) = \int_0^a\int_0^\pi\int_0^{2\pi} G(\boldsymbol{r},\boldsymbol{r}')\rho(\boldsymbol{r}')\sin\theta' r'^2 \mathrm{d}r'\mathrm{d}\theta'\mathrm{d}\phi'$$

$$+\frac{a}{4\pi}\int_0^{2\pi}\int_0^\pi \frac{f(\theta',\phi')(a^2-r^2)}{(r^2+a^2-2ra\cos\psi)^{3/2}}\sin\theta'\mathrm{d}\theta'\mathrm{d}\phi' \tag{2.8-19}$$

这样，一旦给定电荷密度分布及电势在边界上的取值，由上式就可以给出球内任意一点的电势分布.

## 2.9 电多极展开

由 2.4 节的讨论可知，当所考虑的区域内有连续电荷分布 $\rho(\boldsymbol{r}')$ 时，在空间任意一点 $\boldsymbol{r}$ 处的电势为

$$\varphi(\boldsymbol{r}) = \frac{1}{4\pi\varepsilon_0}\int_V \frac{\rho(\boldsymbol{r}')\mathrm{d}V'}{|\boldsymbol{r}-\boldsymbol{r}'|} \tag{2.9-1}$$

取值积分遍及电荷分布的区域 $V$.

在一些实际问题中，电荷只分布在一个很小的区域内，如对于原子核及原子，电荷密度分布的线尺度分别为

$$l_{原子核} \sim 10^{-13}\ \mathrm{cm},\quad l_{原子} \sim 10^{-8}\ \mathrm{cm}$$

对于这种在小区域内分布的电荷体系，如果观察点到坐标原点的距离 $r$ 远大于电荷分布的线尺度 $l$，即 $r \gg l$，则 $r'/r$ 是一个小量. 根据勒让德多项式的生成函数公式，可以将式(2.9-1)中的因子 $|\boldsymbol{r}-\boldsymbol{r}'|^{-1}$ 展开成如下泰勒级数：

$$\frac{1}{|\boldsymbol{r}-\boldsymbol{r}'|}=\frac{1}{\sqrt{r^2+r'^2-2rr'\cos\psi}}$$
$$=\frac{1}{r}\frac{1}{\sqrt{1+(r'/r)^2-2(r'/r)\cos\psi}}$$
$$=\frac{1}{r}\sum_{n=0}^{\infty}\left(\frac{r'}{r}\right)^n P_n(\cos\psi) \tag{2.9-2}$$

其中，$P_n(\cos\psi)$为勒让德多项式，$\psi$为$\boldsymbol{r}'$与$\boldsymbol{r}$的夹角. 将式(2.9-2)代入式(2.9-1)，有

$$\varphi(\boldsymbol{r})=\frac{1}{4\pi\varepsilon_0 r}\int_V\sum_{n=0}^{\infty}\left(\frac{r'}{r}\right)^n P_n(\cos\psi)\rho(\boldsymbol{r}')\mathrm{d}V'$$
$$=\varphi_0+\varphi_1+\varphi_2+\cdots \tag{2.9-3}$$

其中，$\varphi_0$、$\varphi_1$及$\varphi_2$的表示式分别为

$$\varphi_0=\frac{1}{4\pi\varepsilon_0 r}\int_V P_0(\cos\psi)\rho(\boldsymbol{r}')\mathrm{d}V'=\frac{1}{4\pi\varepsilon_0 r}\int_V\rho(\boldsymbol{r}')\,\mathrm{d}V' \tag{2.9-4}$$

$$\varphi_1=\frac{1}{4\pi\varepsilon_0 r}\int_V\frac{r'}{r}P_1(\cos\psi)\rho(\boldsymbol{r}')\mathrm{d}V'=\frac{1}{4\pi\varepsilon_0 r^2}\int_V r'\cos\psi\rho(\boldsymbol{r}')\mathrm{d}V' \tag{2.9-5}$$

$$\varphi_2=\frac{1}{4\pi\varepsilon_0 r}\int_V\left(\frac{r'}{r}\right)^2 P_2(\cos\psi)\rho(\boldsymbol{r}')\mathrm{d}V'$$
$$=\frac{1}{8\pi\varepsilon_0 r^3}\int_V r'^2(3\cos^2\psi-1)\rho(\boldsymbol{r}')\mathrm{d}V' \tag{2.9-6}$$

这里已经利用了勒让德多项式前三项的表示式. 下面分析展开式前三项的物理意义.

(1) 对于零阶展开项$\varphi_0$，引入体系的电荷量

$$Q=\int_V\rho(\boldsymbol{r}')\mathrm{d}V' \tag{2.9-7}$$

可见，$\varphi_0$等价为一个位于坐标原点、电量为$Q$的点电荷所产生的库仑势

$$\varphi_0(\boldsymbol{r})=\frac{Q}{4\pi\varepsilon_0 r} \tag{2.9-8}$$

(2) 对于一阶展开项$\varphi_1$，考虑到

$$r'\cos\psi=\frac{\boldsymbol{r}\cdot\boldsymbol{r}'}{r}$$

可以把式(2.9-5)表示为

$$\varphi_1(\boldsymbol{r}) = \frac{\boldsymbol{p}\cdot\boldsymbol{r}}{4\pi\varepsilon_0 r^3} \tag{2.9-9}$$

其中

$$\boldsymbol{p} = \int_V \rho(\boldsymbol{r}')\boldsymbol{r}'\mathrm{d}V' \tag{2.9-10}$$

$\boldsymbol{p}$ 为带电体系的电偶极矩. 可见，$\varphi_1$ 等价为一个位于坐标原点的电偶极矩 $\boldsymbol{p}$ 所产生的电势. 很容易看出，对于给定的电偶极矩，$\varphi_1$ 反比于 $r^2$. 与零阶展开项 $\varphi_0$ 相比，$\varphi_1$ 是一个小量. 此外，当电荷密度分布具有球对称性时，即 $\rho(\boldsymbol{r}') = \rho(r')$，电偶极矩为零，一阶展开项消失.

(3) 对于二阶展开项 $\varphi_2$，利用张量的双点积定义，见式(1.3-6)，很容易证明

$$(3\boldsymbol{r}'\boldsymbol{r}' - r'^2\overleftrightarrow{\boldsymbol{I}}):(3\boldsymbol{r}\boldsymbol{r} - r^2\overleftrightarrow{\boldsymbol{I}}) = 3r^2r'^2(3\cos^2\psi - 1)$$

由此可以把式(2.9-6)改写为

$$\varphi_2 = \frac{\overleftrightarrow{\boldsymbol{D}}:(3\boldsymbol{r}\boldsymbol{r} - r^2\overleftrightarrow{\boldsymbol{I}})}{24\pi\varepsilon_0 r^5} \tag{2.9-11}$$

其中

$$\overleftrightarrow{\boldsymbol{D}} = \int_V \rho(\boldsymbol{r}')(3\boldsymbol{r}'\boldsymbol{r}' - r'^2\overleftrightarrow{\boldsymbol{I}})\mathrm{d}V' \tag{2.9-12}$$

$\overleftrightarrow{\boldsymbol{D}}$ 为带电体的电四极矩张量，$\overleftrightarrow{\boldsymbol{I}}$ 为单位张量. 可见，$\varphi_2$ 等价于一个电四极矩产生的势. 对于给定的电四极矩，电势的二阶展开项 $\varphi_2$ 反比于 $r^3$，它是一个更高阶的小量.

由式(2.9-12)可以看出，电四极矩是一个对称张量，即

$$D_{xy} = D_{yx},\ D_{yz} = D_{zy},\ D_{xz} = D_{zx} \tag{2.9-13}$$

此外，还可以验证，有如下式子成立：

$$D_{xx} + D_{yy} + D_{zz} = 0 \tag{2.9-14}$$

这样电四极矩的 9 个分量中只有 5 个是独立的.

当电荷分布具有球对称性时，利用直角坐标 $(x,y,z)$ 与球坐标 $(r,\theta,\phi)$ 之间的变换关系式

$$x = r\sin\theta\cos\phi,\quad y = r\sin\theta\sin\phi,\quad z = r\cos\theta,\quad \mathrm{d}V = r^2\sin\theta\mathrm{d}r\mathrm{d}\theta\mathrm{d}\phi$$

可以证明，有

$$\begin{cases} D_{xx} = D_{yy} = D_{zz} = 0 \\ D_{xy} = D_{yz} = D_{zx} = 0 \end{cases} \tag{2.9-15}$$

即电四极矩张量为零.

当电荷分布具有轴对称性时，即 $\rho(\boldsymbol{r}) = \rho(r_\perp, z)$，利用如下直角坐标 $(x,y,z)$ 与柱坐标 $(r_\perp,\phi,z)$ 之间的变换关系：

$$x = r_\perp \cos\phi,\ y = r_\perp \sin\phi,\ z = z,\ \mathrm{d}V = r_\perp \mathrm{d}r_\perp \mathrm{d}\phi \mathrm{d}z$$

可以证明，有

$$D_{xy} = D_{yz} = D_{zx} = 0,\quad D_{xx} = D_{yy} = -\frac{1}{2}D_{zz} \tag{2.9-16}$$

即电四极矩张量可以由一个分量 $D_{zz}$ 来表示

$$\overleftrightarrow{\boldsymbol{D}} = -\frac{1}{2}D_{zz}(\overleftrightarrow{\boldsymbol{I}} - 3\boldsymbol{e}_z\boldsymbol{e}_z) \tag{2.9-17}$$

其中

$$D_{zz} = \int_V \rho(r'_\perp, z')(3z'^2 - r'^2)\mathrm{d}V' \tag{2.9-18}$$

通过远场测量一个带电体系的电四极势，就可以推断出体系的电荷分布形状. 在原子核物理中，电四极矩是一个重要的物理量，它反映了原子核的变形程度.

**例题 2.11** 有一对正电荷和一对负电荷分布在 $z$ 轴上，正负电荷的电量分别为 $\pm Q$，其中两个正电荷分别位于 $z = \pm a$，而两个负电荷都位于 $z = 0$，见图 2-15. 求解该带电体系在空间某点 $\boldsymbol{r}$ 产生的电势，其中 $r \gg 2a$.

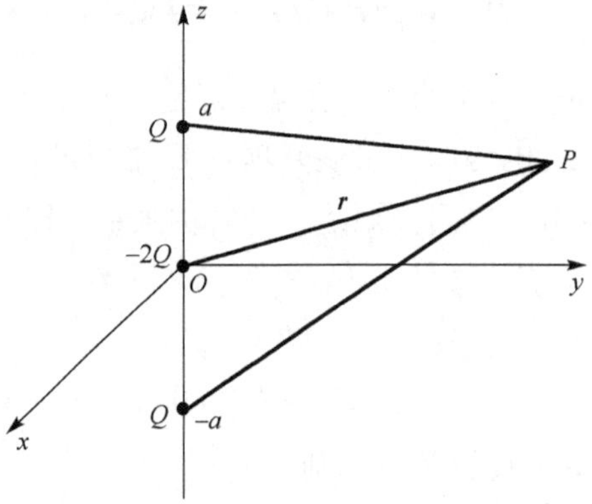


图 2-15

**解** 该带电体系的电荷密度分布为

$$\rho(\boldsymbol{r}) = Q[\delta(z-a) + \delta(z+a) - 2\delta(z)]\delta(x)\delta(y)$$

由此可以很容易计算出体系的总电荷 $Q$ 和电偶极矩 $\boldsymbol{p}$ 都为零，但电四极矩张量不为零. 由于该电荷体系具有轴对称性分布，因此有

$$D_{xx} = D_{yy} = -\frac{1}{2}D_{zz}$$

电四极矩的其他分量均为零. 根据式(2.9-12)，可以得到

$$D_{zz}=4Qa^2, \quad D_{xx}=D_{yy}=-2Qa^2$$

电四极矩的其他分量均为零. 由此可以得到

$$\overleftrightarrow{\boldsymbol{D}}=-2Qa^2(\overleftrightarrow{\boldsymbol{I}}-3\boldsymbol{e}_z\boldsymbol{e}_z)$$

根据式(2.9-11)，该带电体系在空间任意一点产生的电势为

$$\varphi_2(\boldsymbol{r})=\frac{Qa^2}{4\pi\varepsilon_0 r^3}(3\cos^2\theta-1)$$

其中，$\theta$ 为观察点的位置矢量与 $z$ 轴的夹角.

## 2.10 静 电 能

### 1. 点电荷体系的静电能

首先让我们考虑由两个点电荷构成的带电体系，它们的电量分别为 $Q_1$ 和 $Q_2$，分别位于 $\boldsymbol{r}_1$ 和 $\boldsymbol{r}_2$. 电荷在空间任意一点 $\boldsymbol{r}$ 处产生的电场和电势分别为

$$\boldsymbol{E}_i(\boldsymbol{r})=\frac{Q_i(\boldsymbol{r}-\boldsymbol{r}_i)}{4\pi\varepsilon_0|\boldsymbol{r}-\boldsymbol{r}_i|^3} \quad (i=1,2) \tag{2.10-1}$$

$$\varphi_i(\boldsymbol{r})=\frac{Q_i}{4\pi\varepsilon_0|\boldsymbol{r}-\boldsymbol{r}_i|} \quad (i=1,2) \tag{2.10-2}$$

电荷 $Q_1$ 在电场 $\boldsymbol{E}_2$ 作用下所受的力为 $\boldsymbol{F}_{12}=Q_1\boldsymbol{E}_2$. 该力将电荷 $Q_1$ 从无穷远处移动到 $\boldsymbol{r}_1$ 所做的功为

$$W_{12}=\int_{\infty}^{r_1}Q_1\boldsymbol{E}_2(\boldsymbol{r})\cdot\mathrm{d}\boldsymbol{L}=\frac{Q_1Q_2}{4\pi\varepsilon_0|\boldsymbol{r}_1-\boldsymbol{r}_2|} \tag{2.10-3}$$

即为点电荷 $Q_1$ 在势场 $\varphi_1$ 中的静电能. 同样，可以得到力 $\boldsymbol{F}_{21}=Q_2\boldsymbol{E}_1$ 把电荷 $Q_2$ 从无穷远处移动到 $\boldsymbol{r}_2$ 所做的功为

$$W_{21}=\int_{\infty}^{r_2}Q_2\boldsymbol{E}_1(\boldsymbol{r})\cdot\mathrm{d}\boldsymbol{L}=\frac{Q_1Q_2}{4\pi\varepsilon_0|\boldsymbol{r}_1-\boldsymbol{r}_2|} \tag{2.10-4}$$

可见 $W_{12}=W_{21}$. 这样，两个带电粒子体系的静电能为

$$W_{\mathrm{e}}=\frac{1}{2}(W_{12}+W_{21})=\frac{Q_1Q_2}{4\pi\varepsilon_0|\boldsymbol{r}_1-\boldsymbol{r}_2|} \tag{2.10-5}$$

可以把上面的结果推广到由 $n$ 个带电粒子构成的带电体系中. 这时带电体系的相互作用静电能为

$$W_e = \sum_{i=1}^{n}\sum_{j=1}^{i-1}\frac{Q_iQ_j}{4\pi\varepsilon_0\left|\boldsymbol{r}_i-\boldsymbol{r}_j\right|} \equiv \sum_{i=1}^{n}Q_i\sum_{j=1}^{i-1}\varphi(\boldsymbol{r}_{ij}) \tag{2.10-6}$$

其中，$\boldsymbol{r}_{ij}=\left|\boldsymbol{r}_i-\boldsymbol{r}_j\right|$. 考虑到$Q_i\varphi(\boldsymbol{r}_{ij})=Q_j\varphi(\boldsymbol{r}_{ji})$，可以把上式写成如下对称形式：

$$W_e = \frac{1}{2}\sum_{i=1}^{n}Q_i\left(\sum_{j\neq i=1}^{n}\varphi(\boldsymbol{r}_{ij})\right) \equiv \frac{1}{2}\sum_{i=1}^{n}Q_i\varphi_i \tag{2.10-7}$$

其中，$\varphi_i=\sum\limits_{j\neq i=1}^{n}\varphi(\boldsymbol{r}_{ij})$，它的物理意义是：除了电荷$Q_i$外，其余电荷在$\boldsymbol{r}_i$点产生的电势之和.

2. 连续电荷分布体系的静电能

假设在一个区域$V$内有一连续电荷分布$\rho(\boldsymbol{r})$的带电体. 可以把该带电体分割成很多小体积元$\Delta V$，每一个体积元相当于一个“点电荷”，对应的电量为$\Delta Q_i=\rho(\boldsymbol{r}_i)\Delta V$. 这样由式(2.10-7)，可以得到该连续带电体的静电能为

$$W_e = \frac{1}{2}\sum_{i=1}^{n}\rho(\boldsymbol{r}_i)\Delta V\varphi(\boldsymbol{r}_i) = \frac{1}{2}\int_V \rho(\boldsymbol{r})\varphi(\boldsymbol{r})\mathrm{d}V \tag{2.10-8}$$

其中，积分遍及带电体所占的区域，这里的$\varphi(\boldsymbol{r})$为整个带电体在空间$\boldsymbol{r}$点所产生的电势. 对于连续的面电荷分布和线电荷分布，类似地可以得到

$$W_e = \frac{1}{2}\int_S \sigma(\boldsymbol{r})\varphi(\boldsymbol{r})\,\mathrm{d}S \tag{2.10-9}$$

$$W_e = \frac{1}{2}\int_L \lambda(\boldsymbol{r})\varphi(\boldsymbol{r})\,\mathrm{d}L \tag{2.10-10}$$

其中，$\sigma$和$\lambda$分别是面电荷密度和线电荷密度.

利用电场方程$\nabla\cdot\boldsymbol{D}=\rho$，可以进一步把式(2.10-8)改写为

$$W_e = \frac{1}{2}\int(\nabla\cdot\boldsymbol{D})\,\varphi\mathrm{d}V$$

再利用

$$\nabla\cdot(\varphi\boldsymbol{D}) = \varphi\nabla\cdot\boldsymbol{D}+\boldsymbol{D}\cdot\nabla\varphi$$

可以进一步得到

$$\begin{aligned} W_e &= \frac{1}{2}\int\nabla\cdot(\varphi\boldsymbol{D})\mathrm{d}V - \frac{1}{2}\int\boldsymbol{D}\cdot\nabla\varphi\mathrm{d}V \\ &= \frac{1}{2}\oint_S\varphi\boldsymbol{D}\cdot\mathrm{d}\boldsymbol{S} - \frac{1}{2}\int\boldsymbol{D}\cdot\nabla\varphi\mathrm{d}V \end{aligned} \tag{2.10-11}$$

注意，尽管带电体的电荷密度分布在一个有限的区域内，但它所产生的电场可以在很大的区域内存在. 当积分区域扩展到无限大，即 $r \to \infty$ 时，有

$$\varphi \boldsymbol{D} \sim \frac{1}{r^3}$$

因此，有

$$\oint_S \varphi \boldsymbol{D} \cdot \mathrm{d}\boldsymbol{S} \to 0 \quad (r \to \infty)$$

再把 $\boldsymbol{D} = \varepsilon \boldsymbol{E}$ 代入上式，可以把连续带电体的静电能用电场来表示

$$W_{\mathrm{e}} = \frac{\varepsilon}{2} \int |\boldsymbol{E}|^2 \, \mathrm{d}V \tag{2.10-12}$$

其中，$\varepsilon$ 为介电常数. 注意式(2.10-12)的积分区域遍及电场分布的区域.

**例题 2.12**　求半径为 $a$、带电量为 $Q$ 的导体球的静电能.

**解**　可以用两种方法来计算静电能.

方法一：由于导体球的电荷只分布在其表面上，其球上的电势为常数

$$\varphi = \frac{Q}{4\pi\varepsilon_0 a}$$

这样根据式(2.10-9)，可以得到导体球的静电能为

$$W_{\mathrm{e}} = \frac{1}{2} \oint_S \sigma \varphi \mathrm{d}S = \frac{1}{2} Q \varphi = \frac{Q^2}{8\pi\varepsilon_0 a}$$

方法二：在导体球内部，电场为零；而在导体球外部，电场等价于一个电量为 $Q$ 的点电荷所产生的电场，即

$$\boldsymbol{E} = \frac{Q}{4\pi\varepsilon_0} \frac{\boldsymbol{r}}{r^3}$$

根据式(2.10-12)，有

$$\begin{aligned} W_{\mathrm{e}} &= \frac{\varepsilon_0}{2} \int_{\text{球外}} |\boldsymbol{E}|^2 \, \mathrm{d}V = \frac{\varepsilon_0}{2} \int_a^{\infty} \left( \frac{Q}{4\pi\varepsilon_0 r^2} \right)^2 4\pi r^2 \mathrm{d}r \\ &= \frac{Q^2}{8\pi\varepsilon_0} \int_a^{\infty} \frac{\mathrm{d}r}{r^2} = \frac{Q^2}{8\pi\varepsilon_0 a} \end{aligned}$$

可以看到，两种方法得到的静电能是一样的.

### 3. 小带电体与外电场的相互作用能

下面再讨论一个小的带电体与外电场的相互作用能. 假设一个很小的带电体位

于外电场 $\boldsymbol{E}(\boldsymbol{r})$ 中，其电荷分布为 $\rho(\boldsymbol{r})$，体积为 $V$. 假设与外电场对应的外电势分布为 $\varphi(\boldsymbol{r})$. 小带电体与外电场的相互作用能为

$$W = \int_V \rho(\boldsymbol{r})\varphi(\boldsymbol{r})\,\mathrm{d}V \tag{2.10-13}$$

由于带电体的线尺度很小，可以把电势在带电体系内的某点 $r_0$ 做泰勒展开. 为讨论方便，把 $r_0$ 取为坐标原点，即 $r_0 = 0$. 这样可以把外电势展开成如下形式：

$$\varphi(\boldsymbol{r}) \approx \varphi(0) + \boldsymbol{r}\cdot(\nabla\varphi)\big|_{r=0} + \frac{1}{2}\boldsymbol{rr}:(\nabla\nabla\varphi)\big|_{r=0} + \cdots \tag{2.10-14}$$

其中，$\boldsymbol{r}$ 在区域 $V$ 取值. 由于在所考虑的区域 $V$ 内外电场是一个无源场，因此有

$$\nabla^2\varphi = 0$$

这样可以把式(2.10-14)改写为

$$\varphi(\boldsymbol{r}) \approx \varphi(0) + \boldsymbol{r}\cdot(\nabla\varphi)\big|_{r=0} + \frac{1}{6}(3\boldsymbol{rr} - r^2\overleftrightarrow{\boldsymbol{I}}):(\nabla\nabla\varphi)\big|_{r=0} + \cdots \tag{2.10-15}$$

将上式代入式(2.10-13)，可以得到

$$W = W_0 + W_1 + W_2 + \cdots \tag{2.10-16}$$

其中，展开式的第一项

$$W_0 = \left[\int_V \rho(\boldsymbol{r})\mathrm{d}V\right]\varphi(0) = Q\varphi(0) \equiv Q\varphi_0 \tag{2.10-17}$$

是带电体系的电荷集中于坐标原点时在外电场中的能量；展开式的第二项

$$W_1 = \left[\int_V \rho(\boldsymbol{r})\boldsymbol{r}\mathrm{d}V\right]\cdot(\nabla\varphi)\big|_{r=0} = -\boldsymbol{p}\cdot\boldsymbol{E}_0 \tag{2.10-18}$$

是电荷体系的电偶极矩 $\boldsymbol{p}$ 在外电场中的能量；展开式的第三项

$$W_2\left[\int_V \rho(\boldsymbol{r})\frac{1}{6}(3\boldsymbol{rr} - r^2\overleftrightarrow{\boldsymbol{I}})\mathrm{d}\boldsymbol{V}\right]:(\nabla\nabla\varphi)\,|_{r=0} = -\frac{1}{6}\overleftrightarrow{\boldsymbol{D}}:\nabla\boldsymbol{E} \tag{2.10-19}$$

是带电体系的电四极矩在外电场中的能量. 这样，我们可以把一个小的带电体系在外电场中的能量等价于一个点电荷、电偶极矩、电四极矩等在外电场中的能量.

由上面的展开式可以看出，带电体系在外电场中的能量不仅与电偶极矩和外电场的大小有关，还与两者的相对取向有关. 如果电偶极矩的取向与外电场的方向垂直，电偶极矩在外电场中的能量为零. 此外，还可以看到，如果外电场是均匀的，带电体系的电四极矩在外电场中的能量为零.

## 本 章 小 结

库仑定律是静电学的基础. 由库仑定律引出静电场和静电势的概念，给出静电

场和静电势的积分表示式. 运用矢量分析，进一步推导出静电场的微分方程和积分方程. 在此基础上，又讨论了介质的极化现象和介质中的静电场. 为了避免与电磁学课程内容的重复，本章的重点是静电场的边值关系、静电学的唯一性定理、静电场(势)的求解方法以及静电场的能量. 此外，还要做如下几点说明：

(1)唯一性定理是静电学的一个重要的概念，它告诉人们在什么样的边界条件下泊松方程的解是唯一的. 根据唯一性定理，可以采用不同方法来求解泊松方程，但其结果都是一样的.

(2)实际上，静电学的问题在数学上已归结为求解泊松方程或拉普拉斯方程的问题. 本章介绍了不同的求解方法，其中最常用的是分离变量法，但前提条件是在所求解的区间内没有自由电荷分布.

(3)采用分离变量法求解拉普拉斯方程时要用到静电场的边值关系. 对于导体，其边界条件为导体表面上的电势或电量已知. 在两种介质的交界面上，要用到电势和电位移矢量法线分量的衔接条件. 除此之外，在一些情况下，还要用到一些自然边界条件，如在球心处或在无穷远处的电势值应有限.

(4)在电多极展开方法中，不管一个带电体的电荷分布如何，它在远处产生的静电势可以近似地等效于一个点电荷(零阶近似)、一个电偶极矩(一阶近似)和一个电四极矩(二阶近似)所产生的电势之和，其中电偶极矩和电四极矩是两个重要的概念. 应掌握电偶极矩所产生的电势及电场的表示，以及电四极矩的计算方法.

(5)有两种不同的方法来计算静电场的能量，一种方法是基于电荷密度和电势分布，另一种方法是基于电场强度和电位移矢量. 两种方法中所对应的积分区域不同.

## 物理学家简介(一)：库仑

查利·奥古斯丁·库仑(Charles-Augustin de Coulomb，1736—1806)，法国工程师、物理学家，主要成就：建立了点电荷之间相互作用的库仑定律.

库仑

库仑于1736年6月14日出生于法国昂古莱姆. 1761年毕业于军事工程学校，进入西印度马提尼克皇家工程公司工作. 工作了八年以后，他又在埃克斯岛瑟堡等地服役. 他在服役期间就已开始从事科学研究工作，主要精力放在研究工程力学和静力学问题上，并于1773年发表了有关材料强度的论文. 1777年他参与了改良航海指南针的研究工作，并成功地设计了新的指南针. 1782年他当选为法国科学院院士. 1785年库仑利用自己发明的扭秤，测量了两个点电荷之间的相互作用力，并建立了静电学中著名的库仑定律. 库仑定律是电学发展史上的第一个定量规律，使电学的研究从定性进入定量阶段，是电学史中上的一个重要的里程碑. 为纪念他对物理学的重要贡献，人们以他的姓氏来命名电荷的单位. 法国大革命时期，库仑辞去公职，在布卢瓦附近乡村过隐居生活. 拿破仑执政后，他返回巴黎，继续进行研究工作. 1802 年，拿破仑任命他为教育委员会委员，1805 年升任教育监督主任. 1806 年 8 月 23 日，库仑在巴黎逝世，享年 70 岁.

（注：该简介的内容是根据百度搜索整理而成，人物肖像也是源自百度搜索）

## 习　题

1．证明均匀介质内部的束缚电荷密度 $\rho_p$ 等于自由电荷密度 $\rho$ 的 $-\left(1-\dfrac{\varepsilon_0}{\varepsilon}\right)$ 倍，其中 $\varepsilon$ 为介质的介电常数.

2．一个内外半径分别为 $a_1$ 和 $a_2$ 的空心介质球，其介电常数为 $\varepsilon$，且内部均匀带电，自由电荷密度为 $\rho_0$. 求：(1) 空间各点的电场分布；(2) 束缚电荷的体密度和面密度.

3．半径为 $a_1$ 的金属球带有电量 $Q$，被一内外半径为分别 $a_2$ 和 $a_3$ 的两个同心均匀介质球壳包裹(其中 $a_1<a_2<a_3$，介电常数为 $\varepsilon$). 求：(1) 空间各处的电场强度；(2) 分界面上束缚电荷面密度.

4．在一个平行板电容器内部填满两层均匀介质，其厚度分别为 $d_1$ 和 $d_2$，介电常数分别为 $\varepsilon_1$ 和 $\varepsilon_2$，且在两个金属平行板之间施加电压 $V$. 求两个平行板上的自由电荷面密度 $\sigma_f$.

5. 在均匀外电场 $\boldsymbol{E}_0$ 中放置半径为 $a$ 的导体球. 试用分离变量法求解如下两种情况下球外的电势分布：

(1) 导体球与一电池连接，其球面电势保持为 $\varphi_0$；

(2) 导体球带电，其带电量为 $Q$.

6．在均匀外电场 $\boldsymbol{E}_0$ 中放置一个带有均匀自由电荷密度 $\rho$ 的绝缘介质球，其介电常数为 $\varepsilon$，半径为 $a$. 求空间各点的电势分布.

7．在一半径为 $a$ 的匀质介质球的球心处放置一点电荷，其电量为 $Q_0$，介质球的介电常数为 $\varepsilon$，球外为真空. 试用分离变量法求电势的空间分布，并与用高斯定理得到的结果进行比较.

8．在介电常数为 $\varepsilon$、半径为 $a$ 的介质球中心放置一极矩为 $\boldsymbol{p}$ 的自由偶极子，球外为真空. 求空间各点的电势分布和球面上的极化电荷面密度.

9．半径为 $a$ 的导体球外充满介电常数为 $\varepsilon$ 的绝缘介质，其中导体球接地，并在

离球心为 $b$ 的地方（$b>a$）放置一电量为 $q$ 的点电荷. 试用分离变量法求解球外的电势分布，并证明所得结果与电像法结果相同.

10．有一接地的薄导体球壳，其半径为 $a$. 在离球心为 $b$ 的位置（$b<a$）放置一电量为 $q$ 的点电荷. 试用电像法求解电势分布.

11．一个带电体是由一对正电荷和一对负电荷组成的，正负电荷的电量分别为 $\pm Q$，它们都分布在 $z$ 轴上，其中两个正电荷分别位于 $z=\pm b$，而两个负电荷分别位于 $z=\pm a$（其中 $a<b$）. 求解该带电体系的电四极矩及在空间某点 $\boldsymbol{r}$ 产生的电势.

12．计算半径为 $a$、电量为 $Q$ 的匀质带电圆环的电四极矩及其电势分布.

13．计算半径为 $a$、电量为 $Q$ 的匀质带电圆盘的电四极矩及其电势分布.

# 第 3 章　静　磁　场

由第 2 章的讨论可知，静止的电荷可以产生静电场. 同样，稳恒的电流可以产生静磁场. 稳恒电流是由导体中的带电粒子在稳恒电场的作用下定向运动引起的，这说明电现象与磁现象不能截然分开. 但在稳恒情况下，电场和磁场不发生直接联系，是间接联系的，因此可以把静磁场和静电场分开来讨论.

本章首先将从静磁场的实验定律——毕奥-萨伐尔定律出发，分别建立静磁场在真空和磁化介质中所满足的微分和积分方程及在界面上的边值关系；其次，引入磁矢势来描述磁场，并介绍磁矢势满足的方程以及磁矢势的多极展开方法；最后，介绍静磁场的磁标势描述法以及静磁能.

## 3.1　电荷守恒定律及稳恒电流

### 1. 电流的概念

从微观上看，电流是由电荷的定向运动形成的. 假设所考虑的系统是由正负两种带电粒子(如金属中的离子实和价电子)构成的，它们的电荷密度分别为 $\rho_+$ 和 $\rho_-$，而且两种带电粒子的定向运动速度分别为 $\boldsymbol{u}_+$ 和 $\boldsymbol{u}_-$. 定义系统的电荷密度 $\rho$ 和电流密度 $\boldsymbol{J}$ 分别为

$$\rho = \rho_- + \rho_+ \tag{3.1-1}$$

$$\boldsymbol{J} = \rho_+\boldsymbol{u}_+ + \rho_-\boldsymbol{u}_- \tag{3.1-2}$$

这样，通过任意曲面 $S$ 的电流强度为

$$I = \int_S \boldsymbol{J} \cdot \mathrm{d}\boldsymbol{S} \tag{3.1-3}$$

对于金属导体材料，离子实基本上是不运动的，电流主要来自于价电子的定向运动.

### 2. 电荷守恒定律

考虑任意一个区域的体积 $V$ 内，包围该区域的闭合曲面的面积为 $S$. 如果有电荷从该区域流出，那么该区域的电荷必然要减少. 在任意时刻，从任意闭合曲面 $S$ 流出的电荷必然要等于曲面内电荷的减少，即

$$\oint_S \boldsymbol{J} \cdot \mathrm{d}\boldsymbol{S} = -\frac{\partial}{\partial t}\int_V \rho \mathrm{d}V \tag{3.1-4}$$

这就是电荷守恒定律的积分形式. 再利用散度定理，把上式左边的面积分转化成体积分，可以得到

$$\frac{\partial \rho}{\partial t} + \nabla \cdot \boldsymbol{J} = 0 \tag{3.1-5}$$

该方程为电荷守恒定律的微分形式，也称为电流连续性方程. 实际上，电荷守恒定律是电磁理论中一条最基本的实验定律. 不论所考虑的系统内部发生什么过程(如化学反应过程，甚至核反应过程)，电荷守恒定律都成立.

需要强调的是，在一般情况下，单纯对正电荷系统或负电荷系统，电荷守恒定律是不成立的. 例如，对于由惰性气体放电形成的等离子体，它是由正离子和电子构成的. 在气体电离时，单位体积内电离产生的正离子的个数和电子的个数相等. 单纯对电子或正离子系统而言，它们的电荷数都不守恒，但作为一个整体，电荷数却是守恒的.

如果所考虑的区域 $V$ 是全空间，$S$ 为无穷远界面，那么在全空间的表面上电流的通量积分为零，因此有

$$\frac{\mathrm{d}}{\mathrm{d}t}\int_{V\to\infty} \rho \mathrm{d}V = -\oint_{S\to\infty} \boldsymbol{J} \cdot \mathrm{d}\boldsymbol{S} = 0 \tag{3.1-6}$$

该式表明，在全空间中总电荷是守恒的，即电流密度沿一个全空间中的封闭曲面的积分为零.

### 3. 稳恒电流

在稳态情况下，电流密度不随时间变化，因此有

$$\nabla \cdot \boldsymbol{J} = 0 \tag{3.1-7}$$

该式表明，稳恒电流是无源的，电流线是闭合的曲线. 也就是说，稳恒电流只能在闭合回路中流动. 这里需要强调一下，本章所讨论的静磁场是由稳恒电流产生的，因此在后面讨论静磁场的性质时，要用到式(3.1-7).

在导体中，带电粒子在稳恒电场 $\boldsymbol{E}$ 作用下做定向运动而形成稳恒电流. 电流密度与电场之间的关系由欧姆定律确定

$$\boldsymbol{J} = \sigma \boldsymbol{E} \tag{3.1-8}$$

其中，$\sigma$ 是导体的电导率. 尽管欧姆定律是一个实验定律，但我们将在 4.1 节中从理论上给以推导. 需要说明的是，没有外来电动势的维持，在导体中不可能形成稳恒电流. 因为电场可以对稳恒电流做功

$$\boldsymbol{J}\cdot\boldsymbol{E}=\frac{1}{\sigma}J^2$$

并转化为焦耳热. 如果没有外来电动势提供能量，由于能量不断地耗散，电流就不能维持稳定.

此外，还需要说明一点，式(3.1-8)不仅适用于稳恒电流情况，在一定的条件下也适用于非稳恒情况，如电流随时间是交变的.

## 3.2　真空中的静磁场

### 1. 毕奥-萨伐尔定律

根据第 2 章的讨论可知，一个静止的点电荷可以在其周围产生静电场，点电荷之间的相互作用是通过电场来实现的. 同样，一个载流导体可以在其周围产生静磁场，而且两个载流导体之间的相互作用也是通过磁场来实现的. 1820 年，丹麦物理学家奥斯特(Oersted)发现了电流的磁效应，即载流金属导线可以使位于其旁边的永久磁偶极子(磁针)发生偏转，这说明载流导线可以产生磁场. 随后不久，法国物理学家毕奥和萨伐尔对电流的磁效应进行了详细的实验研究，并建立了电流与磁感应强度之间相互关系的基本实验定律，即毕奥-萨伐尔(Biot-Savart)定律.

假设在所考虑的区域$V$内某一点$\boldsymbol{r}'$有一电流元$\boldsymbol{J}(\boldsymbol{r}')\mathrm{d}V'$，其中$\boldsymbol{J}(\boldsymbol{r}')$为电流密度，它在空间任意一点$\boldsymbol{r}$处产生的磁感应强度为

$$\mathrm{d}\boldsymbol{B}=\frac{\mu_0}{4\pi}\frac{\boldsymbol{J}(\boldsymbol{r}')\times(\boldsymbol{r}-\boldsymbol{r}')}{|\boldsymbol{r}-\boldsymbol{r}'|^3}\mathrm{d}V' \tag{3.2-1}$$

其中，$\mu_0$是真空磁导率. 在国际单位制中，有$\mu_0=4\pi\times10^{-7}\,\mathrm{H/m}$. 式(3.2-1)即为毕奥-萨伐尔定律的数学表述. 由此可以看出：磁感应强度$\boldsymbol{B}$的大小与电流元的大小成正比，其方向与电流元的方向和位置矢量的方向构成右手定则.

与电场一样，磁场也满足叠加原理. 对式(3.2-1)两边积分，则所有电流元产生的总磁场为

$$\boldsymbol{B}=\frac{\mu_0}{4\pi}\int_V\frac{\boldsymbol{J}(\boldsymbol{r}')\times(\boldsymbol{r}-\boldsymbol{r}')}{|\boldsymbol{r}-\boldsymbol{r}'|^3}\mathrm{d}V' \tag{3.2-2}$$

其中积分遍及电流分布的区域. 如果磁场是由一个闭合的载流线圈产生的，利用关系式

$$\boldsymbol{J}(\boldsymbol{r}')\mathrm{d}V'=JS'\mathrm{d}\boldsymbol{L}'=I\mathrm{d}\boldsymbol{L}' \tag{3.2-3}$$

可以把磁感应强度表示为

$$B = \frac{\mu_0 I}{4\pi} \oint_L \frac{\mathrm{d}\boldsymbol{L}' \times (\boldsymbol{r} - \boldsymbol{r}')}{|\boldsymbol{r} - \boldsymbol{r}'|^3} \tag{3.2-4}$$

其中，$I = JS'$ 为流经线圈的电流强度，$S'$ 为线圈的横截面；$\mathrm{d}\boldsymbol{L}'$ 为线圈上的线元；$\boldsymbol{r}'$ 为线圈上任意一点的位置矢量. 对于给定的电流密度分布，从原则上讲，由式(3.2-2)或式(3.2-4)就可以计算出磁场的空间分布. 但实际上只有当电流分布的区域具有简单的几何对称性时，才可以完成上面的积分.

需要说明一下，磁场不仅由载流导体产生，也可以由磁铁产生. 不过从物质的微观结构来看，铁磁材料的磁性来自于电子自旋所产生的磁矩，而且微观粒子的磁矩可以等效地用一个微观的电流圈来描述. 因此，也可以说磁铁的磁性是由电流产生的.

### 2. 安培定律

实际上，在奥斯特发现电流的磁效应不久，法国物理学家安培(Ampère)也对电流的磁效应进行了研究，并提出了磁针转动的方向与电流的方向之间的关系服从右手螺旋定则，即所谓的安培定则. 特别是安培详细地研究了两个载流线圈之间的相互作用规律. 考虑两个载流线圈，$I_1$ 和 $I_2$ 分别是流经它们的电流强度，$\mathrm{d}\boldsymbol{L}_1$ 和 $\mathrm{d}\boldsymbol{L}_2$ 分别是两个线圈上的线元，其方向与各自的电流方向相同，分别位于 $\boldsymbol{r}_1$ 和 $\boldsymbol{r}_2$. 这样，两个载流线圈之间的相互作用力为

$$\boldsymbol{F}_{12} = \frac{\mu_0}{4\pi} I_1 I_2 \oint_{L_1} \oint_{L_2} \frac{\mathrm{d}\boldsymbol{L}_2 \times (\mathrm{d}\boldsymbol{L}_1 \times \boldsymbol{r}_{12})}{|\boldsymbol{r}_{12}|^3} \tag{3.2-5}$$

其中，$\boldsymbol{r}_{12} = \boldsymbol{r}_2 - \boldsymbol{r}_1$. 上式即为安培定律的数学表述. 实际上，安培公布这一研究成果的时间仅比毕奥和萨伐尔晚了一个多月.

借助于式(3.2-4)和式(3.2-5)，可以得到一个载流线圈在磁场 $\boldsymbol{B}$ 中的受力为

$$\boldsymbol{F} = \oint_L I \mathrm{d}\boldsymbol{L} \times \boldsymbol{B} \tag{3.2-6}$$

对于体电流密度分布 $\boldsymbol{J}(\boldsymbol{r}')$，利用式(3.2-3)，有

$$\boldsymbol{F} = \int_V \boldsymbol{J}(\boldsymbol{r}') \times \boldsymbol{B} \mathrm{d}V' \tag{3.2-7}$$

通常又称 $\boldsymbol{F}$ 为洛伦兹力. 可以看出，只有当载流导体切割磁力线运动时，才受到洛伦兹力的作用.

### 3. 静磁场的基本方程

由于磁场是一个矢量场，下面分别讨论它的散度和旋度. 利用如下微分恒等式：

$$\nabla\left(\frac{1}{r}\right)=-\frac{\boldsymbol{r}}{r^3}\quad(r\neq 0)\tag{3.2-8}$$

可以把将式(3.2-2)改写为

$$\boldsymbol{B}=-\frac{\mu_0}{4\pi}\int_V \boldsymbol{J}(\boldsymbol{r}')\times\nabla\left(\frac{1}{|\boldsymbol{r}-\boldsymbol{r}'|}\right)\mathrm{d}V'=\frac{\mu_0}{4\pi}\int_V\nabla\times\left(\frac{\boldsymbol{J}(\boldsymbol{r}')}{|\boldsymbol{r}-\boldsymbol{r}'|}\right)\mathrm{d}V'$$

由于微分算符$\nabla$仅对变量$\boldsymbol{r}$作用，与积分变量$\boldsymbol{r}'$无关，因此可以把上式积分内的微分算符移到积分外，则有

$$\boldsymbol{B}=\nabla\times\boldsymbol{A}\tag{3.2-9}$$

其中

$$\boldsymbol{A}=\frac{\mu_0}{4\pi}\int_V\frac{\boldsymbol{J}(\boldsymbol{r}')}{|\boldsymbol{r}-\boldsymbol{r}'|}\mathrm{d}V'\tag{3.2-10}$$

为一个矢量场，称为磁矢势，将在后面对其详细讨论. 对式(3.2-9)取散度，并利用$\nabla\cdot(\nabla\times\boldsymbol{A})\equiv 0$，即得到

$$\nabla\cdot\boldsymbol{B}=0\tag{3.2-11}$$

这说明磁场的散度为零，它表明磁场是一个无源场. 将上式对任意闭合曲面进行积分，并利用散度定理，有

$$\oint_S\boldsymbol{B}\cdot\mathrm{d}\boldsymbol{S}=0\tag{3.2-12}$$

它表明穿过任意闭合曲面的磁通量为零，磁力线是闭合的.

下面再看磁场的旋度. 利用式(3.2-9)，有

$$\nabla\times\boldsymbol{B}=\nabla\times(\nabla\times\boldsymbol{A})=\nabla(\nabla\cdot\boldsymbol{A})-\nabla^2\boldsymbol{A}\tag{3.2-13}$$

先看上式$\nabla\cdot\boldsymbol{A}$的取值. 对式(3.2-10)取散度，有

$$\nabla\cdot\boldsymbol{A}=\frac{\mu_0}{4\pi}\int_V\nabla\cdot\left(\frac{\boldsymbol{J}(\boldsymbol{r}')}{|\boldsymbol{r}-\boldsymbol{r}'|}\right)\mathrm{d}V'=\frac{\mu_0}{4\pi}\int_V\boldsymbol{J}(\boldsymbol{r}')\cdot\nabla\left(\frac{1}{|\boldsymbol{r}-\boldsymbol{r}'|}\right)\mathrm{d}V'$$

由于$\nabla\left(\frac{1}{|\boldsymbol{r}-\boldsymbol{r}'|}\right)=-\nabla'\left(\frac{1}{|\boldsymbol{r}-\boldsymbol{r}'|}\right)$，这样可以把上式进一步改写为

$$\begin{aligned}\nabla\cdot\boldsymbol{A}&=-\frac{\mu_0}{4\pi}\int_V\boldsymbol{J}(\boldsymbol{r}')\cdot\nabla'\left(\frac{1}{|\boldsymbol{r}-\boldsymbol{r}'|}\right)\mathrm{d}V'\\&=-\frac{\mu_0}{4\pi}\int_V\nabla'\cdot\left(\frac{\boldsymbol{J}(\boldsymbol{r}')}{|\boldsymbol{r}-\boldsymbol{r}'|}\right)\mathrm{d}V'+\frac{\mu_0}{4\pi}\int_V\frac{1}{|\boldsymbol{r}-\boldsymbol{r}'|}\nabla'\cdot\boldsymbol{J}(\boldsymbol{r}')\mathrm{d}V'\end{aligned}$$

可以把上式右边第一项转化为全空间的面积分，但由于稳恒电流只在所考虑的区域

内部流动，因此这一项的积分结果为零. 另外，对于稳恒电流，有$\nabla'\cdot\boldsymbol{J}(\boldsymbol{r}')=0$，所以上式右边第二项的积分也为零. 这样可以得到

$$\nabla\cdot\boldsymbol{A}=0 \tag{3.2-14}$$

再看$\nabla^2\boldsymbol{A}$的取值. 根据式(3.2-10)，有

$$\nabla^2\boldsymbol{A}=\frac{\mu_0}{4\pi}\int_V \boldsymbol{J}(\boldsymbol{r}')\nabla^2\left(\frac{1}{|\boldsymbol{r}-\boldsymbol{r}'|}\right)\mathrm{d}V'$$

利用公式

$$\nabla^2\left(\frac{1}{|\boldsymbol{r}-\boldsymbol{r}'|}\right)=-4\pi\delta(\boldsymbol{r}-\boldsymbol{r}') \tag{3.2-15}$$

可以进一步得到

$$\nabla^2\boldsymbol{A}=-\mu_0\boldsymbol{J}(\boldsymbol{r}) \tag{3.2-16}$$

分别把式(3.2-14)及式(3.2-16)代入式(3.2-13)，最后得到磁场的旋度为

$$\nabla\times\boldsymbol{B}=\mu_0\boldsymbol{J}(\boldsymbol{r}) \tag{3.2-17}$$

可见磁场在空间任意一点的旋度与该点的电流密度成正比，与其他各处的电流分布无关.

将式(3.2-17)两边进行面积分，并利用旋度定理

$$\int_S(\nabla\times\boldsymbol{B})\cdot\mathrm{d}\boldsymbol{S}=\oint_L\boldsymbol{B}\cdot\mathrm{d}\boldsymbol{L}$$

可以得到如下**安培环路定理**:

$$\oint_L\boldsymbol{B}\cdot\mathrm{d}\boldsymbol{L}=\mu_0 I \tag{3.2-18}$$

其中，$I=\int_S\boldsymbol{J}\cdot\mathrm{d}\boldsymbol{S}$为通过曲面$S$的总电流强度；$L$是围绕$S$边界的闭合曲线. 安培环路定理表明：在稳恒情况下，磁场沿任意闭合曲线的积分(环流)与闭合曲线内的总电流强度成正比，与电流的具体分布无关，也与闭合曲线外的电流分布无关. 方程(3.2-11)和方程(3.2-17)是毕奥-萨伐尔定律的直接推论，它们是静磁学中两个最基本的方程. 它们表明：静磁场是无源的，但是一种有旋场，这一点与静电场不同. 另外需要说明一点，由于毕奥-萨伐尔定律是在稳恒电流情况下成立的，因此方程(3.2-17)也是在稳恒电流情况下成立的. 但实践证明，方程(3.2-11)在任意情况下均成立.

**例题 3.1** 在一个半径为$a$的无限长圆柱体内有均匀分布的电流$I$. 求空间各点的磁场分布及对应的磁场旋度.

**解** 选取柱坐标系，并在与无限长圆柱体轴线垂直的平面上作一半径为$r$的圆，

其圆心在圆柱的轴线上. 这样在圆周的各点上磁场的值相等，磁场的方向沿着圆周的环向，即 $\boldsymbol{B} = B\boldsymbol{e}_\phi$. 在圆柱体内部电流密度为 $\boldsymbol{J} = \dfrac{I}{\pi a^2}\boldsymbol{e}_z$. 应用安培环路定理，有

$$B \cdot 2\pi r = \begin{cases} \mu_0 I & (r > a) \\ \mu_0 \dfrac{I}{\pi a^2} \pi r^2 & (r < a) \end{cases}$$

即磁感应强度为

$$B = \begin{cases} \dfrac{\mu_0 I}{2\pi r} & (r > a) \\ \dfrac{\mu_0 I}{2\pi} \dfrac{r}{a^2} & (r < a) \end{cases}$$

当 $r > a$ 时，磁场的旋度为

$$\nabla \times \boldsymbol{B} = \frac{1}{r}\frac{\mathrm{d}}{\mathrm{d}r}(rB_\phi)\boldsymbol{e}_z = \frac{1}{r}\frac{\mathrm{d}}{\mathrm{d}r}\left(r\frac{\mu_0 I}{2\pi r}\right)\boldsymbol{e}_z = 0$$

当 $r < a$ 时，有

$$\nabla \times \boldsymbol{B} = \frac{1}{r}\frac{\mathrm{d}}{\mathrm{d}r}\left(r\frac{\mu_0 I r}{2\pi a^2}\right)\boldsymbol{e}_z = \frac{\mu_0 I}{\pi a^2}\boldsymbol{e}_z \equiv \mu_0 J \boldsymbol{e}_z$$

可见所得结果与 $\nabla \times \boldsymbol{B} = \mu_0 \boldsymbol{J}$ 是一致的.

## 3.3　介质中的静磁场

### 1. 介质的磁化

我们知道，介质是由分子(或原子)构成的，分子(或原子)中的电子要绕原子核做轨道运动，同时电子还要做自旋运动，这些运动都会形成电流，称为分子电流. 分子电流相当于一个小的载流线圈，因此有相应的磁矩，称为分子磁矩. 设分子电流为 $i$，它所环绕的面积矢量为 $\boldsymbol{s}$，则分子磁矩为

$$\boldsymbol{m} = i\boldsymbol{s} \tag{3.3-1}$$

但当介质中没有外磁场时，由于分子的热运动，分子磁矩的取向杂乱无章，总磁矩为零，因此宏观上介质不显磁性. 当施加外磁场后，在力矩 $\boldsymbol{m} \times \boldsymbol{B}$ 的作用下，分子磁矩将有序地排列，总磁矩不为零，因此宏观上介质被磁化. 可以用磁化强度 $\boldsymbol{M}$ 这个物理量来描述介质的宏观磁化状态，其定义为体积元 $\Delta V$ 内所有的分子磁矩与体积元之比

$$M = \frac{\sum m}{\Delta V} \tag{3.3-2}$$

在一般情况下，$\boldsymbol{M}$ 是空间坐标和时间的函数.

当介质处在磁化状态下，由于分子电流的有序排列，介质中将出现宏观电流，称为磁化电流. 下面将建立磁化电流密度 $\boldsymbol{J}_M$ 与磁化强度 $\boldsymbol{M}$ 之间的关系. 设 $S$ 为介质内部的一个曲面，其边界线为 $L$，如图 3-1 所示. 为了计算磁化电流密度，首先就要算出从 $S$ 的背面流向前面的总磁化电流 $I_M$. 显然，只有那些被边界线环绕的分子电流才对磁化电流有贡献，而在边界线内部的那些分子电流对磁化电流没有贡献. 在曲面的边界线上取一线元 $\mathrm{d}\boldsymbol{L}$，其方向与边界的环绕方向相同. 在体积元 $\boldsymbol{s}\cdot\mathrm{d}\boldsymbol{L}$ 内，分子的个数为 $n\boldsymbol{s}\cdot\mathrm{d}\boldsymbol{L}$，对应的分子电流为 $in\boldsymbol{s}\cdot\mathrm{d}\boldsymbol{L}$，其中 $n$ 是单位体积内分子的个数. 沿着边界线积分，由此可以得到总的磁化电流为

$$I_M = \oint_L in\boldsymbol{s}\cdot\mathrm{d}\boldsymbol{L} = \oint_L n\boldsymbol{m}\cdot\mathrm{d}\boldsymbol{L} = \oint_L \boldsymbol{M}\cdot\mathrm{d}\boldsymbol{L} \tag{3.3-3}$$

由于 $I_M = \int_S \boldsymbol{J}_M\cdot\mathrm{d}\boldsymbol{S}$，因此有

$$\int_S \boldsymbol{J}_M\cdot\mathrm{d}\boldsymbol{S} = \oint_L \boldsymbol{M}\cdot\mathrm{d}\boldsymbol{L} \tag{3.3-4}$$

再利用旋度定理，把上式右边的线积分转化为面积分，可以得到

$$\int_S \boldsymbol{J}_M\cdot\mathrm{d}\boldsymbol{S} = \int_S (\nabla\times\boldsymbol{M})\cdot\mathrm{d}\boldsymbol{S}$$

由此得到磁化电流密度与磁化强度之间的关系为

$$\boldsymbol{J}_M = \nabla\times\boldsymbol{M} \tag{3.3-5}$$

可见，介质内部的磁化电流密度取决于磁化强度的旋度.

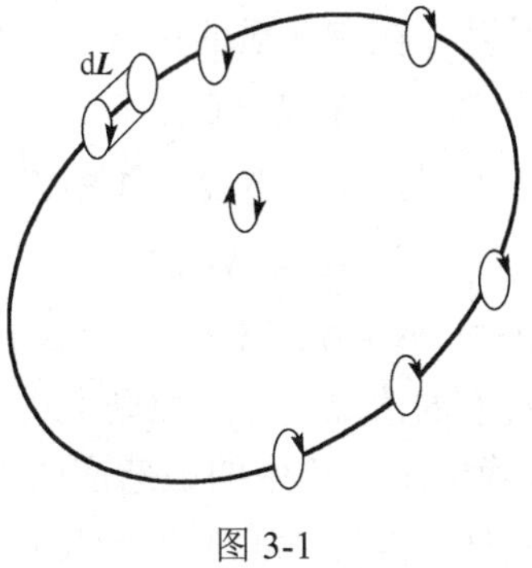


图 3-1

此外，由式(3.3-5)可以看出，如果介质是均匀磁化的，即 $\boldsymbol{M}$ = 常数，则有

$$\boldsymbol{J}_M = 0$$

这表明在均匀磁化介质内部，磁化电流为零. 实际上，对于均匀磁化介质，磁化电流仅出现在介质的表面.

2. 介质中的静磁场方程

考虑到介质的磁化电流后，需要对真空中的磁场方程(3.2-17)进行修改，修改后的形式为

$$\nabla\times\boldsymbol{B}=\mu_0\left(\boldsymbol{J}+\boldsymbol{J}_M\right) \tag{3.3-6}$$

将式(3.3-5)代入式(3.3-6)，可以得到

$$\nabla\times\left(\frac{1}{\mu_0}\boldsymbol{B}-\boldsymbol{M}\right)=\boldsymbol{J} \tag{3.3-7}$$

为方便起见，这里引入一个辅助的物理量

$$\boldsymbol{H}=\frac{1}{\mu_0}\boldsymbol{B}-\boldsymbol{M} \tag{3.3-8}$$

通常称 $\boldsymbol{H}$ 为磁场强度，单位为安培/米. 这样方程(3.3-7)变为

$$\nabla\times\boldsymbol{H}=\boldsymbol{J} \tag{3.3-9}$$

该方程是介质中安培定理的微分形式. 将方程(3.3-9)两边进行面积分，并利用旋度定理把左边的面积分转化为环路积分，可以得到介质中安培环路定理的积分形式：

$$\oint_L\boldsymbol{H}\cdot\mathrm{d}\boldsymbol{L}=I \tag{3.3-10}$$

其中，$I$ 为回路 $L$ 包围的总自由电流.

根据式(3.3-5)，可以得到磁化电流密度的散度为零，即 $\nabla\cdot\boldsymbol{J}_M=0$，这表明磁化电流与传导电流一样，电流线是闭合的，因此它产生的磁场也与传导电流产生的磁场一样，磁力线是闭合的. 所以，在有介质的情况下，仍有

$$\nabla\cdot\boldsymbol{B}=0 \tag{3.3-11}$$

不过要注意，在一般情况下，$\nabla\cdot\boldsymbol{H}\neq 0$. 由式(3.3-8)及式(3.3-11)，可以得到

$$\nabla\cdot\boldsymbol{H}=-\nabla\cdot\boldsymbol{M} \tag{3.3-12}$$

只有当介质是均匀磁化时，即 $\nabla\cdot\boldsymbol{M}=0$，才有 $\nabla\cdot\boldsymbol{H}=0$.

在给定传导电流或电流密度的情况下，从原则上讲可以由方程(3.3-9)或(3.3-10)算出磁场强度 $\boldsymbol{H}$，但还不能确定出介质中的磁感应强度 $\boldsymbol{B}$，原因是磁化强度 $\boldsymbol{M}$ 是一个未知量. 与介质的极化一样，实际上介质的磁化过程不仅取决于外磁场，还取决于介质的性质. 实验表明：对于空间各向同性的非铁磁介质，如果外磁场不是太强，磁化强度将正比于磁场强度，即

$$\boldsymbol{M} = \chi_M \boldsymbol{H} \tag{3.3-13}$$

其中，$\chi_M$ 为介质的磁化率，它可以由实验测量得到. 将式(3.3-13)代入式(3.3-8)，可以得到 $\boldsymbol{B}$ 与 $\boldsymbol{H}$ 的关系

$$\boldsymbol{B} = \mu \boldsymbol{H} \tag{3.3-14}$$

其中

$$\mu = \mu_0 \mu_{\rm r}, \quad \mu_{\rm r} = 1 + \chi_M \tag{3.3-15}$$

$\mu$ 为磁导率，$\mu_{\rm r}$ 为相对磁导率. 将式(3.3-8)与式(3.3-14)联立，消去磁场强度 $\boldsymbol{H}$ 后，可以得到 $\boldsymbol{M}$ 与 $\boldsymbol{B}$ 的关系为

$$\boldsymbol{M} = \left( \frac{1}{\mu_0} - \frac{1}{\mu} \right) \boldsymbol{B} \tag{3.3-16}$$

这里需要说明一点，关系式(3.3-13)仅对非铁磁介质成立，如顺磁介质（$\mu_{\rm r} > 1$）和反磁介质（$\mu_{\rm r} < 1$）. 对于铁磁介质，$\boldsymbol{B}$ 与 $\boldsymbol{H}$ 的关系是非线性的，并且 $\boldsymbol{B}$ 不是 $\boldsymbol{H}$ 的单值函数，如出现磁滞现象. 对于非铁磁材料，相对磁导率 $\mu_{\rm r}$ 几乎为 1，而对于铁磁材料，$\mu_{\rm r}$ 的值可高达 $10^5$.

**例题 3.2** 证明介质内部的磁化电流密度 $\boldsymbol{J}_M$ 等于自由(传导)电流密度 $\boldsymbol{J}$ 的 $(\mu / \mu_0 - 1)$ 倍，其中 $\mu$ 是介质的磁导率，为常数.

**证明** 将式 $\nabla \times \boldsymbol{B} = \mu_0 (\boldsymbol{J} + \boldsymbol{J}_M)$ 与式 $\boldsymbol{B} = \mu \boldsymbol{H}$ 结合，可以得到

$$\mu \nabla \times \boldsymbol{H} = \mu_0 (\boldsymbol{J} + \boldsymbol{J}_M)$$

再利用 $\nabla \times \boldsymbol{H} = \boldsymbol{J}$，有

$$\mu \boldsymbol{J} = \mu_0 (\boldsymbol{J} + \boldsymbol{J}_M)$$

由此得到

$$\boldsymbol{J}_M = (\mu / \mu_0 - 1) \boldsymbol{J} \tag{3.3-17}$$

对于静电场，有 $\rho_p = \left( \dfrac{\varepsilon_0}{\varepsilon} - 1 \right) \rho$. 可见，两者非常相似.

上述结果表明，在自由电流密度为零的地方，磁化电流密度也为零，与磁场的分布无关. 例如，对于一个无限长直的圆柱形导体，其内部有沿轴向均匀流动的电流，而圆柱外充满均匀的磁介质，这样在圆柱导体的外面就没有磁化电流存在.

## 3.4 静磁场的边值关系

与静电场的情况相同，在不同介质的交界面上，介质性质的不同也会导致磁场

在界面上的突变. 下面将根据静磁场的基本方程(3.2-12)和(3.3-10)，分别推导出磁场在界面法向和切向上的边值关系.

1. 法向边值关系

如同第 2 章中的图 2-4，在介质 1 和介质 2 的交界面处取一个扁平状的小圆柱体，其底面积为 $\Delta S$，高为 $h$，圆柱的轴线与界面的法线方向一致. 将积分式(3.2-12)

$$\oint_S \boldsymbol{B}\cdot \mathrm{d}\boldsymbol{S}=0$$

应用到这个小圆柱，并注意到当 $h\to 0$ 时穿过圆柱侧面的磁通量为零，则有

$$(B_{2n}-B_{1n})\Delta S=0$$

由此可以得到磁感应强度在法向上的边值关系为

$$B_{2n}=B_{1n} \tag{3.4-1}$$

将式 $\boldsymbol{B}=\mu\boldsymbol{H}$ 代入上式，可以得到磁场强度在法向上的边值关系

$$\mu_2 H_{2n}=\mu_1 H_{1n} \tag{3.4-2}$$

可见，在两种介质的交界面上磁感应强度的法向分量是连续的，但磁场强度的法向分量则不连续.

2. 切向边值关系

如同第 2 章中的图 2-5，在横跨两种介质交界面上作一矩形，其高度为 $h$，宽度为 $d$，其中 $d\gg h$. 将安培环路定理的积分式

$$\oint_L \boldsymbol{H}\cdot \mathrm{d}\boldsymbol{L}=\int_S \boldsymbol{J}\cdot \mathrm{d}\boldsymbol{S}$$

应用到这个矩形，并注意到当 $h\to 0$ 时沿矩形两个短边的线积分之和为零，则有

$$(\boldsymbol{H}_2-\boldsymbol{H}_1)\cdot \boldsymbol{e}_t d=\boldsymbol{J}\cdot \boldsymbol{e}_s hd \tag{3.4-3}$$

其中，$\boldsymbol{e}_t$ 和 $\boldsymbol{e}_s$ 分别是界面切线方向的单位矢量和矩形截面的法向单位矢量. 当 $h\to 0$ 时，有 $h\boldsymbol{J}\cdot \boldsymbol{e}_s\to \alpha$，其中 $\alpha$ 为界面上的自由电流的面密度，其方向与 $\boldsymbol{e}_s$ 的方向一致. 因此，可以把式(3.4-3)写成

$$H_{2t}-H_{1t}=\alpha \tag{3.4-4}$$

可见，当界面上有自由电流流动时，磁场强度的切向分量不连续.

类似地，将积分式(3.3-4)应用到两种介质的交界面上，可以得到如下关系式：

$$M_{2t}-M_{1t}=\alpha_M \tag{3.4-5}$$

其中，$\alpha_M$ 为界面上的磁化电流密度.

把上面得到的边值关系表示成如下矢量形式：

$$\boldsymbol{e}_n\cdot(\boldsymbol{B}_2-\boldsymbol{B}_1)=0 \tag{3.4-6}$$

$$\boldsymbol{e}_n\times(\boldsymbol{H}_2-\boldsymbol{H}_1)=\boldsymbol{\alpha} \tag{3.4-7}$$

$$\boldsymbol{e}_n\times(\boldsymbol{M}_2-\boldsymbol{M}_1)=\boldsymbol{\alpha}_M \tag{3.4-8}$$

其中，利用了关系 $\boldsymbol{e}_s\times\boldsymbol{e}_n=\boldsymbol{e}_t$，单位矢量$\boldsymbol{e}_n$的方向是从介质 1 指向介质 2. 注意，自由电流面密度矢量$\boldsymbol{\alpha}$和磁化电流面密度矢量$\boldsymbol{\alpha}_M$的方向都是沿着界面.

根据上面得到的磁场边值关系，可以分析铁磁介质与空气的交界面上磁场的变化行为. 由于铁磁介质的相对磁导率$\mu_2$远大于空气的磁导率$\mu_1=\mu_0$，即$\mu_2\gg\mu_0$，因此根据式(3.4-2)，有

$$\frac{H_{1n}}{H_{2n}}=\frac{\mu_2}{\mu_1}\to\infty$$

即$H_{1n}\gg H_{2n}$. 另外，由于界面上没有自由电流密度，根据式(3.4-4)可知，磁场强度的切向分量在界面上连续，即$H_{2t}=H_{1t}$. 这样，不论磁铁中的磁场强度$\boldsymbol{H}_2$如何变化，空气中的磁场强度$\boldsymbol{H}_1$几乎垂直于磁铁的表面.

## 3.5 磁 矢 势

### 1. 磁矢势定义

在 3.2 节中，我们已经看到，由于磁场的散度为零，$\nabla\cdot\boldsymbol{B}=0$，可以引入一个辅助矢量$\boldsymbol{A}$来表示磁感应强度：

$$\boldsymbol{B}=\nabla\times\boldsymbol{A} \tag{3.5-1}$$

称$\boldsymbol{A}$为磁矢势. 在真空中，一旦给定电流密度$\boldsymbol{J}$，可以由如下积分式确定出磁矢势：

$$\boldsymbol{A}=\frac{\mu_0}{4\pi}\int_V\frac{\boldsymbol{J}(\boldsymbol{r}')}{|\boldsymbol{r}-\boldsymbol{r}'|}\mathrm{d}V' \tag{3.5-2}$$

其中，积分遍及电流源所占的区域. 此外，可以看出磁矢势的方向与电流流动的方向一致.

为了理解磁矢势$\boldsymbol{A}$的物理意义，我们把磁感应强度$\boldsymbol{B}$对任一曲面进行积分，并利用式(3.5-1)，有

$$\int_S\boldsymbol{B}\cdot\mathrm{d}\boldsymbol{S}=\int_S(\nabla\times\boldsymbol{A})\cdot\mathrm{d}\boldsymbol{S}=\oint_L\boldsymbol{A}\cdot\mathrm{d}\boldsymbol{L} \tag{3.5-3}$$

其中，$S$和$L$为该曲面的面积和边界. 上式表明，磁矢势沿任意闭合回路的积分(环量)等于通过以该闭合回路为边界的任一曲面的磁通量.

我们注意到，由于任意标量函数$\psi$梯度的散度为零，即$\nabla\times(\nabla\psi)=0$，因此，如果对磁矢势作如下变换：

$$\boldsymbol{A}\to\boldsymbol{A}'=\boldsymbol{A}+\nabla\psi \tag{3.5-4}$$

则磁场是不变的，即

$$\boldsymbol{B}=\nabla\times\boldsymbol{A}=\nabla\times\boldsymbol{A}'$$

这说明磁矢势$\boldsymbol{A}$的选取具有一定的任意性. 实际上，要完全确定一个矢量场，不仅要确定它的旋度，还要确定它的散度. 也就是说，在引入磁矢势描述磁场时，还要对它的散度作某一种形式的限制. 一种最简单的限制条件为

$$\nabla\cdot\boldsymbol{A}=0 \tag{3.5-5}$$

2. *磁矢势的微分方程*

对于有均匀磁介质存在的情况，仍然可以引入磁矢势$\boldsymbol{A}$来描述磁场. 将$\boldsymbol{B}=\nabla\times\boldsymbol{A}$及$\boldsymbol{B}=\mu\boldsymbol{H}$代入磁场的微分方程

$$\nabla\times\boldsymbol{H}=\boldsymbol{J} \tag{3.5-6}$$

可以得到

$$\nabla\times(\nabla\times\boldsymbol{A})=\mu\boldsymbol{J}$$

再由矢量微分公式，可以得到

$$\nabla(\nabla\cdot\boldsymbol{A})-\nabla^2\boldsymbol{A}=\mu\boldsymbol{J}$$

利用限制条件(3.5-5)，则磁矢势$\boldsymbol{A}$满足如下微分方程：

$$\nabla^2\boldsymbol{A}=-\mu\boldsymbol{J} \tag{3.5-7}$$

在直角坐标系中，它的三个分量方程是相互独立的，其形式为

$$\nabla^2 A_i=-\mu J_i\quad(i=1,2,3) \tag{3.5-8}$$

但在曲面坐标系中，如球坐标系，方程(3.5-7)的各个分量方程是相互耦合的.

3. *磁矢势的边值关系*

下面讨论在两种不同介质交界面上磁矢势的边值关系. 如同前面的做法一样，首先在两种介质的交界面上作一个小矩形，并将式(3.5-3)的积分应用到这个小矩形，则当该矩形短边的长度趋于零时，其面积也趋于零，由此得到磁矢势的切向分量在界面上连续，即

$$A_{2t}=A_{1t} \tag{3.5-9}$$

其次，利用条件$\nabla\cdot\boldsymbol{A}=0$，并进行体积分，有

$$\int_V (\nabla \cdot \boldsymbol{A})\,\mathrm{d}V = 0$$

再利用散度定理，把左边的体积分转化为面积分，有

$$\oint_S \boldsymbol{A} \cdot \mathrm{d}\boldsymbol{S} = 0 \tag{3.5-10}$$

在两种介质的交界面上作一个小扁圆柱体，并把式(3.5-10)的积分应用到这个小圆柱体上，当圆柱的高度趋于零时，有

$$A_{2n} = A_{1n} \tag{3.5-11}$$

即在交界面上磁矢势的法向分量也连续. 这样，把式(3.5-9)和式(3.5-11)合起来，有

$$\boldsymbol{A}_1 = \boldsymbol{A}_2 \tag{3.5-12}$$

即在交界面上磁矢势是连续的. 因此，在求解磁矢势方程(3.5-7)时，仅靠边界条件(3.5-12)还不能完全确定出解中的待定常数. 下面以一个例子来说明这个问题.

**例题 3.3**　有一稳恒电流$I$在半径为$a$的无限长直圆柱导体中沿着轴向均匀流动. 设导体的磁导率为$\mu_1$，导体外部充满磁导率为$\mu_2$的均匀磁介质. 求导体内外的磁矢势.

**解**　根据问题的对称性，选取柱坐标系$(r,\phi,z)$，并且$z$轴为圆柱的轴线. 由于电流是沿着轴向流动，因此磁矢势只有$A_z$分量，而且由于圆柱是无限长直的及具有轴对称性，$A_z$只是变量$r$的函数，与变量$\phi$及$z$无关. 这样，$A_z$满足的方程为

$$\frac{1}{r}\frac{\mathrm{d}}{\mathrm{d}r}\left(r\frac{\mathrm{d}A_{1z}}{\mathrm{d}r}\right) = -\mu_1 J(r) \quad (r<a) \tag{3.5-13}$$

及

$$\frac{1}{r}\frac{\mathrm{d}}{\mathrm{d}r}\left(r\frac{\mathrm{d}A_{2z}}{\mathrm{d}r}\right) = 0 \quad (r>a) \tag{3.5-14}$$

其中，电流密度为$J(r)=\dfrac{I}{\pi a^2}$. 分别求解上面两个方程，其解为

$$A_{1z}(r) = -\mu_1 \frac{I}{4\pi a^2} r^2 + b\ln r + c \tag{3.5-15}$$

及

$$A_{2z}(r) = f\ln r + g \tag{3.5-16}$$

其中，$b$、$c$、$f$及$g$为四个待定常数.

由于磁矢势在$r=0$处的值应有限，因此要求$b=0$. 这样圆柱体内部的磁矢势为

$$A_{1z}(r) = -\mu_1 \frac{I}{4\pi a^2} r^2 + c$$

由于磁矢势在界面上连续，即 $A_{1z}(a) = A_{2z}(a)$，由此可以得到

$$g = -\frac{\mu_1 I}{4\pi} - f \ln a + c$$

这样可以把圆柱外的磁矢势表示为

$$A_{2z}(r) = f \ln\left(\frac{r}{a}\right) - \frac{\mu_1 I}{4\pi} + c \tag{3.5-17}$$

可见，仅靠磁矢势的边界条件还确定不出常数 $f$（$c$ 是一个无关紧要的常数）. 为了确定出常数 $f$，还必须利用磁场强度的切向分量在界面上的连续性条件

$$H_{2\phi}(a) - H_{1\phi}(a) = \alpha \tag{3.5-18}$$

其中，$H_\phi = \dfrac{1}{\mu}(\nabla \times \boldsymbol{A})_\phi$ . 根据自由电流的面密度 $\alpha$ 的定义，在圆柱的侧面上，有

$$\alpha = \lim_{h \to 0} h\boldsymbol{J} \cdot \boldsymbol{e}_z = 0 \tag{3.5-19}$$

利用式(3.5-15)、式(3.5-17)及式(3.5-18)，可以得到常数 $f$ 为

$$f = -\frac{\mu_2 I}{2\pi}$$

最后得到圆柱体内外的磁矢势为

$$\begin{cases} A_{1z}(r) = -\dfrac{\mu_1 I}{4\pi a^2} r^2 + c & (r < a) \\ A_{2z}(r) = -\dfrac{\mu_2 I}{2\pi} \ln\left(\dfrac{r}{a}\right) - \dfrac{\mu_1 I}{4\pi} + c & (r > a) \end{cases} \tag{3.5-20}$$

在一般情况下，人们不是通过求解磁矢势方程来确定静磁场的分布，因为过程较为繁琐. 但在第 6 章中将看到，借助于磁矢势，可以较方便地讨论电磁辐射问题. 此外，磁矢势的引入也具有重要的理论意义. 例如，在第 7 章将看到，在相对论情况下，可以由磁矢势 $\boldsymbol{A}$ 与标势 $\varphi$ 构成一个四维矢势，并可以把含时的势方程转换为具有洛伦兹协变形式的四维矢势方程.

在某些情况下，如果磁感应强度 $\boldsymbol{B}$ 很容易计算出来，那么可以根据式(3.5-1)或式(3.5-3)反过来计算磁矢势，见本章后面的习题 3.

## 3.6　磁多极展开

从原则上讲，给定电流密度分布，就可以根据磁矢势 $\boldsymbol{A}$ 的积分表示式

$$A=\frac{\mu}{4\pi}\int_V\frac{J(r')}{|r-r'|}\mathrm{d}V' \tag{3.6-1}$$

计算出无界空间中的磁矢势，进而计算出磁场 $\boldsymbol{B}$. 但实际情况是，仅当电流分布具有某种简单的几何对称性时，才可以完成上面的积分，而且计算过程非常繁琐. 下面先看一个例题.

**例题 3.4**　有一个电流强度为 $I$ 的载流圆形线圈，其半径为 $a$，分析它在远处（$r\gg a$）产生的磁矢势和磁感应强度.

**解**　对于线电流分布，利用 $\boldsymbol{J}\mathrm{d}V'\to I\mathrm{d}\boldsymbol{L}'$，可以把磁矢势表示为

$$\boldsymbol{A}=\frac{\mu_0 I}{4\pi}\oint_L\frac{\mathrm{d}\boldsymbol{L}'}{|\boldsymbol{r}-\boldsymbol{r}'|} \tag{3.6-2}$$

选取球坐标系 $\{r,\theta,\phi\}$，并以线圈的圆心为坐标原点，$z$ 轴垂直于圆环所在的平面，如图 3-2 所示. 由对称性分析可知，磁矢势只有环向分量 $A_\phi$，且与变量 $\phi$ 无关. 这样，在 $xz$ 平面上任选一点 $P$，有 $A_\phi=A_y$. 由式(3.6-2)，可以得到

$$A_\phi=\frac{\mu_0 I}{4\pi}\oint_L\frac{\mathrm{d}L'_y}{|\boldsymbol{r}-\boldsymbol{r}'|}=\frac{\mu_0 I}{4\pi}\int_0^{2\pi}\frac{\cos\phi' a\mathrm{d}\phi'}{\sqrt{r^2+a^2-2ra\sin\theta\cos\phi'}} \tag{3.6-3}$$

这是一个椭圆积分. 在一般情况下，只有通过数值计算才能得到这个积分的值.

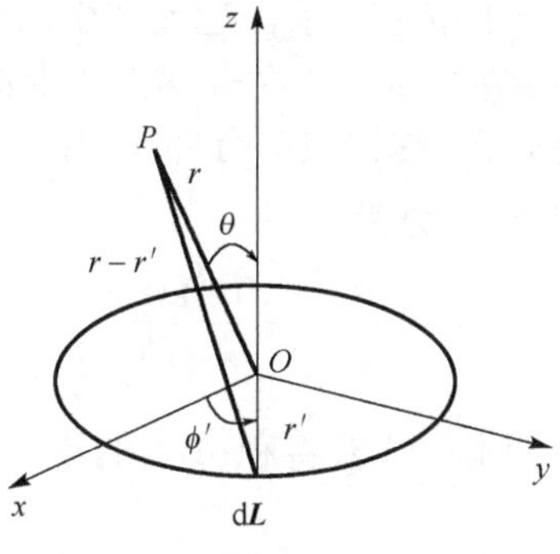


图 3-2

下面考虑这个载流线圈在远处产生的磁矢势. 当 $r\gg a$ 时，有

$$\sqrt{r^2+a^2-2ra\sin\theta\cos\phi'}\approx r\sqrt{1-\frac{2a}{r}\sin\theta\cos\phi'}\approx r\left(1-\frac{a}{r}\sin\theta\cos\phi'\right)$$

由此，可以把磁矢势近似地表示为

$$A_\phi\approx\frac{\mu_0 Ia}{4\pi r}\int_0^{2\pi}\left(1+\frac{a}{r}\sin\theta\cos\phi'\right)\cos\phi'\mathrm{d}\phi' =\frac{\mu_0 Ia^2\sin\theta}{4r^2} \tag{3.6-4}$$

与该电流线圈对应的磁偶极矩为

$$\boldsymbol{m}=\pi a^2 I\boldsymbol{e}_z \tag{3.6-5}$$

由此可以得到，该电流线圈在远处产生的磁矢势为

$$\boldsymbol{A}=\frac{\mu_0\boldsymbol{m}\times\boldsymbol{r}}{4\pi r^3}\quad (r\gg a) \tag{3.6-6}$$

对应的磁感应强度为

$$\boldsymbol{B}=\nabla\times\boldsymbol{A}=\frac{\mu_0}{4\pi}\nabla\times\left(\frac{\boldsymbol{m}\times\boldsymbol{r}}{r^3}\right)$$

利用如下微分公式：

$$\nabla\times\left(\frac{\boldsymbol{m}\times\boldsymbol{r}}{r^3}\right)=\left[\frac{3(\boldsymbol{m}\cdot\boldsymbol{r})\boldsymbol{r}}{r^5}-\frac{\boldsymbol{m}}{r^3}\right]$$

则该电流环在远处产生的磁场为

$$\boldsymbol{B}=\frac{\mu_0}{4\pi}\left[\frac{3(\boldsymbol{m}\cdot\boldsymbol{r})\boldsymbol{r}}{r^5}-\frac{\boldsymbol{m}}{r^3}\right] \tag{3.6-7}$$

可见，一个载流圆形线圈在无穷远处产生的磁场等价于一个磁偶极矩产生的磁场，它在形式上与一个电偶极矩产生的电场相似，见式(2.6-56).

在第 2 章已经看到，一个小带电体系在远处产生的电势可以用电多极矩的势来表示. 同样，对于一个小的载流导体，它在远场产生的磁矢势也可以用磁多极势来表示. 考虑在一个小区域 $V$ 内有一稳恒电流分布 $\boldsymbol{J}(\boldsymbol{r}')$，并选取 $O$ 点为区域 $V$ 的坐标原点. 在空间任意一点 $\boldsymbol{r}$ 处的磁矢势为

$$\boldsymbol{A}=\frac{\mu_0}{4\pi}\int_V\frac{\boldsymbol{J}(\boldsymbol{r}')\mathrm{d}V'}{|\boldsymbol{r}-\boldsymbol{r}'|} \tag{3.6-8}$$

当 $r$ 远大于区域 $V$ 的线尺度 $l$ 时，可以将积分中的因子 $|\boldsymbol{r}-\boldsymbol{r}'|^{-1}$ 展开成泰勒级数，则有

$$\frac{1}{|\boldsymbol{r}-\boldsymbol{r}'|}=\frac{1}{\sqrt{r^2-2\boldsymbol{r}\cdot\boldsymbol{r}'+r'^2}}\approx\frac{1}{r}+\frac{\boldsymbol{r}\cdot\boldsymbol{r}'}{r^3}+\cdots \tag{3.6-9}$$

这样可以把磁矢势表示为

$$\begin{aligned}\boldsymbol{A}&=\frac{\mu_0}{4\pi r}\int_V\boldsymbol{J}(\boldsymbol{r}')\mathrm{d}V'+\frac{\mu_0}{4\pi r^3}\boldsymbol{r}\cdot\int_V\boldsymbol{r}'\boldsymbol{J}(\boldsymbol{r}')\mathrm{d}V'+\cdots\\&\equiv\boldsymbol{A}_0+\boldsymbol{A}_1+\cdots\end{aligned} \tag{3.6-10}$$

下面分别对展开式(3.6-10)的前两项进行讨论. 对于展开式的零阶项，由于 $\nabla'\cdot\boldsymbol{J}(\boldsymbol{r}')=0$，有

$$\nabla' \cdot [\boldsymbol{J}(\boldsymbol{r}')\boldsymbol{r}'] = [\nabla' \cdot \boldsymbol{J}(\boldsymbol{r}')]\boldsymbol{r}' + \boldsymbol{J}(\boldsymbol{r}') \cdot \nabla'\boldsymbol{r}' = \boldsymbol{J}(\boldsymbol{r}')$$

将该式两边对全空间进行体积分，可以得到

$$\int_V \boldsymbol{J}(\boldsymbol{r}')\mathrm{d}V' = \int_V \nabla' \cdot [\boldsymbol{J}(\boldsymbol{r}')\boldsymbol{r}']\mathrm{d}V' = \oint_S \boldsymbol{r}' J_n(\boldsymbol{r}')\,\mathrm{d}S_n$$

由于稳恒电流只能在有限区域内流动，因此当区域的表面为无限大时，有 $J_n(\boldsymbol{r}')\big|_S = 0$，即上式的积分结果为零. 这样磁矢势的零阶展开项为零，即

$$\boldsymbol{A}_0(\boldsymbol{r}) = 0 \tag{3.6-11}$$

再看展开式(3.6-10)的一阶项 $\boldsymbol{A}_1$. 利用

$$\begin{aligned}\nabla' \cdot \left[\boldsymbol{J}(\boldsymbol{r}')\boldsymbol{r}'\boldsymbol{r}'\right] &= \left[\nabla' \cdot \boldsymbol{J}(\boldsymbol{r}')\right]\boldsymbol{r}'\boldsymbol{r}' + \left[\boldsymbol{J}(\boldsymbol{r}') \cdot \nabla'\boldsymbol{r}'\right]\boldsymbol{r}' + \boldsymbol{r}'\left[\boldsymbol{J}(\boldsymbol{r}') \cdot \nabla'\boldsymbol{r}'\right] \\ &= \boldsymbol{J}(\boldsymbol{r}')\boldsymbol{r}' + \boldsymbol{r}'\boldsymbol{J}(\boldsymbol{r}')\end{aligned}$$

同样，上式两边对全空间进行积分，有

$$\begin{aligned}\int_V \left[\boldsymbol{J}(\boldsymbol{r}')\boldsymbol{r}' + \boldsymbol{r}'\boldsymbol{J}(\boldsymbol{r}')\right]\mathrm{d}V' &= \int_V \nabla' \cdot \left[\boldsymbol{J}(\boldsymbol{r}')\boldsymbol{r}'\boldsymbol{r}'\right]\mathrm{d}V' \\ &= \oint_S \boldsymbol{r}'\boldsymbol{r}' J_n(\boldsymbol{r}')\,\mathrm{d}S_n \\ &= 0\end{aligned}$$

由此可以得到如下关系式：

$$\int_V \boldsymbol{r}'\boldsymbol{J}(\boldsymbol{r}')\mathrm{d}V' = \frac{1}{2}\int_V [\boldsymbol{r}'\boldsymbol{J}(\boldsymbol{r}') - \boldsymbol{J}(\boldsymbol{r}')\boldsymbol{r}']\mathrm{d}V' \tag{3.6-12}$$

这样磁矢势的一阶展开项表示为

$$\begin{aligned}\boldsymbol{A}_1 &= \frac{\mu_0}{4\pi r^3}\frac{1}{2}\boldsymbol{r} \cdot \int_V \left[\boldsymbol{r}'\boldsymbol{J}(\boldsymbol{r}') - \boldsymbol{J}(\boldsymbol{r}')\boldsymbol{r}'\right]\mathrm{d}V' \\ &= \frac{\mu_0}{4\pi r^3}\frac{1}{2}\int_V \boldsymbol{r} \times \left[\boldsymbol{J}(\boldsymbol{r}') \times \boldsymbol{r}'\right]\mathrm{d}V' \\ &= \frac{\mu_0 \boldsymbol{m} \times \boldsymbol{r}}{4\pi r^3}\end{aligned} \tag{3.6-13}$$

其中

$$\boldsymbol{m} = \frac{1}{2}\int_V \boldsymbol{r}' \times \boldsymbol{J}(\boldsymbol{r}')\mathrm{d}V' \tag{3.6-14}$$

为小的载流导体的磁矩.

对于载流线圈，利用 $\boldsymbol{J}\mathrm{d}V' \to I\mathrm{d}\boldsymbol{L}'$，可以把式(3.6-14)变为

$$\boldsymbol{m} = \frac{1}{2}I\oint_L \boldsymbol{r}' \times \mathrm{d}\boldsymbol{L}' \tag{3.6-15}$$

例如，对于半径为$a$的小载流圆环，其磁矩为

$$m = \frac{1}{2} I \oint_L \boldsymbol{r}' \times \mathrm{d}\boldsymbol{L}' = \frac{1}{2} I \int_0^{2\pi} a\boldsymbol{e}_r \times \boldsymbol{e}_\phi a \mathrm{d}\phi = Is\boldsymbol{e}_n \tag{3.6-16}$$

其中，$s = \pi a^2$为圆环包围的面积；$\boldsymbol{e}_n = \boldsymbol{e}_r \times \boldsymbol{e}_\phi$为该面积的法线方向的单位矢量. 由此可见，磁矢势展开式的一阶项对应的是一个磁偶极矩产生的磁矢势，对应的磁场由式(3.6-7)给出.

式(3.6-10)右边的二阶展开项为磁四极矩产生的磁矢势，由于它很少被用到，这里对此不做讨论.

## 3.7　磁　标　势

### 1. 磁标势定义

我们在 3.5 节曾引入磁矢势$\boldsymbol{A}$来计算磁场，但由于$\boldsymbol{A}$是一个矢量，在实际计算时较为繁琐. 那么能否像静电场那样，通过引入一个标势来计算磁场呢？下面就考虑这个问题.

如果在所考虑的区域内没有自由电流源存在，根据微分形式的安培定理，有

$$\nabla \times \boldsymbol{H} = 0 \tag{3.7-1}$$

另外，根据矢量分析可以知道，对一个标量函数的梯度取旋度，其结果为零. 这样，我们可以引入一个标量函数$\varphi_m$来描述磁场强度

$$\boldsymbol{H} = -\nabla \varphi_m \tag{3.7-2}$$

这里称$\varphi_m$为磁标势. 在静电学中，由于$\nabla \times \boldsymbol{E} = 0$，我们曾引入电势$\varphi$来描述静电场，即$\boldsymbol{E} = -\nabla \varphi$. 可见，两者很相似.

对于一些实际情况，并不是所有的区域内都不存在自由流，只是在某些局部区域内没有自由电流存在，如载流螺线管. 这时可以把有自由电流存在的区域除去，并规定在剩下的区域中任意闭合回路内都不包围自由电流，即为一个单连通区域. 这样，在这个单连通区域内就可以引入磁标势. 因此，引入磁标势的条件是：①在所考虑的区域内没有自由电流分布；②该区域为一个单连通区域，即磁标势为单值函数.

### 2. 磁标势的微分方程

式(3.7-2)只给出了磁标势的定义式，并没有说明如何来确定磁标势. 对于线性磁化的介质，利用关系式 $\boldsymbol{B} = \mu_0(\boldsymbol{H} + \boldsymbol{M})$及 $\nabla \cdot \boldsymbol{B} = 0$，有

$$\nabla\cdot\boldsymbol{H}=-\nabla\cdot\boldsymbol{M} \tag{3.7-3}$$

再将式(3.7-2)代入，可以得到磁标势满足的方程为

$$\nabla^2\varphi_m=\nabla\cdot\boldsymbol{M} \tag{3.7-4}$$

对于电介质的极化过程，我们曾引入一个束缚电荷密度来描述介质的极化强度，即 $\rho_p=-\nabla\cdot\boldsymbol{P}$. 类似地，这里也可以引入一个假想的“束缚磁荷”密度 $\rho_m$ 来描述介质的磁化强度

$$\rho_m=-\mu_0\nabla\cdot\boldsymbol{M} \tag{3.7-5}$$

当然，实验上还没有发现自由磁荷存在. 将式(3.7-5)分别代入方程(3.7-3)和(3.7-4)，可以得到

$$\nabla\cdot\boldsymbol{H}=\rho_m/\mu_0 \tag{3.7-6}$$

及

$$\nabla^2\varphi_m=-\rho_m/\mu_0 \tag{3.7-7}$$

可见，该方程在形式上与静电学中的泊松方程 $\nabla^2\varphi=-\rho/\varepsilon_0$ 非常相似. 对于均匀磁化的介质，由于 $\nabla\cdot\boldsymbol{M}=0$，这样磁标势满足拉普拉斯方程

$$\nabla^2\varphi_m=0 \tag{3.7-8}$$

在无界区域情况下，当位于某一区域 $V$ 内的束缚磁荷密度 $\rho_m$ 给定时，可以得到方程(3.7-7)的解为

$$\varphi_m(\boldsymbol{r})=\frac{1}{4\pi\mu_0}\int_V\frac{\rho_m}{|\boldsymbol{r}-\boldsymbol{r}'|}\mathrm{d}V' \tag{3.7-9}$$

它与静电势的积分表示式非常相似，见式(2.4-4). 将式(3.7-5)代入式(3.7-9)，可以得到

$$\begin{aligned}\varphi_m(\boldsymbol{r})&=-\frac{1}{4\pi}\int_V\frac{\nabla'\cdot\boldsymbol{M}}{|\boldsymbol{r}-\boldsymbol{r}'|}\mathrm{d}V'\\&=-\frac{1}{4\pi}\int_V\nabla'\cdot\left(\frac{\boldsymbol{M}}{|\boldsymbol{r}-\boldsymbol{r}'|}\right)\mathrm{d}V'+\frac{1}{4\pi}\int_V\nabla'\left(\frac{1}{|\boldsymbol{r}-\boldsymbol{r}'|}\right)\cdot\boldsymbol{M}\mathrm{d}V'\end{aligned}$$

对于上式右边第一项的体积分，可以利用散度定理把它转化为面积分，并且当积分区域为全空间时，积分结果为零. 对于上式右边的第二项，利用

$$\nabla'\left(\frac{1}{|\boldsymbol{r}-\boldsymbol{r}'|}\right)=\frac{\boldsymbol{r}-\boldsymbol{r}'}{|\boldsymbol{r}-\boldsymbol{r}'|^3}$$

由此可以得到

$$\varphi_m(\boldsymbol{r}) = \frac{1}{4\pi}\int_V \frac{(\boldsymbol{r}-\boldsymbol{r}')\cdot \boldsymbol{M}}{|\boldsymbol{r}-\boldsymbol{r}'|^3}\mathrm{d}V' \tag{3.7-10}$$

尤其是当束缚磁荷分布的区域很小时，其区域的线尺度$l$远小于观察点到坐标原点的距离$r$，可以把式(3.7-10)近似地表示为

$$\varphi_m(\boldsymbol{r}) = \frac{\boldsymbol{m}\cdot\boldsymbol{r}}{4\pi r^3} \tag{3.7-11}$$

其中，$\boldsymbol{m} = \int_V \boldsymbol{M}(\boldsymbol{r}')\mathrm{d}V'$为磁偶极矩. 式(3.7-11)就是一个磁偶极矩产生的磁标势，它在形式上与电偶极矩产生的电势$\varphi = \dfrac{\boldsymbol{p}\cdot\boldsymbol{r}}{4\pi\varepsilon_0 r^3}$非常相似.

3. *磁标势的边值关系*

在两种不同的介质交界面$\Sigma$上，还需要给出磁标势的边值关系. 下面根据磁场边值关系来确定磁标势的边值关系.

(1)利用磁场强度的切向分量在界面上的边值关系式(3.4-7)及$\boldsymbol{H} = -\nabla\varphi_m$，可以得到

$$\boldsymbol{e}_n \times (\nabla\varphi_{m2} - \nabla\varphi_{m1})\big|_\Sigma = -\boldsymbol{\alpha} \tag{3.7-12}$$

其中，$\boldsymbol{\alpha}$为界面上自由面电流分布. 如果界面上没有自由面电流分布，可以得到磁标势在界面上连续

$$\varphi_{m2}\big|_\Sigma = \varphi_{m1}\big|_\Sigma \tag{3.7-13}$$

(2)根据磁感应强度的法线分量的边值关系式(3.4-6)及$\boldsymbol{B} = \mu_0(\boldsymbol{H}+\boldsymbol{M})$，可以得到

$$H_{2n}\big|_\Sigma - H_{1n}\big|_\Sigma = \sigma_m / \mu_0 \tag{3.7-14}$$

其中

$$\sigma_m = -\mu_0 \boldsymbol{e}_n \cdot (\boldsymbol{M}_2 - \boldsymbol{M}_1)\big|_\Sigma \tag{3.7-15}$$

$\sigma_m$是束缚磁荷的面密度. 再根据$\boldsymbol{H} = -\nabla\varphi_m$，可以进一步得到

$$\frac{\partial\varphi_{m2}}{\partial n}\Big|_\Sigma - \frac{\partial\varphi_{m1}}{\partial n}\Big|_\Sigma = -\sigma_m / \mu_0 \tag{3.7-16}$$

这个关系式对任意磁化的介质都成立. 如果介质是线性磁化的，$\boldsymbol{M}$与$\boldsymbol{H}$成正比，见式(3.3-13)，这样可以把边值关系(3.7-16)变为

$$\mu_2\frac{\partial\varphi_{m2}}{\partial n}\Big|_\Sigma = \mu_1\frac{\partial\varphi_{m1}}{\partial n}\Big|_\Sigma \tag{3.7-17}$$

可以看出，在引入磁标势之后，使得静磁场的问题与静电场的问题非常相似. 下面把两者对应的关系作一比较，见表 3-1.

**表 3-1 静磁场公式和静电场公式的对比**

| 静磁场 | 静电场 |
| --- | --- |
| $\boldsymbol{H}=-\nabla\varphi_m$ | $\boldsymbol{E}=-\nabla\varphi$ |
| $\nabla\cdot\boldsymbol{B}=0$ | $\nabla\cdot\boldsymbol{D}=\rho$ |
| $\boldsymbol{B}=\mu_0\boldsymbol{H}+\mu_0\boldsymbol{M}$ | $\boldsymbol{D}=\varepsilon_0\boldsymbol{E}+\boldsymbol{P}$ |
| $\nabla^2\varphi_m=-\rho_m/\mu_0$ | $\nabla^2\varphi=-\left(\rho+\rho_p\right)/\varepsilon_0$ |
| $\rho_m=-\mu_0\nabla\cdot\boldsymbol{M}$ | $\rho_p=-\nabla\cdot\boldsymbol{P}$ |
| $\varphi_{m2}\big\vert_\Sigma=\varphi_{m1}\big\vert_\Sigma$ | $\varphi_2\big\vert_\Sigma=\varphi_1\big\vert_\Sigma$ |
| $\left.\frac{\partial\varphi_{m2}}{\partial n}\right\vert_\Sigma-\left.\frac{\partial\varphi_{m1}}{\partial n}\right\vert_\Sigma=-\sigma_m/\mu_0$ | $\varepsilon_2\left.\frac{\partial\varphi_2}{\partial n}\right\vert_\Sigma-\varepsilon_1\left.\frac{\partial\varphi_1}{\partial n}\right\vert_\Sigma=-\sigma$ |
| $\sigma_m=-\mu_0\boldsymbol{e}_n\cdot(\boldsymbol{M}_2-\boldsymbol{M}_1)\big\vert_\Sigma$ | $\sigma_p=-\boldsymbol{e}_n\cdot(\boldsymbol{P}_2-\boldsymbol{P}_1)\big\vert_\Sigma$ |

可见两者是一一对应的，仅有的区别是：磁场没有“自由磁荷”，而电场有自由电荷，表中出现的磁荷是束缚磁荷，它对应于静电场中的极化电荷. 注意，这种对应关系成立的前提条件是，所考虑的区域内没有自由电流密度存在. 有了这种对比关系，就可以把求解静电场的一些方法应用到静磁场中. 这里需要说明一下，在用磁标势描述磁场时，介质的磁化效应是以束缚磁荷密度 $\rho_m$ 的形式体现出来的，而不是以磁化电流密度 $\boldsymbol{J}_m$ 来体现的.

**例题 3.5** 求磁化强度为 $\boldsymbol{M}_0$ 的均匀磁化的铁球产生的磁场，其中铁球的半径为 $a$.

**解** 由于铁球的磁化强度是均匀的，因此对应的束缚磁荷密度为零，即 $\rho_m=-\mu_0\nabla\cdot\boldsymbol{M}_0=0$. 这样在球内和球外，磁标势满足的方程均为拉普拉斯方程

$$\nabla^2\varphi_m=0 \tag{3.7-18}$$

由于这是一个齐次偏微分方程，可以采用分离变量法求解.

选取球坐标系，其中坐标原点在球心处，并取 $z$ 轴沿着磁化强度 $\boldsymbol{M}_0$ 的方向. 考虑到该问题具有轴对称性，因此在球的外部和内部，方程(3.7-18)的一般解分别为

$$\varphi_{m1}(r,\theta)=\sum_{l=0}A_l r^l P_l(\cos\theta)\quad(r<a) \tag{3.7-19}$$

及

$$\varphi_{m2}(r,\theta)=\sum_{l=0}\frac{B_l}{r^{l+1}}P_l(\cos\theta)\quad(r>a) \tag{3.7-20}$$

其中，$A_l$ 及 $B_l$ 是待定常数. 这里已经考虑到在球心处和无穷远处的磁标势的值应有限这一事实.

由于在球面上没有自由电流密度存在，因此由边值关系(3.7-13)，有

$$\varphi_{m2}\big|_{r=a} = \varphi_{m1}\big|_{r=a}$$

分别将式(3.7-19)和式(3.7-20)代入，可以得到

$$\sum_{l=0} A_l a^l P_l(\cos\theta) = \sum_{l=0} \frac{B_l}{a^{l+1}} P_l(\cos\theta)$$

比较上式两边 $P_l(\cos\theta)$ 的系数，可以得到

$$A_l a^l = \frac{B_l}{a^{l+1}} \tag{3.7-21}$$

另外，尽管铁球内部没有束缚磁荷密度分布，但在球面上有束缚磁荷面密度

$$\sigma_m = \mu_0 \boldsymbol{e}_n \cdot \boldsymbol{M}_0 = \mu_0 M_0 \cos\theta \tag{3.7-22}$$

这样根据边值关系(3.7-16)，有

$$\frac{\partial \varphi_{m2}}{\partial r}\Big|_{r=a} - \frac{\partial \varphi_{m1}}{\partial r}\Big|_{r=a} = -M_0 \cos\theta$$

再将式(3.7-19)和式(3.7-20)代入，有

$$\sum_{l=0}(l+1)\frac{B_l}{a^{l+2}} P_l(\cos\theta) + \sum_{l=1} l A_l a^{l-1} P_l(\cos\theta) = M_0 \cos\theta \tag{3.7-23}$$

由此可以得到

$$\begin{cases} B_0 = 0 \\ A_1 + \dfrac{2B_1}{a^3} = M_0 \\ l A_l a^{l-1} + (l+1)\dfrac{B_l}{a^{l+2}} = 0 \quad (l \neq 1) \end{cases} \tag{3.7-24}$$

将式(3.7-21)与式(3.7-24)联立，可以得到系数的取值如下：

$$\begin{cases} A_1 = \dfrac{1}{3} M_0,\ B_1 = \dfrac{1}{3} M_0 a^3 \\ A_l = B_l = 0 \quad (l \neq 1) \end{cases} \tag{3.7-25}$$

将上面得到的系数分别代入式(3.7-19)和式(3.7-20)，则铁球内外的磁标势分别为

$$\begin{cases} \varphi_{m1} = \dfrac{M_0 r \cos\theta}{3} = \dfrac{\boldsymbol{M}_0 \cdot \boldsymbol{r}}{3} & (r < a) \\ \varphi_{m2} = \dfrac{a^3 M_0 \cos\theta}{3r^2} = \dfrac{a^3 \boldsymbol{M}_0 \cdot \boldsymbol{r}}{3r^3} = \dfrac{\boldsymbol{m}_0 \cdot \boldsymbol{r}}{4\pi r^3} & (r > a) \end{cases} \tag{3.7-26}$$

其中，$\boldsymbol{m}_0=\dfrac{4\pi a^3}{3}\boldsymbol{M}_0$ 为铁球的磁矩. 可见在球的外部，磁标势为一个磁偶极矩产生的磁场. 这与式(3.7-11)给出的结果是一致的. 对应的磁场强度为

$$\begin{cases}\boldsymbol{H}_1=-\nabla\varphi_{m1}=-\dfrac{\boldsymbol{M}_0}{3} & (r<a)\\ \boldsymbol{H}_2=-\nabla\varphi_{m2}=\dfrac{a^3}{3}\left[\dfrac{3(\boldsymbol{M}_0\cdot\boldsymbol{r})\boldsymbol{r}}{r^5}-\dfrac{\boldsymbol{M}_0}{r^3}\right] & (r>a)\end{cases} \tag{3.7-27}$$

球内外的磁感应强度为

$$\begin{cases}\boldsymbol{B}_1=\mu_0(\boldsymbol{H}_1+\boldsymbol{M})=\mu_0\dfrac{2\boldsymbol{M}_0}{3} & (r<a)\\ \boldsymbol{B}_2=\mu_0\boldsymbol{H}_2=\dfrac{\mu_0a^3}{3}\left[\dfrac{3(\boldsymbol{M}_0\cdot\boldsymbol{r})\boldsymbol{r}}{r^5}-\dfrac{\boldsymbol{M}_0}{r^3}\right] & (r>a)\end{cases} \tag{3.7-28}$$

可见，在铁球的内部，磁场强度 $\boldsymbol{H}_1$ 与铁球的磁化强度 $\boldsymbol{M}_0$ 反向，而磁感应强度 $\boldsymbol{B}_1$ 则与 $\boldsymbol{M}_0$ 同向.

**例题 3.6** 半径为 $a$、磁导率为 $\mu$ 的均匀介质球放置于均匀磁场 $\boldsymbol{B}_0$ 中，球外为真空. 求磁标势及磁场的空间分布.

**解** 当均匀介质球放置在外磁场中时，它将被磁化，但束缚磁荷密度只能出现在球面上，球的内部没有束缚磁荷存在. 这样，在球内外磁标势 $\varphi_m$ 都满足拉普拉斯方程及对应的边界条件为

$$\begin{cases}\nabla^2\varphi_m=0\\ \varphi_{m2}\big|_{r=a}=\varphi_{m1}\big|_{r=a}\\ \mu_0\dfrac{\partial\varphi_{m2}}{\partial r}\Big|_{r=a}=\mu\dfrac{\partial\varphi_{m1}}{\partial r}\Big|_{r=a}\\ \varphi_{m2}\big|_{r\to\infty}=-\dfrac{1}{\mu_0}B_0r\cos\theta\end{cases} \tag{3.7-29}$$

可以采用分离变量法来确定球内外的磁标势分布，但我们注意到，该题的定解问题与第 2 章中的例题 2.8(静电场)非常相似，因此只需做如下替换：

$$E_0\to\frac{1}{\mu_0}B_0,\quad \varepsilon_0\to\mu_0,\quad \varepsilon\to\mu$$

就可以由例题 2.8 的答案得到本题的磁标势

$$\begin{cases}\varphi_{m1}(r,\theta)=-\dfrac{3}{\mu+2\mu_0}\boldsymbol{B}_0\cdot\boldsymbol{r} & (r<a)\\ \varphi_{m2}(r,\theta)=-\dfrac{1}{\mu_0}\boldsymbol{B}_0\cdot\boldsymbol{r}+\dfrac{\mu-\mu_0}{\mu_0(\mu+2\mu_0)}\dfrac{a^3}{r^3}\boldsymbol{B}_0\cdot\boldsymbol{r} & (r>a)\end{cases} \tag{3.7-30}$$

对应的磁场强度为

$$\begin{cases} \boldsymbol{H}_1 = \dfrac{3}{\mu + 2\mu_0}\boldsymbol{B}_0 & (r < a) \\ \boldsymbol{H}_2 = \dfrac{1}{\mu_0}\boldsymbol{B}_0 - \dfrac{(\mu - \mu_0)a^3}{\mu_0(\mu + 2\mu_0)}\left[\dfrac{3(\boldsymbol{B}_0 \cdot \boldsymbol{r})\boldsymbol{r}}{r^5} - \dfrac{\boldsymbol{B}_0}{r^3}\right] & (r > a) \end{cases} \tag{3.7-31}$$

通过该题的求解，我们可以得到如下启发：对于不同的物理场(静电场或静磁场)，只要它们满足的微分方程和边界条件具有相同的数学形式，就可以使用同样的数学方法求解，而且解的数学形式也相同.

## 3.8 静 磁 能

### 1. 静磁能

为了便于计算静磁场的能量，我们首先以一个载流螺线管为例来进行讨论. 考虑一个电感为 $L$ 的螺线管与电源连接，并构成一个回路，其中电源的感应电动势为 $U$. 如果忽略螺线管的电阻，则螺线管两端的电压降等于电源感应电动势，即

$$U = L\frac{\mathrm{d}I}{\mathrm{d}t} \tag{3.8-1}$$

其中，$I$ 是回路中的电流. 可以把上式改写为

$$UI\mathrm{d}t = LI\mathrm{d}I \tag{3.8-2}$$

式(3.8-2)左端为电源在时间 $\mathrm{d}t$ 内释放的能量，右端为螺线管储存的能量. 对式(3.8-2)两端积分，显然螺线管储存的磁能为

$$W_{\mathrm{m}} = \frac{1}{2}LI^2 \tag{3.8-3}$$

可见，在给定电流强度 $I$ 下，螺线管储存的能量与线圈的电感 $L$ 成正比.

对于一个长直载流螺线管，如果它的长度 $l$ 远大于半径 $a$，可以认为螺线管内部的磁感应强度 $B$ 是均匀的，其表示式为

$$B = \mu_0 nI \tag{3.8-4}$$

其中，$n = N/l$，为单位长度上线圈的匝数. 穿过螺线管的磁通量为

$$\Phi = BS \tag{3.8-5}$$

其中，$S = \pi a^2$，为螺线管的横截面. 利用式(3.8-5)，可以计算出螺线管的电感为

$$L = \frac{N\Phi}{I} = \frac{NBS}{I} \tag{3.8-6}$$

将式(3.8-6)代入式(3.8-3)，并利用 $H = B/\mu_0$，可以得到

$$W_{\mathrm{m}} = \frac{1}{2}BHV \tag{3.8-7}$$

其中，$V = lS$，为螺线管的体积. 由于磁场只局限于螺线管的内部，因此 $V$ 也是磁场所占区域的体积. 式(3.8-7)表明，磁能 $W_{\mathrm{m}}$ 与磁场所占的体积 $V$ 成正比，因此单位体积内的磁能，即磁能密度为

$$w_{\mathrm{m}} = \frac{W_{\mathrm{m}}}{V} = \frac{1}{2}BH \tag{3.8-8}$$

在一般情况下，如果在所考虑的区域内磁场分布是不均匀的，这时磁能的表示式应为

$$W_{\mathrm{m}} = \frac{1}{2}\int_V \boldsymbol{B}\cdot\boldsymbol{H}\mathrm{d}V \tag{3.8-9}$$

其中积分的区域遍及磁场分布的区域. 可以看出，静磁能的表示式与静电能量的表示式

$$W_{\mathrm{e}} = \frac{1}{2}\int_V \boldsymbol{E}\cdot\boldsymbol{D}\mathrm{d}V$$

非常相似(参见 2.10 节).

我们知道，还可以用电势 $\varphi$ 和电荷密度 $\rho$ 来表示静电能

$$W_{\mathrm{e}} = \frac{1}{2}\int_V \rho\varphi\mathrm{d}V$$

受此启发，我们可以用电流密度 $\boldsymbol{J}$ 和磁矢势 $\boldsymbol{A}$ 来表示静磁能，即把静磁能写成如下形式：

$$W_{\mathrm{m}} = \frac{1}{2}\int_V \boldsymbol{J}\cdot\boldsymbol{A}\mathrm{d}V \tag{3.8-10}$$

下面证明式(3.8-10)与式(3.8-9)式是等价的. 利用静磁场的基本方程 $\nabla\times\boldsymbol{H} = \boldsymbol{J}$，可以把式(3.8-10)改写为

$$W_{\mathrm{m}} = \frac{1}{2}\int_V (\nabla\times\boldsymbol{H})\cdot\boldsymbol{A}\mathrm{d}V \tag{3.8-11}$$

根据矢量的微分公式

$$\boldsymbol{A}\cdot(\nabla\times\boldsymbol{H}) = (\nabla\times\boldsymbol{A})\cdot\boldsymbol{H} - \nabla\cdot(\boldsymbol{A}\times\boldsymbol{H})$$

可以把式(3.8-11)改写为

$$W_{\mathrm{m}} = \frac{1}{2}\int_V [(\nabla\times\boldsymbol{A})\cdot\boldsymbol{H} - \nabla\cdot(\boldsymbol{A}\times\boldsymbol{H})]\mathrm{d}V$$

可以把上式右边第二项的体积分转换成面积分，且当积分的区域很大时，其积分结果为零. 此外，再将 $\nabla \times \boldsymbol{A} = \boldsymbol{B}$ 代入上式右边第一项，即可以得到式(3.8-9). 这样，静磁能有两种表示式，即式(3.8-9)和式(3.8-10)，前者是用磁感应强度 $\boldsymbol{B}$ 和磁场强度 $\boldsymbol{H}$ 来表示，积分区域遍及磁场分布的区域；而后者是用电流密度 $\boldsymbol{J}$ 和磁矢势 $\boldsymbol{A}$ 来表示，积分区域仅限电流密度分布的区域.

**例题 3.7** 求无限长同轴线单位长度内的静磁能，其中同轴线的内外半径分别为 $a_1$ 和 $a_2$ ($a_2 > a_1$)，磁导率为 $\mu$，电流 $I$ 分别沿着同轴线的内外表面流动，方向相反.

**解** 为方便计算，取无限长同轴线的一段(设其长度为 $l$)来计算静磁能. 根据安培环路定理，可以得到同轴线内部的磁场分别为

$$B = \frac{\mu I}{2\pi r} \quad (a_1 < r < a_2)$$

磁场强度为 $H = B/\mu$. 在同轴线的外部，磁场为零. 根据式(3.8-9)，在长度为 $l$ 的一段同轴线内的静磁能为

$$W_{\mathrm{m}} = \frac{1}{2}\int_{a_1}^{a_2} BH2\pi r\mathrm{d}rl = \frac{\mu I^2 l}{4\pi}\int_{a_1}^{a_2}\frac{\mathrm{d}r}{r} = \frac{\mu I^2 l}{4\pi}\ln\left(\frac{a_2}{a_1}\right) \tag{3.8-12}$$

根据式(3.8-3)，还可以求出同轴线的电感为

$$L = \frac{2W_{\mathrm{m}}}{I^2} = \frac{\mu l}{2\pi}\ln\left(\frac{a_2}{a_1}\right) \tag{3.8-13}$$

## 2. 载流导体与外磁场的作用能

下面考虑一个载流导体与外磁场的相互作用能. 设载流导体的电流分布为 $\boldsymbol{J}$，产生的磁矢势为 $\boldsymbol{A}$；与外磁场对应的电流密度和磁矢势分别为 $\boldsymbol{J}_{\mathrm{e}}$ 和 $\boldsymbol{A}_{\mathrm{e}}$，则总电流密度和总磁矢势分别为 $\boldsymbol{J}+\boldsymbol{J}_{\mathrm{e}}$ 和 $\boldsymbol{A}+\boldsymbol{A}_{\mathrm{e}}$. 总的静磁能为

$$\begin{aligned} W_{\mathrm{m}} &= \frac{1}{2}\int_V (\boldsymbol{J}+\boldsymbol{J}_{\mathrm{e}})\cdot(\boldsymbol{A}+\boldsymbol{A}_{\mathrm{e}})\mathrm{d}V \\ &= \frac{1}{2}\int_V \boldsymbol{J}\cdot\boldsymbol{A}\mathrm{d}V + \frac{1}{2}\int_V \boldsymbol{J}_{\mathrm{e}}\cdot\boldsymbol{A}_{\mathrm{e}}\mathrm{d}V + \frac{1}{2}\int_V \boldsymbol{J}\cdot\boldsymbol{A}_{\mathrm{e}}\mathrm{d}V + \frac{1}{2}\int_V \boldsymbol{J}_{\mathrm{e}}\cdot\boldsymbol{A}\mathrm{d}V \end{aligned}$$

其中上式右边第一项和第二项分别为载流导体和外磁场自身的静磁能，而第三项和第四项为它们之间的相互作用静磁能. 根据磁矢势的积分表示式(3.5-2)，很容易看出上式右边第三项和第四项相等. 因此，载流导体与外磁场的相互作用能为

$$W_{\mathrm{mi}} = \int_V \boldsymbol{J}\cdot\boldsymbol{A}_{\mathrm{e}}\mathrm{d}V \tag{3.8-14}$$

如果载流导体是一个载流线圈，利用 $\boldsymbol{J}\mathrm{d}V = I\mathrm{d}\boldsymbol{L}$ 及 $\boldsymbol{B}_{\mathrm{e}} = \nabla\times\boldsymbol{A}_{\mathrm{e}}$，可以得到它与外磁场的相互作用能为

$$W_{\mathrm{mi}}=I\oint_L \boldsymbol{A}_{\mathrm{e}}\cdot\mathrm{d}\boldsymbol{L}=I\int_S(\nabla\times\boldsymbol{A}_{\mathrm{e}})\cdot\mathrm{d}\boldsymbol{S}=I\int_S\boldsymbol{B}_{\mathrm{e}}\cdot\mathrm{d}\boldsymbol{S}\tag{3.8-15}$$

其中积分的区域为载流线圈所包围的面积. 当线圈的尺度很小时，可以认为外磁场在线圈所包含的区域内不变，因此有

$$W_{\mathrm{mi}}=\boldsymbol{B}_{\mathrm{e}}\cdot I\int_S\mathrm{d}\boldsymbol{S}=\boldsymbol{m}\cdot\boldsymbol{B}_{\mathrm{e}}\tag{3.8-16}$$

其中，$\boldsymbol{m}$ 是线圈的磁偶极矩. 可见，一个小的载流导体与外磁场的作用能等于一个磁偶极矩与外磁场的作用能.

3. *载流导体在外磁场中的受力*

我们知道载流导体在外磁场中将受到洛伦兹力的作用，其表示式为

$$\boldsymbol{F}=\int_V(\boldsymbol{J}\times\boldsymbol{B}_e)\,\mathrm{d}V\tag{3.8-17}$$

将坐标原点取在导体内的某一点，并将外磁场在 $\boldsymbol{r}=0$ 点进行展开

$$\boldsymbol{B}_{\mathrm{e}}(\boldsymbol{r})\approx\boldsymbol{B}_{\mathrm{e}}(0)+\boldsymbol{r}\cdot\nabla\boldsymbol{B}_{\mathrm{e}}\big|_{\boldsymbol{r}=0}$$

将上式代入式(3.8-17)，并注意到 $\int_V\boldsymbol{J}\mathrm{d}V=0$，有

$$\boldsymbol{F}\approx\int_V\boldsymbol{J}\times(\boldsymbol{r}\cdot\nabla\boldsymbol{B}_{\mathrm{e}}\big|_{\boldsymbol{r}=\mathbf{0}})\,\mathrm{d}V=\int\mathrm{d}V\boldsymbol{J}(\boldsymbol{r}\cdot\nabla)\times\boldsymbol{B}_{\mathrm{e}}\big|_{\boldsymbol{r}=\mathbf{0}}\tag{3.8-18}$$

利用如下等式(见 3.6 节)：

$$\int_V\boldsymbol{J}\boldsymbol{r}\mathrm{d}V=\frac{1}{2}\int_V(\boldsymbol{J}\boldsymbol{r}-\boldsymbol{r}\boldsymbol{J})\mathrm{d}V\tag{3.8-19}$$

将式(3.8-19)代入式(3.8-18)，有

$$\begin{aligned}\boldsymbol{F}&=\frac{1}{2}\int\mathrm{d}V[(\boldsymbol{J}\boldsymbol{r}-\boldsymbol{r}\boldsymbol{J})\cdot\nabla]\times\boldsymbol{B}_{\mathrm{e}}\big|_{\boldsymbol{r}=0}\\&=\frac{1}{2}\int\mathrm{d}V[(\boldsymbol{r}\times\boldsymbol{J})\times\nabla]\times\boldsymbol{B}_{\mathrm{e}}\big|_{\boldsymbol{r}=0}\\&=(\boldsymbol{m}\times\nabla)\times\boldsymbol{B}_{\mathrm{e}}\big|_{\boldsymbol{r}=0}\end{aligned}\tag{3.8-20}$$

其中利用了磁偶极矩的定义，见式(3.6-14). 再根据三个矢量矢积的运算法则及 $\nabla\cdot\boldsymbol{B}_{\mathrm{e}}=0$，最终得到一个小的载流导体在外磁场中的受力为

$$\begin{aligned}\boldsymbol{F}&=\nabla(\boldsymbol{m}\cdot\boldsymbol{B}_{\mathrm{e}}\big|_{\boldsymbol{r}=\mathbf{0}})-\boldsymbol{m}(\nabla\cdot\boldsymbol{B}_{\mathrm{e}}\big|_{\boldsymbol{r}=\mathbf{0}})\\&=\nabla(\boldsymbol{m}\cdot\boldsymbol{B}_{\mathrm{e}}\big|_{\boldsymbol{r}=\mathbf{0}})\\&=\nabla W_{\mathrm{mi}}\big|_{\boldsymbol{r}=\mathbf{0}}\end{aligned}\tag{3.8-21}$$

可见该力为相互作用磁能 $W_{\mathrm{mi}}$ 的梯度.

我们知道，一个电偶极子 $\boldsymbol{p}$ 在外电场 $\boldsymbol{E}_{\mathrm{e}}$ 中的受力为

$$\boldsymbol{F}=\nabla(\boldsymbol{p}\cdot\boldsymbol{E}_{\mathrm{e}})=-\nabla W_{\mathrm{ei}} \tag{3.8-22}$$

其中，$W_{\mathrm{ei}}$ 为电偶极子与外电场的相互作用能. 与式(3.8-22)相比较，可见式(3.8-21)右边少了一个负号. 这是因为静电场是一个保守场，而磁场不是一个保守场. 当一个磁偶极矩(如载流线圈)在外磁场中运动时，将会发生电磁感应而改变磁偶极矩的电流，要保持电流不变，还必须有外加电动势. 这时外磁场对磁偶极矩所做的功不只是 $W_{\mathrm{mi}}$，还要加上外电势为维持电流不变所提供的能量.

**例题 3.8** 同一平面上有两个相距为 $a$ 的磁偶极子，磁矩分别为 $\boldsymbol{m}_1$ 和 $\boldsymbol{m}_2$，它们平行同向，其方向与它们之间的连线垂直. 计算两个磁偶极矩之间的相互作用能.

**解** 由于磁偶极子 $\boldsymbol{m}_1$ 在空间任意一点 $\boldsymbol{r}$ 处产生的磁场为

$$\boldsymbol{B}_1=\frac{\mu_0}{4\pi}\left[\frac{3(\boldsymbol{m}_1\cdot\boldsymbol{r})\boldsymbol{r}}{r^5}-\frac{\boldsymbol{m}_1}{r^3}\right]$$

两个磁偶极子 $\boldsymbol{m}_1$ 和 $\boldsymbol{m}_2$ 之间的相互作用能为

$$\begin{aligned}W_{\mathrm{mi}}&=(\boldsymbol{m}_2\cdot\boldsymbol{B}_1)\big|_{r=a}=\boldsymbol{m}_2\cdot\frac{\mu_0}{4\pi}\left(0-\frac{\boldsymbol{m}_1}{a^3}\right)\\&=-\frac{\mu_0 m_1 m_2}{4\pi a^3}\end{aligned}$$

可见，相互作用磁能正比于两个磁偶极子的磁矩乘积.

## 本 章 小 结

安培定律及毕奥-萨伐尔定律是静磁学的基础. 本章从毕奥-萨伐尔定律出发，并运用矢量分析，推导出静磁场的微分方程和积分方程. 在此基础上，进一步介绍了介质磁化的概念，并建立了介质中静磁场的方程. 由于磁矢势和磁标势是本章的两个重要概念，所以本章分别建立了磁矢势和磁标势所满足的微分方程. 最后，本章还介绍了静磁能以及小的载流导体与外磁场的相互作用能. 此外，还要做如下几点说明：

(1) 在静磁学中，一般不用磁矢势的微分方程来确定磁场的分布，有如下三个方面的原因. 第一，磁矢势是一个矢量，它对应的微分方程也有三个分量. 因此，相对求解标量的微分方程，求解矢量的微分方程较为复杂. 第二，磁矢势的形式不是唯一的，它要受到规范条件 $\nabla\cdot\boldsymbol{A}=0$ 的约束. 第三，由于磁矢势的切向分量和法向分量在界面上均连续，因此单靠磁矢势的边界条件还不能完全确定微分方程解中的待定系数.

(2) 在磁多极展开方法中，不管一个带电体的电流分布如何，它在远处产生的静磁势可以近似地等效于一个磁偶极矩所产生的磁矢势. 注意，由于是稳恒电流分布，在磁多极展开中，展开式的零阶项为零，这与电多极展开不同. 磁偶极矩是静磁学

中的一个重要概念，应掌握磁偶极矩所产生的磁矢势和磁感应强度的表示式.

(3)当所考虑的区域内没有自由电流分布，且该区域为单连通区域时，可以采用磁标势法来计算磁场，其中磁标势满足泊松方程. 尤其当介质是均匀磁化时，磁标势服从拉普拉斯方程. 在磁标势描述中，为了使磁标势所满足的泊松方程与静电学中的泊松方程相似，引入了束缚磁荷密度. 注意，这里引入的磁荷是“束缚”磁荷，而不是“自由”磁荷. 目前，人们在自然界中还没有发现自由磁荷的存在.

(4)与计算静电场的能量一样，计算静磁场的能量也有两种不同的方法. 一种是基于电流密度和磁矢势的方法，另一种是基于磁感应强度和磁场强度的方法. 在两种方法中，所对应的积分区域不同.

## 物理学家简介(二)：奥斯特

汉斯·奥斯特(Hans Christian Oersted，1777—1851)，丹麦物理学家，主要成就为发现了电流的磁效应.

奥斯特

奥斯特于1777年8月14日生于兰格朗岛鲁德乔宾的一个药剂师家庭. 1794年考入哥本哈根大学，1799年获博士学位. 1806年起任哥本哈根大学物理学教授，1815年起任丹麦皇家学会常务秘书. 1820年4月发现了电流对磁针的作用，即电流的磁效应. 同年7月21日以《关于磁针上电冲突作用的实验》为题发表了他的发现. 这篇短短的论文使欧洲物理学界产生了极大震动，导致了大批实验成果的出现，由此开辟了物理学的新领域——电磁学. 1820年因电流磁效应这一杰出发现获英国皇家学会科普利奖章. 1829年起任哥本哈根工学院院长. 1851年3月9日，奥斯特在哥本哈根逝世，享年74岁.

1908年丹麦自然科学促进协会建立“奥斯特奖章”，以表彰做出重大贡献的物理学家. 1934年以“奥斯特”命名厘米克秒(CGS)单位制中的磁场强度单位. 1937年美国物理教师协会设立“奥斯特奖章”，奖励在物理教学上做出贡献的物理教师.

(注：该简介的内容是根据百度搜索整理而成，人物肖像也是源自百度搜索)

## 物理学家简介(三)：毕奥

让-巴蒂斯特·毕奥(Jean-Baptiste Biot，1774－1862)，法国物理学家、天文学家和数学家，主要成就是提出了电流产生磁场的毕奥-萨伐尔定律.

毕奥于1774年4月21日出生于法国巴黎. 他毕业于法国著名的工程学校巴黎

毕奥

综合理工学院(毕业时间不详). 1800 年，他成为法国一所大学的物理学教授. 1804 年，他根据平壁导热的实验，提出了两侧温差、反比于壁厚的概念. 1820 年，他与萨伐尔(Félix Savart)共同研究了稳恒电流产生的磁场，并建立了著名的毕奥-萨伐尔定律. 他对光的偏振现象尤为感兴趣，由于他的卓越成就，1840 年获得拉姆福德奖章. 1862 年 2 月 3 日，毕奥在巴黎逝世，享年 88 岁.

(注：该简介的内容是根据百度搜索整理而成，人物肖像也是源自百度搜索)

## 物理学家简介(四)：安培

安德烈·玛丽·安培(André-Marie Ampère，1775—1836)，法国物理学家、化学家和数学家. 主要成就是提出了稳恒电流之间的相互作用规律，即安培定律.

安培

安培于 1775 年 1 月 20 日出生于法国里昂附近波利米尤克斯的一个商人家庭. 他小时候记忆力极强，数学才能出众，对数学最着迷，13 岁就发表第一篇数学论文，论述了螺旋线. 1799 年他在里昂的一所中学教数学. 1802 年 2 月他在布尔格学院讲授物理学和化学，在此期间他发表了一篇论述赌博的数学理论，引起了社会上的注意. 1804 年任里昂大学的数学教授，1808 年任法国帝国大学总学监，1809 年任巴黎工业大学数学教授. 1814 年当选为法国科学院院士. 1820 年，奥斯特发现电流磁效应，安培马上集中精力研究，几周内就提出了安培定则，即右手螺旋定则. 随后在几个月之内连续发表了 3 篇论文，并设计了 9 个著名的实验，总结了载流回路中电流元在电磁场中的运动规律，即安培定律. 1827 年当选为英国伦敦皇家学会会员. 1836 年 6 月 10 日，安培在法国的马赛逝世，享年 61 岁.

(注：该简介的内容是根据百度搜索整理而成，人物肖像也是源自百度搜索)

## 习　　题

1．两个半径都为 $a$ 的同轴圆形线圈，分别位于 $z=\pm z_0$ 处，每个线圈载有方向相同的电流 $I$．求轴线上任意一点的磁感应强度.

2．有一个内外半径分别为 $a_1$ 和 $a_2$ 的无限长中空圆柱导体，沿轴向流有恒定的均匀自由电流密度$\boldsymbol{J}$，导体的磁导率为$\mu$. 求磁感应强度和磁化电流密度分布.

3. 求一个半径为$a$的无限长直螺线管内外的磁矢势，其中线圈的电流强度为$I$，单位长度上的线圈匝数为$n$.

4. 一半径为$a$的无限长圆柱壳，电流沿轴向流动，电流的面密度为$\alpha=\alpha_0(1+b\cos\phi)$，其中$\alpha_0$和$b$都是常数. 求柱内外的磁矢势分布.

5. 一个电量为$q$的点电荷以角速度$\omega$在半径为$a$的圆周上运动，求其磁矩和在远处产生的磁场.

6. 在一个均匀的静磁场$\boldsymbol{B}_0$中放置一个由磁导率为$\mu$的软铁磁质材料做成的球壳，其内外半径分别为$a_1$和$a_2$. 求球腔内外的磁场分布，并讨论$\mu\gg\mu_0$时的磁屏蔽效应.

7. 设理想铁磁材料的磁化规律为$\boldsymbol{B}=\mu\boldsymbol{H}+\mu_0\boldsymbol{M}_0$，其中$\boldsymbol{M}_0$是与$\boldsymbol{H}$无关的常矢量. 求用这种材料做成的半径为$a$的铁球内外的磁感应强度和球面上的磁化电流分布.

8. 有一个均匀带电的薄导体壳，其半径为$a$，总电量为$Q$. 现在球壳绕自身某一直径以角速度$\omega$旋转，求球壳内外的磁标势和磁感应强度分布.

# 第 4 章　电磁现象的普遍规律

在第 2 章和第 3 章，我们分别讨论了静电场和静磁场的一些物理性质. 在静态情况下，静电场和静磁场没有直接的关联，可以分别讨论. 但在随时间变化的情况下，不能再单独地处理电场和磁场，因为它们是紧密相关联的.

本章首先从电磁感应现象的实验定律——法拉第定律出发，建立随时间变化的磁场与电场之间的关系式；其次，通过引入位移电流假设，对静磁学中的安培定理进行修正，并给出描述电磁现象普遍规律的一般方程，即麦克斯韦方程组；然后在此基础上，进一步引入电磁场的标势与矢势，给出势的规范条件，并建立标势和矢势所满足的方程；最后，利用麦克斯韦方程组，讨论电磁场的能量守恒、动量守恒及角动量守恒.

## 4.1　麦克斯韦方程组

### 1. 电磁感应定律

1831 年英国物理学家法拉第(Faraday)通过大量的实验，发现了如下电磁感应现象：

(1) 对于任何导体回路，当通过回路所包围面积的磁通量发生变化时，就会在回路中产生感应电流和感应电动势；

(2) 回路中产生的感应电动势 $\varepsilon$ 与磁通量 $\varPhi$ 随时间的变化率成正比，即

$$\varepsilon = -\frac{\mathrm{d}\varPhi}{\mathrm{d}t} \tag{4.1-1}$$

式中的负号表示回路中的感应电流产生的磁场要阻止磁通量的变化；

(3) 感应电动势的大小只与磁通量随时间的变化率有关，与引起磁通量变化的方式无关.

这就是著名的法拉第电磁感应定律. 这是一个重要的发现，它表明电和磁两种现象是紧密相关的.

考虑任意一个闭合回路 $L$，它所包围的面积为 $S$，则穿过该面积的磁通量为

$$\varPhi = \int_S \boldsymbol{B} \cdot \mathrm{d}\boldsymbol{S} \tag{4.1-2}$$

这样可以把式(4.1-1)改写为

$$\varepsilon = -\frac{\mathrm{d}}{\mathrm{d}t}\int_S \boldsymbol{B}\cdot \mathrm{d}\boldsymbol{S} \tag{4.1-3}$$

假设回路是静止不动的，磁通量的变化仅是由磁场随时间的变化引起的，这样可以把上式改写为

$$\varepsilon = -\int_S \frac{\partial \boldsymbol{B}}{\partial t}\cdot \mathrm{d}\boldsymbol{S} \tag{4.1-4}$$

另外，由于感应电动势的存在，在导体中将出现感应电场 $\boldsymbol{E}$，感应电动势与感应电场的关系为

$$\varepsilon = \oint_L \boldsymbol{E}\cdot \mathrm{d}\boldsymbol{L} \tag{4.1-5}$$

将式(4.1-4)与式(4.1-5)联立，并利用旋度定理，可以得到如下微分方程：

$$\nabla\times\boldsymbol{E} = -\frac{\partial \boldsymbol{B}}{\partial t} \tag{4.1-6}$$

这就是电磁感应定律的微分形式. 由此可见，随时间变化的磁场可以激发出电场，但这种电场不同于静电场，它是有旋的，即 $\nabla\times\boldsymbol{E}\neq 0$. 这时电力线是闭合的.

**例题 4.1**　有一个均匀的交变磁场 $\boldsymbol{B}_0(t)$ 垂直地穿过一个半径为 $a$ 的圆形区域. 求圆形区域内外的感应电场.

**解**　以圆形区域的圆心为坐标原点，作一半径为 $r$ 的圆周 $L$，感应电场的方向应沿着圆周的方向. 根据法拉第感应定律

$$\oint_L \boldsymbol{E}\cdot \mathrm{d}\boldsymbol{L} = -\frac{\mathrm{d}\Phi}{\mathrm{d}t}$$

有

$$2\pi r E = -\frac{\mathrm{d}\Phi}{\mathrm{d}t}$$

在圆形区域内外，磁通量为

$$\Phi = \int_S \boldsymbol{B}_0(t)\cdot \mathrm{d}\boldsymbol{S} = \begin{cases} B_0(t)\pi r^2 & (r<a) \\ B_0(t)\pi a^2 & (r>a) \end{cases}$$

由此可以得到感应电场为

$$E(r,t) = \begin{cases} -\dfrac{r}{2}\dfrac{\mathrm{d}B_0(t)}{\mathrm{d}t} & (r<a) \\ -\dfrac{a^2}{2r}\dfrac{\mathrm{d}B_0(t)}{\mathrm{d}t} & (r>a) \end{cases}$$

可见，尽管在圆形区域外部没有变化的磁场，但仍会激发出电场. 也就是说，这种感应电场不仅在激发的源区存在，还可以在源区之外存在.

2. 位移电流

我们知道，在稳恒情况下电流激发的磁场 $\boldsymbol{B}$ 服从微分形式的安培定理

$$\nabla\times\boldsymbol{B}=\mu_0\boldsymbol{J} \tag{4.1-7}$$

将上式两边取散度，由于 $\nabla\cdot(\nabla\times\boldsymbol{B})\equiv 0$，由此可以得到

$$\nabla\cdot\boldsymbol{J}=0 \tag{4.1-8}$$

这就是稳态情况下的电荷守恒定律. 也就是说，在稳恒情况下，安培定理与电荷守恒定律是自洽的. 现在进一步要问，在随时间变化的情况下，它们是否还是自洽的？下面就讨论这个问题.

在非稳恒的情况下，电荷守恒定律为

$$\frac{\partial\rho}{\partial t}+\nabla\cdot\boldsymbol{J}=0 \tag{4.1-9}$$

如果再对方程(4.1-7)两边取散度，并利用上式，有

$$\nabla\cdot(\nabla\times\boldsymbol{B})=\mu_0\nabla\cdot\boldsymbol{J}=-\mu_0\frac{\partial\rho}{\partial t}\neq 0$$

显然，这个结果与 $\nabla\cdot(\nabla\times\boldsymbol{B})\equiv 0$ 矛盾，也就说在非稳恒的情况下，安培定理与电荷守恒定律发生了矛盾. 我们知道，电荷守恒定律是一个普遍的规律，无论是在稳恒还是在非稳恒情况下，它都是成立的. 那么，为了解决这个矛盾，现在只能对稳恒情况下的安培定理进行修正.

19 世纪，英国物理学家麦克斯韦(Maxwell)首先发现了这个矛盾，并提出了位移电流的概念. 假设存在一个位移电流密度 $\boldsymbol{J}_{\mathrm{d}}$，它与传导电流密度 $\boldsymbol{J}$ 一起构成的电流线是闭合的，即满足

$$\nabla\cdot(\boldsymbol{J}+\boldsymbol{J}_{\mathrm{d}})=0 \tag{4.1-10}$$

而且它们共同激发磁场. 这时，可以把安培定理的表示式修改为

$$\nabla\times\boldsymbol{B}=\mu_0(\boldsymbol{J}+\boldsymbol{J}_{\mathrm{d}}) \tag{4.1-11}$$

很显然，如果再对上式两边取散度，结果两边都为零，因此在理论上不再有矛盾. 下面的任务就是要确定出位移电流密度的形式.

在非稳恒的情况下，假设电场 $\boldsymbol{E}$ 仍服从高斯定理

$$\nabla\cdot\boldsymbol{E}=\frac{\rho}{\varepsilon_0} \tag{4.1-12}$$

尽管方程(4.1-12)在形式上与稳态的情况相同，不过现在电场和电荷密度都是随时间变化的. 将该式两边同时对时间微分，并结合电荷守恒定律(4.1-9)，可以得到

$$\nabla \cdot \left( \boldsymbol{J} + \varepsilon_0 \frac{\partial \boldsymbol{E}}{\partial t} \right) = 0 \tag{4.1-13}$$

与式(4.1-10)比较，则可以把位移电流密度表示为

$$\boldsymbol{J}_{\mathrm{d}} = \varepsilon_0 \frac{\partial \boldsymbol{E}}{\partial t} \tag{4.1-14}$$

可见位移电流是由随时间变化的电场引起的，它虽有“电流”之名，却没有“电荷流动”之实. 电场随时间变化越快，位移电流密度越大.

从数学上来考虑，单从条件(4.1-10)不能唯一地确定位移电流密度，也就是说，式(4.1-14)不是位移电流密度的唯一形式. 但是从物理上考虑，既然随时间变化的磁场可以激发电场，那么随时间变化的电场可以激发磁场这一假设也是合理的，而且式(4.1-14)是位移电流密度最简洁的形式. 更重要的是，位移电流假设已经被电磁波的广泛应用所证明.

### 3. 麦克斯韦方程组

1865 年麦克斯韦正式发表其“电磁场的动力学理论”一文. 在这篇文章中，他分析了电磁现象的三个实验定律，即库仑定律、毕奥-萨伐尔定律及法拉第电磁感应定律，并提出位移电流假设，总结出电磁场的普遍运动规律为

$$\begin{cases} \nabla \times \boldsymbol{E} = -\dfrac{\partial \boldsymbol{B}}{\partial t} \\ \nabla \times \boldsymbol{B} = \mu_0 \boldsymbol{J} + \varepsilon_0 \mu_0 \dfrac{\partial \boldsymbol{E}}{\partial t} \\ \nabla \cdot \boldsymbol{B} = 0 \\ \nabla \cdot \boldsymbol{E} = \rho / \varepsilon_0 \end{cases} \tag{4.1-15}$$

称为麦克斯韦方程组. 该方程组可以描述电磁场是如何运动、变化以及如何与电荷、电流相互作用. 正如牛顿方程在经典力学中的地位一样，麦克斯韦方程组是经典电动力学的理论基础.

对于麦克斯韦方程组，还需要作如下几点说明：

(1)在一般情况下，电场是由横场(涡旋场) $\boldsymbol{E}_{\mathrm{T}}$ 和纵场(有源场) $\boldsymbol{E}_{\mathrm{L}}$ 构成的，即 $\boldsymbol{E} = \boldsymbol{E}_{\mathrm{T}} + \boldsymbol{E}_{\mathrm{L}}$，其中

$$\nabla \times \boldsymbol{E}_{\mathrm{T}} = -\frac{\partial \boldsymbol{B}}{\partial t}, \quad \nabla \cdot \boldsymbol{E}_{\mathrm{L}} = \rho / \varepsilon_0$$

(2)磁场仅有横向分量，即 $\boldsymbol{B} = \boldsymbol{B}_{\mathrm{T}}$，而且磁场的无散性与电流源是否存在无关.

(3)在真空中，即 $\boldsymbol{J} = 0$ 和 $\rho = 0$，可以把麦克斯韦方程组表示为

$$\begin{cases}\nabla\times\boldsymbol{E}=-\dfrac{\partial\boldsymbol{B}}{\partial t}\\ \nabla\times\boldsymbol{B}=\varepsilon_0\mu_0\dfrac{\partial\boldsymbol{E}}{\partial t}\\ \nabla\cdot\boldsymbol{B}=0\\ \nabla\cdot\boldsymbol{E}=0\end{cases}\tag{4.1-16}$$

这时更清楚地看到电磁场可以相互激发，即随时间变化的磁场可以激发出电场，反过来随时间变化的电场也可以激发出磁场.

麦克斯韦方程组最重要的特点是，它揭示了电磁场的内部作用和运动规律，主要体现在如下两个方面：①不仅电荷、电流可以激发电磁场，而且随时间变化的电场和磁场也可以相互激发；②电磁场可以存在于电荷、电流源之外的区域. 麦克斯韦正是根据这组方程的特点，从理论上预言了电磁波的存在，且这个预言已经被后来的赫兹实验以及无线电技术的广泛应用所证实.

4. 欧姆定律

在麦克斯韦方程组(4.1-15)中，自由电荷密度 $\rho$ 和传导电流密度 $\boldsymbol{J}$ 服从电荷守恒定律，即方程(4.1-9). 仅靠电荷守恒定律不能完全确定出电荷密度或电流密度，还需要借助带电粒子的运动方程.

考虑一个带电体系是由电子和正离子构成的，如电离气体或金属导体. 由于离子的质量较重，在一般情况下，可以近似地认为离子不动，传导电流是电子的定向运动产生的. 在不考虑磁场(或磁场很弱)的情况下，一方面电子在电场 $\boldsymbol{E}$ 的作用下做定向迁移运动，另一方面它还要与其他重粒子(如离子和中性原子或分子)发生碰撞，受到一个碰撞阻止力的作用. 因此，电子的输运方程为

$$m\frac{\partial\boldsymbol{u}}{\partial t}=-e\boldsymbol{E}-m_{\mathrm{e}}\nu\boldsymbol{u}\tag{4.1-17}$$

其中，$m_{\mathrm{e}}$ 及 $\boldsymbol{u}$ 分别为电子质量及定向运动速度；$e$ 为基本电荷；$\nu$ 是电子与其他重粒子的碰撞频率.

当电场随时间变化不是太快时，可以忽略方程(4.1-17)左边的惯性项，由此可以得到电子的定向运动速度为

$$\boldsymbol{u}=-\frac{e}{m_{\mathrm{e}}\nu}\boldsymbol{E}$$

假设电子的密度为 $n_{\mathrm{e}}$，则可以把电子的定向运动产生的电流密度 $\boldsymbol{J}=-en_{\mathrm{e}}\boldsymbol{u}$ 表示为

$$\boldsymbol{J}=\sigma\boldsymbol{E}\tag{4.1-18}$$

其中，$\sigma$ 为带电系统的电导率.

$$\sigma = \frac{e^2 n_e}{m_e \nu} \tag{4.1-19}$$

式(4.1-18)为欧姆定律的数学表示式. 当电场随时间变化较快时，电导率还与电场的变化频率有关，见第 5.4 节的讨论.

这样，麦克斯韦方程组(4.1-15)、电荷守恒定律(4.1-9)及欧姆定律(4.1-18)构成了一套封闭的方程组.

5. 准静电近似

在一些实际情况中，尽管电磁场是随时间变化的，但如果电流密度不是太高，以及电磁场随时间变化的频率不是太快，可以忽略磁场带来的效应，并把麦克斯韦方程组简化为

$$\begin{cases} \nabla \times \boldsymbol{E} = 0 \\ \nabla \cdot \boldsymbol{E} = \rho / \varepsilon_0 \\ \nabla \cdot \left( \boldsymbol{J} + \varepsilon_0 \dfrac{\partial \boldsymbol{E}}{\partial t} \right) = 0 \end{cases} \tag{4.1-20}$$

可见，这种情况下电场是无旋场，且由泊松方程来确定. 称这种近似方法为准静电近似. 例如，对于一个具有平板电极的气体放电腔室，见图 4-1，如果在两个电极上施加的交变电流(或电压)的频率不是太高(kHz～MHz)，就可以采用准静电近似的方法来描述放电腔室中的电场变化.

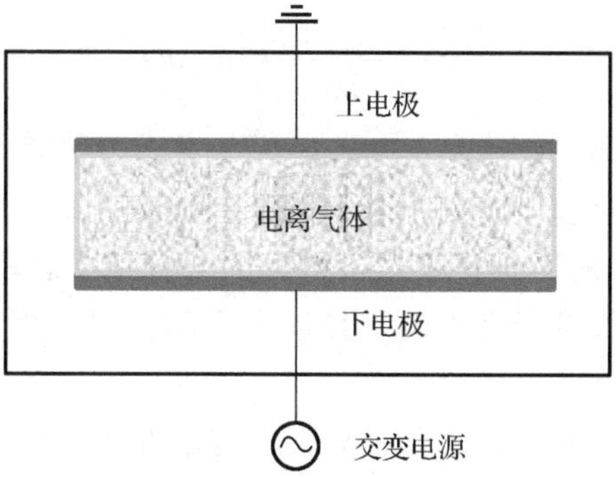


图 4-1

这里需要说明的是，在准静电近似下，电场仍随时间变化，并且有位移电流存在. 利用电荷守恒定律，可以证明方程(4.1-20)的第二式与第三式等价. 对于平行板放电腔室，由方程(4.1-20)的第三式，可以给出平板电极上的电流平衡条件为

$$I + I_d = I_{ext} \tag{4.1-21}$$

其中，$I = JS$ 为电极上的传导电流；$I_{\mathrm{d}} = \varepsilon_0 \dfrac{\partial E}{\partial t} S$ 为电极上的位移电流；$I_{\mathrm{ext}}$ 为施加的外界电流，$S$ 是平板电极的面积. 这里已假设传导电流及位移电流的方向均垂直于电极的表面. 方程(4.1-21)是一个非常重要的公式，它作为一个边界条件，在研究交变电源驱动气体放电时常被用到.

**例题 4.2**　在一个平行板电容器两极板上施加一交变电压 $V(t) = V_0 \cos(\omega t)$，其中 $V_0$ 是电压的幅值，$\omega$ 是电源的角频率. 若平板为圆形，半径为 $a$，两极板的间距为 $d$，试求当电源的角频率不是太高时两极板间的位移电流密度及磁感应强度.

**解**　由于电源的角频率不是太高，假设其波长远大于平板的直径，因此可以认为两个极板之间的电场是空间均匀的，并由下式给出：

$$E(t) = \frac{V(t)}{d} = \frac{V_0}{d}\cos(\omega t)$$

其中，电场的方向垂直于极板的表面. 由此可以得到两极板间的位移电流密度为

$$J_{\mathrm{d}}(t) = \varepsilon_0 \frac{\mathrm{d}E(t)}{\mathrm{d}t} = -\frac{\varepsilon_0 \omega V_0}{d}\sin(\omega t)$$

在两极板之间作半径为 $r$ 的圆周 $L$，其中电容器的对称轴穿过极板圆心. 根据麦克斯韦方程组(4.1-16)的第二式，有

$$\oint_L \boldsymbol{B} \cdot \mathrm{d}\boldsymbol{L} = \mu_0 \int_S \boldsymbol{J}_{\mathrm{d}} \cdot \mathrm{d}\boldsymbol{S}$$

由此可以得到感应磁场强度为

$$B = -\frac{\mu_0 \varepsilon_0 \omega V_0}{2d} r \sin(\omega t)$$

其中，磁场的方向沿着圆周的方向. 可见，在电容器的轴线上 $(r = 0)$ 感应磁场为零，而且磁场的幅值正比于所施加电压的角频率.

**例题 4.3**　考虑由一对圆形平板电极构成的平行板电容器，在两电极上施加一角频率为 $\omega$ 的高频电源. 假设平行板的直径远大于两个平行板之间的距离，求两个平行板间的电场和磁场分布.

**解**　由于电源的频率较高，假设其波长与电极的直径可比，因此电磁场在径向上是非均匀分布的. 采用柱坐标系，并选取坐标系的原点在下电极的中心处. 由于该问题具有轴对称性，因此电磁场的空间分布与方位角 $\phi$ 没有关系. 此外，由于电极的直径远大于两个电极之间的距离，因此可以忽略电极的边缘效应. 这样，可以认为电场的方向是垂直于电极的表面，而磁场的方向则是沿着环向，即

$$\boldsymbol{E} = E\boldsymbol{e}_z, \quad \boldsymbol{B} = B\boldsymbol{e}_\phi \tag{4.1-22}$$

而且电磁场的空间分布只与径向变量 $r$ 有关，与 $z$ 和 $\phi$ 无关.

由于两个电极之间为真空，没有自由电荷密度和电流密度存在，因此对应的麦克斯韦方程组为式(4.1-16)．为了便于分析，假设电磁场随时间变化的形式是简谐的，即

$$\boldsymbol{E}(r,t)\sim\boldsymbol{E}(r)\mathrm{e}^{-\mathrm{i}\omega t},\quad \boldsymbol{B}(r,t)\sim\boldsymbol{B}(r)\mathrm{e}^{-\mathrm{i}\omega t}$$

这样可以将方程(4.1-16)改写为

$$\begin{cases}\nabla\times\boldsymbol{E}=\mathrm{i}\omega\boldsymbol{B}\\ \nabla\times\boldsymbol{B}=-\mathrm{i}\varepsilon_0\mu_0\omega\boldsymbol{E}\\ \nabla\cdot\boldsymbol{B}=0\\ \nabla\cdot\boldsymbol{E}=0\end{cases}\tag{4.1-23}$$

将前两个式子结合，消去磁场 $\boldsymbol{B}$ ，可以得到关于电场的方程

$$\nabla^2\boldsymbol{E}+k_0^2\boldsymbol{E}=0\tag{4.1-24}$$

其中， $k_0=\sqrt{\varepsilon_0\mu_0}\,\omega$ . 在柱坐标系中，可以把方程(4.1-24)表示为

$$\frac{1}{r}\frac{\mathrm{d}}{\mathrm{d}r}\left(r\frac{\mathrm{d}E}{\mathrm{d}r}\right)+k_0^2E=0\tag{4.1-25}$$

这是一个典型的零阶贝塞尔方程，其解为

$$E(r)=E_0J_0(k_0r)\tag{4.1-26}$$

其中， $E_0$ 为常数； $J_0(k_0r)$ 为零阶贝塞尔函数. 根据方程

$$B=\frac{1}{\mathrm{i}\omega}(\nabla\times\boldsymbol{E})_\phi$$

可以得到磁场的空间分布为

$$B(r)=B_0J_1(k_0r)\tag{4.1-27}$$

其中， $B_0=\mathrm{i}E_0/c$ ； $J_1(k_0r)$ 为一阶贝塞尔函数. 可见，在两个电极的轴线上 $(r=0)$ ，电场最大，而磁场最小，其值为零. 当 $k_0a\gg1$ 时，电磁场在径向上呈振荡变化，其中 $a$ 为电极的半径.

## 4.2　介质中的麦克斯韦方程组

在第 2 章和第 3 章我们分别讨论了在静态情况下介质的极化和磁化过程，以及它们对电磁场的影响. 当介质中同时存在随时间变化的电场和磁场时，介质也将同时被极化和磁化，而且极化和磁化过程也将随时间变化. 下面将建立介质中的麦克斯韦方程组.

1. 麦克斯韦方程组

根据第 2 章的讨论可知，当介质极化时，极化电荷密度 $\rho_{\mathrm{p}}$ 与极化强度 $\boldsymbol{P}$ 之间的关系为

$$\rho_{\mathrm{p}} = -\nabla \cdot \boldsymbol{P} \tag{4.2-1}$$

其中，$\rho_{\mathrm{p}}$ 与 $\boldsymbol{P}$ 都是随时间变化的. 将上式两边对时间偏导，有

$$\frac{\partial \rho_{\mathrm{p}}}{\partial t} = -\nabla \cdot \left(\frac{\partial \boldsymbol{P}}{\partial t}\right) \tag{4.2-2}$$

再根据电荷守恒定律，可以将上式写为

$$\frac{\partial \rho_{\mathrm{p}}}{\partial t} = -\nabla \cdot \boldsymbol{J}_{\mathrm{p}} = -\nabla \cdot \left(\frac{\partial \boldsymbol{P}}{\partial t}\right)$$

由此得到极化电流密度为

$$\boldsymbol{J}_{\mathrm{p}} = \frac{\partial \boldsymbol{P}}{\partial t} \tag{4.2-3}$$

可见，在非稳态的情况下，介质的极化不仅产生极化电荷，还要产生极化电流，其中极化电流密度为极化强度随时间的变化率. 另外，由于介质的磁化，对应的磁化电流密度为

$$\boldsymbol{J}_{\mathrm{m}} = \nabla \times \boldsymbol{M} \tag{4.2-4}$$

其中，$\boldsymbol{M}$ 是磁化强度，见第 3 章的讨论.

这样，同时考虑介质的极化和磁化效应后，可以把真空中的麦克斯韦方程组(4.1-15)修改为

$$\begin{cases} \nabla \times \boldsymbol{E} = -\dfrac{\partial \boldsymbol{B}}{\partial t} \\ \nabla \times \boldsymbol{B} = \mu_0(\boldsymbol{J} + \boldsymbol{J}_{\mathrm{m}} + \boldsymbol{J}_{\mathrm{p}}) + \varepsilon_0 \mu_0 \dfrac{\partial \boldsymbol{E}}{\partial t} \\ \nabla \cdot \boldsymbol{B} = 0 \\ \nabla \cdot \boldsymbol{E} = (\rho + \rho_{\mathrm{p}}) / \varepsilon_0 \end{cases} \tag{4.2-5}$$

该方程的第二式说明，除了传导电流可以激发磁场外，介质的极化电流、磁化电流以及位移电流也可以激发磁场. 方程(4.2-5)的第一式和第四式说明，电场是由随时间变化的磁场以及自由电荷密度、极化电荷密度共同激发的.

分别将极化电荷密度 $\rho_{\mathrm{p}}$、极化电流密度 $\boldsymbol{J}_{\mathrm{p}}$ 及磁化电流密度 $\boldsymbol{J}_{\mathrm{m}}$ 代入方程(4.2-5)，可以得到

$$
\begin{cases}
\nabla \times \boldsymbol{E} = -\dfrac{\partial \boldsymbol{B}}{\partial t} \\
\nabla \times \boldsymbol{H} = \boldsymbol{J} + \dfrac{\partial \boldsymbol{D}}{\partial t} \\
\nabla \cdot \boldsymbol{B} = 0 \\
\nabla \cdot \boldsymbol{D} = \rho
\end{cases}
\tag{4.2-6}
$$

其中，$\boldsymbol{D}$ 是电位移矢量；$\boldsymbol{H}$ 是磁场强度. 如同前两章的讨论，它们的定义式分别为

$$
\begin{cases}
\boldsymbol{D} = \varepsilon_0 \boldsymbol{E} + \boldsymbol{P} \\
\boldsymbol{H} = \boldsymbol{B} / \mu_0 - \boldsymbol{M}
\end{cases}
\tag{4.2-7}
$$

这里需要说明：①在方程(4.2-6)中，介质的极化电荷效应 $\boldsymbol{P}$ 和磁化电流效应 $\boldsymbol{M}$ 已经包含在 $\boldsymbol{D}$ 和 $\boldsymbol{H}$ 中；②介质中的位移电流密度 $\boldsymbol{J}_{\mathrm{d}} = \dfrac{\partial \boldsymbol{D}}{\partial t}$ 来自于两方面的贡献

$$
\boldsymbol{J}_{\mathrm{d}} = \varepsilon_0 \frac{\partial \boldsymbol{E}}{\partial t} + \frac{\partial \boldsymbol{P}}{\partial t}
$$

即一方面来自于真空情况下电场随时间的变化 $\varepsilon_0 \dfrac{\partial \boldsymbol{E}}{\partial t}$，另一方面来自于介质的极化效应 $\dfrac{\partial \boldsymbol{P}}{\partial t}$.

2. 介质的电磁响应方程

在麦克斯韦方程组(4.2-6)中，有四个矢量场：$\boldsymbol{E}$、$\boldsymbol{D}$、$\boldsymbol{B}$ 及 $\boldsymbol{H}$，其中 $\boldsymbol{D}$ 和 $\boldsymbol{H}$ 是两个辅助矢量场，它们与 $\boldsymbol{E}$ 和 $\boldsymbol{B}$ 之间的关系可以由介质的电磁响应方程来确定.

前面已经提到，当介质处在电磁场中，它将被极化和磁化，其极化强度 $\boldsymbol{P}$ 与磁化强度 $\boldsymbol{M}$ 分别依赖于电场和磁场. 实质上，极化和磁化现象是介质对电磁场作用的一种响应过程. 在一般情况下(除非铁磁介质)，这种响应过程是线性的，即极化强度与磁化强度分别正比于电场和磁场. 对于各向同性的介质，可以把这种响应关系表示为

$$
\begin{cases}
\boldsymbol{P} = \varepsilon_0 \chi_{\mathrm{e}} \boldsymbol{E} \\
\boldsymbol{M} = \chi_{\mathrm{M}} \boldsymbol{H}
\end{cases}
\tag{4.2-8}
$$

其中，$\chi_{\mathrm{e}}$ 和 $\chi_{\mathrm{M}}$ 分别是介质的极化率和磁化率，它们只依赖于介质的特性，与电磁场无关. 将式(4.2-8)代入式(4.2-7)，可以得到

$$
\begin{cases}
\boldsymbol{D} = \varepsilon \boldsymbol{E} \\
\boldsymbol{B} = \mu \boldsymbol{H}
\end{cases}
\tag{4.2-9}
$$

其中

$$\begin{cases}\varepsilon=\varepsilon_0(1+\chi_{\mathrm{e}}) \\ \mu=\mu_0(1+\chi_{\mathrm{M}})\end{cases} \tag{4.2-10}$$

$\varepsilon$ 和 $\mu$ 分别为介质的介电常数和磁导率.

在上面的讨论中，已假定了介电常数和磁导率是常数，不随时间及空间变化. 这仅适用于电磁场随时间及空间变化不是很快的情况. 当电磁场随时间变化较快时，介电常数和磁导率都是时间或频率的函数，详见 5.3 节的讨论. 对于一些人工制备的结构材料，如多层薄膜和光子晶体，介电常数和磁导率都是空间位置的函数. 此外，当电磁场随时间快速变化时，还会引起介质的加热，因此介电常数和磁导率还可能是温度的函数. 为了抓住物理问题的本质，通常认为 $\varepsilon$ 和 $\mu$ 为常数. 最后，还要说明一下，除非是铁磁介质，在大多数情况下，介质的磁导率 $\mu$ 与真空的磁导率 $\mu_0$ 相差不大.

### 3. 电磁场的边值关系

在前 2 章我们分别讨论了静电场和静磁场在界面上的边值关系. 类似地，根据麦克斯韦方程组，我们也可以得到在一般情况下电磁场在界面上的边值关系.

利用散度定理及旋度定理，可以把介质中麦克斯韦方程组写成如下积分形式：

$$\begin{cases}\oint_L \boldsymbol{E}\cdot \mathrm{d}\boldsymbol{L}=-\int_S \dfrac{\partial \boldsymbol{B}}{\partial t}\cdot \mathrm{d}\boldsymbol{S} \\ \oint_L \boldsymbol{H}\cdot \mathrm{d}\boldsymbol{L}=\int_S \boldsymbol{J}\cdot \mathrm{d}\boldsymbol{S}+\int_S \dfrac{\partial \boldsymbol{D}}{\partial t}\cdot \mathrm{d}\boldsymbol{S} \\ \oint_S \boldsymbol{B}\cdot \mathrm{d}\boldsymbol{S}=0 \\ \oint_S \boldsymbol{D}\cdot \mathrm{d}\boldsymbol{S}=Q\end{cases} \tag{4.2-11}$$

与前两章的做法相同，在两种介质的交界面上分别作一个小圆柱和一个小矩形，见图 2-4 和图 2-5. 首先将方程(4.2-11)的后两式分别应用到这个小圆柱上，并当圆柱的高度趋于零时，可以得到如下法向上的两个边值关系：

$$\begin{cases}\boldsymbol{e}_n\cdot(\boldsymbol{B}_2-\boldsymbol{B}_1)=0 \\ \boldsymbol{e}_n\cdot(\boldsymbol{D}_2-\boldsymbol{D}_1)=\sigma\end{cases} \tag{4.2-12}$$

其中，$\sigma$ 是自由电荷的面密度；$\boldsymbol{e}_n$ 是界面法线方向上的单位矢量，由介质 1 指向介质 2. 然后再将方程(4.2-11)的前两式分别应用到小矩形上，并考虑到矩形的高度及面积 $S$ 趋于零时，有 $\int_S \dfrac{\partial \boldsymbol{D}}{\partial t}\cdot \mathrm{d}\boldsymbol{S}\to 0$ 及 $\int_S \dfrac{\partial \boldsymbol{B}}{\partial t}\cdot \mathrm{d}\boldsymbol{S}\to 0$，可以得到切向上的两个边值关系

$$\begin{cases}\boldsymbol{e}_n\times(\boldsymbol{H}_2-\boldsymbol{H}_1)=\boldsymbol{\alpha} \\ \boldsymbol{e}_n\times(\boldsymbol{E}_2-\boldsymbol{E}_1)=0\end{cases} \tag{4.2-13}$$

其中，$\boldsymbol{\alpha}$ 是传导电流的面密度. 特别是，当界面上没有自由电荷的面密度和传导电流的面密度时，可以把上述边值关系表示为

$$\begin{cases} \varepsilon_2 E_{2n} = \varepsilon_1 E_{1n} \\ \boldsymbol{E}_{2t} = \boldsymbol{E}_{1t} \end{cases} \tag{4.2-14}$$

及

$$\begin{cases} B_{2n} = B_{1n} \\ \dfrac{1}{\mu_2}\boldsymbol{B}_{2t} = \dfrac{1}{\mu_1}\boldsymbol{B}_{1t} \end{cases} \tag{4.2-15}$$

从原则上讲，一旦知道了介质的介电常数 $\varepsilon$ 和磁导率 $\mu$ 以及电磁场的初始值，就可以由上述麦克斯韦方程组(4.2-6)及边值关系确定出介质中的电磁场随时间、空间变化的规律.

## 4.3　规范不变性及势方程

在第 2 章和第 3 章我们分别引入电势 $\varphi$ 和磁矢势 $\boldsymbol{A}$ 来描述静电场和静磁场. 本节我们将把这种势的概念及描述方法推广到随时间变化的电磁场情况.

### 1. 电磁势

为简单起见，这里不考虑介质的极化和磁化效应，麦克斯韦方程组为

$$\begin{cases} \nabla\times\boldsymbol{E} = -\dfrac{\partial\boldsymbol{B}}{\partial t} \\ \nabla\times\boldsymbol{B} = \mu_0\boldsymbol{J} + \varepsilon_0\mu_0\dfrac{\partial\boldsymbol{E}}{\partial t} \\ \nabla\cdot\boldsymbol{B} = 0 \\ \nabla\cdot\boldsymbol{E} = \rho/\varepsilon_0 \end{cases} \tag{4.3-1}$$

由于磁场的散度为零，这里仍可以引入一个矢势 $\boldsymbol{A}$ 来描述磁场

$$\boldsymbol{B} = \nabla\times\boldsymbol{A} \tag{4.3-2}$$

但由于此时电场的旋度不为零，即 $\nabla\times\boldsymbol{E}\neq 0$，就不能像静电学那样单独用一个标势的梯度来描述电场. 把式(4.3-2)代入方程(4.3-1)的第一式，有

$$\nabla\times\left(\boldsymbol{E} + \frac{\partial\boldsymbol{A}}{\partial t}\right) = 0 \tag{4.3-3}$$

这表明可以用一个标势 $\varphi$ 的梯度来表示 $\boldsymbol{E} + \dfrac{\partial\boldsymbol{A}}{\partial t}$，即 $\boldsymbol{E} + \dfrac{\partial\boldsymbol{A}}{\partial t} = -\nabla\varphi$. 这样可以把电场表示为

$$\boldsymbol{E} = -\nabla\varphi - \frac{\partial \boldsymbol{A}}{\partial t} \tag{4.3-4}$$

可以看出，在一般的情况下，电场$\boldsymbol{E}$既依赖于标势$\varphi$，又依赖于矢势$\boldsymbol{A}$，其中与$\varphi$有关的部分称为无旋场，与$\boldsymbol{A}$有关的部分为有旋场. 因此，这里的电场不再是一个保守场，标势不再具有势能的概念. 由式(4.3-2)及式(4.3-4)定义的标势$\varphi$和矢势$\boldsymbol{A}$统称为电磁势.

2. 规范不变性

上面引入的标势$\varphi$和矢势$\boldsymbol{A}$不是唯一的，因为对于任意一个标量函数$\psi$，作如下变换：

$$\boldsymbol{A}' = \boldsymbol{A} + \nabla\psi, \quad \varphi' = \varphi - \frac{\partial \psi}{\partial t} \tag{4.3-5}$$

可以看出电磁场是不变的

$$\boldsymbol{B} = \nabla\times\boldsymbol{A}' = \nabla\times\boldsymbol{A}$$

$$\boldsymbol{E} = -\nabla\varphi' - \frac{\partial \boldsymbol{A}'}{\partial t} = -\nabla\varphi - \frac{\partial \boldsymbol{A}}{\partial t}$$

即$(\varphi, \boldsymbol{A})$与$(\varphi', \boldsymbol{A}')$描述的是同一电磁场. 变换式(4.3-5)称为电磁势的规范变换，在该规范变换下电磁场是不变的，即具有规范不变性. 由于函数$\psi$的选取具有任意性，因此有无限多种规范变换.

产生上述规范不变性的原因如下：①从物理上看，电磁场的性质是由电场$\boldsymbol{E}$和磁场$\boldsymbol{B}$来决定的，而电磁势$\varphi$和$\boldsymbol{A}$只是作为辅助函数引入，场的性质与它们的形式无关. ②从数学上看，要确定一个矢量，仅由它的旋度是不够的，还必须知道它的散度. 由于磁场仅是用矢势$\boldsymbol{A}$的旋度来表示的，见式(4.3-2)，对矢势的散度没有作任何要求. 因此，我们在使用电磁势描述电磁场时，还必须对矢势的散度作一定的规范.

3. 势方程

分别把式(4.3-2)及式(4.3-4)代入麦克斯韦方程组(4.3-1)的第二式和第四式，可以得到电磁势$\varphi$和$\boldsymbol{A}$满足如下两个微分方程：

$$\nabla^2\boldsymbol{A} - \varepsilon_0\mu_0\frac{\partial^2 \boldsymbol{A}}{\partial t^2} - \nabla\left(\nabla\cdot\boldsymbol{A} + \varepsilon_0\mu_0\frac{\partial \varphi}{\partial t}\right) = -\mu_0\boldsymbol{J} \tag{4.3-6}$$

$$\nabla^2\varphi + \frac{\partial}{\partial t}\nabla\cdot\boldsymbol{A} = -\rho/\varepsilon_0 \tag{4.3-7}$$

这样就把麦克斯韦方程组中两个含电流源和电荷源的方程转化为势方程，而另外两个不含电流源和电荷源的方程，即麦克斯韦方程组的第一式和第三式，已用于定义电磁势.

可以看出，上述势方程的形式较为复杂，尤其是标势 $\varphi$ 和矢势 $\boldsymbol{A}$ 相互耦合，不便于求解. 实际上，可以利用规范变换不变性，对电磁势施加某种约束条件，使得势方程得到简化. 下面介绍两种最常用的规范条件，即库仑规范和洛伦兹规范.

1) 库仑规范

选取矢势 $\boldsymbol{A}$ 的散度为零，即

$$\nabla\cdot\boldsymbol{A}=0 \tag{4.3-8}$$

称其为库仑规范. 在这种规范下，可以把势方程(4.3-7)和(4.3-6)简化为

$$\nabla^2\varphi=-\rho/\varepsilon_0 \tag{4.3-9}$$

$$\nabla^2\boldsymbol{A}-\varepsilon_0\mu_0\frac{\partial^2\boldsymbol{A}}{\partial t^2}-\varepsilon_0\mu_0\frac{\partial}{\partial t}\nabla\varphi=-\mu_0\boldsymbol{J} \tag{4.3-10}$$

可见在库仑规范下，标势 $\varphi$ 满足的方程与静电势满足的方程一样，即为泊松方程. 此外，两个势方程在形式上不对称，矢势 $\boldsymbol{A}$ 的方程依赖于标势 $\varphi$. 这种形式的势方程通常用于电磁场的数值分析. 在数值求解过程中，首先根据标势方程求出标势 $\varphi$，并代入矢势的方程，再求出矢势 $\boldsymbol{A}$.

在这种规范条件下，可以把式(4.3-4)写成 $\boldsymbol{E}=\boldsymbol{E}_{\mathrm{L}}+\boldsymbol{E}_{\mathrm{T}}$，其中 $\boldsymbol{E}_{\mathrm{L}}=-\nabla\varphi$ 为纵电场，是一个有源场，而 $\boldsymbol{E}_{\mathrm{T}}=-\dfrac{\partial\boldsymbol{A}}{\partial t}$ 为涡旋场. 利用 $\boldsymbol{E}_{\mathrm{T}}$ 的表示式，可以把库仑规范条件(4.3-8)改写为

$$\nabla\cdot\boldsymbol{E}_{\mathrm{T}}=0 \tag{4.3-11}$$

显然，$\boldsymbol{E}_{\mathrm{T}}$ 为无源场.

如果矢势 $\boldsymbol{A}$ 不满足库仑规范条件，即假设 $\nabla\cdot\boldsymbol{A}=f\neq0$，那么根据规范变换式(4.3-5)，只要选取函数 $\psi$ 满足如下方程：

$$\nabla^2\psi=-f$$

就可以得到 $\nabla\cdot\boldsymbol{A}'=0$. 因此，可以通过规范变换来实现库仑规范条件.

2) 洛伦兹规范

对电磁势 $\varphi$ 及 $\boldsymbol{A}$ 施加如下辅助条件：

$$\nabla\cdot\boldsymbol{A}+\varepsilon_0\mu_0\frac{\partial\varphi}{\partial t}=0 \tag{4.3-12}$$

称其为洛伦兹规范. 在这种规范下，可以把势方程(4.3-7)和(4.3-6)简化为

$$\nabla^2\varphi-\varepsilon_0\mu_0\frac{\partial^2\varphi}{\partial t^2}=-\rho/\varepsilon_0 \tag{4.3-13}$$

$$\nabla^2\boldsymbol{A}-\varepsilon_0\mu_0\frac{\partial^2\boldsymbol{A}}{\partial t^2}=-\mu_0\boldsymbol{J} \tag{4.3-14}$$

可以看出，在洛伦兹规范下，可以将两个势方程解耦，因此可以对它们进行独立求解. 此外，两个势方程在形式上是对称的. 正是由于这种对称性，该势方程多用于理论分析，尤其在狭义相对论电动力学中，用来讨论电磁理论的协变性.

同样，如果电磁势 $\varphi$ 及 $\boldsymbol{A}$ 不满足洛伦兹规范条件(4.3-12)，即

$$\nabla\cdot\boldsymbol{A}+\varepsilon_0\mu_0\frac{\partial\varphi}{\partial t}=g\neq 0$$

那么根据规范变换式(4.3-5)，只要选取函数 $\psi$ 满足如下方程：

$$\nabla^2\psi-\varepsilon_0\mu_0\frac{\partial^2\psi}{\partial t^2}=-g$$

就可以得到电磁势 $\varphi'$ 及 $\boldsymbol{A}'$ 满足洛伦兹规范条件

$$\nabla\cdot\boldsymbol{A}'+\varepsilon_0\mu_0\frac{\partial\varphi'}{\partial t}=0$$

因此，也可以通过规范变换来实现洛伦兹规范条件.

通过引入电磁势 $\varphi$ 及 $\boldsymbol{A}$，我们把电磁场遵从的麦克斯韦方程组转化为两个势方程. 但电磁势的引入具有一定的任意性，必须附加一定的规范条件来对电磁势进行限制. 这里我们选取了两种特定的规范条件，即库仑规范和洛伦兹规范，并分别给出了两种规范条件下的势方程. 在本书的后三章，我们将利用洛伦兹规范条件下的势方程分别讨论电磁辐射问题及相对论电动力学的协变性.

## 4.4　电磁场的能量

电磁场具有物质的普遍属性，即它不仅具有自身的能量、动量和角动量，而且当它与其他带电体相互作用时，还可以相互交换能量、动量和角动量. 本节将从麦克斯韦方程组出发，讨论电磁场的能量及能量转换过程. 关于电磁场的动量及角动量，将分别在下面两节中讨论.

### 1. 电磁力及功密度

考虑一个带电系统是由带正电的粒子(如正离子)和带负电的粒子(如电子)构成的，它们的电荷密度和流动速度分别为 $\rho_+$，$\rho_-$ 及 $\boldsymbol{u}_+$ 和 $\boldsymbol{u}_-$. 这样系统的总电荷密度和电流密度分别为

$$\rho = \rho_+ + \rho_-, \quad \boldsymbol{J} = \rho_+ \boldsymbol{u}_+ + \rho_- \boldsymbol{u}_- \tag{4.4-1}$$

在电磁场的作用下，两种带电粒子所受的力密度分别为

$$\boldsymbol{f}_+ = \rho_+ \boldsymbol{E} + \rho_+ \boldsymbol{u}_+ \times \boldsymbol{B}, \quad \boldsymbol{f}_- = \rho_- \boldsymbol{E} + \rho_- \boldsymbol{u}_- \times \boldsymbol{B} \tag{4.4-2}$$

作用在带电体上的总力密度为

$$\boldsymbol{f} = \boldsymbol{f}_+ + \boldsymbol{f}_- = \rho \boldsymbol{E} + \boldsymbol{J} \times \boldsymbol{B} \tag{4.4-3}$$

总力即为洛伦兹力. 在此基础上，可以进一步得到在单位时间内电磁场对单位体积的带电体所做的功(即功率密度)为

$$p = \boldsymbol{f}_+ \cdot \boldsymbol{u}_+ + \boldsymbol{f}_- \cdot \boldsymbol{u}_- = \boldsymbol{J} \cdot \boldsymbol{E} \tag{4.4-4}$$

可见，只有电场才对带电体做功，磁场不做功. 正是通过做功，电磁场把其自身的能量传给了带电体.

### 2. 电磁场的能量及能量守恒

下面从麦克斯韦方程组出发，推导出电磁场的能量密度表示式以及电磁场与带电体系相互作用时的能量平衡方程. 为简单起见，这里先不考虑介质的极化和磁化过程. 根据麦克斯韦方程组(4.1-15)的第二式，有

$$\boldsymbol{J} = \frac{1}{\mu_0} \nabla \times \boldsymbol{B} - \varepsilon_0 \frac{\partial \boldsymbol{E}}{\partial t}$$

利用该式，可以把功率密度表示为

$$\boldsymbol{J} \cdot \boldsymbol{E} = \frac{1}{\mu_0} (\nabla \times \boldsymbol{B}) \cdot \boldsymbol{E} - \varepsilon_0 \frac{\partial \boldsymbol{E}}{\partial t} \cdot \boldsymbol{E} \tag{4.4-5}$$

根据矢量分析，有

$$\nabla \cdot (\boldsymbol{E} \times \boldsymbol{B}) = \boldsymbol{B} \cdot (\nabla \times \boldsymbol{E}) - \boldsymbol{E} \cdot (\nabla \times \boldsymbol{B})$$

这样可以把功率密度表示为

$$\boldsymbol{J} \cdot \boldsymbol{E} = \frac{1}{\mu_0} [\boldsymbol{B} \cdot (\nabla \times \boldsymbol{E}) - \nabla \cdot (\boldsymbol{E} \times \boldsymbol{B})] - \varepsilon_0 \frac{\partial \boldsymbol{E}}{\partial t} \cdot \boldsymbol{E} \tag{4.4-6}$$

再将麦克斯韦方程组(4.1-15)的第一式

$$\nabla \times \boldsymbol{E} = -\frac{\partial \boldsymbol{B}}{\partial t}$$

代入式(4.4-6)，可以进一步得到

$$\begin{aligned} \boldsymbol{J} \cdot \boldsymbol{E} &= \frac{1}{\mu_0} \left[ -\boldsymbol{B} \cdot \frac{\partial \boldsymbol{B}}{\partial t} - \nabla \cdot (\boldsymbol{E} \times \boldsymbol{B}) \right] - \varepsilon_0 \frac{\partial \boldsymbol{E}}{\partial t} \cdot \boldsymbol{E} \\ &= -\nabla \cdot (\boldsymbol{E} \times \boldsymbol{H}) - \frac{\partial}{\partial t} \left( \frac{\varepsilon_0}{2} E^2 + \frac{1}{2\mu_0} B^2 \right) \end{aligned} \tag{4.4-7}$$

其中利用了 $\boldsymbol{B}=\mu_0\boldsymbol{H}$.

为了更清楚地看出式(4.4-7)所表示的物理意义，令

$$\boldsymbol{S}=\boldsymbol{E}\times\boldsymbol{H} \tag{4.4-8}$$

$$w=\frac{\varepsilon_0}{2}E^2+\frac{1}{2\mu_0}B^2 \tag{4.4-9}$$

这样可以得到

$$-\frac{\partial w}{\partial t}=\boldsymbol{J}\cdot\boldsymbol{E}+\nabla\cdot\boldsymbol{S} \tag{4.4-10}$$

其中，$w$ 为电磁场的能量密度，它分别来自于电场的能量密度 $\frac{\varepsilon_0}{2}E^2$ 和磁场的能量密度 $\frac{1}{2\mu_0}B^2$；$\boldsymbol{S}$ 是电磁场的能流密度矢量，也称坡印亭(Poynting)矢量，其中 $\nabla\cdot\boldsymbol{S}$ 表示单位时间内从单位体积中流出的电磁能量. 方程(4.4-10)是一个功率密度平衡方程，它表示：在单位体积内，单位时间电磁场能量的减少等于它对带电体所做的功和单位时间内流出带电体的电磁能量之和.

为了更清楚地理解电磁场的能量转化过程，将式(4.4-10)两边进行体积分，并利用高斯定理，将 $\nabla\cdot\boldsymbol{S}$ 的体积分转化为面积分，这样有

$$-\frac{\mathrm{d}W}{\mathrm{d}t}=\int_V\boldsymbol{J}\cdot\boldsymbol{E}\mathrm{d}V+\oint_\Sigma\boldsymbol{S}\cdot\mathrm{d}\boldsymbol{\Sigma} \tag{4.4-11}$$

其中，$V$ 为带电体的体积；$\Sigma$ 为带电体的表面积.

$$W=\frac{1}{2}\int_V\left(\varepsilon_0E^2+\frac{1}{\mu_0}B^2\right)\mathrm{d}V \tag{4.4-12}$$

为电磁场的能量，积分遍及电磁场分布的区域；$\int_V\boldsymbol{J}\cdot\boldsymbol{E}\mathrm{d}V$ 是电场对带电体(电流)所做的功，$\oint_\Sigma\boldsymbol{S}\cdot\mathrm{d}\boldsymbol{\Sigma}$ 是单位时间内流出带电体的电磁能量. 方程(4.4-11)是电磁场能量的守恒方程，它表示：在单位时间内，电磁场能量的减少等于它对带电体所做的功与单位时间内流出带电体的电磁能量之和.

可以证明，介质中的电磁场能量平衡方程在形式上与方程(4.4-11)完全相同，唯一的差别在于电磁场的能量表示式. 在介质中，电磁场的能量为

$$W=\frac{1}{2}\int_V(\boldsymbol{E}\cdot\boldsymbol{D}+\boldsymbol{H}\cdot\boldsymbol{B})\,\mathrm{d}V \tag{4.4-13}$$

特别是对于线性极化和磁化的各向同性介质，由于 $\boldsymbol{D}=\varepsilon\boldsymbol{E}$ 及 $\boldsymbol{H}=\boldsymbol{B}/\mu$，因此有

$$W = \frac{1}{2}\int_V \left( \varepsilon E^2 + \frac{1}{\mu} B^2 \right) \mathrm{d}V \tag{4.4-14}$$

**例题 4.4**　在一个半径为 $a$ 的无限长直圆柱中，流有均匀稳恒的电流 $I$，分析电磁场的能量守恒.

**解**　由于流经导体的电流是稳恒的，对应的电磁场也是稳恒的，因此电磁场的能量不随时间变化，即 $\mathrm{d}W / \mathrm{d}t = 0$.

根据电磁场的能量守恒方程(4.4-11)，应有

$$\int_V \boldsymbol{J} \cdot \boldsymbol{E} \mathrm{d}V = - \oint_\Sigma \boldsymbol{S} \cdot \mathrm{d}\boldsymbol{\Sigma}$$

即单位时间内流进圆柱体内的电磁能量 $- \oint_\Sigma \boldsymbol{S} \cdot \mathrm{d}\boldsymbol{\Sigma}$ 等于电场对电流所做的功 $\int_V \boldsymbol{J} \cdot \boldsymbol{E} \mathrm{d}V$.

根据欧姆定律，导体内部的电场为

$$E = J / \sigma$$

其中，$\sigma$ 为导体的电导率；$J = \dfrac{I}{\pi a^2}$ 为流经导体的电流密度；电场 $\boldsymbol{E}$ 沿着圆柱的轴线方向，见图 4-2. 在圆柱上截取长度为 $l$ 的一小段，这样电场对电流(导体)所做的功率为

$$\int_V \boldsymbol{J} \cdot \boldsymbol{E} \mathrm{d}V = \int_V \frac{J^2}{\sigma} \mathrm{d}V = \frac{J^2}{\sigma} l\pi a^2 = \frac{I^2 l}{\sigma \pi a^2}$$

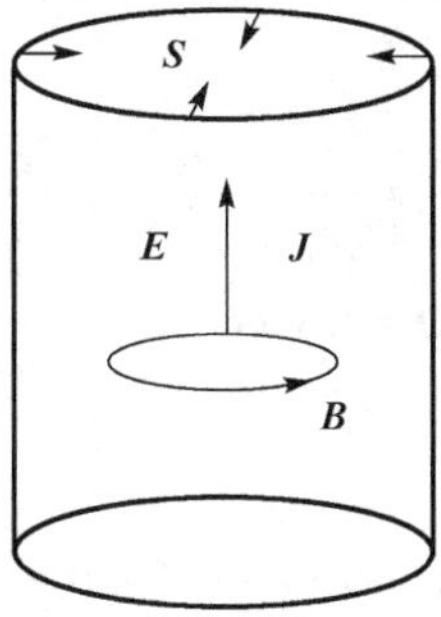


图 4-2

导体外部的磁场为

$$H = B / \mu_0 = \frac{I}{2\pi r} = \frac{a^2}{2r} J \qquad (r > a)$$

其方向沿着环向. 由此可以得到电磁场的能流密度矢量为

$$\boldsymbol{S}=\boldsymbol{E}\times\boldsymbol{H}=\frac{J}{\sigma}\boldsymbol{e}_z\times\left(\frac{a^2}{2r}J\right)\boldsymbol{e}_\phi=-\frac{a^2J^2}{2r\sigma}\boldsymbol{e}_r$$

这样流进导体内部的电磁场能量为

$$-\int_\Sigma \boldsymbol{S}\cdot\mathrm{d}\boldsymbol{\Sigma}=\frac{a^2J^2}{2a\sigma}2\pi al=\frac{J^2}{\sigma}l\pi a^2==\frac{I^2l}{\sigma\pi a^2}$$

可见单位时间内流进圆柱体内的电磁能量等于电场对电流所做的功.

## 4.5　电磁场的动量

当电磁场参与运动时，也要遵从动量守恒定理. 本节的主要任务就是建立电磁场的动量守恒方程.

### 1. 电磁场的动量及动量守恒

如果带电体的电荷是连续分布的，其电荷密度和电流密度分别为 $\rho$ 和 $\boldsymbol{J}$，则单位体积内所受到的洛伦兹力为

$$\boldsymbol{f}=\rho\boldsymbol{E}+\boldsymbol{J}\times\boldsymbol{B} \tag{4.5-1}$$

在一个有限体积 $V$ 内，带电粒子受到的总洛伦兹力为

$$\boldsymbol{F}=\int_V \boldsymbol{f}dV=\int_V(\rho\boldsymbol{E}+\boldsymbol{J}\times\boldsymbol{B})\mathrm{d}V \tag{4.5-2}$$

根据真空中的麦克斯韦方程组(4.1-15)中的两个有源方程，即第二式和第四式，有

$$\begin{cases}\boldsymbol{J}=\dfrac{1}{\mu_0}\nabla\times\boldsymbol{B}-\varepsilon_0\dfrac{\partial\boldsymbol{E}}{\partial t}\\ \rho=\varepsilon_0\nabla\cdot\boldsymbol{E}\end{cases}$$

将 $\rho$ 和 $\boldsymbol{J}$ 代入方程(4.5-2)的右端，有

$$\boldsymbol{F}=\int_V\left[\varepsilon_0(\nabla\cdot\boldsymbol{E})\boldsymbol{E}+\left(\frac{1}{\mu_0}\nabla\times\boldsymbol{B}-\varepsilon_0\frac{\partial\boldsymbol{E}}{\partial t}\right)\times\boldsymbol{B}\right]\mathrm{d}V \tag{4.5-3}$$

利用如下微分式：

$$\frac{\partial}{\partial t}(\boldsymbol{E}\times\boldsymbol{B})=\frac{\partial\boldsymbol{E}}{\partial t}\times\boldsymbol{B}+\boldsymbol{E}\times\frac{\partial\boldsymbol{B}}{\partial t}$$

可以进一步得到

$$\begin{aligned}\boldsymbol{F}=&-\frac{\partial}{\partial t}\int_V\varepsilon_0\left(\boldsymbol{E}\times\boldsymbol{B}\right)\mathrm{d}V\\&+\int_V\left[\varepsilon_0\left(\nabla\cdot\boldsymbol{E}\right)\boldsymbol{E}+\frac{1}{\mu_0}\left(\nabla\times\boldsymbol{B}\right)\times\boldsymbol{B}+\varepsilon_0\boldsymbol{E}\times\frac{\partial\boldsymbol{B}}{\partial t}\right]\mathrm{d}V\end{aligned}\tag{4.5-4}$$

再利用麦克斯韦方程组中的第一式 $\dfrac{\partial\boldsymbol{B}}{\partial t}=-\nabla\times\boldsymbol{E}$，可以进一步把方程(4.5-4)改写为

$$\begin{aligned}\boldsymbol{F}=&-\frac{\partial}{\partial t}\int_V\varepsilon_0(\boldsymbol{E}\times\boldsymbol{B})\mathrm{d}V\\&+\int_V\left[\varepsilon_0(\nabla\cdot\boldsymbol{E})\boldsymbol{E}-\varepsilon_0\boldsymbol{E}\times(\nabla\times\boldsymbol{E})-\frac{1}{\mu_0}\boldsymbol{B}\times(\nabla\times\boldsymbol{B})\right]\mathrm{d}V\end{aligned}\tag{4.5-5}$$

根据矢量分析，对于任意矢量场 $\boldsymbol{A}$，有如下恒等式：

$$\boldsymbol{A}\times(\nabla\times\boldsymbol{A})=\frac{1}{2}\nabla A^2-(\boldsymbol{A}\cdot\nabla)\boldsymbol{A}\tag{4.5-6}$$

利用该恒等式，有

$$\begin{aligned}(\nabla\cdot\boldsymbol{E})\boldsymbol{E}-\boldsymbol{E}\times(\nabla\times\boldsymbol{E})&=(\nabla\cdot\boldsymbol{E})\boldsymbol{E}-\left[\frac{1}{2}\nabla E^2-(\boldsymbol{E}\cdot\nabla)\boldsymbol{E}\right]\\&=\nabla\cdot(\boldsymbol{E}\boldsymbol{E})-\frac{1}{2}\nabla E^2\end{aligned}\tag{4.5-7}$$

$$\begin{aligned}-\boldsymbol{B}\times(\nabla\times\boldsymbol{B})&=(\nabla\cdot\boldsymbol{B})\boldsymbol{B}-\boldsymbol{B}\times(\nabla\times\boldsymbol{B})\\&=(\nabla\cdot\boldsymbol{B})\boldsymbol{B}-\left[\frac{1}{2}\nabla B^2-(\boldsymbol{B}\cdot\nabla)\boldsymbol{B}\right]\\&=\nabla\cdot(\boldsymbol{B}\boldsymbol{B})-\frac{1}{2}\nabla B^2\end{aligned}\tag{4.5-8}$$

这里已经利用了 $\nabla\cdot\boldsymbol{B}=0$. 将式(4.5-7)及式(4.5-8)代入方程(4.5-5)的右端第二项，可以得到

$$\frac{\mathrm{d}}{\mathrm{d}t}(\boldsymbol{G}_{\mathrm{m}}+\boldsymbol{G})=-\int_V\nabla\cdot\overleftrightarrow{\boldsymbol{T}}\mathrm{d}V\tag{4.5-9}$$

其中，$\boldsymbol{G}_{\mathrm{m}}$ 为体积 $V$ 内带电粒子的机械动量，它随时间的变化率就是带电粒子受到的总电磁力，即

$$\frac{\mathrm{d}\boldsymbol{G}_{\mathrm{m}}}{\mathrm{d}t}=\boldsymbol{F}\tag{4.5-10}$$

$\boldsymbol{G}$ 为体积 $V$ 内电磁场的动量

$$\boldsymbol{G}=\varepsilon_0\int_V(\boldsymbol{E}\times\boldsymbol{B})\mathrm{d}V\tag{4.5-11}$$

在方程(4.5-9)右端，$\overleftrightarrow{T}$ 是一个对称张量

$$\overleftrightarrow{T}=\varepsilon_0\left(\frac{1}{2}E^2\overleftrightarrow{I}-\boldsymbol{EE}\right)+\frac{1}{\mu_0}\left(\frac{1}{2}B^2\overleftrightarrow{I}-\boldsymbol{BB}\right) \tag{4.5-12}$$

$\overleftrightarrow{I}$ 是单位张量.

为了更清楚地看出方程(4.5-9)的物理意义，再利用散度定理，将其右端的体积分转化为面积分，有

$$\frac{\mathrm{d}}{\mathrm{d}t}(\boldsymbol{G}_{\mathrm{m}}+\boldsymbol{G})=-\oint_{\Sigma}\mathrm{d}\boldsymbol{\Sigma}\cdot\overleftrightarrow{T} \tag{4.5-13}$$

其中，$\Sigma$ 为带电体的表面积. 方程右端是电磁场作用在一个闭合曲面上的总力，其中 $\overleftrightarrow{T}$ 是电磁场的动量流密度. 显然，方程(4.5-13)为电磁场动量守恒方程，它表示在有限的体积 $V$ 内，单位时间内带电体的动量与电磁场的动量之和的增加率等于单位时间内从闭合曲面 $\Sigma$ 流进体积 $V$ 的动量流. 特别当所考虑的区域是无限大时，有 $\oint_{\Sigma}\mathrm{d}\boldsymbol{\Sigma}\cdot\overleftrightarrow{T}\to 0$，则方程(4.5-13)变为

$$\frac{\mathrm{d}}{\mathrm{d}t}(\boldsymbol{G}_{\mathrm{m}}+\boldsymbol{G})=0 \tag{4.5-14}$$

这表明在全空间中电磁场及带电体的总动量之和不变，即整个系统的动量是守恒的.

根据方程(4.5-9)，也可把电磁场的动量守恒式表示成如下微分形式：

$$\boldsymbol{f}=-\frac{\partial\boldsymbol{g}}{\partial t}-\nabla\cdot\overleftrightarrow{T} \tag{4.5-15}$$

其中

$$\boldsymbol{g}=\varepsilon_0\boldsymbol{E}\times\boldsymbol{B} \tag{4.5-16}$$

为电磁场的动量密度.

很容易把上面的结果推广到有介质的情形. 可以证明，对于线性极化和磁化的介质，电磁场的动量守恒方程在形式上不变，与方程(4.5-13)完全一样，仅是电磁场的能量密度 $w$、动量 $\boldsymbol{G}$ 及电磁场的动量流密度 $\overleftrightarrow{T}$ 在形式上发生了改变. 在这种情况下，它们的表示式分别为

$$w=\frac{1}{2}(\varepsilon E^2+B^2/\mu) \tag{4.5-17}$$

$$\boldsymbol{G}=\int_V\boldsymbol{D}\times\boldsymbol{B}\mathrm{d}V \tag{4.5-18}$$

$$\overleftrightarrow{T}=w\overleftrightarrow{I}-(\boldsymbol{DE}+\boldsymbol{BH}) \tag{4.5-19}$$

**例题 4.5**　一个半径为 $a$ 的均匀带电小球，其电量为 $Q$. 求作用在上半球的总静电力.

**解**　由于是静态情况下，所以上半球受到的总静电力为

$$\boldsymbol{F}=-\oint_{\Sigma}\mathrm{d}\boldsymbol{\Sigma}\cdot\overleftrightarrow{\boldsymbol{T}}$$

其中，$\Sigma$ 为上半球的表面，包括上半球面和下底面，如图 4-3 所示. 这时电磁场的动量流密度为

$$\overleftrightarrow{\boldsymbol{T}}=\varepsilon_0\left(\frac{1}{2}E^2\overleftrightarrow{\boldsymbol{I}}-\boldsymbol{E}\boldsymbol{E}\right)$$

下面先分别求出作用在上半球面和下底面上的静电力，然后再求总静电力.

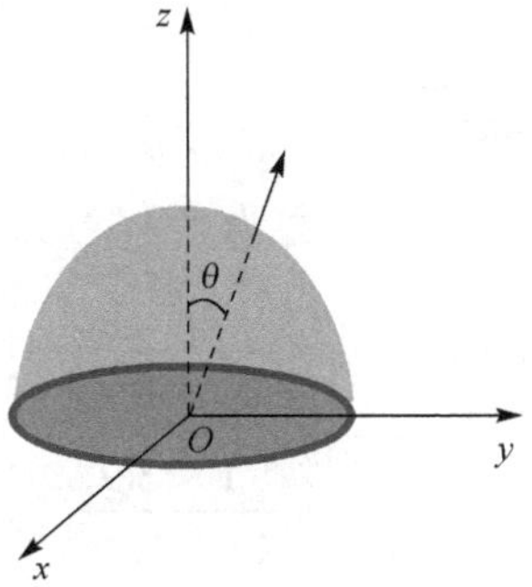


图 4-3

(1) 在上半球面，静电场为

$$\boldsymbol{E}=\frac{Q}{4\pi\varepsilon_0 a^2}\boldsymbol{e}_n$$

其中，$\boldsymbol{e}_n$ 是球面法线上的单位矢量. 由对称性可知，上半球面受到的总电场力沿着 $z$ 轴，即

$$F=-\int_{上}(\mathrm{d}\boldsymbol{\Sigma}\cdot\overleftrightarrow{\boldsymbol{T}})_z=-\int_{上}(\boldsymbol{e}_n\cdot\overleftrightarrow{\boldsymbol{T}})_z\mathrm{d}\Sigma$$

将 $\overleftrightarrow{\boldsymbol{T}}$ 及 $\boldsymbol{E}$ 的表示式代入，并完成积分，可以得到

$$\begin{aligned}F_{上}&=\frac{\varepsilon_0}{2}\left(\frac{Q}{4\pi\varepsilon_0 a^2}\right)^2\int_0^{2\pi}\mathrm{d}\phi\int_0^{\pi/2}a^2\sin\theta\cos\theta\mathrm{d}\theta\\&=\frac{Q^2}{32\pi\varepsilon_0 a^2}\end{aligned}$$

(2) 在半球的“下底面”，电场为

$$\boldsymbol{E}=\frac{Q}{4\pi\varepsilon_0 a^3}\boldsymbol{r}$$

其中，$\boldsymbol{r}$ 是下底面上的位置矢量 $\boldsymbol{r}=r(\cos\phi\boldsymbol{e}_x+\sin\phi\boldsymbol{e}_y)$．下底面的面元为

$$\mathrm{d}\boldsymbol{\Sigma}=-r\mathrm{d}r\mathrm{d}\phi\boldsymbol{e}_z$$

其中负号表示其外法线方向与单位矢量 $\boldsymbol{e}_z$ 反向．由此可以得到

$$-\mathrm{d}\boldsymbol{\Sigma}\cdot\overleftrightarrow{\boldsymbol{T}}=\frac{\varepsilon_0}{2}E^2 r\mathrm{d}r\mathrm{d}\phi\boldsymbol{e}_z$$

作用在下底面的总力的方向也沿着 $z$ 轴，其大小为

$$\begin{aligned}F_{下}&=-\int_{下}(\mathrm{d}\boldsymbol{\Sigma}\cdot\overleftrightarrow{\boldsymbol{T}})_z=\int_0^a\frac{\varepsilon_0}{2}E^2 r\mathrm{d}r\int_0^{2\pi}\mathrm{d}\phi\\&=\frac{Q^2}{64\pi\varepsilon_0 a^2}\end{aligned}$$

最后，可以得到作用在上半球的总静电力为

$$\begin{aligned}F_{总}=F_{上}+F_{下}&=\frac{Q^2}{32\pi\varepsilon_0 a^2}+\frac{Q^2}{64\pi\varepsilon_0 a^2}\\&=\frac{1}{4\pi\varepsilon_0}\frac{3Q^2}{16a^2}\end{aligned}$$

其方向沿着 $z$ 轴.

2. 辐射压力

由于电磁场具有动量，当电磁场以波的形式辐照到物体的表面上时，物体的表面就会受到电磁波的压力．通常称这种压力为辐射压力或光压．1901 年门捷列夫曾利用一个类似扭摆的装置对光压进行了测量，首先从实验上观察到光压这一现象.

设表面的法线方向上的单位矢量为 $\boldsymbol{e}_n$，则单位面积上受到的辐射压力为

$$\begin{aligned}\boldsymbol{p}&=-\overleftrightarrow{\boldsymbol{T}}\cdot\boldsymbol{e}_n\\&=-\left(\frac{\varepsilon_0}{2}E^2+\frac{1}{2\mu_0}B\right)\boldsymbol{e}_n+\left[\varepsilon_0(\boldsymbol{E}\cdot\boldsymbol{e}_n)\boldsymbol{E}+\frac{1}{\mu_0}(\boldsymbol{B}\cdot\boldsymbol{e}_n)\boldsymbol{B}\right]\end{aligned}\tag{4.5-20}$$

如果表面的法线方向分别与电场和磁场的方向垂直，即 $\boldsymbol{e}_n\cdot\boldsymbol{E}=0$ 和 $\boldsymbol{e}_n\cdot\boldsymbol{B}=0$，则辐射压力为

$$\boldsymbol{p}=-\left(\frac{\varepsilon_0}{2}E^2+\frac{1}{2\mu_0}B\right)\boldsymbol{e}_n\tag{4.5-21}$$

可见表面受到的辐射压力的方向与表面的法线方向反向，即负号表示为压力.

在第 5 章将会看到，对于真空中传播的平面电磁波，电场的能量密度等于磁场的能量密度，即

$$\frac{\varepsilon_0}{2}E^2=\frac{1}{2\mu_0}B^2$$

此外，电场与磁场的方向相互垂直，则电磁场的动量密度为

$$g=\varepsilon_0 EB$$

这样可以把辐射压力表示为

$$\boldsymbol{p}=-cg\boldsymbol{e}_n \tag{4.5-22}$$

其中，$c=\dfrac{1}{\sqrt{\varepsilon_0\mu_0}}$ 为真空中的光速，见第 5 章.

在通常情况下，光压的值很小. 当太阳光垂直入射到地面上并为地面完全吸收时，它所产生的辐射压力仅为 0.4 $\mathrm{mg/m^2}$. 对于如此小的辐射压力，在地面上是几乎感觉不到的. 但在天体现象中，辐射压力有时却很明显. 例如，彗星的彗尾总是背着太阳，就是受到太阳的辐射压力造成的结果.

## 4.6　电磁场的角动量

对于一个在体积 $V$ 内具有连续电荷分布 $\rho$ 和电流分布 $\boldsymbol{J}$ 的带电体，在洛伦兹力 $\boldsymbol{f}$ 的作用下，其所受的力矩为

$$\int_V \boldsymbol{r}\times\boldsymbol{f}\mathrm{d}V$$

引入带电体的机械角动量 $\boldsymbol{L}_m$，则有

$$\frac{\mathrm{d}\boldsymbol{L}_m}{\mathrm{d}t}=\int_V \boldsymbol{r}\times\boldsymbol{f}\mathrm{d}V \tag{4.6-1}$$

将式(4.5-15)代入上式右端，有

$$\begin{aligned}\frac{\mathrm{d}\boldsymbol{L}_m}{\mathrm{d}t}&=-\int_V \boldsymbol{r}\times\left(\frac{\partial \boldsymbol{g}}{\partial t}+\nabla\cdot\overleftrightarrow{\boldsymbol{T}}\right)\mathrm{d}V\\&=-\frac{\partial}{\partial t}\int_V \boldsymbol{r}\times\boldsymbol{g}\mathrm{d}V-\int_V \boldsymbol{r}\times(\nabla\cdot\overleftrightarrow{\boldsymbol{T}})\mathrm{d}V\end{aligned} \tag{4.6-2}$$

利用 $\overleftrightarrow{\boldsymbol{T}}$ 的表示式，很容易证明

$$(\overleftrightarrow{\boldsymbol{T}}\cdot\nabla)\times\boldsymbol{r}=0 \tag{4.6-3}$$

由此可以得到

$$\nabla\cdot(\overleftrightarrow{T}\times\boldsymbol{r})=-\boldsymbol{r}\times(\nabla\cdot\overleftrightarrow{T}) \tag{4.6-4}$$

将式(4.6-4)代入方程(4.6-2)右端第二项，并把体积分转化成面积分，有

$$\frac{\mathrm{d}\boldsymbol{L}_m}{\mathrm{d}t}=-\frac{\partial}{\partial t}\int_V \boldsymbol{r}\times\boldsymbol{g}\mathrm{d}V+\oint_\Sigma \mathrm{d}\boldsymbol{\Sigma}\cdot(\overleftrightarrow{T}\times\boldsymbol{r}) \tag{4.6-5}$$

定义电磁场的角动量为

$$\boldsymbol{L}=\int_V \boldsymbol{r}\times\boldsymbol{g}\mathrm{d}V \tag{4.6-6}$$

及角动量流为

$$\boldsymbol{\Gamma}=\oint_\Sigma \mathrm{d}\boldsymbol{\Sigma}\cdot(\overleftrightarrow{T}\times\boldsymbol{r}) \tag{4.6-7}$$

则可以把方程(4.6-5)写成如下形式：

$$\frac{\mathrm{d}}{\mathrm{d}t}(\boldsymbol{L}_m+\boldsymbol{L})=\boldsymbol{\Gamma} \tag{4.6-8}$$

这就是电磁场角动量的守恒方程，它表明：在体积$V$内，单位时间内电磁场的角动量与带电体的机械角动量之和的增加率等于从表面流入体积$V$内的角动量流.

特别当所考虑的区域是无限大时，有$\oint_\Sigma \mathrm{d}\boldsymbol{\Sigma}\cdot(\overleftrightarrow{T}\times\boldsymbol{r})\to 0$，方程(4.6-8)变为

$$\frac{\mathrm{d}}{\mathrm{d}t}(\boldsymbol{L}_m+\boldsymbol{L})=0 \tag{4.6-9}$$

这表明在全空间中电磁场及带电体的总角动量之和不变，即整个系统的角动量是守恒的.

为了进一步加深对电磁场角动量及角动量守恒的理解，下面以一个处于变化磁场中的圆柱形电容器为例进行讨论.

**例题 4.6**　一个圆柱形电容器由两个半径分别为$a_1$和$a_2$的同轴薄圆筒构成（$a_2>a_1$），两个圆筒的侧面上的带电量分别为$\pm Q$，圆筒的长度为$l$，且$l\gg a_2$. 在电容器的内部施加一轴向均匀外磁场$B_0$. 如果把外磁场慢慢撤去，就会在电容器内产生环向感应电场. 在合力矩的作用下，两个圆筒就会绕轴线转动. 求电容器的机械角动量和电磁场的角动量.

**解**　(1)由于$l\gg a$，可以认为两个圆筒都是无限长的，这样在柱坐标系$(\rho,\phi,z)$中，两个圆筒之间的静电场$\boldsymbol{E}_s$只与径向变量$\rho$有关，与轴向变量$z$和方位角$\phi$无关. 利用高斯定理，可以得到

$$\boldsymbol{E}_s=\frac{Q}{2\pi\varepsilon_0 l\rho}\boldsymbol{e}_\rho \tag{4.6-10}$$

(2)在撤去磁场的过程中，轴向磁场的变化会在电容器内部产生一个环向感应电场$\boldsymbol{E}_i$. 根据法拉第感应定律，可以得到感应电场为

$$\boldsymbol{E}_i = -\frac{\rho}{2}\frac{\partial B}{\partial t}\boldsymbol{e}_\phi \tag{4.6-11}$$

(3) 两个圆筒侧面受到的力矩分别为

$$\boldsymbol{M}_1 = (a_1\boldsymbol{e}_\rho \times \boldsymbol{f}_1)2\pi a_1 l, \quad \boldsymbol{M}_2 = (a_2\boldsymbol{e}_\rho \times \boldsymbol{f}_2)2\pi a_2 l \tag{4.6-12}$$

其中，$\boldsymbol{f}_1$ 和 $\boldsymbol{f}_2$ 分别是两个圆筒侧壁上电荷受到的洛伦兹力

$$\boldsymbol{f}_1 = \sigma_1\boldsymbol{E}_1 + \boldsymbol{\alpha}_1 \times \boldsymbol{B}_1, \quad \boldsymbol{f}_2 = \sigma_2\boldsymbol{E}_2 + \boldsymbol{\alpha}_2 \times \boldsymbol{B}_2 \tag{4.6-13}$$

$\sigma_1$ 和 $\sigma_2$ 分别是两个圆筒侧面上的面电荷密度

$$\sigma_1 = \frac{Q}{2\pi a_1 l}, \quad \sigma_2 = -\frac{Q}{2\pi a_2 l} \tag{4.6-14}$$

$\boldsymbol{\alpha}_1$ 和 $\boldsymbol{\alpha}_2$ 是由于两个圆筒旋转在侧面上产生的面电流密度，均沿着环向流动，但方向相反. 由于 $\boldsymbol{\alpha} \times \boldsymbol{B}$ 的方向沿着径向，因此面电流对力矩没有贡献，即 $\boldsymbol{e}_\rho \times (\boldsymbol{\alpha} \times \boldsymbol{B}) = 0$. 此外，式(4.6-13)中的电场为总电场，即静电场和感应电场之和，但由于静电场的方向沿着径向，因此有 $\boldsymbol{e}_\rho \times \boldsymbol{E}_s = 0$. 这样，可以把两个圆筒受到的力矩表示为

$$\boldsymbol{M}_1 = -\frac{a_1^2 Q}{2}\frac{\partial B}{\partial t}\boldsymbol{e}_z, \quad \boldsymbol{M}_2 = \frac{a_2^2 Q}{2}\frac{\partial B}{\partial t}\boldsymbol{e}_z \tag{4.6-15}$$

由此可以得到电容器的机械角动量 $\boldsymbol{L}_m$ 随时间的变化率为

$$\frac{\mathrm{d}\boldsymbol{L}_m}{\mathrm{d}t} = \boldsymbol{M}_1 + \boldsymbol{M}_2 = \frac{Q}{2}(a_2^2 - a_1^2)\frac{\partial B}{\partial t}\boldsymbol{e}_z \tag{4.6-16}$$

在撤去磁场的过程中，磁场是从 $B = B_0$ 变化到 $B = 0$，因此机械角动量的变化量为

$$\Delta\boldsymbol{L}_m = \frac{Q}{2}(a_2^2 - a_1^2)B_0\boldsymbol{e}_z \tag{4.6-17}$$

可见，在撤去磁场过程中，电容器的机械角动量增加了.

(4) 在电容器内部，电磁场的角动量为

$$\boldsymbol{L} = \int_V \boldsymbol{\rho} \times \boldsymbol{g}\mathrm{d}V = \int_{a_1}^{a_2} \boldsymbol{e}_\rho \times (\varepsilon_0\boldsymbol{E}_s \times \boldsymbol{B})\rho \times 2\pi\rho\mathrm{d}\rho l$$

$$= -\frac{Q}{2}(a_2^2 - a_1^2)B\boldsymbol{e}_z$$

当磁场从 $B_0$ 变化到零时，电磁场的角动量的变化为

$$\Delta\boldsymbol{L} = -\frac{Q}{2}(a_2^2 - a_1^2)B_0\boldsymbol{e}_z \tag{4.6-18}$$

上式右端的符号表明，在撤去磁场过程中，电磁场的角动量减小了，且有 $\Delta\boldsymbol{L}_m = -\Delta\boldsymbol{L}$，即电磁场的角动量减少量等于机械角动量的增加量. 如果把电容器和电

磁场视为一个系统，在撤去磁场的过程中，由于没有外力的作用，整个系统的角动量守恒.

## 本 章 小 结

本章介绍了一般情况下电磁场的普遍运动规律，包括麦克斯韦方程组、电磁势方程及电磁场的能量、动量及角动量的守恒方程，它们是整个电动力学的理论基础. 此外，还要做如下几点说明：

(1) 麦克斯韦方程组是在三个实验规律和一个理论假设的基础上总结出来的，这三个实验规律包括：库仑定律、毕奥-萨伐尔定律及法拉第电磁感应定律；理论假设为麦克斯韦的位移电流假设. 位移电流假设是麦克斯韦电磁理论的核心，没有位移电流，就不能预言电磁波的存在.

(2) 从原则上讲，电磁势描述与电磁场描述是等价的，但在一些情况下采用电磁势描述较为方便. 例如，在第 6 章和第 8 章讨论电磁辐射时就是基于电磁势的描述，先确定出势方程的解，再确定出辐射电磁场.

(3) 电磁场与带电体之间的相互作用过程可以由麦克斯韦方程组及带电体的运动方程来描述. 电磁场不仅自身具有能量、动量和角动量，而且可以与带电体相互交换能量、动量和角动量，但总的能量、动量及角动量是守恒的.

## 物理学家简介(五)：法拉第

法拉第

迈克尔 · 法拉第(Michael Faraday，1791-1867)，英国物理学家、化学家，也是著名的自学成才的科学家. 主要科学成就：发现了电磁感应现象，即法拉第电磁感应定律.

法拉第于 1791 年 9 月 22 日出生于英国萨里郡纽因顿，由于家庭贫困，仅上过两年小学，没有受过正规教育. 1803 年为生计所迫，他当了报童，第二年他又到一个书商家里当学徒. 在此期间，法拉第带着强烈的求知欲望，如饥似渴地阅读各类书籍，汲取了许多自然科学方面的知识，尤其是《大英百科全书》中关于电学的文章，强烈地吸引着他. 后来他成为英国著名化学家戴维的学生和助手. 1831 年 10 月 17 日，他首次发现电磁感应现象. 1837 年他引入了电场和磁场的概念，指出电和磁的周围都有场的存在，打破了“超距作用”的传统观念. 1838 年，他提出了电力线的新概念来解释电、磁现象，这是物理学理论上的一次重大突破. 1843 年，他证明了电荷守恒定律. 1845 年，他发现了“磁光效应”，用实验证实了光和磁的相互作用，为电、磁和光的统一理论奠定了基础. 1852 年，他又引进了磁力线的概念，从而为经典电磁学理论的建立奠定了基础. 1858 年，他退休并在萨里汉普顿宫的恩典之屋定居. 1867 年 8 月 25 日，法拉第因病医治无效与世长辞，享年 76 岁.

（注：该简介的内容是根据百度搜索整理而成，人物肖像也是源自百度搜索）

## 物理学家简介(六)：麦克斯韦

詹姆斯 · 克拉克 · 麦克斯韦(James Clerk Maxwell，1831—1879)，英国物理学家、数学家，经典电动力学的创始人，统计物理学的奠基人之一. 主要科学成就：建立了电磁场理论，将电学、磁学、光学统一起来.

麦克斯韦

麦克斯韦于 1831 年 6 月 13 日生出生于苏格兰爱丁堡；1847 年 16 岁中学毕业，进入爱丁堡大学学习；1850 年转入剑桥大学数学系学习；1854 年以第二名的成绩获史密斯奖学金，毕业留校任职两年；1856 年在苏格兰阿伯丁的马里沙耳学院任自然哲学教授；1860 年到伦敦国王学院任自然哲学和天文学教授；1861 年选为伦敦皇家学会会员.

1865 年春，麦克斯韦辞去教职回到家乡，开始系统地总结关于电磁学的研究成果，先后发表三篇关于电磁理论的研究论文. 他将电磁场理论用简洁、对称及完美的数学形式表示出来，经后人整理和改写，演变成为众所周知的麦克斯韦方程组. 该方程组是经典电动力学的基础. 1865 年麦克斯韦预言了电磁波的存在，并推导出电磁波的传播速度等于光速，同时得出结论：光是电磁波的一种形式，揭示了光现象和电磁现象之间的联系.

1871 年麦克斯韦受聘为剑桥大学新设立的卡文迪许实验室物理学教授，负责筹建著名的卡文迪许实验室. 1874 年建成后担任这个实验室的第一任主任，直到 1879 年 11 月 5 日在剑桥逝世.

麦克斯韦在电磁学上取得的成就被誉为继牛顿之后“物理学的第二次大统一”. 麦克斯韦被普遍认为是对 20 世纪最有影响力的 19 世纪物理学家. 他对基础自然科学的贡献仅次于牛顿.

（注：该简介的内容是根据百度搜索整理而成，人物肖像也是源自百度搜索）

## 习　题

1．根据真空中的麦克斯韦方程组，推导出电荷守恒定律

$$\frac{\partial \rho}{\partial t}+\nabla\cdot\boldsymbol{J}=0$$

2．当 $t=0$ 时，有 $\nabla\cdot\boldsymbol{B}(\boldsymbol{r},0)=0$，证明对于任意的时刻 $t$，都有 $\nabla\cdot\boldsymbol{B}(\boldsymbol{r},t)=0$.

3．如果把麦克斯韦方程组中的所有矢量场都分解为无旋和有旋两部分，分别写出真空中这两部分电磁场所对应的方程组.

4．在线性各向同性非导电介质中，自由电荷密度和传导电流密度均为零. 若取标势 $\varphi=0$，库仑规范下的矢势 $\boldsymbol{A}$ 满足的方程是什么？

5．证明可以把标势 $\varphi$ 和矢势 $\boldsymbol{A}$ 的微分方程写成如下更为对称的形式：

$$\square\varphi+\frac{\partial L}{\partial t}=-\frac{\rho}{\varepsilon_0}$$

$$\square\boldsymbol{A}-\nabla L=-\mu_0\boldsymbol{J}$$

其中，$\square=\nabla^2-\mu_0\varepsilon_0\frac{\partial^2}{\partial t^2}$，$L=\nabla\cdot\boldsymbol{A}+\mu_0\varepsilon_0\frac{\partial\varphi}{\partial t}$.

6．推导有电介质情况下的电磁能量守恒方程.

7．证明 $(\overleftrightarrow{\boldsymbol{T}}\cdot\nabla)\times\boldsymbol{r}=0$，其中 $\overleftrightarrow{\boldsymbol{T}}$ 为电磁场的动量流密度.

8．有一个平行板电容器，两个圆形平板的半径为 $a$，间距为 $d$. 如果在两个平板上施加一随时间缓慢变化的电压 $V(t)=V_0\cos(\omega t)$，求电容器内部的电磁场能量密度和能流密度.

# 第 5 章　电磁波的传播

在随时间变化的情况下，电磁场将以波的形式进行传播，形成电磁波. 麦克斯韦的主要学术成就之一就是从理论上预言了电磁波的存在，并于 1888 年被赫兹(Hertz)的实验所证实. 在现代科学技术中，电磁波已得到了广泛的应用，如远程通信、雷达探测、卫星导航、X 射线成像等.

本章首先介绍平面电磁波在无界真空中的传播性质，电磁波在绝缘介质界面上的折射和反射现象，以及介质对电磁波的色散；其次，介绍电磁波在导电介质(等离子体及导体)中的传播特性及衰减行为；最后，分别介绍电磁波在金属谐振腔中的激励振荡和在金属波导中的传输.

## 5.1　真空中的平面电磁波

### 1. 波动方程

当电磁波在真空中传播时，由于没有自由电荷密度和自由电流密度存在，麦克斯韦方程组为

$$\nabla\times\boldsymbol{E}=-\frac{\partial\boldsymbol{B}}{\partial t}\tag{5.1-1}$$

$$\nabla\times\boldsymbol{B}=\varepsilon_0\mu_0\frac{\partial\boldsymbol{E}}{\partial t}\tag{5.1-2}$$

$$\nabla\cdot\boldsymbol{B}=0\tag{5.1-3}$$

$$\nabla\cdot\boldsymbol{E}=0\tag{5.1-4}$$

将方程(5.1-1)两边取旋度，并利用方程(5.1-2)，有

$$\nabla\times(\nabla\times\boldsymbol{E})=-\varepsilon_0\mu_0\frac{\partial^2\boldsymbol{E}}{\partial t^2}$$

再根据关系式 $\nabla\times(\nabla\times\boldsymbol{E})=\nabla(\nabla\cdot\boldsymbol{E})-\nabla^2\boldsymbol{E}$，以及式 (5.1-4)，可以得到电场所满足的方程为

$$\nabla^2\boldsymbol{E}-\frac{1}{c^2}\frac{\partial^2\boldsymbol{E}}{\partial t^2}=0\tag{5.1-5}$$

其中

$$c = \frac{1}{\sqrt{\varepsilon_0 \mu_0}} \approx 2.9979 \times 10^8 \ \text{m/s} \tag{5.1-6}$$

常数 $c$ 为真空中的光速. 类似地，也可以得到磁场所满足的方程：

$$\nabla^2 \boldsymbol{B} - \frac{1}{c^2}\frac{\partial^2 \boldsymbol{B}}{\partial t^2} = 0 \tag{5.1-7}$$

方程(5.1-5)及(5.1-7)为典型的波动方程，称为达朗贝尔方程.

当所考虑的区间是有界时，还必须知道电磁场所满足的边界条件和初始条件. 由于方程(5.1-5)对时间是二阶偏导的，因此应该有两个初始条件，即

$$\boldsymbol{E}\big|_{t=0} = \boldsymbol{E}_0(\boldsymbol{r}), \quad \frac{\partial \boldsymbol{E}}{\partial t}\Big|_{t=0} = \boldsymbol{T}_0(\boldsymbol{r}) \tag{5.1-8}$$

其中，$\boldsymbol{E}_0(\boldsymbol{r})$ 及 $\boldsymbol{T}_0(\boldsymbol{r})$ 是两个已知的函数. 注意，初始电场应满足式(5.1-4)，即

$$\nabla \cdot \boldsymbol{E}\big|_{t=0} = 0 \tag{5.1-9}$$

这是一个约束条件，因为方程(5.1-5)是在 $\nabla \cdot \boldsymbol{E} = 0$ 的条件下得到的.

根据电磁场的边值关系，可以得到电场的切向分量 $\boldsymbol{E}_\tau$ 在边界面 $\Sigma$ 上的取值为

$$\boldsymbol{E}_\tau\big|_\Sigma = \boldsymbol{C}(t) \tag{5.1-10}$$

其中，$\boldsymbol{C}(t)$ 为已知函数. 当边界面为理想导体的表面时，电场在表面上的切向分量为零，即 $\boldsymbol{E}_\tau\big|_\Sigma = 0$. 在一般情况下，在给定电场切向分量的边界条件下，不再对其法向分量进行限制，否则将导致方程无解.

一旦确定了电场之后，就可以利用方程

$$\frac{\partial \boldsymbol{B}}{\partial t} = -\nabla \times \boldsymbol{E}$$

和磁场的初始条件 $\boldsymbol{B}\big|_{t=0} = \boldsymbol{G}_0(\boldsymbol{r})$ 计算出磁场，其中 $\boldsymbol{G}_0(\boldsymbol{r})$ 为已知函数. 同样，初始磁场要满足条件 $\nabla \cdot \boldsymbol{B}\big|_{t=0} = 0$.

不过在如下讨论中，我们所关注的是电磁波在无界真空中的传播行为，无须电磁场的边界条件. 此外，如果电磁场随时间的变化是简谐振荡的，也无须电磁场的初始条件.

### 2. 平面单色电磁波

下面考虑电磁波在无界空间中的传播. 在一般情况下，电磁场是时间的非线性函数. 根据傅里叶积分变换，可以把任意时刻的电磁场按简谐波进行展开：

$$\boldsymbol{E}(\boldsymbol{r},t)=\int_{-\infty}^{\infty}\boldsymbol{E}(\boldsymbol{r},\omega)\,\mathrm{e}^{-\mathrm{i}\omega t}d\omega \tag{5.1-11}$$

$$\boldsymbol{B}(\boldsymbol{r},t)=\int_{-\infty}^{\infty}\boldsymbol{B}(\boldsymbol{r},\omega)\,\mathrm{e}^{-\mathrm{i}\omega t}d\omega \tag{5.1-12}$$

其中，$\omega$ 为圆频率；$\boldsymbol{E}(\boldsymbol{r},\omega)$ 和 $\boldsymbol{B}(\boldsymbol{r},\omega)$ 分别为电场和磁场的频谱函数，它们均为复变函数. 对于一些电磁波的发生器(如无线电发射器、微波发射器及激光器等)，发射出来的电磁波具有固定的圆频率 $\omega_0$，即单色简谐波. 在这种情况下，可以把电磁场的幅值表示为

$$\boldsymbol{E}(\boldsymbol{r},\omega)=\boldsymbol{E}(\boldsymbol{r})\delta(\omega-\omega_0) \tag{5.1-13}$$

$$\boldsymbol{B}(\boldsymbol{r},\omega)=\boldsymbol{B}(\boldsymbol{r})\delta(\omega-\omega_0) \tag{5.1-14}$$

对于单色电磁波，可以把波的电磁场表示为

$$\boldsymbol{E}(\boldsymbol{r},t)=\boldsymbol{E}(\boldsymbol{r})\mathrm{e}^{-\mathrm{i}\omega t} \tag{5.1-15}$$

$$\boldsymbol{B}(\boldsymbol{r},t)=\boldsymbol{B}(\boldsymbol{r})\mathrm{e}^{-\mathrm{i}\omega t} \tag{5.1-16}$$

为了书写方便，这里已用 $\omega$ 替换了 $\omega_0$. 式(5.1-15)和式(5.1-16)表示电磁场随时间的变化是简谐振荡的. 分别将式(5.1-15)和式(5.1-16)代入方程(5.1-5)和方程(5.1-7)，可以得到 $\boldsymbol{E}(\boldsymbol{r})$ 和 $\boldsymbol{B}(\boldsymbol{r})$ 满足的方程为

$$\nabla^2\boldsymbol{E}+k_0^2\boldsymbol{E}=0 \tag{5.1-17}$$

$$\nabla^2\boldsymbol{B}+k_0^2\boldsymbol{B}=0 \tag{5.1-18}$$

其中

$$k_0=\omega/c \tag{5.1-19}$$

是电磁波在真空中的波数，它与波长的关系是 $\lambda_0=2\pi/k_0$.

方程(5.1-17)及方程(5.1-18)为亥姆霍兹方程，其解的形式依赖于电磁波的激发方式和传播条件. 对于一个点激发源，如果在近处观察，激发出来的电磁波是一个球面波；反之，如果在远处观察，观察到的电磁波则可以近似为一个平面波，即波的传播方向与波面垂直. 下面我们就讨论这种最简单的平面电磁波.

在直角坐标系中，假设电磁波沿着 $z$ 方向传播，而且电场和磁场在垂直于 $z$ 的平面(波面)上各点的值相同，即电场和磁场与变量 $x$ 和 $y$ 无关. 这样可以将波电场的方程(5.1-17)化简为

$$\frac{\mathrm{d}^2\boldsymbol{E}}{\mathrm{d}z^2}+k_0^2\boldsymbol{E}=0 \tag{5.1-20}$$

其解为

$$\boldsymbol{E}(z,\omega)=\boldsymbol{E}_0\mathrm{e}^{\mathrm{i}k_0 z} \tag{5.1-21}$$

其中，$\boldsymbol{E}_0$ 为常矢量. 将式(5.1-21)与式(5.1-15)结合，有

$$\boldsymbol{E}(z,t)=\boldsymbol{E}_0\mathrm{e}^{\mathrm{i}(k_0 z-\omega t)} \tag{5.1-22}$$

类似地，可以得到磁场的表示式

$$\boldsymbol{B}(z,t)=\boldsymbol{B}_0\mathrm{e}^{\mathrm{i}(k_0 z-\omega t)} \tag{5.1-23}$$

其中，$\boldsymbol{B}_0$ 也为常矢量. 对于沿任意方向传播的平面电磁波，电场和磁场的形式为

$$\boldsymbol{E}(\boldsymbol{r},t)=\boldsymbol{E}_0\mathrm{e}^{\mathrm{i}(\boldsymbol{k}_0\cdot\boldsymbol{r}-\omega t)} \tag{5.1-24}$$

$$\boldsymbol{B}(\boldsymbol{r},t)=\boldsymbol{B}_0\mathrm{e}^{\mathrm{i}(\boldsymbol{k}_0\cdot\boldsymbol{r}-\omega t)} \tag{5.1-25}$$

其中，$\boldsymbol{k}_0$ 是波矢量或简称波矢.

3. 平面电磁波的特点

将式(5.1-24)代入方程 $\nabla\cdot\boldsymbol{E}=0$，并考虑到 $\boldsymbol{E}_0$ 为常矢量，有

$$\nabla\cdot(\boldsymbol{E}_0\mathrm{e}^{\mathrm{i}(\boldsymbol{k}_0\cdot\boldsymbol{r}-\omega t)})=\nabla(\mathrm{e}^{\mathrm{i}(\boldsymbol{k}_0\cdot\boldsymbol{r}-\omega t)})\cdot\boldsymbol{E}_0=\mathrm{i}\boldsymbol{k}_0\cdot\boldsymbol{E}_0\mathrm{e}^{\mathrm{i}(\boldsymbol{k}_0\cdot\boldsymbol{r}-\omega t)}=0$$

由此可以得到

$$\boldsymbol{k}_0\cdot\boldsymbol{E}_0=0 \tag{5.1-26}$$

这表明电场的偏振方向与波的传播方向垂直，即这是一种横波. 对于磁场，类似地可以得到

$$\boldsymbol{k}_0\cdot\boldsymbol{B}_0=0 \tag{5.1-27}$$

磁场的偏振方向也与波的传播方向垂直. 因此可以说，在真空中传播的平面电磁波是一种横波.

分别将式(5.1-24)和式(5.1-25)代入方程(5.1-1)，有

$$\nabla\times[\boldsymbol{E}_0\mathrm{e}^{\mathrm{i}(\boldsymbol{k}_0\cdot\boldsymbol{r}-\omega t)}]=\mathrm{i}\omega\boldsymbol{B}_0\mathrm{e}^{\mathrm{i}(\boldsymbol{k}_0\cdot\boldsymbol{r}-\omega t)}$$

再利用

$$\nabla\times[\boldsymbol{E}_0\mathrm{e}^{\mathrm{i}(\boldsymbol{k}_0\cdot\boldsymbol{r}-\omega t)}]=\nabla[\mathrm{e}^{\mathrm{i}(\boldsymbol{k}_0\cdot\boldsymbol{r}-\omega t)}]\times\boldsymbol{E}_0=\mathrm{i}\boldsymbol{k}_0\times\boldsymbol{E}_0\mathrm{e}^{\mathrm{i}(\boldsymbol{k}_0\cdot\boldsymbol{r}-\omega t)}$$

进而可以得到

$$\boldsymbol{B}_0=\frac{1}{\omega}\boldsymbol{k}_0\times\boldsymbol{E}_0 \tag{5.1-28}$$

以上结果表明，对于真空中传播的平面电磁波，电场 $\boldsymbol{E}_0$、磁场 $\boldsymbol{B}_0$ 以及波矢 $\boldsymbol{k}_0$ 三者相互垂直，形成右手螺旋关系. 由式(5.1-28)，还可以得到电场的幅值与磁场的幅值之比为 $c$，即

$$E_0=cB_0 \text{ 或 } E=cB \tag{5.1-29}$$

4. 平面电磁波的偏振

由于真空中传播的平面电磁波是一种横波，因此可以选取与波矢 $\boldsymbol{k}_0$ 垂直的任意

两个正交的方向作为电场 $\boldsymbol{E}$ 的两个独立的偏振方向. 也就是说，对于这种平面电磁波，波电场仅有两个独立的偏振方向. 下面进一步分析电场的偏振行为.

为简单起见，这里仍假定电磁波沿着 $z$ 传播，则电场的偏振方向在 $x$-$y$ 平面上，且电场由式(5.1-22)给出. 由于 $\boldsymbol{E}_0$ 是一个矢量，可以把它表示为

$$\boldsymbol{E}_0 = E_{0x}\boldsymbol{e}_x + E_{0y}\mathrm{e}^{\mathrm{i}\alpha}\boldsymbol{e}_y \tag{5.1-30}$$

其中，$E_{0x}$ 和 $E_{0y}$ 是非负的实数；$\alpha$ 为实数. 将式(5.1-30)代入式(5.1-22)，可以把电场表示为

$$\boldsymbol{E}(z,t) = (E_{0x}\boldsymbol{e}_x + E_{0y}\mathrm{e}^{\mathrm{i}\alpha}\boldsymbol{e}_y)\mathrm{e}^{\mathrm{i}(k_0 z-\omega t)} \tag{5.1-31}$$

下面将看到，电场的偏振行为与 $\alpha$ 的取值有关.

1) 线偏振

当 $\alpha$ 是 π 的整数倍时，根据式(5.1-31)，有

$$\boldsymbol{E} = (E_{0x}\boldsymbol{e}_x \pm E_{0y}\boldsymbol{e}_y)\mathrm{e}^{\mathrm{i}(k_0 z-\omega t)} \tag{5.1-32}$$

这时 $\boldsymbol{E}_0 = E_{0x}\boldsymbol{e}_x \pm E_{0y}\boldsymbol{e}_y$ 为实数矢量，表明电场为线偏振.

2) 圆偏振

当 $\alpha$ 为 $\pi/2$ 的奇数倍，且 $E_{0x} = E_{0y}=E_0$ 时，有

$$\boldsymbol{E} = (\boldsymbol{e}_x \pm \mathrm{i}\boldsymbol{e}_y)E_0\mathrm{e}^{\mathrm{i}(k_0 z-\omega t)} \tag{5.1-33}$$

这时 $\boldsymbol{E}_0 = (\boldsymbol{e}_x \pm \mathrm{i}\boldsymbol{e}_y)E_0$ 为复数矢量，且作圆偏振

$$|E_x|^2 + |E_y|^2 = E_0^2 \tag{5.1-34}$$

当 $\boldsymbol{E}_0 = (\boldsymbol{e}_x - \mathrm{i}\boldsymbol{e}_y)E_0$ 时，电场作右旋偏振，即电场的矢量端沿顺时针方向偏转，见图 5-1(a)；当 $\boldsymbol{E}_0 = (\boldsymbol{e}_x + \mathrm{i}\boldsymbol{e}_y)E_0$ 时，电场作左旋偏振，即电场的矢量端沿逆时针方向偏转，见图 5-1(b).

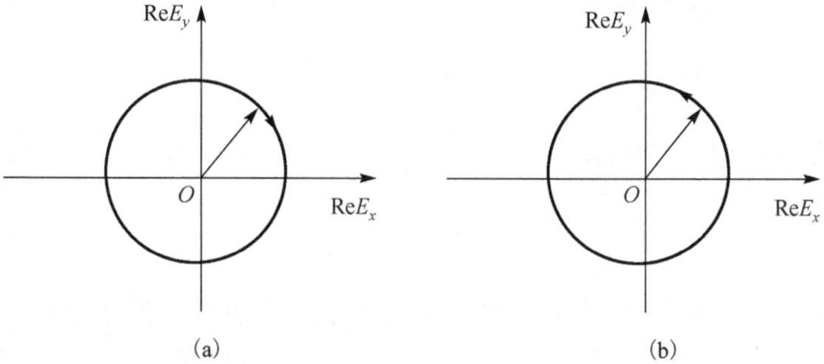


图 5-1

3) 椭圆偏振

当$\alpha$为$\pi/2$的奇数倍，但$E_{0x} \neq E_{0y}$时，有

$$\boldsymbol{E} = (E_{0x}\boldsymbol{e}_x \pm \mathrm{i}E_{0y}\boldsymbol{e}_y)\mathrm{e}^{\mathrm{i}(k_0 z - \omega t)} \tag{5.1-35}$$

这时$\boldsymbol{E}_0 = E_{0x}\boldsymbol{e}_x \pm \mathrm{i}E_{0y}\boldsymbol{e}_y$为复数矢量，但为椭圆偏振

$$\frac{\left|\mathrm{Re}\,E_x\right|^2}{E_{0x}^2} + \frac{\left|\mathrm{Re}\,E_y\right|^2}{E_{0y}^2} = 1 \tag{5.1-36}$$

见图 5-2.

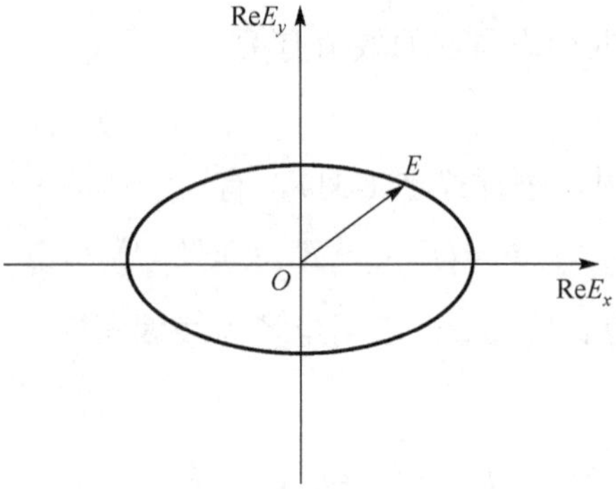


图 5-2

4) 任意偏振

由式(5.1-31)可以看出，在任意偏振情况，电场的$x$分量与$y$分量相互独立，分别表示两个线偏振波. 也就是说，对于任意偏振的波，都可以看成由两个独立的线偏振波合成的.

5. 平面电磁波的能量密度和能流密度

根据 4.4 节的讨论，电磁场在真空中的能量密度为

$$w = \frac{\varepsilon_0}{2}E^2 + \frac{1}{2\mu_0}B^2 \tag{5.1-37}$$

对于平面电磁波，由于$E = cB$，则有

$$w = \varepsilon_0 E^2 = \frac{1}{\mu_0}B^2 \tag{5.1-38}$$

即对于平面电磁波，电场的能量密度等于磁场的能量密度. 但注意到，对于平面电磁波，电磁场是用复数形式表示的. 因此，在计算平面波的电磁场能量密度时，必须代入电场或磁场的实部. 根据式(5.1-31)，可以得到

$$w=\varepsilon_0[E_{0x}^2\cos^2(k_0z-\omega t)+E_{0y}^2\cos^2(k_0z-\omega t+\alpha)\,] \tag{5.1-39}$$

将上式在一个周期$T=2\pi/\omega$内进行平均，可以得到平面电磁波的平均能量密度为

$$\overline{w}=\frac{1}{2}\varepsilon_0(E_{0x}^2+E_{0y}^2) \tag{5.1-40}$$

根据式$\boldsymbol{B}=\dfrac{1}{\omega}\boldsymbol{k}_0\times\boldsymbol{E}$，可以把真空中的平面电磁波的能流密度表示为

$$\begin{aligned}\boldsymbol{S}&=\frac{1}{\mu_0}\boldsymbol{E}\times\boldsymbol{B}=\frac{1}{\omega\mu_0}\boldsymbol{E}\times\left(\boldsymbol{k}_0\times\boldsymbol{E}\right)\\&=\frac{k_0}{\omega\mu_0}E^2\boldsymbol{e}_k=wc\boldsymbol{e}_k\end{aligned} \tag{5.1-41}$$

其中，$\boldsymbol{e}_k$是沿着波的传播方向上的单位矢量. 可见，对于平面电磁波，其能流密度的大小等于其平均能量密度与光速的乘积，并沿着波的传播方向. 考虑到能流密度应为实数物理量，将电场的实部代入计算，并在一个周期内对时间进行平均，可以得到

$$\overline{\boldsymbol{S}}=\frac{\varepsilon_0}{2}\left(E_{0x}^2+E_{0y}^2\right)c\boldsymbol{e}_k \tag{5.1-42}$$

这样，借助于复数形式的电场和磁场的表示式，可以把电磁波的平均能量密度和平均能流密度矢量分别表示为

$$\overline{w}=\frac{1}{2}\varepsilon_0(\boldsymbol{E}\cdot\boldsymbol{E}^*) \tag{5.1-43}$$

$$\overline{\boldsymbol{S}}=\frac{1}{2}\mathrm{Re}(\boldsymbol{E}^*\times\boldsymbol{H}) \tag{5.1-44}$$

其中，$\boldsymbol{E}^*$是$\boldsymbol{E}$的复共轭.

6. 平面电磁波的动量流密度

根据式(4.5-12)，电磁场的动量流密度为

$$\overleftrightarrow{\boldsymbol{T}}=\varepsilon_0\left(\frac{1}{2}E^2\overleftrightarrow{\boldsymbol{I}}-\boldsymbol{EE}\right)+\frac{1}{\mu_0}\left(\frac{1}{2}B^2\overleftrightarrow{\boldsymbol{I}}-\boldsymbol{BB}\right) \tag{5.1-45}$$

分别取电场$\boldsymbol{E}$、磁场$\boldsymbol{B}$及波矢$\boldsymbol{k}$的单位矢量为$\boldsymbol{e}_E$，$\boldsymbol{e}_B$及$\boldsymbol{e}_k$. 对于真空中的平面电磁波，这些单位矢量是相互正交的. 借助于这些单位矢量，有

$$\overleftrightarrow{\boldsymbol{I}}=\boldsymbol{e}_E\boldsymbol{e}_E+\boldsymbol{e}_B\boldsymbol{e}_B+\boldsymbol{e}_k\boldsymbol{e}_k$$

$$\boldsymbol{EE}=E^2\boldsymbol{e}_E\boldsymbol{e}_E$$

$$\boldsymbol{BB} = B^2 \boldsymbol{e}_B \boldsymbol{e}_B$$

可以把式(5.1-45)改写为

$$\overleftrightarrow{\boldsymbol{T}} = \left(\frac{\varepsilon_0}{2} E^2 + \frac{1}{2\mu_0} B^2\right)(\boldsymbol{e}_E \boldsymbol{e}_E + \boldsymbol{e}_B \boldsymbol{e}_B + \boldsymbol{e}_k \boldsymbol{e}_k) - \left(\varepsilon_0 E^2 \boldsymbol{e}_E \boldsymbol{e}_E + \frac{1}{\mu_0} B^2 \boldsymbol{e}_B \boldsymbol{e}_B\right)$$

对于真空中传播的平面电磁波，有 $\varepsilon_0 E^2 = \dfrac{1}{\mu_0} B^2$，可以进一步得到

$$\overleftrightarrow{\boldsymbol{T}} = \varepsilon_0 E^2 \boldsymbol{e}_k \boldsymbol{e}_k \tag{5.1-46}$$

取电场的实部代入上式，并在一个周期内对其进行平均，可以把平面电磁波的平均动量流密度写为

$$\overline{\overleftrightarrow{\boldsymbol{T}}} = \overline{w} \boldsymbol{e}_k \boldsymbol{e}_k \tag{5.1-47}$$

由以上结果，可以把真空中传播的单色平面电磁波的特性概括为：

(1) 电磁波在真空中以光速 $c$ 传播；

(2) 电磁波为横波，波的电场、磁场与波的传播方向三者互为垂直；

(3) 电场的幅值与磁场的幅值之比为光速；

(4) 电场或磁场有两个独立的偏振方向；

(5) 电场的能量密度等于磁场的能量密度，且电磁场能流密度矢量沿着波的传播方向.

## 5.2　电磁波在绝缘介质表面上的反射和折射

下面首先讨论平面单色电磁波在均匀绝缘介质中的传播行为，其中介质的介电常数和磁导率分别为 $\varepsilon$ 和 $\mu$. 由于是绝缘介质，没有自由电荷密度 $\rho$ 和传导电流密度 $\boldsymbol{J}$ 存在，因此电磁场方程满足的麦克斯韦方程组为

$$\begin{cases} \nabla \times \boldsymbol{E} = -\dfrac{\partial \boldsymbol{B}}{\partial t} \\ \nabla \times \boldsymbol{B} = \varepsilon\mu \dfrac{\partial \boldsymbol{E}}{\partial t} \\ \nabla \cdot \boldsymbol{B} = 0 \\ \nabla \cdot \boldsymbol{E} = 0 \end{cases} \tag{5.2-1}$$

与真空中的电磁场方程相比，对于绝缘介质，仅有的差别是用 $\varepsilon\mu$ 取代了 $\varepsilon_0\mu_0$. 因此，可以直接借用 5.1 节得到的结果. 如对于单色简谐波，电场和磁场满足的波动方程为

$$\nabla^2 \boldsymbol{E} + k^2 \boldsymbol{E} = 0 \tag{5.2-2}$$

$$\nabla^2 \boldsymbol{B} + k^2 \boldsymbol{B} = 0 \tag{5.2-3}$$

其中

$$k = \omega\sqrt{\varepsilon\mu} = \omega / v_\phi \tag{5.2-4}$$

$k$ 为电磁波在介质中的波数；

$$v_\phi = c / \sqrt{\varepsilon_r \mu_r} \tag{5.2-5}$$

$v_\phi$ 为电磁波在介质中的相速度. $\varepsilon_r$ 和 $\mu_r$ 是介质的相对介电常数和相对磁导率. 在一般情况下，由于 $\varepsilon_r > 1$ 及 $\mu_r \geqslant 1$，因此电磁波在绝缘介质中传播时，其相速度 $v_\phi$ 小于在真空中传播的相速度，即小于光速 $c$.

显然，对于平面电磁波，方程(5.2-2)及方程(5.2-3)的解为

$$\boldsymbol{E}(\boldsymbol{r},t) = \boldsymbol{E}_0 \mathrm{e}^{\mathrm{i}(\boldsymbol{k}\cdot\boldsymbol{r}-\omega t)}, \quad \boldsymbol{B}(\boldsymbol{r},t) = \boldsymbol{B}_0 \mathrm{e}^{\mathrm{i}(\boldsymbol{k}\cdot\boldsymbol{r}-\omega t)} \tag{5.2-6}$$

根据麦克斯韦方程组(5.2-1)，可以得到如下关系式：

$$\boldsymbol{k}\cdot\boldsymbol{E}_0 = 0\,, \quad \boldsymbol{k}\cdot\boldsymbol{B}_0 = 0\,, \quad \boldsymbol{B}_0 = \frac{1}{\omega}\boldsymbol{k}\times\boldsymbol{E}_0\,, \quad E = v_\phi B \tag{5.2-7}$$

可见，对于在绝缘介质中传播的平面电磁波，其性质与真空中传播的平面电磁波的性质类似，即电磁波为一横波，且波的电场、磁场与波的传播方向三者互为垂直，但波的相速度小于光速. 此外，还可以得到绝缘介质中平面电磁波的平均能量密度、平均能流密度及平均动量流密度分别为

$$\overline{w} = \frac{1}{2}\varepsilon(\boldsymbol{E}^* \cdot \boldsymbol{E}) \tag{5.2-8}$$

$$\overline{\boldsymbol{S}} = \frac{1}{2}\mathrm{Re}(\boldsymbol{E}^* \times \boldsymbol{H}) \tag{5.2-9}$$

$$\overline{\overline{\boldsymbol{T}}} = \overline{w}\boldsymbol{e}_k\boldsymbol{e}_k \tag{5.2-10}$$

接下来，我们将重点讨论平面单色电磁波在两种不同介质交界面上的反射和折射行为，并推导出反射定律、折射定律以及菲涅耳公式，阐述全反射现象.

### 1. 反射定律和折射定律

考虑两种各向同性、线性的均匀介质 1 和介质 2，其介电常数和磁导率分别为 $\varepsilon_1, \mu_1$ 和 $\varepsilon_2, \mu_2$. 选取直角坐标系，两种介质的交界面位于 $z = 0$ 的平面，介质 1 和介质 2 分别位于 $z < 0$ 和 $z > 0$ 的半空间中，见图 5-3. 一平面电磁波从介质 1 射向介质 2，取入射面为 $y = 0$ 的平面,即 $xz$ 平面. 入射角、反射角及折射角分别为 $\theta$, $\theta'$ 及 $\theta''$.

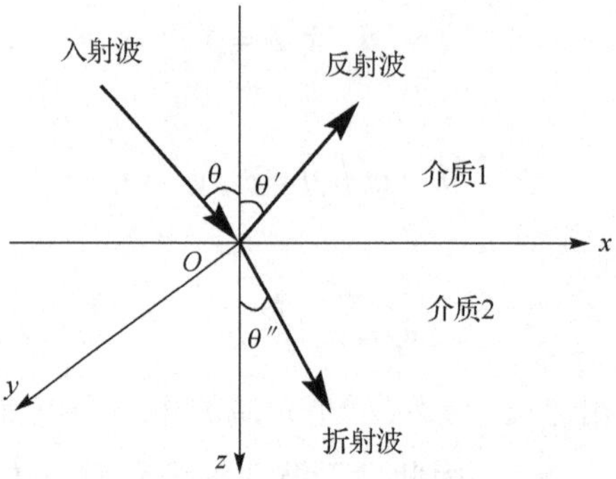


图 5-3

如果入射的电磁波为单色平面波，根据光学实验可知，反射和折射的电磁波也是单色平面波. 设入射波、反射波和折射波的电场分别为 $\boldsymbol{E}$, $\boldsymbol{E}'$及$\boldsymbol{E}''$：

$$\begin{cases} \boldsymbol{E} = \boldsymbol{E}_0 \mathrm{e}^{\mathrm{i}(\boldsymbol{k}\cdot\boldsymbol{r}-\omega t)} \\ \boldsymbol{E}' = \boldsymbol{E}_0' \mathrm{e}^{\mathrm{i}(\boldsymbol{k}'\cdot\boldsymbol{r}-\omega' t)} \\ \boldsymbol{E}'' = \boldsymbol{E}_0'' \mathrm{e}^{\mathrm{i}(\boldsymbol{k}''\cdot\boldsymbol{r}-\omega'' t)} \end{cases} \tag{5.2-11}$$

其中，$\boldsymbol{k}$, $\boldsymbol{k}'$ 及$\boldsymbol{k}''$ 分别为对应的波矢量；$\omega$, $\omega'$及$\omega''$ 分别为对应的圆频率. 对于电磁波的磁场，也有类似的表示式.

由于上下两种介质的性质不同，因此入射波的相速度 $v_\phi$ 和折射波的相速度 $v_\phi''$ 也不同，它们分别为

$$v_\phi = 1/\sqrt{\varepsilon_1\mu_1}\text{，}\quad v_\phi'' = 1/\sqrt{\varepsilon_2\mu_2} \tag{5.2-12}$$

另外，由于入射波和反射波在同一空间，所以反射波的相速度 $v_\phi'$ 等于入射波的相速度 $v_\phi$，即

$$v_\phi' = v_\phi = 1/\sqrt{\varepsilon_1\mu_1} \tag{5.2-13}$$

借助于这些相速度，可以把入射波、反射波和折射波的波数分别表示为

$$k = \omega / v_\phi\text{，}\quad k' = \omega' / v_\phi\text{，}\quad k'' = \omega'' / v_\phi'' \tag{5.2-14}$$

此外，还可以定义介质 2 相对介质 1 的折射率为

$$n_{21} = \frac{v_\phi}{v_\phi''} = \frac{\sqrt{\varepsilon_2\mu_2}}{\sqrt{\varepsilon_1\mu_1}} \tag{5.2-15}$$

在一般的情况下，介质的磁导率接近于真空中的磁导率(铁磁介质除外)，因此相对折射率主要取决于两种介质的介电常数的比值.

下面进一步确定入射波、反射波和折射波的频率和波数之间的关系. 由于所考

虑的介质是绝缘的，在介质的交界面上没有自由电荷密度和电流密度，因此有如下电磁场的边值关系：

$$\begin{cases} \boldsymbol{e}_n \times (\boldsymbol{E}_2 - \boldsymbol{E}_1) = 0 \\ \boldsymbol{e}_n \times (\boldsymbol{H}_2 - \boldsymbol{H}_1) = 0 \end{cases} \tag{5.2-16}$$

将式(5.2-11)代入上面的第一个关系式，可以得到

$$\boldsymbol{e}_n \times (\boldsymbol{E}_0 \mathrm{e}^{\mathrm{i}(\boldsymbol{k}\cdot\boldsymbol{r}-\omega t)} + \boldsymbol{E}'_0 \mathrm{e}^{\mathrm{i}(\boldsymbol{k}'\cdot\boldsymbol{r}-\omega' t)})\big|_{z=0} = \boldsymbol{e}_n \times \boldsymbol{E}''_0 \mathrm{e}^{\mathrm{i}(\boldsymbol{k}''\cdot\boldsymbol{r}-\omega'' t)}\big|_{z=0}$$

对于任意的位置 $\boldsymbol{r}$ 和任意的时间 $t$，要使得上式成立，首先三个指数因子应相等，即

$$(\boldsymbol{k}\cdot\boldsymbol{r}-\omega t)\big|_{z=0} = (\boldsymbol{k}'\cdot\boldsymbol{r}-\omega' t)\big|_{z=0} = (\boldsymbol{k}''\cdot\boldsymbol{r}-\omega'' t)\big|_{z=0}$$

由于 $\boldsymbol{r}$ 和 $t$ 是相互独立的，则有

$$\omega t = \omega' t = \omega'' t \tag{5.2-17}$$

$$k_x x + k_y y = k'_x x + k'_y y = k''_x x + k''_y y \tag{5.2-18}$$

对于任意的时间 $t$，由式(5.2-17)给出

$$\omega = \omega' = \omega'' \tag{5.2-19}$$

即入射波、反射波和折射波的频率相同.

对于任意的空间变量 $x$ 和 $y$，根据式(5.2-18)，可以得到

$$k_x = k'_x = k''_x,\quad k_y = k'_y = k''_y \tag{5.2-20}$$

由于入射波位于 $xz$ 平面，有 $k_y=0$，由上式可知 $k'_y$ 和 $k''_y$ 也等于零. 因此，入射波、折射波和反射波都在同一个平面上. 根据图 5-3，有

$$k_x = k\sin\theta,\ k'_x = k'\sin\theta',\ k''_x = k''\sin\theta''$$

代入式(5.2-20)，可以得到

$$k\sin\theta = k'\sin\theta' = k''\sin\theta'' \tag{5.2-21}$$

另外，根据式 (5.2-4)和式(5.2-14)，有

$$k = k' = \omega / v_\phi,\quad k'' = \omega / v''_\phi \tag{5.2-22}$$

把式(5.2-22)代入式(5.2-21)，可以得到

$$\theta = \theta' \tag{5.2-23}$$

$$\frac{\sin\theta}{\sin\theta''} = \frac{k''}{k} = \frac{v_\phi}{v''_\phi} = \frac{\sqrt{\varepsilon_2\mu_2}}{\sqrt{\varepsilon_1\mu_1}} = n_{21} \tag{5.2-24}$$

式(5.2-23)和式(5.2-24)就是熟知的反射定律和折射定律.

2. 菲涅耳公式

现在利用电磁场的边值关系(5.2-16)来确定入射波、反射波和折射波之间的振幅关系. 我们知道，对于在真空和介质中传播的平面电磁波，只有两个独立的偏振方向. 因此在如下讨论中，分别考虑波电场垂直和平行于入射面的两种情况.

1) 电场垂直于入射面

在这种情形下，可以假定波的电场沿着 $y$ 轴的负方向，而磁场位于入射面，见图 5-4. 根据边值关系(5.2-16)，可以得到

$$\begin{cases} E_0 + E_0' = E_0'' \\ H_0\cos\theta - H_0'\cos\theta = H_0''\cos\theta'' \end{cases} \tag{5.2-25}$$

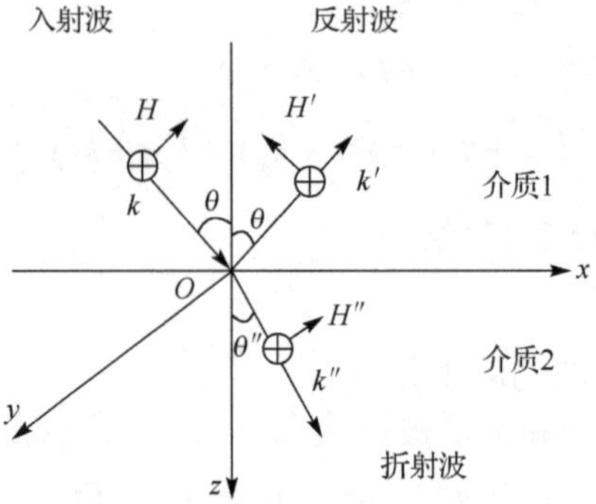


图 5-4

对于非铁磁介质，根据式(5.2-7)，有

$$H_0 = \sqrt{\frac{\varepsilon}{\mu}}E_0 \approx \sqrt{\frac{\varepsilon}{\mu_0}}E_0 \tag{5.2-26}$$

将式(5.2-26)代入式(5.2-25)，由此可以得到

$$\frac{E_0'}{E_0} = \frac{\cos\theta - \sqrt{\varepsilon_2/\varepsilon_1}\cos\theta''}{\cos\theta + \sqrt{\varepsilon_2/\varepsilon_1}\cos\theta''} \tag{5.2-27}$$

$$\frac{E_0''}{E_0} = \frac{2\cos\theta}{\cos\theta + \sqrt{\varepsilon_2/\varepsilon_1}\cos\theta''} \tag{5.2-28}$$

再根据折射定律(5.2-24)，最后可以得到如下菲涅耳公式：

$$\frac{E_0'}{E_0} = -\frac{\sin(\theta - \theta'')}{\sin(\theta + \theta'')} \tag{5.2-29}$$

$$\frac{E_0''}{E_0}=\frac{2\cos\theta\sin\theta''}{\sin\left(\theta+\theta''\right)} \tag{5.2-30}$$

由此可见：当 $\varepsilon_2>\varepsilon_1$ 时，有 $\theta>\theta''$，$E_0'/E_0$ 为负. 这表明反射波的电场与入射波的电场反向，即相位差为 $\pi$. 称这种现象为反射过程中的**半波损失**.

2) 电场平行于入射面

在这种情况下，可以选取磁场垂直于入射面，即沿着 $y$ 轴负方向，而电场位于入射面，但与入射方向垂直，见图 5-5. 根据边值关系式(5.2-16)，可以得到

$$\begin{cases} E_0\cos\theta-E_0'\cos\theta=E_0''\cos\theta'' \\ H_0+H_0'=H_0'' \end{cases} \tag{5.2-31}$$

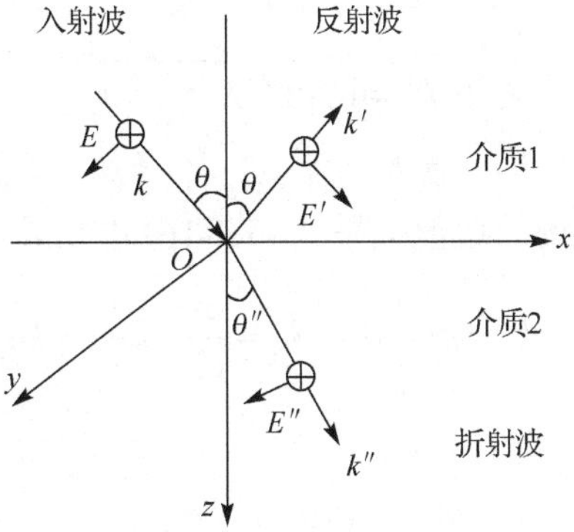


图 5-5

利用式 $H_0=\sqrt{\varepsilon/\mu_0}E_0$ 及折射定律，可以得到如下菲涅耳定律：

$$\frac{E_0'}{E_0}=\frac{\tan(\theta-\theta'')}{\tan(\theta+\theta'')} \tag{5.2-32}$$

$$\frac{E_0''}{E_0}=\frac{2\cos\theta\sin\theta''}{\sin(\theta+\theta'')\cos(\theta-\theta'')} \tag{5.2-33}$$

由式(5.2-32)可以看出，在波电场平行于入射面的情况下，如果 $\theta+\theta''=\pi/2$，反射波的电场 $E_0'$ 为零. 这表明，对于一个自然光入射到界面上，如果入射角与折射角之和为 90°，则反射波的电场不包含平行于入射面的分量，而变成垂直于入射面偏振的完全偏振光. 这就是光学中的布儒斯特(Brewster)定律.

3. 全反射

当光从光密介质射向光疏介质的分界面时，即 $\varepsilon_1>\varepsilon_2$，根据折射定律，则有

$$\frac{\sin\theta}{\sin\theta''}=\frac{\sqrt{\varepsilon_2\mu_2}}{\sqrt{\varepsilon_1\mu_1}}=\frac{\sqrt{\varepsilon_2}}{\sqrt{\varepsilon_1}}=n_{21}<1 \tag{5.2-34}$$

由此可以得出，$\theta''>\theta$. 如果入射角增到某一临界角$\theta_{\mathrm{c}}$，使得折射角为$\theta''=\dfrac{\pi}{2}$，这时折射光沿着界面掠射，有

$$\sin\theta_{\mathrm{c}}=\frac{\sqrt{\varepsilon_2}}{\sqrt{\varepsilon_1}}=n_{21}<1 \tag{5.2-35}$$

如果继续增大入射角$(\theta>\theta_{\mathrm{c}})$，使得$\sin\theta>n_{21}$，则有

$$\sin\theta''=\frac{\sin\theta}{n_{21}}>1 \tag{5.2-36}$$

$$\cos\theta''=\mathrm{i}\sqrt{\sin^2\theta/n_{21}^2-1} \tag{5.2-37}$$

显然，这时折射角$\theta''$不再是一个实数，而是一个虚数. 这时波在界面上发生全反射.

在$\sin\theta>n_{21}$时，电磁场的边值关系式(5.2-16)仍然成立，即仍有

$$k''_x=k_x=k\sin\theta\text{，}\quad k''=\frac{\omega}{v''_\phi}=k\frac{v_\phi}{v''_\phi}=kn_{21}$$

由此可以得到

$$k''_z=\sqrt{k''^2-k''^2_x}=\mathrm{i}\kappa \tag{5.2-38}$$

其中

$$\kappa=k\sqrt{\sin^2\theta-n_{21}^2} \tag{5.2-39}$$

$\kappa$是大于零的实数. 这时可以把折射波的电场表示为

$$\boldsymbol{E}''=\boldsymbol{E}''_0\mathrm{e}^{\mathrm{i}(k''_xx+k''_zz-\omega t)}=\boldsymbol{E}''_0\mathrm{e}^{-\kappa z}\mathrm{e}^{\mathrm{i}(k''_xx-\omega t)} \tag{5.2-40}$$

可见，由于因子$\mathrm{e}^{-\kappa z}$的出现，随着$z(>0)$的增加，折射波迅速衰减，变成只能在界面附近传播的表面波，传播的深度约为

$$d=\kappa^{-1}=\frac{1}{k\sqrt{\sin^2\theta-n_{21}^2}} \tag{5.2-41}$$

传播深度$d$与入射波的波长$\lambda=2\pi/k$、入射角$\theta$及相对折射率$n_{21}$有关：$d$随$\lambda$和$n_{21}$的增大而增大，随$\theta$的增大而减小.

下面进一步分析在全反射情况下介质 2 中折射波的能流密度. 考虑电场垂直入射面的情况，即

$$\boldsymbol{E}''=E''_0\mathrm{e}^{-\kappa z}\mathrm{e}^{i(k''_xx-\omega t)}\boldsymbol{e}_y \tag{5.2-42}$$

由

$$\boldsymbol{H}''=\frac{1}{\mu_2\omega}\boldsymbol{k}''\times\boldsymbol{E}''=\frac{1}{\mu_2\omega}(k_x''\boldsymbol{e}_x+k_z''\boldsymbol{e}_z)\times\boldsymbol{E}''$$

可以得到磁场强度的两个分量分别为

$$H_x''=-\frac{k_z''}{\mu_2\omega}E_0''\mathrm{e}^{-\kappa z}\mathrm{e}^{\mathrm{i}(k_x''x-\omega t)}\boldsymbol{e}_x \tag{5.2-43}$$

$$H_z''=\frac{k_x''}{\mu_2\omega}E_0''\mathrm{e}^{-\kappa z}\mathrm{e}^{\mathrm{i}(k_x''x-\omega t)}\boldsymbol{e}_z \tag{5.2-44}$$

由此可以得到折射波的平均能流密度矢量的两个分量为

$$S_x''=\frac{1}{2}\mathrm{Re}(E_y''^{*}H_z'')=\frac{1}{2}\sqrt{\frac{\varepsilon_2}{\mu_2}}\left|E_0''\right|^2\mathrm{e}^{-2\kappa z}\frac{\sin\theta}{n_{21}} \tag{5.2-45}$$

$$S_z''=-\frac{1}{2}\mathrm{Re}(E_y''^{*}H_x'')=\frac{1}{2\mu_2\omega}\mathrm{Re}(k_z'')\left|E_0''\right|^2\mathrm{e}^{-2\kappa z}=0 \tag{5.2-46}$$

因为在全反射的情况下，$k_z''$ 为一个纯虚数，见式(5.2-38)，导致了 $S_z''$ 为零. 由此可见，在全反射的情况下，折射波的平均能流密度矢量只有 $x$ 分量，沿着 $z$ 轴透入介质 2 的平均能流密度为零. 也就是说，在这种情况下折射波的平均能流是仅沿着界面流动.

下面再看一下在全反射情况下反射波电场的特性. 对于电场垂直于入射面的情况，根据式(5.2-27)及式(5.2-37)，有

$$\frac{E'}{E}=\frac{\cos\theta-\mathrm{i}\sqrt{\sin^2\theta-n_{21}^2}}{\cos\theta+\mathrm{i}\sqrt{\sin^2\theta-n_{21}^2}}=\mathrm{e}^{-\mathrm{i}2\phi} \tag{5.2-47}$$

其中

$$\tan\phi=\frac{\sqrt{\sin^2\theta-n_{21}^2}}{\cos\theta} \tag{5.2-48}$$

式(5.2-47)表明，在全反射的情况下，反射波的电场幅值与入射波的电场幅值相等，但有 $2\phi$ 的相位差. 对于电场平行于入射面的情况，也可以得到类似的结果.

由于反射波的电场幅值等于入射波的电场幅值，因此反射波的平均能流密度与入射波的平均能流密度也应该相等，也就是说，入射电磁波的能量完全被反射出去了. 人们正是利用电磁波的全反射现象，实现了光波信号在光纤中无损耗的传输.

#### 4. 反射系数和透射系数

根据前面得到的结果，可以进一步得到电磁波在界面上的反射系数 $R$ 和透射系

数$T$. 定义入射电磁波的强度$I=|\overline{\boldsymbol{S}}\cdot\boldsymbol{e}_z|$，为单位面积上入射到界面上的功率. 根据式(5.2-9)，有

$$I=\frac{\varepsilon_1E_0^2}{2}v_\phi\cos\theta \tag{5.2-49}$$

类似地，可以引入反射电磁波的强度$I'$及透射电磁波的强度$I''$分别为

$$I'=\frac{\varepsilon_1E_0'^2}{2}v_\phi'\cos\theta'=\frac{\varepsilon_1E_0'^2}{2}v_\phi\cos\theta \tag{5.2-50}$$

$$I''=\frac{\varepsilon_2E_0''^2}{2}v_\phi''\cos\theta'' \tag{5.2-51}$$

由此可以得到电磁波在界面上的反射系数和透射系数分别为

$$R=\frac{I'}{I}=\left(\frac{E_0'}{E_0}\right)^2 \tag{5.2-52}$$

$$T=\frac{I''}{I}=\left(\frac{E_0''}{E_0}\right)^2\frac{\cos\theta''}{\cos\theta}\frac{\varepsilon_2v_{\phi''}}{\varepsilon_1v_\phi}=\left(\frac{E_0''}{E_0}\right)^2\frac{\cos\theta''}{\cos\theta}\sqrt{\frac{\varepsilon_2}{\varepsilon_1}} \tag{5.2-53}$$

对于电场垂直于入射面，根据式(5.2-27)及式(5.2-28)，有

$$R=\frac{I'}{I}=\left(\frac{\alpha-\beta}{\alpha+\beta}\right)^2 \tag{5.2-54}$$

$$T=\alpha\beta\left(\frac{2}{\alpha+\beta}\right)^2 \tag{5.2-55}$$

其中

$$\alpha=\frac{\cos\theta}{\cos\theta''},\quad \beta=\sqrt{\frac{\varepsilon_2}{\varepsilon_1}} \tag{5.2-56}$$

由式(5.2-54)及式(5.2-55)，可以得到

$$R+T=1 \tag{5.2-57}$$

该式正是电磁波能量守恒的数学表述，即单位面积上入射电磁波的功率等于反射电磁波的功率与透射(折射)电磁波的功率之和. 对于电场平行于入射面的情况，也可以得到类似的结果.

## 5.3　介质对电磁波的色散

前面我们在讨论电磁波在介质中传播及在界面上反射和折射时，假定了介电常

数和磁导率与电磁波的频率无关. 实际上，只有在低频情况下，才可以认为介质的折射率与电磁波的频率无关. 对于非铁磁介质，磁导率基本上不受电磁波频率的影响，近似地等于真空中的磁导率，即 $\mu \approx \mu_0$. 本节将采用经典谐振子模型来计算绝缘介质的介电常数，并在此基础上讨论介质对电磁波的色散.

设介质是由大量的分子构成的，并把分子上的束缚电子视为一个经典谐振子，且以固有频率 $\omega_0$ 绕原子核运动. 在入射电磁波电场 $\boldsymbol{E} = \boldsymbol{E}_0 \mathrm{e}^{-\mathrm{i}\omega t}$ 的作用下，束缚电子的运动方程为

$$m_{\mathrm{e}}(\ddot{\varsigma} + \omega_0^2 \varsigma + \gamma \dot{\varsigma}) = -e\boldsymbol{E}_0 \mathrm{e}^{-\mathrm{i}\omega t} \tag{5.3-1}$$

其中，$\varsigma$ 为束缚电子的位移；$\ddot{\varsigma}$ 和 $\dot{\varsigma}$ 分别为位移对时间变量 $t$ 的二阶导数和一阶导数；$\gamma$ 为一个唯象阻尼系数，我们将在第 8 章对其物理意义进行讨论. 解此方程，可以得到束缚电子的位移为

$$\varsigma = -\frac{e\boldsymbol{E}_0}{m_{\mathrm{e}}(\omega_0^2 - \omega^2 - \mathrm{i}\omega\gamma)} \mathrm{e}^{-\mathrm{i}\omega t} \tag{5.3-2}$$

可以把每一个作强迫振动的束缚电子当成一个电偶极子，其极矩为 $\boldsymbol{p} = -e\varsigma$. 设介质中单位体积内有 $N$ 个束缚电子，由此可以得到介质的极化强度为

$$\boldsymbol{P} = N\boldsymbol{p} = \frac{Ne^2}{m_{\mathrm{e}}(\omega_0^2 - \omega^2 - \mathrm{i}\omega\gamma)} \boldsymbol{E} \tag{5.3-3}$$

可以把极化强度表示为 $\boldsymbol{P} = \varepsilon_0 \chi_{\mathrm{e}} \boldsymbol{E}$，其中 $\chi_{\mathrm{e}}$ 为介质的极化率，它与介电常数 $\varepsilon$ 的关系为 $\varepsilon = \varepsilon_0(1 + \chi_{\mathrm{e}})$，即介电常数为

$$\varepsilon = \varepsilon_0 \left( 1 + \frac{\omega_{\mathrm{p}}^2}{\omega_0^2 - \omega^2 - \mathrm{i}\omega\gamma} \right) \tag{5.3-4}$$

其中，$\omega_{\mathrm{p}} = \sqrt{\dfrac{Ne^2}{\varepsilon_0 m_{\mathrm{e}}}}$ 为束缚电子的惯性振荡频率. 可见，介电常数与入射电磁波的频率、介质中束缚电子的密度、固有振动频率及阻尼因子 $\gamma$ 有关，而且它是一个复数.

下面我们重新考虑 5.2 节中所讨论的电磁波在介质中的传播问题. 可以把介质中沿着 $z$ 轴方向传播的平面电磁波表示为

$$\boldsymbol{E} = \boldsymbol{E}_0 \mathrm{e}^{\mathrm{i}(kz - \omega t)} \tag{5.3-5}$$

其中，波数 $k$ 与频率 $\omega$ 的关系为

$$k = \frac{\omega}{c}\sqrt{\varepsilon / \varepsilon_0} = k_0 n \tag{5.3-6}$$

$k_0 = \omega / c$ 为电磁波在真空中的波长，$n = \sqrt{\varepsilon / \varepsilon_0}$ 为介质的折射率. 需要说明一下，上

面在讨论束缚电子的振动时，曾假设电场是空间均匀的，这是由于电磁波的波长远大于束缚电子运动的线尺度. 但在考虑电磁波在介质中传播时，必须考虑电磁波随空间相位因子 $kz$ 的变化. 将式(5.3-4)代入式(5.3-6)，有

$$n = n_{\mathrm{r}} + \mathrm{i}n_{\mathrm{i}} \tag{5.3-7}$$

其中，$n_{\mathrm{r}}$ 和 $n_{\mathrm{i}}$ 分别由如下两个方程给出：

$$n_{\mathrm{r}}^2 - n_{\mathrm{i}}^2 = 1 + \frac{\omega_{\mathrm{p}}^2(\omega_0^2 - \omega^2)}{(\omega_0^2 - \omega^2)^2 + \omega^2\gamma^2} \tag{5.3-8}$$

$$2n_{\mathrm{i}}n_{\mathrm{r}} = \frac{\omega_{\mathrm{p}}^2\omega\gamma}{(\omega_0^2 - \omega^2)^2 + \omega^2\gamma^2} \tag{5.3-9}$$

可见，在低频情况下（$\omega \to 0$），折射率的实部 $n_{\mathrm{r}}$ 是一个常数，而虚部 $n_{\mathrm{i}}$ 趋于零. 在一般情况下，$n_{\mathrm{r}}$ 和 $n_{\mathrm{i}}$ 都依赖于频率 $\omega$，其中 $n_{\mathrm{r}}$ 与 $\omega$ 之间的关系称为介质的色散，而 $n_{\mathrm{i}}$ 引起电磁波的吸收，即引起电磁波的衰减.

对于 $\omega_{\mathrm{p}} = \omega_0$，图 5-6(a)和(b)分别给出了 $n_{\mathrm{r}}$ 和 $n_{\mathrm{i}}$ 随 $\omega$ 变化情况，其中分别取 $\gamma = 0.05\omega_0$ 和 $\gamma = 0.1\omega_0$. 由图 5-6(a)可以看出，当 $\omega \ll \omega_0$ 时，折射率的实部 $n_{\mathrm{r}}$ 随频率 $\omega$ 增加而增加，即 $\dfrac{\mathrm{d}n_{\mathrm{r}}}{\mathrm{d}\omega} > 0$，称这种情况为正常色散；当 $\omega = \omega_0$ 时，有一个峰值；随着 $\omega$ 的增加，但仍在 $\omega_0$ 附近，$\dfrac{\mathrm{d}n_{\mathrm{r}}}{\mathrm{d}\omega} < 0$，称这种情况为反常色散. 由图 5-6(b)可以看出，$n_{\mathrm{i}}$ 在 $\omega = \omega_0$ 附近有一个尖锐的峰值，表明电磁波受到强烈吸收，称为共振吸收. $\gamma$ 的值越小，共振吸收越强.

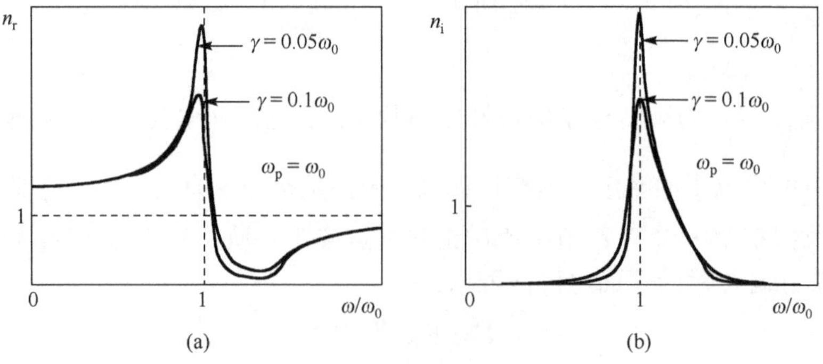


图 5-6

在一般情况下，分子中有 $Z$ 个束缚电子，分别处在不同的束缚态上，对应的固有频率为 $\omega_j$. 设单位体积内固有振动频率为 $\omega_j$ 的束缚电子的个数为 $Nf_j$，其中 $f_j$ 称为振子强度，它满足如下求和法则：

$$\sum_j f_j = Z \tag{5.3-10}$$

这时，可以把式(5.3-4)改写为

$$\varepsilon = \varepsilon_0 \left( 1 + \sum_j \frac{\omega_p^2 f_j}{\omega_j^2 - \omega^2 - \mathrm{i}\omega\gamma_j} \right) \tag{5.3-11}$$

其中，$\gamma_j$ 是第 $j$ 个束缚电子的阻尼系数.

## 5.4　等离子体中的电磁波

等离子体是一种电离气体，是由电子、离子和中性粒子(原子、分子)组成的. 地球上方(70～500km)的电离层就是一种稀薄的等离子体. 在实验室里，人们也可以通过气体放电的方法来产生等离子体，如用于半导体芯片处理的低温等离子体和受控热核聚变的高温等离子体.

在平衡状态下等离子体满足准电中性条件，即单位体积内正电荷的数量等于负电荷的数量：

$$n_{\mathrm{e}0} \approx Z_{\mathrm{i}} n_{\mathrm{i}0} = n_0 \tag{5.4-1}$$

其中，$n_{\mathrm{e}0}$ 和 $n_{\mathrm{i}0}$ 分别为电子和离子的密度；$Z_{\mathrm{i}}$ 为离子的电荷数；$n_0$ 为等离子体的密度. 对于电离层中的等离子体，其密度一般为 $10^{10}$ ~$10^{12}$ $\mathrm{m}^{-3}$.

当电磁波入射到等离子体中，电子和离子在电磁场的作用下都要发生运动. 不过由于离子的质量 $m_{\mathrm{i}}$ 远大于电子的质量 $m_{\mathrm{e}}$，因此可以假设离子是不动的，仅考虑电子是运动的. 需要说明，这种假设仅适用于高频电磁波在等离子体的传播. 设电子的定向漂移速度为 $\boldsymbol{u}_{\mathrm{e}}$，其运动方程为

$$m_{\mathrm{e}} \frac{\partial \boldsymbol{u}_{\mathrm{e}}}{\partial t} = -e\boldsymbol{E} - \nu m_{\mathrm{e}} \boldsymbol{u}_{\mathrm{e}} \tag{5.4-2}$$

其中，$\nu$ 为电子与中性粒子的动量输运碰撞频率. 假设波电场随时间变化是简谐的，即 $\boldsymbol{E} \sim \boldsymbol{E}\mathrm{e}^{-\mathrm{i}\omega t}$，则由方程(5.4 -2)可以得到

$$\boldsymbol{u}_{\mathrm{e}} = -\frac{\mathrm{i}e}{m_{\mathrm{e}}(\omega + i\nu)} \boldsymbol{E} \tag{5.4-3}$$

电子运动形成的电流密度为

$$\boldsymbol{J} = -en_0 \boldsymbol{u}_{\mathrm{e}} = \sigma \boldsymbol{E} \tag{5.4-4}$$

其中

$$\sigma = \mathrm{i}\frac{e^2 n_0}{m_e(\omega + \mathrm{i}\nu)} \tag{5.4-5}$$

为等离子体的复电导率.

严格地讲，在电磁波的作用下，等离子体的准电中性条件不再满足. 不过，如果电场的幅值不是太强，可以近似地认为等离子体仍然保持准电中性，即 $\rho = e(Z_i n_i - n_e) \approx 0$，其中 $n_e$ 和 $n_i$ 分别为在电磁波作用下的电子密度和离子密度. 在这种近似下，等离子体的电磁场满足如下麦克斯韦方程组：

$$\begin{cases} \nabla \times \boldsymbol{E} = -\dfrac{\partial \boldsymbol{B}}{\partial t} \\ \nabla \times \boldsymbol{B} = \mu_0 \boldsymbol{J} + \varepsilon_0 \mu_0 \dfrac{\partial \boldsymbol{E}}{\partial t} \\ \nabla \cdot \boldsymbol{B} = 0 \\ \nabla \cdot \boldsymbol{E} = 0 \end{cases} \tag{5.4-6}$$

仍假设电磁场随时间变化是简谐的，将方程(5.4-4)、(5.4-5)与(5.4-6)联立，电场的方程为

$$\nabla^2 \boldsymbol{E} + k^2 \boldsymbol{E} = 0 \tag{5.4-7}$$

其中，波数 $k$ 为

$$k^2 = \varepsilon_0 \mu_0 \omega^2 \left(1 + \mathrm{i}\frac{\sigma}{\varepsilon_0 \omega}\right) = k_0^2 n^2 \tag{5.4-8}$$

$n$ 为等离子体折射率，是一个复数，且依赖于电磁波的频率

$$n = \sqrt{1 - \frac{\omega_p^2}{\omega(\omega + \mathrm{i}\nu)}} \tag{5.4-9}$$

$\omega_p$ 为等离子体的振荡频率

$$\omega_p = \sqrt{\frac{e^2 n_0}{\varepsilon_0 m_e}} \tag{5.4-10}$$

由式(5.4-9)可以确定出折射率的实部和虚部，它们都与电磁波的频率有关. 在 $\omega > \nu$ 的情况下，有如下近似表示式：

$$n \approx \sqrt{1 - \frac{\omega_p^2}{\omega^2}} + \mathrm{i}\frac{\omega_p^2}{2\omega^3}\nu \tag{5.4-11}$$

可以看出，当 $\omega > \omega_p$ 时，折射率的实部 $n_r = \sqrt{1 - \dfrac{\omega_p^2}{\omega^2}}$ 随电磁波的频率增加而增加，这

表明等离子体中的高频电磁波是正常色散的. 折射率的虚部 $n_i = \dfrac{\omega_p^2}{2\omega^3}\nu$ 将使得电磁波在等离子体中传播时衰减，电子与中性粒子的碰撞频率 $\nu$ 越高，衰减现象越明显.

对于电离层，等离子体的振荡频率为 $10^6 \sim 10^7$ Hz. 当电磁波的频率大于等离子体的振荡频率时，即 $\omega > \omega_p$，折射率的实部 $n_r = \sqrt{1-\dfrac{\omega_p^2}{\omega^2}}$ 为实数，这时电磁波可以在等离子体中传播；反之，当 $\omega < \omega_p$ 时，折射率的实部 $n_r$ 是一个纯虚数，这时电磁波将被等离子体反射. 例如，从地面上向上发射的一些中、短波电磁信号不能穿过电离层，将被反射到地面上. 人们正是利用这种电离层对电磁波的反射现象来实现"环球通信"的.

## 5.5　导体中的电磁波

可以把导体(如金属)看成是一种高密度的等离子体，它是由自由移动的价电子气和不动的离子实构成的. 在一般情况下，导体材料中价电子密度 $n_e$ 约为 $10^{28}$ $\mathrm{m^{-3}}$，对应的振荡频率 $\omega_p$ 约为 $5.6\times10^{16}$ Hz. 在导体中，价电子与离子实的碰撞频率 $\nu$ 很大，大约为 $10^{14}$ $\mathrm{s^{-1}}$. 在如下讨论中，我们假设 $\omega \ll \nu$，则根据式 (5.4-5)，可以得到导体的电导率为

$$\sigma = \frac{e^2 n_0}{m_e \nu} \tag{5.5-1}$$

它是一个实数. 在电磁波的电场作用下，导体中的自由电子做定向运动并形成传导电流. 由于传导电流可以在导体中产生焦耳热，从而耗散电磁波的能量，并使得电磁波衰减.

### 1. 电磁波在导体中的衰减

下面首先看一下导体内部自由电荷分布的特点. 设导体内部自由电荷密度为 $\rho$，自由电荷激发的电场为 $\boldsymbol{E}$，它们之间的关系由泊松方程给出：

$$\nabla\cdot\boldsymbol{E} = \rho/\varepsilon \tag{5.5-2}$$

其中，$\varepsilon$ 为导体的介电常数. 另外，自由电子运动形成的电流密度 $\boldsymbol{J}$ 由欧姆定律 $\boldsymbol{J}=\sigma\boldsymbol{E}$ 给出，其中电导率 $\sigma$ 是由式(5.5-1)给出. 此外，根据电荷守恒定律

$$\frac{\partial\rho}{\partial t} + \nabla\cdot\boldsymbol{J} = 0 \tag{5.5-3}$$

可以得到

$$\frac{\partial \rho}{\partial t} = -\nabla \cdot (\sigma \boldsymbol{E}) = -\frac{\sigma}{\varepsilon}\rho$$

该方程的解为

$$\rho(t) = \rho_0 \mathrm{e}^{-\sigma t/\varepsilon} \tag{5.5-4}$$

其中，$\rho_0$ 为 $t=0$ 时的自由电荷密度. 可见，导体中的自由电荷密度是随时间衰减的. 定义自由电荷衰减的特征时间为

$$\tau = \frac{\varepsilon}{\sigma} \tag{5.5-5}$$

对于金属材料，$\sigma \sim 10^7 \Omega^{-1} \cdot \mathrm{m}^{-1}$，$\varepsilon \sim 10^{-10} \mathrm{F/m}$，故 $\tau \sim 10^{-17} \mathrm{s}$. 因此，只要电磁波的频率不是太高，就可以认为导体内部的自由净电荷密度为零，自由净电荷只能分布在导体的表面上.

因此，在如下讨论中，我们可以假设在导体内部没有净电荷，即 $\rho = 0$，电流密度由欧姆定律给出. 对于导体，麦克斯韦方程组为

$$\begin{cases} \nabla \times \boldsymbol{E} = -\dfrac{\partial \boldsymbol{B}}{\partial t} \\ \nabla \times \boldsymbol{B} = \mu\sigma\boldsymbol{E} + \varepsilon\mu\dfrac{\partial \boldsymbol{E}}{\partial t} \\ \nabla \cdot \boldsymbol{B} = 0 \\ \nabla \cdot \boldsymbol{E} = 0 \end{cases} \tag{5.5-6}$$

假设电磁场随时间的变化是简谐的，即 $\boldsymbol{E},\boldsymbol{B} \sim \mathrm{e}^{-\mathrm{i}\omega t}$，则方程(5.5-6)变为

$$\begin{cases} \nabla \times \boldsymbol{E} = \mathrm{i}\omega\boldsymbol{B} \\ \nabla \times \boldsymbol{B} = \mu\sigma\boldsymbol{E} - \mathrm{i}\omega\mu\varepsilon\boldsymbol{E} \\ \nabla \cdot \boldsymbol{B} = 0 \\ \nabla \cdot \boldsymbol{E} = 0 \end{cases} \tag{5.5-7}$$

由此可以分别得到导体中电场及磁场满足的波动方程

$$\nabla^2 \boldsymbol{E} + k^2 \boldsymbol{E} = 0, \quad \nabla^2 \boldsymbol{B} + k^2 \boldsymbol{B} = 0 \tag{5.5-8}$$

其中

$$k^2 = \mu\varepsilon_{\mathrm{c}}\omega^2, \quad \varepsilon_{\mathrm{c}} = \varepsilon + \mathrm{i}\sigma/\omega \tag{5.5-9}$$

$k$ 为复波数，$\varepsilon_{\mathrm{c}}$ 为导体的复介电常数. 可以看出，导体的介电常数与电磁波的频率有关，即电磁波在导体中传播时也会出现色散现象. 但导体中的色散效应来自于自由电荷的振荡，而前面讨论的绝缘介质中的色散效应则来自于束缚电子的振荡.

对于平面电磁波，根据方程(5.5-8)，有

$$\begin{cases} \boldsymbol{E}(\boldsymbol{r},\omega) = \boldsymbol{E}_0 \mathrm{e}^{\mathrm{i}\boldsymbol{k}\cdot\boldsymbol{r}} \\ \boldsymbol{B}(\boldsymbol{r},\omega) = \boldsymbol{B}_0 \mathrm{e}^{\mathrm{i}\boldsymbol{k}\cdot\boldsymbol{r}} \end{cases} \tag{5.5-10}$$

其中，$\boldsymbol{k}$ 是一个复矢量，它的实部和虚部分别为 $\boldsymbol{\beta}$ 和 $\boldsymbol{\alpha}$，即

$$\boldsymbol{k} = \boldsymbol{\beta} + \mathrm{i}\boldsymbol{\alpha} \tag{5.5-11}$$

$\boldsymbol{\alpha}$ 和 $\boldsymbol{\beta}$ 满足的方程为

$$\begin{cases} \beta^2 - \alpha^2 = \mu\varepsilon\omega^2 \\ 2\boldsymbol{\alpha}\cdot\boldsymbol{\beta} = \mu\omega\sigma \end{cases} \tag{5.5-12}$$

在一般情况下，$\boldsymbol{\alpha}$ 和 $\boldsymbol{\beta}$ 的方向不一定相同. 根据式(5.5-10)，可以把瞬时变化的电磁场表示为

$$\begin{cases} \boldsymbol{E}(\boldsymbol{r},t) = \boldsymbol{E}_0 \mathrm{e}^{\mathrm{i}(\boldsymbol{k}\cdot\boldsymbol{r}-\omega t)} \\ \boldsymbol{B}(\boldsymbol{r},t) = \boldsymbol{B}_0 \mathrm{e}^{\mathrm{i}(\boldsymbol{k}\cdot\boldsymbol{r}-\omega t)} \end{cases} \tag{5.5-13}$$

为简单起见，我们考虑电磁波是垂直入射到导体表面上，并假设导体的表面为 $xy$ 平面，$z$ 轴指向导体内部，波矢量沿着 $z$ 方向. 这样，可以把导体内部的电磁场表示成为

$$\begin{cases} \boldsymbol{E}(x,z,t) = \boldsymbol{E}_0 \mathrm{e}^{-\alpha z} \mathrm{e}^{\mathrm{i}(\beta z-\omega t)} \\ \boldsymbol{B}(x,z,t) = \boldsymbol{B}_0 \mathrm{e}^{-\alpha z} \mathrm{e}^{\mathrm{i}(\beta z-\omega t)} \end{cases} \tag{5.5-14}$$

由式(5.5-12)，可以得到 $\alpha$ 和 $\beta$ 的值为

$$\alpha = \omega\sqrt{\frac{\varepsilon\mu}{2}}\left(\sqrt{1+\frac{\sigma^2}{\varepsilon^2\omega^2}}-1\right)^{1/2} \tag{5.5-15}$$

$$\beta = \omega\sqrt{\frac{\varepsilon\mu}{2}}\left(\sqrt{1+\frac{\sigma^2}{\varepsilon^2\omega^2}}+1\right)^{1/2} \tag{5.5-16}$$

可见电磁波的幅值随传播距离的增加而衰减，$\alpha$ 为衰减系数. 定义电磁波衰减的特征尺度为

$$\delta = 1/\alpha \tag{5.5-17}$$

称 $\delta$ 为电磁波在导体中穿透的特征尺度或趋肤深度. 在绝缘介质中，电导率为零，即 $\sigma=0$，由式(5.5-15)可以看出，这时衰减系数为零.

对于良导体，由于 $\dfrac{\sigma}{\varepsilon\omega}\gg 1$，可以把式(5.5-15)和式(5.5-16)近似为

$$\alpha \approx \beta \approx \sqrt{\frac{\omega\mu\sigma}{2}} \tag{5.5-18}$$

对应的趋肤深度为

$$\delta \approx \sqrt{\frac{2}{\omega\mu\sigma}} \tag{5.5-19}$$

可见，电磁波在导体材料中的趋肤深度反比于频率的平方根，频率越高，趋肤深度越小. 表 5-1 显示了不同频率下电磁波在铜导体中的趋肤深度，其中铜的电导率为 $\sigma \sim 5.9\times10^7\,\Omega^{-1}\cdot\text{m}^{-1}$.

**表 5-1　不同频率的电磁波在铜导体中的趋肤深度**

| 频率/Hz | 波长/m | 趋肤深度/mm |
|---|---|---|
| 50 | $6\times10^6$ | 9.3 |
| $10^8$ | $3\times10^2$ | $6.6\times10^{-2}$ |
| $10^{12}$ | $3\times10^{-2}$ | $6.6\times10^{-5}$ |

对于这种良导体，根据式(5.5-11)，可以把波矢表示为

$$\boldsymbol{k} = \sqrt{\frac{\omega\mu\sigma}{2}}(1+\text{i})\boldsymbol{e}_z \tag{5.5-20}$$

根据方程 $\nabla\times\boldsymbol{E} = \text{i}\omega\boldsymbol{B}$，可以有如下关系：

$$\boldsymbol{B} = \frac{\boldsymbol{k}\times\boldsymbol{E}}{\omega} \approx \frac{1}{\omega}\sqrt{\frac{\omega\mu\sigma}{2}}(1+\text{i})\boldsymbol{e}_z\times\boldsymbol{E}$$

再利用 $1+\text{i} = \sqrt{2}\text{e}^{\text{i}\pi/4}$，有

$$\boldsymbol{B} \approx \sqrt{\frac{\mu\sigma}{\omega}}\text{e}^{\text{i}\pi/4}\boldsymbol{e}_z\times\boldsymbol{E} \tag{5.5-21}$$

可见，对于良导体，波矢量 $\boldsymbol{k}$、电场 $\boldsymbol{E}$ 及磁场 $\boldsymbol{B}$ 三者相互垂直，且磁场与电场的相位差为 $\frac{\pi}{4}$. 此外，由式(5.5-21)，可以得到电场与磁场的幅值关系为

$$B = \sqrt{\frac{\mu\sigma}{\omega}}E = \sqrt{\frac{\sigma}{\varepsilon\omega}}\frac{n}{c}E \tag{5.5-22}$$

其中，$n = \sqrt{\frac{\varepsilon\mu}{\varepsilon_0\mu_0}}$ 为导体的折射率. 由于 $\frac{\sigma}{\varepsilon\omega} \gg 1$，因此在良导体材料中，有

$$B \gg \frac{n}{c}E \tag{5.5-23}$$

这明显不同于绝缘介质的情况. 由式(5.5-22)，还可以得到

$$\frac{B^2}{\mu}=\frac{\sigma}{\varepsilon\omega}\varepsilon E^2 \gg \varepsilon E^2 \tag{5.5-24}$$

这表明，在良导体内部磁场的能量密度远大于电场的能量密度.

2. 电磁波在导体表面上的反射

当平面电磁波由真空入射到导体表面上时，也会产生反射和折射现象，但是由于趋肤效应，电磁波的折射(透射)效应很小，几乎会被完全反射. 为简单起见，下面仅讨论垂直入射的情况.

与绝缘介质情形一样，仍可以利用前面得到的边值关系来分析电磁波在导体表面的反射问题. 假设电场的方向垂直于入射面，可以得到垂直入射 $(\theta=0)$ 情况下的边值关系：

$$E+E'=E'',\quad H-H'=H'' \tag{5.5-25}$$

其中，$E$，$E'$及$E''$分别为入射电场、反射电场和折射电场；$H,H'$及$H''$为对应的磁场强度. 根据

$$\boldsymbol{H}=\frac{1}{\mu}\frac{\boldsymbol{k}\times\boldsymbol{E}}{\omega}$$

可以得到

$$H=\frac{k_0}{\mu_0\omega}E=\sqrt{\frac{\varepsilon_0}{\mu_0}}E \tag{5.5-26}$$

$$H'=\frac{k_0}{\mu_0\omega}E'=\sqrt{\frac{\varepsilon_0}{\mu_0}}E' \tag{5.5-27}$$

$$H''=\frac{k}{\mu\omega}E''=\frac{\alpha}{\mu\omega}(1+\mathrm{i})E''\approx\sqrt{\frac{\sigma}{2\omega\mu_0}}(1+\mathrm{i})E'' \tag{5.5-28}$$

这里已假定导体为良导体，并利用了式(5.5-18). 将式(5.5-25)～式(5.5-28)联立，可以解得

$$\frac{E'}{E}=-\frac{1+\mathrm{i}-\sqrt{2\omega\varepsilon_0/\sigma}}{1+\mathrm{i}+\sqrt{2\omega\varepsilon_0/\sigma}} \tag{5.5-29}$$

由此可以得到电磁波在导体表面上的反射系数为

$$R=\left|\frac{E'}{E}\right|^2=\frac{\left(1-\sqrt{2\omega\varepsilon_0/\sigma}\right)^2+1}{\left(1+\sqrt{2\omega\varepsilon_0/\sigma}\right)^2+1}\approx 1-\sqrt{2\omega\varepsilon_0/\sigma} \tag{5.5-30}$$

对于良导体，由于 $2\omega\varepsilon_0/\sigma$ 是一个小量，因此反射率接近于 1. 对于理想导体（$\sigma\to\infty$），反射系数为 1. 例如，波长为的 $1.2\times10^{-5}\,\mathrm{m}$ 红外光垂直入射到铜表面上时，其反射系数大约为 $R=1-0.016$，即 98.4%的电磁波能量被铜表面反射回来. 当雷达波入射到金属表面时，通过接收反射电磁波，就可以锁定金属物体的目标.

## 5.6 导体谐振腔

对于低频电磁波(信号)，可以采用由电感 $L$ 和电容 $C$ 构成的 $LC$ 谐振器共振激发，并通过普通的导线来传输. 而对于高频电磁波，如微波，则不能采用 $LC$ 回路来激发，更不能采用普通的导线来传输. 这是由于电磁波的频率很高，要求 $LC$ 振荡器的电感和电容很小，即振荡器的尺寸要小，功率容量要小，寄生参数影响大. 因此，对于位于微波波段的高频电磁波，必须采用金属谐振腔来激发，并采用金属波导管来传输.

谐振腔是一个中空的封闭金属腔. 当电磁波在谐振腔中传播时，由于受到边界条件的约束，可以激发出不同模式的高频振荡.

假设谐振腔内部是真空，考虑一个随时间简谐变化的电磁波在它内部传播，电场 $\boldsymbol{E}$ 满足亥姆霍兹方程

$$\nabla^2\boldsymbol{E}+k_0^2\boldsymbol{E}=0 \tag{5.6-1}$$

其中，$k_0=\omega/c$ 为波数. 由于谐振腔的壁为金属，因此在腔壁上电场的切向分量 $\boldsymbol{E}_t$ 为零，即有如下边界条件：

$$\boldsymbol{E}_t\big|_{\Sigma}=0 \tag{5.6-2}$$

由于方程(5.6-1)是在 $\nabla\cdot\boldsymbol{E}=0$ 的条件下得到的，因此还要利用它对边界条件进行限制. 设 $\boldsymbol{n}$ 是垂直于表面 $\boldsymbol{\Sigma}$ 的矢量，由于电场的切向分量在表面为零，因此由 $\nabla\cdot\boldsymbol{E}=0$ 可以得到

$$\frac{\partial E_n}{\partial n}\Big|_{\Sigma}=0 \tag{5.6-3}$$

下面分矩形谐振腔和圆柱形谐振腔两种情况来进行讨论.

在实际应用中，通常把电磁波分为两种传播模式，即横电波(TE)和横磁波(TM). 对于横电波，要求 $E_z=0$，这时电场是横波，但磁场不是横波 $(B_z\neq0)$；对于横磁波，要求 $B_z=0$，这时磁场是横波，但电场不是横波 $(E_z\neq0)$.

### 1. 矩形谐振腔

考虑一个矩形谐振腔，其边长分别为 $L_1$、$L_2$ 和 $L_3$，如图 5-7 所示. 在直角坐标系中，根据方程(5.6-1)，$E_x$ 满足的方程为

$$\left(\frac{\partial^2}{\partial x^2}+\frac{\partial^2}{\partial y^2}+\frac{\partial^2}{\partial z^2}\right)E_x+k_0^2E_x=0 \tag{5.6-4}$$

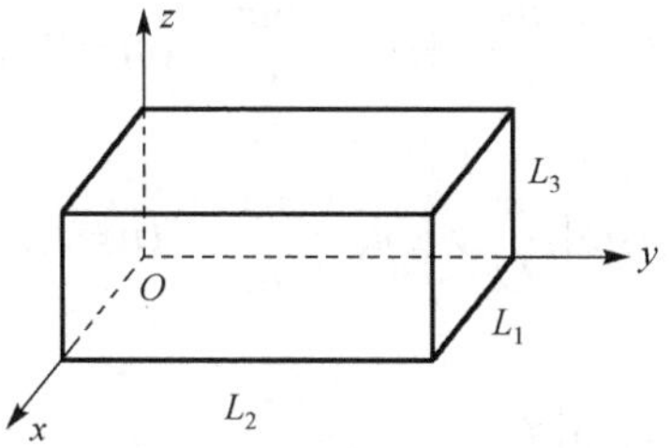


图 5-7

下面采用分离变量法求解该方程. 令

$$E_x(x,y,z)=X(x)Y(y)Z(z) \tag{5.6-5}$$

这样可以把偏微分方程(5.6-4)转化成三个常微分方程

$$\frac{\mathrm{d}^2X(x)}{\mathrm{d}x^2}+k_x^2X(x)=0 \quad (0<x<L_1) \tag{5.6-6}$$

$$\frac{\mathrm{d}^2Y(y)}{\mathrm{d}y^2}+k_y^2Y(y)=0 \quad (0<y<L_2) \tag{5.6-7}$$

$$\frac{\mathrm{d}^2Z(z)}{\mathrm{d}z^2}+k_z^2Z(z)=0 \quad (0<z<L_3) \tag{5.6-8}$$

其中，$k_x, k_y$ 及 $k_z$ 是 3 个待定的常数，但满足如下关系：

$$k_x^2+k_y^2+k_z^2=k_0^2 \tag{5.6-9}$$

下面利用边界条件来确定方程(5.6-6)～方程(5.6-8)的解及 3 个待定常数.

根据边界条件(5.6-2)及(5.6-3)，可以得到 $E_x$ 满足如下边界条件：

$$E_x\big|_{y=0}=0;\quad E_x\big|_{y=L_2}=0$$

$$E_x\big|_{z=0}=0;\quad E_x\big|_{z=L_3}=0$$

$$\frac{\partial E_x}{\partial x}\bigg|_{x=0}=0;\quad \frac{\partial E_x}{\partial x}\bigg|_{x=L_1}=0$$

对这些边界条件进行分离变量，有

$$X'(0)=0;\quad X'(L_1)=0 \tag{5.6-10}$$

$$Y(0)=0;\quad Y(L_2)=0 \tag{5.6-11}$$

$$Z(0)=0;\quad Z(L_3)=0 \tag{5.6-12}$$

在上述边界条件限制下，可以分别得到方程(5.6-6)～方程(5.6-8)的本征解及本征值为

$$X_m(x)=\cos\left(\frac{m\pi}{L_1}x\right),\ k_x=\frac{m\pi}{L_1}\quad (m=0,1,2,3,\cdots) \tag{5.6-13}$$

$$Y_n(y)=\sin\left(\frac{n\pi}{L_2}y\right),\ k_y=\frac{n\pi}{L_2}\quad (n=1,2,3,\cdots) \tag{5.6-14}$$

$$Z_p(z)=\sin\left(\frac{p\pi}{L_3}z\right),\ k_z=\frac{p\pi}{L_3}\quad (p=1,2,3,\cdots) \tag{5.6-15}$$

这样，电场的 $x$ 分量为

$$E_x(x,y,z)=A_x\cos\left(\frac{m\pi}{L_1}x\right)\sin\left(\frac{n\pi}{L_2}y\right)\sin\left(\frac{p\pi}{L_3}z\right) \tag{5.6-16}$$

其中，$A_x$ 为常数. 将 $k_x, k_y$ 及 $k_z$ 的表示式代入方程(5.6-9)，有

$$\left(\frac{m\pi}{L_1}\right)^2+\left(\frac{n\pi}{L_2}\right)^2+\left(\frac{p\pi}{L_3}\right)^2=\frac{\omega^2}{c^2} \tag{5.6-17}$$

采用类似的做法，可以得到电场的 $y$ 分量和 $z$ 分量的表示式分别为

$$E_y(x,y,z)=A_y\sin\left(\frac{m\pi}{L_1}x\right)\cos\left(\frac{n\pi}{L_2}y\right)\sin\left(\frac{p\pi}{L_3}z\right) \tag{5.6-18}$$

$$E_z(x,y,z)=A_z\sin\left(\frac{m\pi}{L_1}x\right)\sin\left(\frac{n\pi}{L_2}y\right)\cos\left(\frac{p\pi}{L_3}z\right) \tag{5.6-19}$$

其中，$A_y$ 和 $A_z$ 为常数.

对于一组给定 $(m,n,p)$ 的值，式(5.6-16)～式(5.6-19)代表电磁波在谐振腔中的一种振荡模式，且以驻波的形式出现. 下面对这种振荡模式做进一步的讨论.

(1)把上述电场的表示式代入 $\nabla\cdot\boldsymbol{E}=0$ 中，可以得到

$$k_xA_x+k_yA_y+k_zA_z=0 \tag{5.6-20}$$

该式表明，常数 $A_x$、$A_y$ 和 $A_z$ 不是独立的. 也就是说，电磁波在谐振腔中只有两个独立的偏振方向.

(2)由式(5.6-17)可以得到电磁波在谐振腔中振荡的本征频率 $\omega_{mnp}$

$$\omega=\omega_{mnp} \tag{5.6-21}$$

$$\omega_{mnp}=\pi c\sqrt{(m/L_1)^2+(n/L_2)^2+(p/L_3)^2} \tag{5.6-22}$$

可见 $\omega_{mnp}$ 的值与电磁波的振荡模式 $(m,n,p)$ 及谐振腔的几何尺寸有关. 如果规定 $L_1 \geqslant L_2 \geqslant L_3$，可以得到谐振腔所能激发电磁振荡的最低频率(或本征频率)为

$$\omega_{110} = \pi c\sqrt{(1/L_1)^2 + (1/L_2)^2}$$

对应的最大波长为

$$\lambda_{110} = \frac{2\pi c}{\omega_{110}} = \frac{2}{\sqrt{(1/L_1)^2 + (1/L_2)^2}}$$

可见这个波长与谐振腔的线尺度是同一数量级.

利用 $\boldsymbol{B} = -\dfrac{\mathrm{i}}{\omega}\nabla \times \boldsymbol{E}$ 以及式(5.6-16)～式(5.6-19)，还可求出谐振腔中磁感应强度的各分量.

2. 圆柱形谐振腔

考虑一个圆柱形谐振腔(腔内为真空)，其半径为 $a$，高度为 $h$. 在柱坐标系 $\{\rho,\phi,z\}$ 下，根据亥姆霍兹方程(5.6-1)，$E_z$ 满足的方程为

$$\left[\frac{1}{\rho}\frac{\partial}{\partial\rho}\left(\rho\frac{\partial}{\partial\rho}\right) + \frac{1}{\rho^2}\frac{\partial^2}{\partial\phi^2} + \frac{\partial^2}{\partial z^2}\right]E_z + k_0^2 E_z = 0 \tag{5.6-23}$$

采用分离变量法求解该方程. 令

$$E_z(\rho,\phi,z) = R(\rho)\varPhi(\phi)Z(z) \tag{5.6-24}$$

将其代入方程(5.6-23)，可以得到如下三个常微分方程：

$$\frac{\mathrm{d}^2\varPhi}{\mathrm{d}\phi^2} + \lambda\varPhi = 0 \tag{5.6-25}$$

$$\frac{\mathrm{d}^2 Z}{\mathrm{d}z^2} + \nu^2 Z = 0 \tag{5.6-26}$$

$$\frac{\mathrm{d}^2 R}{\mathrm{d}\rho^2} + \frac{1}{\rho}\frac{\mathrm{d}R}{\mathrm{d}\rho} + \left(\mu - \frac{\lambda}{\rho^2}\right)R = 0 \tag{5.6-27}$$

其中，$\lambda$，$\nu$ 及 $\mu$ 是三个待定的常数，而且有

$$\mu = k_0^2 - \nu^2 \tag{5.6-28}$$

根据边界条件(5.6-2)及(5.6-3)，有

$$E_z\Big|_{\rho=a} = 0,\quad \frac{\partial E_z}{\partial z}\Big|_{z=0} = 0,\quad \frac{\partial E_z}{\partial z}\Big|_{z=h} = 0$$

对其进行分离变量，有

$$R(a)=0,\quad Z'(0)=0,\quad Z'(h)=0 \tag{5.6-29}$$

此外，还要用到周期性条件

$$\Phi(\phi)=\Phi(\phi+2\pi) \tag{5.6-30}$$

利用这些边界条件，就可以确定出方程(5.6-25)～方程(5.6-27)的本征解及对应的本征值

$$\begin{cases}\Phi_m(\phi)=A_m\cos m\phi+B_m\sin m\phi\\ \lambda=m^2\quad(m=0,1,2,3,\cdots)\end{cases} \tag{5.6-31}$$

$$\begin{cases}Z_l(z)=\cos(l\pi z/h)\\ \nu=(l\pi/h)^2\quad(l=0,1,2,3,\cdots)\end{cases} \tag{5.6-32}$$

$$\begin{cases}R(\rho)=J_m(\sqrt{\mu_n}\rho)\\ \mu=\mu_n=(x_{mn}/a)^2\quad(n=1,2,3,\cdots)\end{cases} \tag{5.6-33}$$

其中，$J_m(x)$是$m$阶贝塞尔函数，$x_{mn}$是$m$阶贝塞尔函数的第$n$个零点.

根据上面得到的结果，柱形谐振腔内波电场的$z$分量为

$$E_z=J_m(\sqrt{\mu}_n\rho)\left(A_m\cos m\phi+B_m\sin m\phi\right)\cos\left(\frac{l\pi}{h}z\right) \tag{5.6-34}$$

从原则上讲，采用类似的方法，还可以确定出波电场的其他两个分量，这里不再叙述. 将$\nu$及$\mu$的值代入式(5.6-28)，有

$$\left(\frac{x_{mn}}{a}\right)^2=k_0^2-\left(\frac{l\pi}{h}\right)^2 \tag{5.6-35}$$

由此可以得到柱形谐振腔的激发频率$\omega_{mnl}$为

$$\omega=\omega_{mnl}=c\sqrt{\left(\frac{x_{mn}}{a}\right)^2+\left(\frac{l\pi}{h}\right)^2} \tag{5.6-36}$$

其中，$(m,n,l)$为一组振荡模式.

下面考虑$m=0,n=1,l=0$时，振荡频率最小，其值为

$$\omega_{010}=x_{01}\frac{c}{a} \tag{5.6-37}$$

其中零阶贝塞尔函数的第一个零点为$x_{01}=2.405$. 可见，这时振荡频率与腔室的高度无关. 对于这种模式的电磁波，电场的轴向分量为

$$E_z=E_0J_0(x_{01}\rho/a) \tag{5.6-38}$$

其中，$E_0$为常数. 利用$\nabla\cdot\boldsymbol{E}=0$，可以得到电场的径向分量为零，即$E_\rho=0$. 另外，

对于 TM 波，由于磁场的轴向分量为零 $(B_z = 0)$，因此根据式 $\nabla\times\boldsymbol{E} = \mathrm{i}\omega\boldsymbol{B}$，可以得到电场的角向分量也为零，即 $E_\phi = 0$. 再根据式 $\boldsymbol{B} = -\dfrac{\mathrm{i}}{\omega}\nabla\times\boldsymbol{E}$，可以进一步确定出 $\mathrm{TM}_{01}$ 波的磁场为

$$\begin{cases} B_\rho = 0 \\ B_\phi(\rho) = -\mathrm{i}\dfrac{2.405}{\omega a}E_0 J_1\left(\dfrac{2.405}{a}\rho\right) \end{cases} \tag{5.6-39}$$

## 5.7　金属波导管

波导管是用来定向传输高频电磁波的. 波导管也是一个中空的金属管，但沿着电磁波传播方向的两端是开口的. 1893 年英国物理学家汤姆孙(Thomson)首次提出用空心圆柱形金属管定向传输电磁波的可能性，并预言金属管的直径与电磁波的波长相当. 直到 1936 年，汤姆孙的预言才被谢昆诺夫(Schelkunoff)的实验所验证. 1897 年英国物理学家瑞利(Rayleigh)建立了波导的理论基础，并提出了截止波长的概念.

在一定频率下，波导管内的电场仍满足亥姆霍兹方程

$$\nabla^2\boldsymbol{E} + k_0^2\boldsymbol{E} = 0 \tag{5.7-1}$$

其中，$k_0 = \omega / c$ 为波数. 与谐振腔的情况类似，边界条件为

$$\boldsymbol{E}_t\big|_\Sigma = 0,\quad \frac{\partial E_n}{\partial n}\Big|_\Sigma = 0 \tag{5.7-2}$$

本节将考虑两种不同几何形状的波导，即矩形波导和圆柱形波导.

### 1. 矩形波导

现在考虑一根无限长的波导管，其横截面为矩形，边长为 $a$ 和 $b$ $(a>b)$. 在直角坐标系中，取 $z$ 为电磁波的传播方向，如图 5-8 所示.

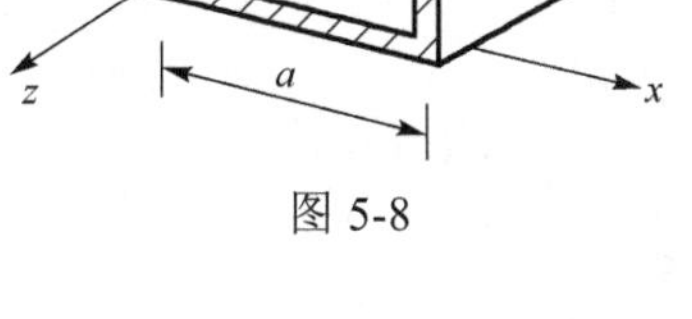

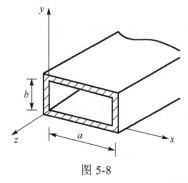

图 5-8

首先确定 $x$ 分量的电场. 根据方程(5.7-1)，有

$$\left(\frac{\partial^2}{\partial x^2}+\frac{\partial^2}{\partial y^2}+\frac{\partial^2}{\partial z^2}\right)E_x+k_0^2E_x=0 \tag{5.7-3}$$

对应的边界条件为

$$\begin{cases} E_x\big|_{y=0}=0,\ E_x\big|_{y=b}=0 \\ \dfrac{\partial E_x}{\partial x}\Big|_{x=0}=0,\ \dfrac{\partial E_x}{\partial x}\Big|_{x=a}=0 \end{cases} \tag{5.7-4}$$

与 5.6 节的做法一样，采用分离变量法求解该方程，即令

$$E_x(x,y,z)=X(x)Y(y)Z(z) \tag{5.7-5}$$

将该式代入方程(5.7-3)，可以得到

$$\frac{\mathrm{d}^2X(x)}{\mathrm{d}x^2}+k_x^2X(x)=0 \quad (0<x<a) \tag{5.7-6}$$

$$\frac{\mathrm{d}^2Y(y)}{\mathrm{d}y^2}+k_y^2Y(y)=0 \quad (0<y<b) \tag{5.7-7}$$

$$\frac{\mathrm{d}^2Z(z)}{\mathrm{d}z^2}+k_z^2Z(z)=0 \quad (-\infty<z<\infty) \tag{5.7-8}$$

其中，$k_x$，$k_y$ 及 $k_z$ 满足如下关系：

$$k_x^2+k_y^2+k_z^2=k_0^2 \tag{5.7-9}$$

同样，对边界条件(5.7-4)进行分离变量，有

$$\begin{cases} X'(0)=0,\ X'(a)=0 \\ Y(0)=0,\ Y(b)=0 \end{cases} \tag{5.7-10}$$

注意，在现在的情况下，电磁波在 $z$ 轴方向不受边界条件的约束，可以自由传输，见方程(5.7-8).

根据上述方程及边界条件，可以得到如下本征解：

$$X_m(x)=\cos\left(\frac{m\pi}{a}x\right),\quad k_x=\frac{m\pi}{a} \quad (m=0,1,2,\cdots) \tag{5.7-11}$$

$$Y_n(y)=\sin\left(\frac{n\pi}{b}y\right),\quad k_y=\frac{n\pi}{b} \quad (n=1,2,3,\cdots) \tag{5.7-12}$$

$$Z(z)=\mathrm{e}^{\mathrm{i}k_z z} \tag{5.7-13}$$

由此可以得到波电场的 $x$ 分量为

$$E_x(x,y,z) = A_x \cos\left(\frac{m\pi}{a}x\right)\sin\left(\frac{n\pi}{b}y\right)e^{ik_z z} \tag{5.7-14}$$

类似地，可以得到波电场的 $y$ 分量和 $z$ 分量的表示式分别为

$$E_y(x,y,z) = A_y \sin\left(\frac{m\pi}{a}x\right)\cos\left(\frac{n\pi}{b}y\right)e^{ik_z z} \tag{5.7-15}$$

$$E_z(x,y,z) = A_z \sin\left(\frac{m\pi}{a}x\right)\sin\left(\frac{n\pi}{b}y\right)e^{ik_z z} \tag{5.7-16}$$

在上述表示式中，常数 $A_x$，$A_y$ 及 $A_z$ 不是独立的. 利用约束条件 $\nabla\cdot\boldsymbol{E}=0$，可以得到如下关系：

$$\frac{m\pi}{a}A_x + \frac{n\pi}{b}A_y - ik_z A_z = 0 \tag{5.7-17}$$

即对于给定的一组 $(m,n)$ 值，电磁波在波导管中传播时只有两个独立的偏振模式. 将 $k_x$ 及 $k_y$ 的值代入式（5.7-9）中，有

$$\left(\frac{m\pi}{a}\right)^2 + \left(\frac{n\pi}{b}\right)^2 + k_z^2 = k_0^2$$

由此可以得到 $k_z$ 的表示式为

$$k_z = \frac{1}{c}\sqrt{\omega^2 - \omega_{c,mn}^2} \tag{5.7-18}$$

其中

$$\omega_{c,mn} = \pi c\sqrt{\left(\frac{m}{a}\right)^2 + \left(\frac{n}{b}\right)^2} \tag{5.7-19}$$

可见，当 $\omega<\omega_{c,mn}$ 时，$k_z$ 将变为虚数，即 $k_z = \pm i\kappa$，其中 $\kappa = \frac{1}{c}\sqrt{\omega_{c,mn}^2 - \omega^2}$ 为大于零的实数. 由于

$$e^{ik_z z} = \begin{cases} e^{-\kappa z} & (z>0) \\ e^{\kappa z} & (z<0) \end{cases}$$

这说明随着 $|z|$ 的增加，电场很快被衰减，即电磁波不能在波导管中传输. 因此，称 $\omega_{c,mn}$ 为截止频率，即对于给定频率 $\omega$ 的电磁波，仅当 $\omega>\omega_{c,mn}$ 时，它才能在波导管中传输. 截止频率的大小不仅取决于波导管的几何尺寸(即 $a$ 和 $b$)，还取决于波的模数 $(m,n)$.

对于 $\text{TE}_{mn}$ 波，当 $m=1,n=0$ 时，它的截止频率最低：

$$\omega_{c,10} = \frac{\pi c}{a} \tag{5.7-20}$$

对应的波长为

$$\lambda_{c,10} = 2a \tag{5.7-21}$$

可见截止频率及截止波长只与波导管的宽边长度 $a$ 有关，这对波导管尺寸的要求最小. 因此，$TE_{10}$ 波是一种最常用的波形. 对于这种波，可以选取 $a$ 的取值范围为 $\lambda > a \geqslant \frac{1}{2}\lambda_{c,10}$. 在实际应用中，选取 $a \approx 0.7\lambda_{c,10}$. 对于 $TE_{10}$ 波，它的电场和磁场分别为

$$\begin{cases} E_x = 0 \\ E_y = A_y \sin\left(\dfrac{\pi}{a}x\right)\mathrm{e}^{\mathrm{i}k_z z} \\ E_z = 0 \end{cases} \tag{5.7-22}$$

及

$$\begin{cases} B_x = -A_y \dfrac{k_z}{\omega}\sin\left(\dfrac{\pi}{a}x\right)\mathrm{e}^{\mathrm{i}k_z z} \\ B_y = 0 \\ B_z = -\mathrm{i}A_y \dfrac{\pi}{a\omega}\cos\left(\dfrac{\pi}{a}x\right)\mathrm{e}^{\mathrm{i}k_z z} \end{cases} \tag{5.7-23}$$

可见，对于 $TE_{10}$ 波，电场是线偏振的，而磁场是椭圆偏振的.

2. 圆柱形波导

考虑一半径为 $a$ 的中空圆柱形金属波导管，其长度远大于其半径，如图 5-9 所示. 下面以 TM 波 $(E_z \neq 0)$ 为例进行讨论. 在柱坐标系 $(\rho,\phi,z)$ 中，波电场的 $z$ 分量 $E_z$ 满足方程

$$\left[\frac{1}{\rho}\frac{\partial}{\partial\rho}\left(\rho\frac{\partial}{\partial\rho}\right)+\frac{1}{\rho^2}\frac{\partial^2}{\partial\phi^2}+\frac{\partial^2}{\partial z^2}\right]E_z + k_0^2 E_z = 0 \tag{5.7-24}$$

且满足边界条件

$$E_z\Big|_{\rho=a} = 0 \tag{5.7-25}$$

由于在轴向是开端的，无边界条件限制.

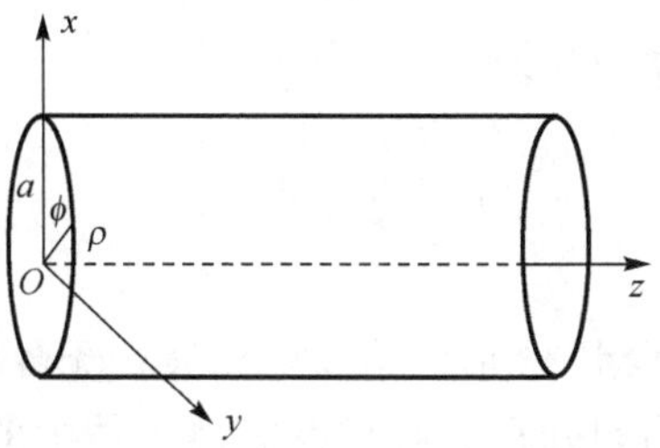


图 5-9

采用分离变量法求解方程(5.7-24)，可以得到

$$E_z = E_0 J_m\left(\frac{x_{mn}}{a}\rho\right)\begin{Bmatrix}\cos m\phi \\ \sin m\phi\end{Bmatrix}\mathrm{e}^{\mathrm{i}k_{mn}z} \tag{5.7-26}$$

其中，$x_{mn}$ 是 $m$ 阶贝塞尔函数的第 $n$ 个零点；$k_{mn}$ 为

$$k_{mn} = \sqrt{k_0^2 - (x_{mn}/a)^2} \tag{5.7-27}$$

可见，当 $k_0 < x_{mn}/a$ 时，$k_{mn}$ 为纯虚数，这时电磁波不能沿着波导管轴向传播. 因此，对于圆柱形金属波导管，其截止频率为

$$\omega_{cmn} = \frac{c}{a}x_{mn} \tag{5.7-28}$$

下面考虑当 $m=0, n=1$ 时圆柱形波导管中传播的电磁波，即 $\mathrm{TM}_{01}$ 波. 这时电场的轴向分量为

$$E_z = E_0 J_0\left(\frac{x_{01}}{a}\rho\right)\mathrm{e}^{\mathrm{i}k_{01}z} \tag{5.7-29}$$

利用式 $\nabla\cdot\boldsymbol{E}=0$，可以得到电场的径向分量为

$$E_\rho = -\mathrm{i}k_{01}\frac{a}{x_{01}}E_0 J_1\left(\frac{x_{01}}{a}\rho\right)\mathrm{e}^{\mathrm{i}k_{01}z} \tag{5.7-30}$$

另外，对于 TM 波，由于磁场的轴向分量为零$(B_z=0)$，因此根据 $\nabla\times\boldsymbol{E}=\mathrm{i}\omega\boldsymbol{B}$，可以得到电场的角向分量为零，$E_\phi=0$. 再根据 $\boldsymbol{B}=-\frac{\mathrm{i}}{\omega}\nabla\times\boldsymbol{E}$，可以进一步确定出 $\mathrm{TM}_{01}$ 波的磁场为

$$\begin{cases}B_\rho = 0\\ B_\phi = -\mathrm{i}\dfrac{\omega a}{x_{01}c^2}E_0 J_1\left(\dfrac{x_{01}}{a}\rho\right)\mathrm{e}^{\mathrm{i}k_{01}z}\end{cases} \tag{5.7-31}$$

对于这种波，其截止频率为

$$\omega_{c10} = 2.405\frac{c}{a} \tag{5.7-32}$$

它也是圆柱形波导管的最低截止频率.

# 本 章 小 结

本章利用麦克斯韦方程组，分别讨论了电磁波在无界区域和有界区域中的传播，前者包括电磁波在真空、均匀介质、导体及等离子体中的传播，后者包括电磁波在金属谐振腔和金属波导管中的传播. 此外，还要做如下几点说明：

(1) 对于平面电磁波在真空中和绝缘介质中传播，两者的传播行为在本质上没有差别，只是真空中电磁波的相速度为光速 $c$，而在介质中电磁波的相速度小于光速，即为 $c/n$，其中 $n$ 为介质的折射率.

(2) 对于非线性介质，由于介质的折射率是电场的函数，这时不能再把电场和磁场随时间的变化写成简谐波的形式，电磁波将呈现出一些非线性行为.

(3) 当电磁波的频率不是太高时，由于趋肤效应，电磁波在导体内部很快被衰减，即电磁波不能在金属内部传播. 但当电磁波的频率很高时，如 X 射线，仍可以在金属内部传播，甚至可以穿透金属.

(4) 电磁波在界面上的反射和折射定律，甚至菲涅耳公式，早在麦克斯韦的电磁理论之前就被人们在光学实验中发现了. 本章只不过是运用麦克斯韦的电磁理论来重新推导这些早已熟知的结果.

(5) 对于频率位于微波波段 ( $\sim 10^9$ Hz ) 的电磁波，可以用金属波导来传输，但对于频率位于光波波段的电磁波 ( $\sim 10^{14}$ Hz )，必须采用光波导来传输. 最简单的光纤波导是由纤芯和包层两种不同的介质构成的. 从原则上讲，利用麦克斯方程组，也可以推导出电磁波在光波导中的传输模式，但推导过程较为复杂.

# 物理学家简介(七)：赫兹

赫兹

海因里希・鲁道夫・赫兹 (Heinrich Rudolf Hertz，1857－1894)，德国物理学家. 主要科学成就：首先证实了电磁波的存在.

赫兹于 1857 年 2 月 22 日出生在德国汉堡一个改信基督教的犹太家庭. 1877 年进入柏林大学学习，并成为亥姆霍兹的学生. 1880 年，获得博士学位，其后给亥姆霍兹当助手；1883 年，在基尔大学担任编外讲师；1885 年，在卡尔斯鲁厄理工学院担任实验物理学教授. 1887 年，发表了“论在绝缘体中电扰动所引起的电磁效应”一文，初步验证了麦克斯韦的电磁理论.

1888 年，赫兹又用实验确定了电磁波的速度等于光速，电磁波具有与光波一样的直线传播、反射、折射、偏振等性质，全面验证了麦克斯韦的电磁理论.

1889 年，32 岁的赫兹担任波恩大学物理学教授. 1894 年 1 月 1 日，赫兹 37 岁时英年早逝. 为了纪念赫兹的丰功伟绩，人们把他的名字“赫兹”定为频率的单位.

（注：该简介的内容是根据百度搜索整理而成，人物肖像也是源自百度搜索）

## 习　　题

1．考虑两列振幅相同、偏振方向相同频率分别为 $\omega+\omega_0$ 和 $\omega-\omega_0$ 的线偏振平面波，它们都沿着 $z$ 方向传播. 求由这两列波合成的波.

2．对于一个沿着 $z$ 方向传播的单色平面电磁波，已知其波电场的两个分量为

$$E_x = E_0\cos(kz-\omega t)\,,\quad E_y = E_0\sin(kz-\omega t)$$

其中，$k$ 为波数，$\omega$ 为圆频率，$E_0$ 为幅值.

(1) 讨论电磁波的偏振特性；

(2) 确定该电磁波的磁场形式；

(3) 证明电磁波的能流密度矢量 $\boldsymbol{S}$ 的瞬时值与时间无关.

3．当一个平面单色电磁波在两种介质分界面上垂直入射时，证明反射系数和透射系数分别为

$$R=\frac{(n-1)^2}{(n+1)^2},\quad T=\frac{4n}{(1+n)^2}$$

其中，$n$ 为第二种介质相对第一种介质的折射率.

4．设一平面单色电磁波垂直入射到金属表面上，证明透入金属内部的电磁能量全部转化为焦耳热.

5．对于一个横截面积为 $a\times b$ 的矩形金属波导管，确定 $TE_{10}$ 模式电磁波的平均能流密度矢量 $\overline{\boldsymbol{S}}$ 及平均传输功率.

6．对于一个横截面积为 $a\times b$ 的矩形金属波导管，分别确定 $TE_{0n}$ 模式电磁波的电场和磁场分量，并说明电磁场的偏振行为.

7．写出矩形波导管内磁场满足的方程及边界条件.

# 第6章　电磁波的辐射

尽管赫兹在1888年验证了麦克斯韦理论所预言的电磁波的存在，但其测量范围只局限在实验室内. 1895年意大利物理学家、无线电工程师马可尼(Marconi)发明了第一个能够远距离传播电磁信号的无线电报装置，推动了电磁辐射理论的发展.

本章将讨论高频交变的电流源所产生的电磁辐射问题，如天线上交变电流产生的电磁辐射. 我们知道，电磁场与场源(电荷源及电流源)之间是相互影响的，即运动的电荷可以产生电磁场，反过来电磁场也可以影响运动电荷的状态，而且这种相互作用还要受到边值条件的影响. 因此，在有场源存在的情况下，求解麦克斯韦方程组是非常复杂的. 本章在讨论简谐振荡电流源产生的电磁辐射时将做如下简化处理：

(1)假定场源给定，不受辐射电磁场的影响；

(2)假定场源的线尺度远小于场区的线尺度.

除此之外，在一些情况下，场源的线尺度还远小于电磁波的波长. 在这些简化下，可以得到势方程在远区的近似解析解，进而确定出辐射电磁场及辐射功率.

## 6.1　推　迟　势

根据第4章的讨论，我们知道在洛伦兹规范下，电磁势 $\varphi$ 和 $\boldsymbol{A}$ 满足如下波动方程：

$$\nabla^2\varphi-\varepsilon_0\mu_0\frac{\partial^2\varphi}{\partial t^2}=-\rho/\varepsilon_0 \tag{6.1-1}$$

$$\nabla^2\boldsymbol{A}-\varepsilon_0\mu_0\frac{\partial^2\boldsymbol{A}}{\partial t^2}=-\mu_0\boldsymbol{J} \tag{6.1-2}$$

其中，$\rho(\boldsymbol{r},t)$ 和 $\boldsymbol{J}(\boldsymbol{r},t)$ 是瞬时电荷密度和电流密度. 从原则上讲，在给定电荷密度和电流密度的情况下，可以通过求解方程(6.1-1)及方程(6.1-2)确定出标势 $\varphi$ 和矢势 $\boldsymbol{A}$.

下面以计算标势 $\varphi$ 为例进行讨论. 把电荷分布的区域 $V$ 划分成很多小的体积元，则在 $t$ 时刻位于 $\boldsymbol{r}'$ 点的小体积元 $\mathrm{d}V'$ 内的电量为

$$Q(t)=\rho(\boldsymbol{r}',t)\mathrm{d}V'=\rho(t)\mathrm{d}V' \tag{6.1-3}$$

可以把它等效为一个“点电荷”. 如果在 $\boldsymbol{r}$ 点观察，该点电荷对应的电荷密度为

$$\rho_Q(\boldsymbol{r},\boldsymbol{r}',t)=Q(t)\delta(\boldsymbol{r}-\boldsymbol{r}') \tag{6.1-4}$$

它在 $\boldsymbol{r}$ 处产生的标势 $\varphi$ 所满足的方程为

$$\nabla^2\varphi-\varepsilon_0\mu_0\frac{\partial^2\varphi}{\partial t^2}=-\frac{\rho_Q}{\varepsilon_0} \tag{6.1-5}$$

为了便于求解该方程(6.1-5)，我们引入相对位置矢量 $\boldsymbol{R}=\boldsymbol{r}-\boldsymbol{r}'$，显然有 $\nabla^2\to\nabla_R^2$. 这样方程(6.1-5)变为

$$\nabla_R^2\varphi-\varepsilon_0\mu_0\frac{\partial^2\varphi}{\partial t^2}=-\frac{Q(t)}{\varepsilon_0}\delta(\boldsymbol{R}) \tag{6.1-6}$$

当 $\boldsymbol{R}\neq 0$ 时，由于 $\delta(\boldsymbol{R})=0$，有

$$\nabla_R^2\varphi-\varepsilon_0\mu_0\frac{\partial^2\varphi}{\partial t^2}=0$$

显然，该方程的解具有球对称性，即 $\varphi=\varphi(R,t)$ 及

$$\frac{1}{R^2}\frac{\partial}{\partial R}\left(R^2\frac{\partial\varphi}{\partial R}\right)-\varepsilon_0\mu_0\frac{\partial^2\varphi}{\partial t^2}=0 \tag{6.1-7}$$

令

$$\varphi(R,t)=u(R,t)/R \tag{6.1-8}$$

并代入方程(6.1-7)，可以得到函数 $u$ 所满足的方程为

$$\frac{\partial^2 u}{\partial R^2}-\frac{1}{c^2}\frac{\partial^2 u}{\partial t^2}=0 \tag{6.1-9}$$

这是一个典型的一维达朗贝尔方程，其通解为

$$u(R,t)=f(t-R/c)+g(t+R/c)$$

其中，$f$ 和 $g$ 是两个任意的函数. 方程(6.1-7)的通解为

$$\varphi(R,t)=\frac{1}{R}f(t-R/c)+\frac{1}{R}g(t+R/c) \tag{6.1-10}$$

上式右边第一项代表的是从点源向外辐射的球面波，而第二项代表的是向点源汇聚的球面波. 但在无限区间内，点源只能向外发射球面波，因此应把式(6.1-10)右边的第二项舍去. 这样点电荷源产生的标势为

$$\varphi(R,t)=\frac{1}{R}f(t-R/c) \tag{6.1-11}$$

下面需要确定函数 $f$ 的形式. 作一个半径为 $\eta$ 的小球，球心位于 $R=0$ 处，对方程(6.1-6)两边进行积分，并利用式(6.1-11)，有

$$\int\limits_{R\leqslant\eta}\left(f\nabla^2\frac{1}{R}+2\nabla\frac{1}{R}\cdot\nabla f+\frac{1}{R}\nabla^2 f-\varepsilon_0\mu_0\frac{1}{R}\frac{\partial^2\varphi}{\partial t^2}\right)\mathrm{d}V_R$$
$$=-\frac{1}{\varepsilon_0}\int\limits_{R\leqslant\eta}Q(t)\delta(\boldsymbol{R})\mathrm{d}V_R \tag{6.1-12}$$

其中，$\mathrm{d}V_R=4\pi R^2\mathrm{d}R$．上式左端第二项的体积分正比于$\eta$，第三项和第四项的体积分正比于$\eta^2$．对于上式左端第一项，利用公式

$$\nabla^2\frac{1}{R}=-4\pi\delta(\boldsymbol{R})$$

因此当$\eta\to 0$时，完成式(6.1-12)的积分后，可以得到$f(t)=\dfrac{Q(t)}{4\pi\varepsilon_0}$．再用$t-R/c$代替$t$，可得

$$f(t-R/c)=\frac{Q(t-R/c)}{4\pi\varepsilon_0} \tag{6.1-13}$$

由此可以得到点电荷源产生的标势表示为

$$\varphi(R,t)=\frac{Q(t-R/c)}{4\pi\varepsilon_0 R}=\frac{\rho(\boldsymbol{r}',t-R/c)\mathrm{d}V'}{4\pi\varepsilon_0 R} \tag{6.1-14}$$

再根据叠加原理，最终得到标势方程(6.1-1)的解为

$$\varphi(\boldsymbol{r},t)=\frac{1}{4\pi\varepsilon_0}\int\frac{\rho(\boldsymbol{r}',t-R/c)}{R}\mathrm{d}V' \tag{6.1-15}$$

类似地，可以得到矢势方程(6.1-2)的解为

$$\boldsymbol{A}(\boldsymbol{r},t)=\frac{\mu_0}{4\pi}\int\frac{\boldsymbol{J}(\boldsymbol{r}',t-R/c)}{R}\mathrm{d}V' \tag{6.1-16}$$

由式(6.1-15)和式(6.1-16)给出的标势和矢势被称为推迟势，其物理意义为：在$t$时刻观察到位于$\boldsymbol{r}$处的电磁势是由较早时刻$t'=t-R/c$的电荷源和电流源在$\boldsymbol{r}'$处激发的，而且是以光速$c$传播的，其中$R=|\boldsymbol{r}-\boldsymbol{r}'|$是场源与观察点之间的距离.

事实上，也可以利用数学物理方法中的傅里叶-拉普拉斯联合积分变换法求解方程(6.1-1)和方程(6.1-2)，所得结果与式(6.1-15)和式(6.1-16)完全相同.

## 6.2 简谐振荡与远区近似

从原则上讲，一旦知道了激发源的电荷密度和电流密度，就可由式(6.1-15)及式(6.1-16)分别计算出电磁势. 但在一般的情况下，需要借助于数值计算. 为了能够得到电磁势及辐射电磁场的解析表示式，下面将做一些近似处理.

1. 简谐振荡

假设电荷源和电流源随时间的变化都是单频简谐振荡的，即可以把电荷源和电流源的密度分别表示为

$$\rho(\boldsymbol{r}',t)=\rho_0(\boldsymbol{r}')\mathrm{e}^{-\mathrm{i}\omega t},\quad \boldsymbol{J}(\boldsymbol{r}',t)=\boldsymbol{J}_0(\boldsymbol{r}')\mathrm{e}^{-\mathrm{i}\omega t} \tag{6.2-1}$$

其中，$\omega$ 是电磁波辐射的圆频率；$\rho_0(\boldsymbol{r}')$ 和 $\boldsymbol{J}_0(\boldsymbol{r}')$ 是电荷密度和电流密度的幅值. 由此可以把标势和矢势分别表示为

$$\begin{aligned}\varphi(\boldsymbol{r},t)&=\frac{1}{4\pi\varepsilon_0}\int_V\frac{\rho_0(\boldsymbol{r}')\mathrm{e}^{-\mathrm{i}\omega(t-|\boldsymbol{r}-\boldsymbol{r}'|/c)}}{|\boldsymbol{r}-\boldsymbol{r}'|}\mathrm{d}V'\\&=\frac{1}{4\pi\varepsilon_0}\int_V\frac{\rho(\boldsymbol{r}',t)\mathrm{e}^{\mathrm{i}k|\boldsymbol{r}-\boldsymbol{r}'|}}{|\boldsymbol{r}-\boldsymbol{r}'|}\mathrm{d}V'\end{aligned} \tag{6.2-2}$$

$$\begin{aligned}\boldsymbol{A}(\boldsymbol{r},t)&=\frac{\mu_0}{4\pi}\int_V\frac{\boldsymbol{J}_0(\boldsymbol{r}')\mathrm{e}^{-\mathrm{i}\omega(t-|\boldsymbol{r}-\boldsymbol{r}'|/c)}}{|\boldsymbol{r}-\boldsymbol{r}'|}\mathrm{d}V'\\&=\frac{\mu_0}{4\pi}\int_V\frac{\boldsymbol{J}(\boldsymbol{r}',t)\mathrm{e}^{\mathrm{i}k|\boldsymbol{r}-\boldsymbol{r}'|}}{|\boldsymbol{r}-\boldsymbol{r}'|}\mathrm{d}V'\end{aligned} \tag{6.2-3}$$

其中，$k=\omega/c$ 为电磁波在真空中的波数.

2. 远区近似和小场源近似

我们注意到，在上面电磁势的表示式中存在三个不同的线尺度：电磁波在真空中的波长 $\lambda=2\pi/k$、场源的线尺度 $l$ 以及观察点到场源的距离 $R=|\boldsymbol{r}-\boldsymbol{r}'|$. 因此，在如下讨论中，我们做如下近似：

**(1) 远区近似**，即要求观察点到场源的距离远大于场源的线尺度和电磁波在真空中的波长：

$$r\gg l,\ r\gg r' \tag{6.2-4}$$

$$r\gg\lambda\quad\text{或}\quad kr\gg 1 \tag{6.2-5}$$

**(2) 小场源近似**，即要求电磁波在真空中的波长远大于场源的线尺度，即

$$\lambda\gg l \tag{6.2-6}$$

只要电磁波的频率不是太高，以及场源的线尺度不是太大，近似式(6.2-6)是成立的. 对于电视及广播所用的高频电磁波，其频率范围在 1～100MHz，相应的波长为 300～3m.

根据式(6.2-4)，$r'/r$ 是一个小量，因此可以对 $|\boldsymbol{r}-\boldsymbol{r}'|$ 及 $|\boldsymbol{r}-\boldsymbol{r}'|^{-1}$ 作如下泰勒展开：

$$|\boldsymbol{r}-\boldsymbol{r}'|=\sqrt{r^2+r'^2-2\boldsymbol{r}\cdot\boldsymbol{r}'}\approx r-\boldsymbol{e}_r\cdot\boldsymbol{r}'$$

$$\frac{1}{|\boldsymbol{r}-\boldsymbol{r}'|} \approx \frac{1}{r} + \frac{\boldsymbol{e}_r \cdot \boldsymbol{r}'}{r^2} \approx \frac{1}{r}$$

其中，$\boldsymbol{e}_r = \boldsymbol{r}/r$ 是径向上的单位矢量. 这样可以把式(6.2-3)改写为

$$\boldsymbol{A}(\boldsymbol{r},t) \approx \frac{\mu_0}{4\pi r}\int_V \boldsymbol{J}(\boldsymbol{r}',t)\mathrm{e}^{\mathrm{i}k(r-\boldsymbol{e}_r\cdot\boldsymbol{r}')}\mathrm{d}V' \tag{6.2-7}$$

另外，根据式(6.2-6)，有 $k(\boldsymbol{e}_r \cdot \boldsymbol{r}') \ll 1$ 及

$$\mathrm{e}^{\mathrm{i}k(-\boldsymbol{e}_r\cdot\boldsymbol{r}')} \approx 1 - \mathrm{i}k\boldsymbol{e}_r \cdot \boldsymbol{r}' \tag{6.2-8}$$

将上式代入式(6.2-7)，有

$$\boldsymbol{A}(\boldsymbol{r},t) \approx \frac{\mu_0 \mathrm{e}^{\mathrm{i}kr}}{4\pi r}\int_V \boldsymbol{J}(\boldsymbol{r}',t)(1-\mathrm{i}k\boldsymbol{e}_r\cdot\boldsymbol{r}')\mathrm{d}V' \tag{6.2-9}$$

下面将看到，上式右边第一项对应于电偶极辐射，第二项对应磁偶极辐射和电四极辐射.

最后需要做几点说明：

(1) 一旦计算出矢势 $\boldsymbol{A}$，就可以计算出远区的辐射电磁场. 辐射磁场可以由下式确定：

$$\boldsymbol{B} = \nabla \times \boldsymbol{A} \tag{6.2-10}$$

而对于辐射电场，由于在远区处的电流密度 $\boldsymbol{J}$ 为零，因此由方程

$$\nabla \times \boldsymbol{B} = \varepsilon_0 \mu_0 \frac{\partial \boldsymbol{E}}{\partial t}$$

可以得到

$$\boldsymbol{E} = \frac{\mathrm{i}c^2}{\omega}\nabla \times \boldsymbol{B} \tag{6.2-11}$$

这样远区处的辐射电磁场完全可以由矢势 $\boldsymbol{A}$ 来确定，而不需要标势 $\varphi$. 也就是说，只要知道电流源的电流密度，就可以确定出远区的辐射电磁场.

(2) 后面在计算辐射电磁场时，要遇到对因子 $\mathrm{e}^{\mathrm{i}kr}/r$ 的微分. 根据式(6.2-5)，有 $(kr)^{-1} \ll 1$，则

$$\nabla\left(\frac{\mathrm{e}^{\mathrm{i}kr}}{r}\right) = \left(1 + \mathrm{i}\frac{1}{kr}\right)\mathrm{i}k\frac{\mathrm{e}^{\mathrm{i}kr}}{r}\boldsymbol{e}_r \approx \mathrm{i}k\boldsymbol{e}_r\frac{\mathrm{e}^{\mathrm{i}kr}}{r} \tag{6.2-12}$$

因此，只对因子 $\mathrm{e}^{\mathrm{i}kr}/r$ 中的 $\mathrm{e}^{\mathrm{i}kr}$ 进行微分，而不对 $1/r$ 进行微分，相当于做如下代换：

$$\nabla \to \mathrm{i}k\boldsymbol{e}_r \tag{6.2-13}$$

(3) 从表面上看，假设电磁波在真空中的波长远大于场源的线尺度是为了便于计算积分，但其物理本质是要求场源中电荷的运动速度 $u$ 远小于光速 $c$，这是因为

$$\boldsymbol{k}\cdot\boldsymbol{r}' \sim kl = \omega l / c \sim u / c \ll 1 \tag{6.2-14}$$

因此，本章讨论的电磁辐射是由低速运动的场源产生的. 关于高速运动的场源产生的电磁辐射问题，我们将在第 8 章进行讨论.

## 6.3　电偶极辐射

首先考察由式(6.2-9)右边第一项的产生的辐射电场. 对应的矢势为

$$\boldsymbol{A}_p = \frac{\mu_0 \mathrm{e}^{\mathrm{i}kr}}{4\pi r}\int_V \boldsymbol{J}(\boldsymbol{r}',t)\mathrm{d}V' \tag{6.3-1}$$

下面将看到，这个矢势是来自于电偶极矩的贡献，故将矢势的下标用“ $p$ ”来表示.

根据第 3 章的讨论可知，在稳恒情况下，由于电流是连续的，电流密度的体积分为零. 但在非稳恒情况下，上式中的积分不再为零. 为了更清楚地看出该积分的物理意义，我们需对该积分做一些变换. 利用电荷守恒定律

$$\frac{\partial \rho}{\partial t} + \nabla\cdot\boldsymbol{J} = 0$$

可以得到

$$\nabla'\cdot(\boldsymbol{J}'\boldsymbol{r}') = (\nabla'\cdot\boldsymbol{J}')\boldsymbol{r}' + \boldsymbol{J}'\cdot\nabla'\boldsymbol{r}' = -\frac{\partial \rho'}{\partial t}\boldsymbol{r}' + \boldsymbol{J}'$$

由此可以把式(6.3-1)右边的积分表示为

$$\int_V \boldsymbol{J}'\mathrm{d}V' = \int_V \left[\nabla'\cdot(\boldsymbol{J}'\boldsymbol{r}') + \frac{\partial \rho'}{\partial t}\boldsymbol{r}'\right]\mathrm{d}V' \tag{6.3-2}$$

可以将上式右边第一项的体积分转化为面积分

$$\int_V \nabla'\cdot(\boldsymbol{J}'\boldsymbol{r}')\mathrm{d}V' = \oint_S \mathrm{d}\boldsymbol{S}'\cdot(\boldsymbol{J}'\boldsymbol{r}')$$

但由于源电流局限于一个很小的区域，因此对全空间积分（$S\to\infty$），该项的积分为零. 这样有

$$\begin{aligned}\int_V \boldsymbol{J}(\boldsymbol{r}',t)\mathrm{d}V' &= \int_V \frac{\partial \rho(\boldsymbol{r}',t)}{\partial t}\boldsymbol{r}'\mathrm{d}V' \\ &= \frac{\mathrm{d}\boldsymbol{p}(t)}{\mathrm{d}t} \equiv \dot{\boldsymbol{p}}\end{aligned} \tag{6.3-3}$$

其中

$$\boldsymbol{p}(t) = \int_V \rho(\boldsymbol{r}',t)\boldsymbol{r}'\mathrm{d}V' \tag{6.3-4}$$

为场源的电偶极矩，它随时间是简谐振荡的. 由此可见，式(6.3-1)为振荡的电偶极

矩产生的矢势

$$\boldsymbol{A}_p = \frac{\mu_0 e^{ikr}}{4\pi r}\frac{d\boldsymbol{p}(t)}{dt} \tag{6.3-5}$$

下面确定简谐振荡的电偶极矩产生的辐射电磁场. 在远区近似下（$\nabla \to ik\boldsymbol{e}_r$），根据式 $\boldsymbol{B}_p = \nabla\times\boldsymbol{A}_p$，有

$$\boldsymbol{B}_p = ik\boldsymbol{e}_r \times \boldsymbol{A}_p$$

将式(6.3-5)代入，可以把辐射磁场表示为

$$\boldsymbol{B}_p = i\frac{\mu_0 k e^{ikr}}{4\pi r}(\boldsymbol{e}_r \times \dot{\boldsymbol{p}}) \tag{6.3-6}$$

再利用 $\ddot{\boldsymbol{p}} = -i\omega\dot{\boldsymbol{p}}$，把上式改写为

$$\boldsymbol{B}_p = \frac{\mu_0 e^{ikr}}{4\pi c r}(\ddot{\boldsymbol{p}} \times \boldsymbol{e}_r) \tag{6.3-7}$$

根据式(6.2-11)及式(6.3-7)，可以得到电偶极矩在远区产生的辐射电场

$$\boldsymbol{E}_p = -c\boldsymbol{e}_r \times \boldsymbol{B}_p = \frac{\mu_0 e^{ikr}}{4\pi r}(\ddot{\boldsymbol{p}} \times \boldsymbol{e}_r)\times\boldsymbol{e}_r \tag{6.3-8}$$

由此可见，电偶极矩在远区产生的辐射电磁场反比于 $r$，正比于电偶极矩 $\boldsymbol{p}$；电场的方向与磁场的方向相互垂直.

在实际应用中，人们最关心的问题是辐射功率及辐射的方向性. 根据平均能流密度的定义

$$\overline{\boldsymbol{S}}_p = \frac{1}{2\mu_0}\mathrm{Re}(\boldsymbol{E}_p^* \times \boldsymbol{B}_p)$$

及 $\boldsymbol{E}_p = -c\boldsymbol{e}_r \times \boldsymbol{B}_p$，有

$$\overline{\boldsymbol{S}}_p = \frac{c}{2\mu_0}\left|\boldsymbol{B}_p\right|^2 \boldsymbol{e}_r \tag{6.3-9}$$

再将式(6.3-7)代入，可以得到电偶极矩辐射的平均能流密度为

$$\overline{\boldsymbol{S}}_p = \frac{\mu_0}{32\pi^2 c r^2}\left|\ddot{\boldsymbol{p}} \times \boldsymbol{e}_r\right|^2 \boldsymbol{e}_r \tag{6.3-10}$$

可见，平均能流密度的方向沿着径向.

作一个半径为 $r$ 的球面，并对式(6.3-10)进行球面积分，则单位时间内流过球面的能量(即辐射功率)为

$$P_p = \oint_\Sigma \overline{\boldsymbol{S}}_p \cdot d\boldsymbol{\Sigma} = \iint \overline{S}_p r^2 d\Omega \tag{6.3-11}$$

将式(6.3-10)代入，由此可以得到辐射功率的角分布为

$$\frac{\mathrm{d}P_p}{\mathrm{d}\Omega}=\frac{\mu_0}{32\pi^2c}\left|\ddot{\boldsymbol{p}}\times\boldsymbol{e}_r\right|^2 \tag{6.3-12}$$

可见辐射功率的角分布与电偶极矩 $\boldsymbol{p}$ 的取向有关.

对于定向的电偶极子，可以选取 $\boldsymbol{p}$ 的方向沿着球坐标系的极轴，即沿着 $z$ 轴方向： $\boldsymbol{p}=p\boldsymbol{e}_z$ . 利用

$$\boldsymbol{e}_r\times\boldsymbol{e}_z=-\sin\theta\boldsymbol{e}_\phi$$

$$\boldsymbol{e}_r\times(\boldsymbol{e}_r\times\boldsymbol{e}_z)=-\sin\theta\boldsymbol{e}_r\times\boldsymbol{e}_\phi=\sin\theta\boldsymbol{e}_\theta$$

可以把电偶极矩辐射产生的电磁场、平均能流密度矢量、辐射功率的角分布及辐射总功率分别表示为

$$\boldsymbol{E}_p=\frac{\mu_0\mathrm{e}^{\mathrm{i}kr}\ddot{p}}{4\pi r}\sin\theta\boldsymbol{e}_\theta \tag{6.3-13}$$

$$\boldsymbol{B}_p=\frac{\mu_0\mathrm{e}^{ikr}\ddot{p}}{4\pi cr}\sin\theta\boldsymbol{e}_\phi \tag{6.3-14}$$

$$\overline{\boldsymbol{S}}_p=\frac{\mu_0\left|\ddot{p}\right|^2}{32\pi^2cr^2}\sin^2\theta\boldsymbol{e}_r \tag{6.3-15}$$

$$\frac{\mathrm{d}P_p}{\mathrm{d}\Omega}=\frac{\mu_0\left|\ddot{p}\right|^2}{32\pi^2c}\sin^2\theta \tag{6.3-16}$$

$$P_p=\oint\frac{\mathrm{d}P}{\mathrm{d}\Omega}\mathrm{d}\Omega=\frac{\mu_0\left|\ddot{p}\right|^2}{12\pi c} \tag{6.3-17}$$

由此可见，定向电偶极的辐射有如下特点：

(1)辐射电场和辐射磁场分别是沿着极向和环向，且都与方位角 $\phi$ 无关.

(2)平均能流密度矢量沿着径向，且反比于 $r^2$ .

(3)辐射功率的分布在 $\theta=\pm\pi/2$ 处最强，在 $\theta=0$ 或 $\pi$ 处没有辐射.

(4) 由于 $\left|\ddot{p}\right|^2=\omega^4\left|p\right|^2$ ，因此辐射功率正比于 $\omega^4$ . 频率越高，辐射功率越大.

由于在顺着天线的方向上辐射功率为零，而在垂直天线方向上辐射功率最大，因此广播电台在使用电偶极发射天线时，通常将天线垂直于地面放置，可以使电磁波向四面八方发射，而不向天空发射.

**例题 6.1**　考虑两个相距为 $l$ 的金属球，由细导线连接，如图 6-1 所示. 当导线上通有交流电时，两个小球上的充电量分别为 $\pm Q(t)$ ，其中 $Q(t)=Q_0\mathrm{e}^{-\mathrm{i}\omega t}$ . 确定这两个金属球辐射的功率.

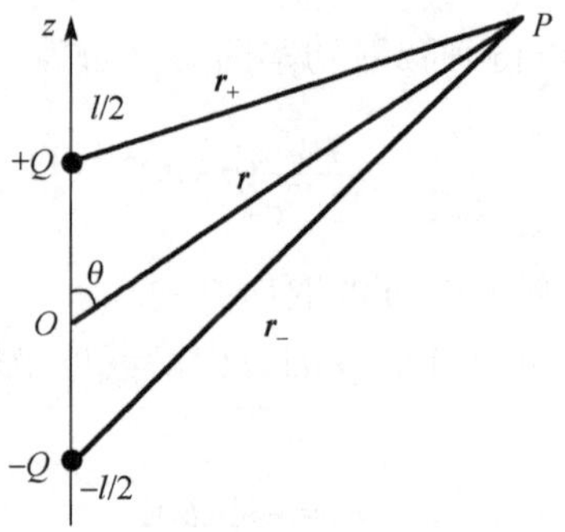


图 6-1

**解**　选择 $z$ 轴沿着两个小球的连线方向. 可以把这两个小球构成的体系看成是一个电偶极子，对应的电偶极矩为

$$\boldsymbol{p}(t)=Q(t)l\boldsymbol{e}_z=p_0\mathrm{e}^{-\mathrm{i}\omega t}\boldsymbol{e}_z$$

其中，$p_0=Q_0l$. 根据式(6.3-17)，则辐射功率为

$$P_p=\frac{\mu_0\omega^4Q_0^2l^2}{12\pi c}=\frac{\pi(Q_0\omega)^2}{3}\sqrt{\frac{\mu_0}{\varepsilon_0}}\left(\frac{l}{\lambda}\right)^2 \tag{6.3-18}$$

可见，对于电偶极矩辐射，辐射功率正比于因子 $(l/\lambda)^2$. 注意，上式是在 $l\ll\lambda$ 的情况下得到的.

**例题 6.2**　对于如图 6-2 所示的短天线，其电流分布为 $I(z,t)=I_0(z)\mathrm{e}^{-\mathrm{i}\omega t}$，其中，

$$I_0(z)=I_\mathrm{m}(1-2|z|/l),\quad |z|\leqslant l/2$$

$I_\mathrm{m}$ 为馈入点处的最大电流强度. 计算短天线的辐射功率.

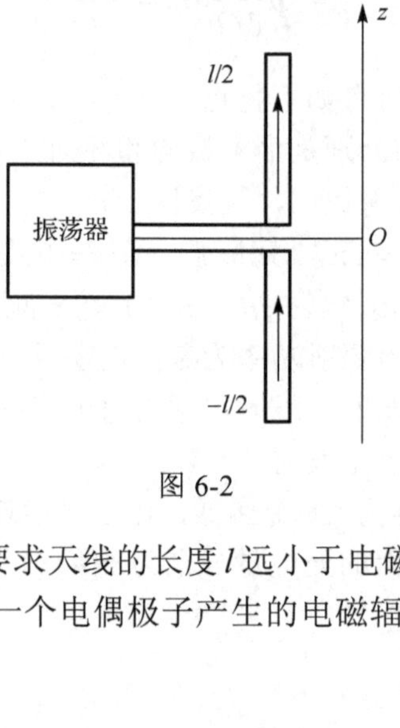


图 6-2

**解**　对于这种短天线，要求天线的长度 $l$ 远小于电磁波的波长 $\lambda$. 因此可以把短天线产生的电磁辐射等效为一个电偶极子产生的电磁辐射，对应的电偶极矩为

$$p(t)=\int_L q(z',t)\mathrm{d}z'$$

其中，$q(z',t)$ 是电荷量. 电偶极矩对时间的导数为

$$\dot{p}(t)=\left(\int_{-l/2}^{l/2} I\left(z',t\right)\mathrm{d}z'\right)=\frac{l}{2}I_{\mathrm{m}}\mathrm{e}^{-\mathrm{i}\omega t},\quad \ddot{p}=-\frac{i}{2}\omega l I_{\mathrm{m}}\mathrm{e}^{-\mathrm{i}\omega t}$$

其方向沿着 $z$ 轴. 将 $\ddot{p}$ 代入式(6.3-17)，可以得到短天线的辐射功率为

$$P_p=\frac{\mu_0\omega^2 I_{\mathrm{m}}^2 l^2}{48\pi c}=\frac{\pi I_{\mathrm{m}}^2}{12}\sqrt{\frac{\mu_0}{\varepsilon_0}}\left(\frac{l}{\lambda}\right)^2 \tag{6.3-19}$$

# 6.4　磁偶极辐射和电四极辐射

本节将讨论式(6.2-9)右边第二项对电磁辐射的贡献. 对应的矢势为

$$\boldsymbol{A}_1=-\mathrm{i}k\frac{\mu_0\mathrm{e}^{\mathrm{i}kr}}{4\pi r}\int_V(\boldsymbol{e}_r\cdot\boldsymbol{r}')\boldsymbol{J}(\boldsymbol{r}',t)\mathrm{d}V' \tag{6.4-1}$$

把上式积分中的并矢 $\boldsymbol{r}'\boldsymbol{J}'$ 分解为对称和反对称两部分，即

$$\boldsymbol{r}'\boldsymbol{J}'=\frac{1}{2}(\boldsymbol{r}'\boldsymbol{J}'+\boldsymbol{J}'\boldsymbol{r}')+\frac{1}{2}(\boldsymbol{r}'\boldsymbol{J}'-\boldsymbol{J}'\boldsymbol{r}') \tag{6.4-2}$$

这样可以把式(6.4-1)改写为

$$\begin{aligned}\boldsymbol{A}_1=&-\mathrm{i}k\frac{\mu_0\mathrm{e}^{\mathrm{i}kr}}{8\pi r}\int_V\boldsymbol{e}_r\cdot(\boldsymbol{r}'\boldsymbol{J}'-\boldsymbol{J}'\boldsymbol{r}')\mathrm{d}V'\\&-\mathrm{i}k\frac{\mu_0\mathrm{e}^{\mathrm{i}kr}}{8\pi r}\int_V\boldsymbol{e}_r\cdot(\boldsymbol{r}'\boldsymbol{J}'+\boldsymbol{J}'\boldsymbol{r}')\mathrm{d}V'\end{aligned} \tag{6.4-3}$$

下面将看到，反对称部分对应于磁偶极辐射，而对称部分对应于电四极辐射.

### 1. 磁偶极辐射

先看式(6.4-3)右边反对称部分的贡献. 利用三个矢量的叉积公式，有

$$\boldsymbol{e}_r\times(\boldsymbol{r}'\times\boldsymbol{J}')=-\boldsymbol{e}_r\cdot(\boldsymbol{r}'\boldsymbol{J}'-\boldsymbol{J}'\boldsymbol{r}')$$

可以把非对称部分对应的矢势表示为

$$\boldsymbol{A}_m=\mathrm{i}k\frac{\mu_0\mathrm{e}^{\mathrm{i}kr}}{8\pi r}\int_V\boldsymbol{e}_r\times(\boldsymbol{r}'\times\boldsymbol{J}')\mathrm{d}V'=\mathrm{i}k\frac{\mu_0\mathrm{e}^{\mathrm{i}kr}}{4\pi r}\boldsymbol{e}_r\times\boldsymbol{m} \tag{6.4-4}$$

其中，$\boldsymbol{m}$ 是电流源的磁偶极矩，即

$$\boldsymbol{m}=\frac{1}{2}\int_V\boldsymbol{r}'\times\boldsymbol{J}(\boldsymbol{r}',t)\mathrm{d}V' \tag{6.4-5}$$

由于电流是随时间简谐振荡的，因此磁偶极矩 $\boldsymbol{m}$ 也是随时间简谐振荡的. 在式(6.4-4)中，磁矢势 $\boldsymbol{A}_m$ 的下标 $m$ 表示其是来自于磁偶极矩的贡献.

下面根据矢势 $\boldsymbol{A}_m$ 来计算辐射电磁场及辐射功率. 在远区近似下，磁偶极辐射产生的磁场为

$$\boldsymbol{B}_m = \mathrm{i}k\boldsymbol{e}_r \times \boldsymbol{A}_m = -\frac{\mu_0\omega^2 \mathrm{e}^{\mathrm{i}kr}}{4\pi c^2 r}(\boldsymbol{m}\times\boldsymbol{e}_r)\times\boldsymbol{e}_r \tag{6.4-6}$$

对应的辐射电场为

$$\boldsymbol{E}_m = -c\boldsymbol{e}_r \times \boldsymbol{B}_m = \frac{\mu_0\omega^2 \mathrm{e}^{\mathrm{i}kr}}{4\pi c r}\boldsymbol{m}\times\boldsymbol{e}_r \tag{6.4-7}$$

平均能流密度矢量为

$$\bar{\boldsymbol{S}}_m = \frac{c}{2\mu_0}|\boldsymbol{B}_m|^2\boldsymbol{e}_r = \frac{\mu_0\omega^4}{32\pi^2 c^3 r^2}|\boldsymbol{m}\times\boldsymbol{e}_r|^2\boldsymbol{e}_r \tag{6.4-8}$$

可见对于磁偶极辐射，能流密度矢量也是沿着径向. 如果假设磁偶极矩 $\boldsymbol{m}$ 的方向沿着 $z$ 轴，即 $\boldsymbol{m}=m\boldsymbol{e}_z$，则有

$$\bar{\boldsymbol{S}}_m = \frac{\mu_0\omega^4|\boldsymbol{m}|^2}{32\pi^2 c^3 r^2}\sin^2\theta\boldsymbol{e}_r \tag{6.4-9}$$

由此可以得到辐射功率的角分布为

$$\frac{\mathrm{d}P_m}{\mathrm{d}\Omega} = \frac{\mu_0\omega^4|\boldsymbol{m}|^2}{32\pi^2 c^3}\sin^2\theta \tag{6.4-10}$$

及辐射功率为

$$P_m = \frac{\mu_0\omega^4|\boldsymbol{m}|^2}{12\pi c^3} \tag{6.4-11}$$

通过比较式(6.4-11)与式(6.3-17)，可见磁偶极的辐射功率与电偶极的辐射功率在形式上相似. 但通过下面的例子将看到，这两个辐射功率并不在同一个量级，磁偶极的辐射功率远小于电偶极的辐射功率.

**例题 6.3** 考虑一个半径为 $a$ 的圆形载流线圈，其中电流为 $I(t)=I_{\mathrm{m}}\mathrm{e}^{-\mathrm{i}\omega t}$. 求线圈的辐射功率.

**解** 载流圆形线圈的磁偶极矩为

$$\boldsymbol{m}(t) = \pi a^2 I_m \mathrm{e}^{-\mathrm{i}\omega t}\boldsymbol{e}_z$$

将其代入式(6.4-11)，可以得到辐射功率为

$$P_m = \frac{\pi I_m^2}{12}\sqrt{\frac{\mu_0}{\varepsilon_0}}\left(\frac{l}{\lambda}\right)^4 \tag{6.4-12}$$

其中，$l=2\pi a$ 为线圈的周长. 可见，对于磁偶极辐射，辐射功率正比于 $\left(\dfrac{l}{\lambda}\right)^4$. 与电偶极辐射功率相比，见式(6.3-18)，磁偶极辐射功率小了 $\left(\dfrac{l}{\lambda}\right)^2$ 量级. 这说明小线圈的辐射能力比电偶极子或短天线更低.

2. 电四极辐射

下面计算式(6.4-3)右边对称部分对矢势的贡献. 对应的矢势为

$$\boldsymbol{A}_D=-\mathrm{i}k\frac{\mu_0\mathrm{e}^{\mathrm{i}kr}}{8\pi r}\int_V\boldsymbol{e}_r\cdot(\boldsymbol{r}'\boldsymbol{J}'+\boldsymbol{J}'\boldsymbol{r}')\mathrm{d}V' \tag{6.4-13}$$

下面将看到这个矢势来自于电四极矩的贡献，即产生的辐射为电四极辐射. 为了说明这个问题，我们引入一个由三个矢量 $\boldsymbol{J}'\boldsymbol{r}'\boldsymbol{r}'$ 构成的并矢，并对它取散度，有

$$\begin{aligned}\nabla'\cdot(\boldsymbol{J}'\boldsymbol{r}'\boldsymbol{r}')&=(\nabla'\cdot\boldsymbol{J}')\boldsymbol{r}'\boldsymbol{r}'+(\boldsymbol{J}'\cdot\nabla'\boldsymbol{r}')\boldsymbol{r}'+\boldsymbol{r}'(\boldsymbol{J}'\cdot\nabla'\boldsymbol{r}')\\&=(\nabla'\cdot\boldsymbol{J}')\boldsymbol{r}'\boldsymbol{r}'+\boldsymbol{J}'\boldsymbol{r}'+\boldsymbol{r}'\boldsymbol{J}'\end{aligned}$$

再利用电荷守恒定律，即 $\nabla'\cdot\boldsymbol{J}'=-\dfrac{\partial\rho}{\partial t}=\mathrm{i}\omega\rho$，可以进一步得到

$$\boldsymbol{J}'\boldsymbol{r}'+\boldsymbol{r}'\boldsymbol{J}'=\nabla'\cdot(\boldsymbol{J}'\boldsymbol{r}'\boldsymbol{r}')-\mathrm{i}\omega\rho\boldsymbol{r}'\boldsymbol{r}' \tag{6.4-14}$$

将式(6.4-14)代入式(6.4-13)，有

$$\begin{aligned}\boldsymbol{A}_D=&-\mathrm{i}k\frac{\mu_0\mathrm{e}^{\mathrm{i}kr}}{8\pi r}\boldsymbol{e}_r\cdot\int_V\nabla'\cdot(\boldsymbol{J}'\boldsymbol{r}'\boldsymbol{r}')\mathrm{d}V'\\&-\frac{\omega^2}{c}\frac{\mu_0\mathrm{e}^{\mathrm{i}kr}}{8\pi r}\boldsymbol{e}_r\cdot\int_V\rho\boldsymbol{r}'\boldsymbol{r}'\mathrm{d}V'\end{aligned} \tag{6.4-15}$$

可以把上式右端第一项的体积分转化为全空间的面积分，但由于源电流局限于一个很小的区域，其积分结果为零. 对于上式右边第二项的积分，可以用张量 $\overleftrightarrow{\boldsymbol{D}}_T$ 来表示

$$\overleftrightarrow{\boldsymbol{D}}_T(t)=3\int_V\rho(\boldsymbol{r}',t)\boldsymbol{r}'\boldsymbol{r}'\mathrm{d}V' \tag{6.4-16}$$

有

$$\boldsymbol{A}_D=-\frac{\mu_0\mathrm{e}^{\mathrm{i}kr}}{24\pi r}\frac{\omega^2}{c}\boldsymbol{e}_r\cdot\overleftrightarrow{\boldsymbol{D}}_T(t) \tag{6.4-17}$$

注意，这里引入的张量 $\overleftrightarrow{\boldsymbol{D}}_T$ 不同于第 2 章引入的电四极矩 $\overleftrightarrow{\boldsymbol{D}}$，两者之间的关系为

$$\overleftrightarrow{\boldsymbol{D}}_T=\overleftrightarrow{\boldsymbol{D}}+\left(\int_V\rho(\boldsymbol{r}',t)r'^2\mathrm{d}V'\right)\overleftrightarrow{\boldsymbol{I}} \tag{6.4-18}$$

但由于 $\boldsymbol{e}_r\times(\boldsymbol{e}_r\cdot\overleftrightarrow{\boldsymbol{D}})=\boldsymbol{e}_r\times(\boldsymbol{e}_r\cdot\overleftrightarrow{\boldsymbol{D}}_T)$，因此在下面计算辐射电磁场时，可以用 $\overleftrightarrow{\boldsymbol{D}}$ 取代 $\overleftrightarrow{\boldsymbol{D}}_T$. 所以可以说，式(6.4-17)为电四极矩产生的矢势.

在远区近似下，电四极矩辐射产生的磁场为

$$\boldsymbol{B}_D=\mathrm{i}k\boldsymbol{e}_r\times\boldsymbol{A}_D=\mathrm{i}k\frac{\mu_0\mathrm{e}^{\mathrm{i}kr}}{24\pi r}\frac{\omega^2}{c}(\boldsymbol{e}_r\cdot\ddot{\boldsymbol{D}})\times\boldsymbol{e}_r \tag{6.4-19}$$

对应的辐射电场为

$$\boldsymbol{E}_D=-c\boldsymbol{e}_r\times\boldsymbol{B}_D=\mathrm{i}\frac{\mu_0\omega^3\mathrm{e}^{\mathrm{i}kr}}{24\pi cr}\left[(\boldsymbol{e}_r\cdot\overleftrightarrow{\boldsymbol{D}})\times\boldsymbol{e}_r\right]\times\boldsymbol{e}_r \tag{6.4-20}$$

由此可以得到平均能流密度矢量

$$\overline{\boldsymbol{S}}_D=\frac{c}{2\mu_0}\left|\boldsymbol{B}_D\right|^2\boldsymbol{e}_r=\frac{\mu_0\omega^6}{1152\pi^2c^3r^2}\left|(\boldsymbol{e}_r\cdot\ddot{\boldsymbol{D}})\times\boldsymbol{e}_r\right|^2\boldsymbol{e}_r \tag{6.4-21}$$

辐射功率的角分布

$$\frac{\mathrm{d}P_D}{\mathrm{d}\Omega}=\left|\overline{\boldsymbol{S}}_D\right|r^2=\frac{\mu_0\omega^6}{1152\pi^2c^3}\left|(\boldsymbol{e}_r\cdot\ddot{\boldsymbol{D}})\times\boldsymbol{e}_r\right|^2 \tag{6.4-22}$$

及辐射总功率

$$P_D=\frac{\mu_0\omega^6}{1152\pi^2c^3}\int_\Omega\left|(\boldsymbol{e}_r\cdot\ddot{\boldsymbol{D}})\times\boldsymbol{e}_r\right|^2\mathrm{d}\Omega \tag{6.4-23}$$

从式(6.4-19)及式(6.4-20)可以看出，对于电四极辐射，电磁场的方向性比较复杂，取决于电四极矩 $\ddot{\boldsymbol{D}}(t)$ 的形式，但能流密度方向仍是沿着径向.

**例题 6.4** 考虑如图 6-3 所示的电四极子系统，它是由位于一条直线上的三个金属小球构成的，其上下两个小球的电量为 $Q(t)$，中间小球的电量为 $-2Q(t)$，而且小球的电量是随时间作简谐振荡的，即 $Q(t)=Q_0\mathrm{e}^{-\mathrm{i}\omega t}$. 求这个电四极子系统的辐射功率.

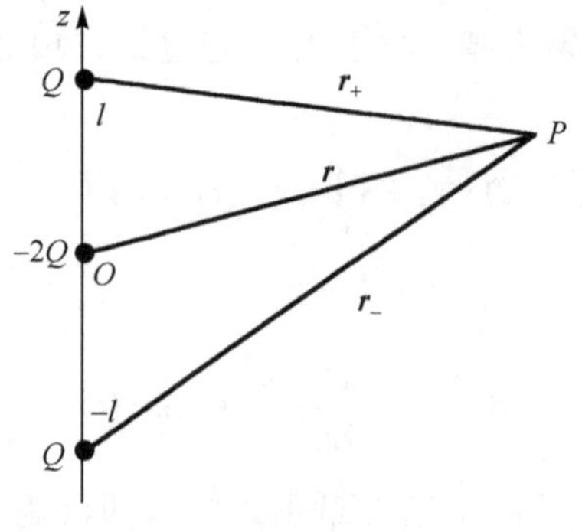


图 6-3

**解** 对于这样一个电四极子系统，可以计算出其对应的电四极矩为

$$\overleftrightarrow{\boldsymbol{D}} = 2Ql^2(3\boldsymbol{e}_z\boldsymbol{e}_z - \overleftrightarrow{\boldsymbol{I}}) \tag{6.4-24}$$

将式(6.4-24)代入式(6.4-23)，可以得到电四极辐射的功率为

$$\begin{aligned} P_D &= \frac{\mu_0\omega^6(6Q_0l^2)^2}{1152\pi^2c^3}\int_0^{\pi}\sin^2\theta\cos^2\theta\cdot 2\pi\sin\theta\mathrm{d}\theta \\ &= \frac{4\pi^3(\omega Q_0)^2}{15}\sqrt{\frac{\mu_0}{\varepsilon_0}}\left(\frac{l}{\lambda}\right)^4 \end{aligned} \tag{6.4-25}$$

可见，电四极辐射的功率也是正比于 $(l/\lambda)^4$，与磁偶极辐射功率具有相同的量级.

最后需要强调一下，对于一个随时间简谐振荡的场源，如果其电偶极矩、磁偶极矩及电四极矩均不为零，那么需要同时考虑它们对辐射电磁场及功率的贡献.

## 6.5　半波天线辐射

前面两节我们对小场源在远区的辐射情况进行了讨论，其结果为：电偶极辐射功率与 $(l/\lambda)^2$ 成正比，磁偶极和电四极的辐射功率与 $(l/\lambda)^4$ 成正比，这里 $l$ 为场源的线尺度，$\lambda$ 为波长. 为了提高辐射功率，必须选择场源的线尺度与波长相当. 在这种情况下，前面给出的小场源近似条件 $\lambda \gg l$ 不再成立，但远区近似条件 $r \gg l$ 及 $r \gg \lambda$ 仍然成立. 因此，对于有限空间尺度的场源辐射，可以由下式

$$\boldsymbol{A}(\boldsymbol{r},t) = \frac{\mu_0\mathrm{e}^{\mathrm{i}kr}}{4\pi r}\int_V \boldsymbol{J}(\boldsymbol{r}',t)\mathrm{e}^{-\mathrm{i}k\boldsymbol{e}_r\cdot\boldsymbol{r}'}\mathrm{d}V' \tag{6.5-1}$$

出发计算矢势、辐射电磁场及辐射功率.

下面以天线辐射为例进行讨论. 考虑如图 6-4 所示的直线状天线，其中天线的长度为 $l$. 这种天线上的电流分布为

$$\begin{cases} I(z,t) = I_0(z)\mathrm{e}^{-\mathrm{i}\omega t} \\ I_0(z) = I_\mathrm{m}\sin\left[k(l/2 - |z|)\right], \quad |z| \leqslant l/2 \end{cases} \tag{6.5-2}$$

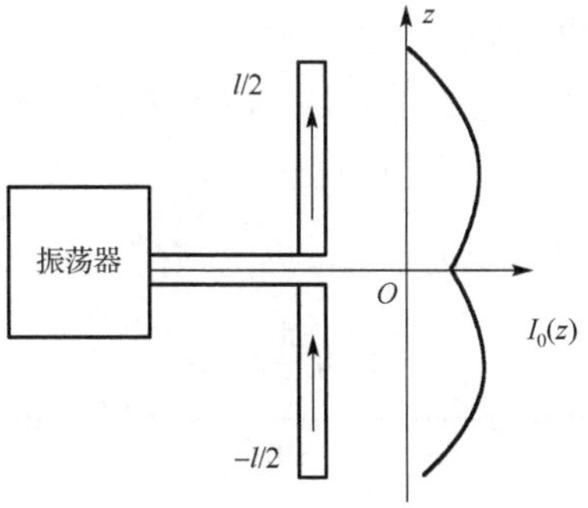


图 6-4

其中，$k=\omega/c$ 为波数；$I_{\mathrm{m}}$ 为电流的峰值．当 $k(l/2-|z|)\ll 1$ 时，上式可以退化为短天线的电流分布．下面将讨论半波天线产生的辐射．在这种情况下，天线的长度为波长的一半，即 $l=\lambda/2$．这样天线电流的分布为

$$I(z,t)=I_{\mathrm{m}}\cos(kz)\mathrm{e}^{-\mathrm{i}\omega t},\quad |z|\leqslant\frac{\lambda}{4} \tag{6.5-3}$$

对于线电流分布，利用 $\boldsymbol{J}(\boldsymbol{r}',t)\mathrm{d}V'=I(z',t)\mathrm{d}z'\boldsymbol{e}_z$，可以把式(6.5-1)改写为

$$\boldsymbol{A}(\boldsymbol{r},t)=A_z(z,t)\boldsymbol{e}_z \tag{6.5-4}$$

其中

$$A_z=\frac{\mu_0\mathrm{e}^{\mathrm{i}kr}}{4\pi r}\int_{-\lambda/4}^{\lambda/4}I(z',t)\mathrm{e}^{-\mathrm{i}kz'\cos\theta}\mathrm{d}z' \tag{6.5-5}$$

$\theta$ 为观察点的位置矢量 $\boldsymbol{r}$ 与 $\boldsymbol{r}'$ 的夹角．将式(6.5-3)代入式(6.5-5)，并利用

$$\mathrm{e}^{-\mathrm{i}kz'\cos\theta}=\cos(kz'\cos\theta)-\mathrm{i}\sin(kz'\cos\theta)$$

有

$$\begin{aligned}A_z(r,\theta,t)=&\frac{\mu_0 I_m\mathrm{e}^{\mathrm{i}(kr-\omega t)}}{4\pi r}\int_{-\lambda/4}^{\lambda/4}\cos(kz')\cos(kz'\cos\theta)\mathrm{d}z'\\&-\mathrm{i}\frac{\mu_0 I_m\mathrm{e}^{\mathrm{i}(kr-\omega t)}}{4\pi r}\int_{-\lambda/4}^{\lambda/4}\cos(kz')\sin(kz'\cos\theta)\mathrm{d}z'\end{aligned}$$

由于上式右端第二项积分中的被积函数是 $z'$ 的奇函数，因此积分结果为零，这样有

$$A_z(r,\theta,t)=\frac{\mu_0 I_m\mathrm{e}^{\mathrm{i}(kr-\omega t)}}{4\pi r}\int_{-\lambda/4}^{\lambda/4}\cos(kz')\cos(kz'\cos\theta)\mathrm{d}z' \tag{6.5-6}$$

再利用三角函数的积化和差公式，并完成积分，有

$$A_z(r,\theta,t)=\frac{\mu_0 I_m}{2\pi kr}\frac{\cos\left(\dfrac{\pi}{2}\cos\theta\right)}{\sin^2\theta}\mathrm{e}^{\mathrm{i}(kr-\omega t)} \tag{6.5-7}$$

这就是半波天线辐射产生的矢势．

下面计算半波天线辐射产生的电磁场．在远区近似下，可以把辐射磁场表示为

$$\boldsymbol{B}=\mathrm{i}k\boldsymbol{e}_r\times\boldsymbol{A} \tag{6.5-8}$$

把 $\boldsymbol{A}=A\boldsymbol{e}_z$ 代入上式，并利用 $\boldsymbol{e}_r\times\boldsymbol{e}_z=-\sin\theta\boldsymbol{e}_\phi$，有

$$\boldsymbol{B}=-\mathrm{i}\frac{\mu_0 I_{\mathrm{m}}}{2\pi r}\frac{\cos\left(\dfrac{\pi}{2}\cos\theta\right)}{\sin\theta}\mathrm{e}^{\mathrm{i}(kr-\omega t)}\boldsymbol{e}_\phi \tag{6.5-9}$$

再利用

$$\boldsymbol{E}=-c\boldsymbol{e}_r\times\boldsymbol{B} \tag{6.5-10}$$

及 $\boldsymbol{e}_r\times\boldsymbol{e}_\phi=-\boldsymbol{e}_\theta$，可以得到辐射电场为

$$\boldsymbol{E}=-\mathrm{i}\frac{\mu_0 cI_{\mathrm{m}}}{2\pi r}\frac{\cos\left(\dfrac{\pi}{2}\cos\theta\right)}{\sin\theta}\mathrm{e}^{\mathrm{i}(kr-\omega t)}\boldsymbol{e}_\theta \tag{6.5-11}$$

基于上面得到的辐射电磁场，进而可以计算半波天线的平均辐射能流密度

$$\overline{\boldsymbol{S}}=\frac{\mu_0 cI_{\mathrm{m}}^2}{8\pi^2 r^2}\frac{\cos^2\left(\dfrac{\pi}{2}\cos\theta\right)}{\sin^2\theta}\boldsymbol{e}_r \tag{6.5-12}$$

及辐射功率角的分布

$$\frac{\mathrm{d}P}{\mathrm{d}\Omega}=\frac{\mu_0 cI_{\mathrm{m}}^2}{8\pi^2}\frac{\cos^2\left(\dfrac{\pi}{2}\cos\theta\right)}{\sin^2\theta} \tag{6.5-13}$$

可以看出，对于半波天线辐射，辐射功率与天线的长度无关，且在垂直于天线的平面上 $(\theta=\pi/2)$ 辐射功率最强，在平行于天线的方向上 $(\theta=0)$ 辐射为零. 辐射总功率为

$$P=\frac{\mu_0 cI_{\mathrm{m}}^2}{4\pi}\varGamma \tag{6.5-14}$$

其中，$\varGamma$ 为一个积分常数

$$\varGamma=\int_0^\pi\cos^2\left(\frac{\pi}{2}\cos\theta\right)\frac{\mathrm{d}\theta}{\sin\theta}\sim 1.22$$

可以定义天线的电阻为

$$R=\frac{2P}{I_{\mathrm{m}}^2} \tag{6.5-15}$$

它反映了天线的辐射能力. 将式(6.5-14)代入式(6.5-15)，可以得到半波天线的电阻为

$$R=2.44\frac{\mu_0 c}{4\pi}\approx 73.2\Omega$$

而对于短天线，也可以得到其电阻为

$$R=\frac{\mu_0 c}{6\pi}\left(\frac{l}{\lambda}\right)^2\approx 197\left(\frac{l}{\lambda}\right)^2\Omega\quad(l\ll\lambda)$$

对于 $l=0.1\lambda$，短天线的辐射电阻仅为 $1.97\Omega$，远小于半波天线的辐射电阻.

由前面的讨论可以看出，单根天线产生的辐射具有轴对称性，即对方位角 $\phi$ 没有选择性. 在一些实际应用中，为了提高天线的方向选择性，通常采用若干根天线

组成的天线阵列来产生辐射电磁波. 例如，对于一些战略雷达，采用的就是二维面天线阵列，它包含上万个半波天线单元.

## 本 章 小 结

本章从推迟势出发，讨论了随时间交变的电流源所产生的电磁辐射. 在小场源近似($l \ll \lambda$)和远区近似($r \gg l,\ r \gg \lambda$)下，可以把推迟势(矢势)作泰勒展开，其中展开式的零阶项为电偶极辐射，而一阶项为磁偶极辐射和电四极辐射. 电偶极的辐射功率正比于$(l/\lambda)^2$，而磁偶极和电四极的功率正比于$(l/\lambda)^4$. 由于不受小场源近似的限制，半波天线的辐射功率远大于电偶极、磁偶极和电四极的辐射功率. 此外，还要做如下几点说明：

(1) 小场源近似的物理本质是：要求场源中带电粒子的运动速度远小于光速，即本章讨论的是低速运动带电粒子产生的电磁辐射.

(2) 本章在讨论电偶极、磁偶极、电四极等辐射时，所采用的步骤基本上都是一样的，即首先利用矢势确定出磁场，然后确定出电场，最后再确定出平均辐射能流密度、辐射功率的角分布及辐射总功率. 其中在确定磁场和电场时，用到了远区近似条件.

(3) 无论是电偶极辐射，还是磁偶极或电四极辐射，辐射电场、磁场和辐射能流密度三者的方向是相互垂直的.

## 物理学家简介(八)：马可尼

马可尼

伽利尔摩 · 马可尼(Guglielmo Marconi，1874—1937)，意大利物理学家、无线电工程师. 主要科学成就：发明了实用无线电报通信技术.

马可尼于 1874 年 4 月 25 日出生于意大利博洛尼亚市一个富裕的家庭. 少年时的马可尼几乎没有在正规的学校读过书,经常在父亲的私人图书馆中博览群书，并对物理学有着很浓厚的兴趣. 他的母亲聘请了一位大学物理教授作为他的启蒙老师，在这位老师的指导下，马可尼阅读了一些电磁学的书籍，还做了大量的电磁学实验.

1894 年年满二十岁的马可尼了解到赫兹几年前所做的验证电磁波存在的实验. 他很快就想到可以把电磁波作为一种信号向远距离发送，而不需要线路. 他于 1895 年成功地发明了一种无线电报发射装置，并首次获得了这项发明的专利权. 马可尼在 1899 年发送的无线电信号穿过了英吉利海峡；1901 年发射的无线电信号成功地穿越大西洋，从英格兰传到加拿大的纽芬兰省. 在 1902～1912 年期间，马可尼还发明了多项有关无线电波发射的专利.

马可尼获得过许多荣誉博士学位，以及国际荣誉和奖励. 在 1909 年，他和布劳恩一起获得诺贝尔物理学奖. 1937 年 7 月 20 日，马可尼在罗马逝世，享年 63 岁.

（注：该简介的内容是根据百度搜索整理而成，人物肖像也是源自百度搜索）

## 习　题

1．对于由 $N$ 个运动的带电粒子组成的体系，证明其电偶极矩和磁偶极矩分别为

$$\boldsymbol{p}=\sum_{i=1}^{N}\boldsymbol{p}_i,\quad \boldsymbol{m}=\frac{1}{2}\sum_{i=1}^{N}\boldsymbol{r}_i\times\frac{\mathrm{d}\boldsymbol{p}_i}{\mathrm{d}t}$$

其中，$\boldsymbol{p}_i=q_i\boldsymbol{r}_i$ 为第 $i$ 个带电粒子的电偶极矩，$q_i$ 和 $\boldsymbol{r}_i$ 分别为其电量和位置矢量.

2．有一带电小球，其电荷分布是球对称的，且该小球以角频率 $\omega$ 作简谐振动，证明其不会产生电偶极辐射和磁偶极辐射.

3．有两个电偶极子 $\boldsymbol{p}_1=p_0\mathrm{e}^{-\mathrm{i}\omega t}\boldsymbol{e}_z$ 和 $\boldsymbol{p}_2=-p_0\mathrm{e}^{-\mathrm{i}\omega t}\boldsymbol{e}_z$，分别位于 $z=\pm a/2$ 处. 设 $ka\ll 1$，求这两个电偶极子产生的辐射电磁场及辐射功率，其中 $k=\omega/c$.

4．一极矩为 $\boldsymbol{p}_0$ 的电偶极子位于一无限大理想导体平面上方，其距导体平面的距离为 $a/2$，且 $\boldsymbol{p}_0$ 平行于导体平面. 如果该电偶极子以交变角频率 $\omega$ 作简谐振动，且 $\lambda\gg a$，求它在远处($R\gg\lambda$)产生的辐射电磁场及平均辐射能流密度.

5．一半径为 $a$，磁化强度为 $\boldsymbol{M}_0$ 的均匀磁化球，以恒定角速度 $\omega$ 绕通过球心且垂直于 $\boldsymbol{M}_0$ 的轴旋转. 设 $a\omega\ll c$，求辐射电磁场和辐射功率.

# 第 7 章　狭义相对论基础

我们知道，在牛顿的经典时空观中，不同惯性系之间的变换服从伽利略变换，而且描述物体运动状态的牛顿力学方程在不同的惯性系中具有相同的形式，即具有协变性. 电磁场作为物质的一种形式，它的运动规律服从麦克斯韦方程组. 但是，麦克斯韦方程组在伽利略变换下不具有协变性，即电磁场理论与经典的时空理论发生了冲突. 为了解决这个问题，爱因斯坦根据一些实验事实，扬弃了经典时空观理论，提出了狭义相对论基本原理. 在狭义相对论的时空理论框架内，惯性系之间的变换遵从四维时空中的洛伦兹变换，而且可以把电磁场方程写成四维协变的形式.

本章首先回顾经典时空观中的伽利略变换并介绍迈克耳孙-莫雷实验；然后，重点介绍爱因斯坦的狭义相对论的基本原理，由此导出洛伦兹变换以及新的时空观理论；最后，分别讨论在洛伦兹变换下电磁规律及力学规律的协变性，介绍相对论的质量、能量和动量之间的关系.

## 7.1　伽利略变换

设 $S$ 和 $S'$ 分别为两个惯性参照系，其中 $S'$ 系相对 $S$ 系以匀速 $u$ 沿 $x$ 轴运动，且在 $t=0$ 时刻两个坐标系重合，如图 7-1 所示. 设 $P$ 为空间中的某一点，静止在 $S$ 系中的观察者在 $t$ 时刻测得 $P$ 点的坐标为 $(x,y,z)$；在同一时刻该观察者又测得 $P$ 点在 $S'$ 中的坐标为 $(x_0',y_0',z_0')$. 显然有如下关系：

$$x_0'=x-ut,\ y_0'=y,\ z_0'=z$$

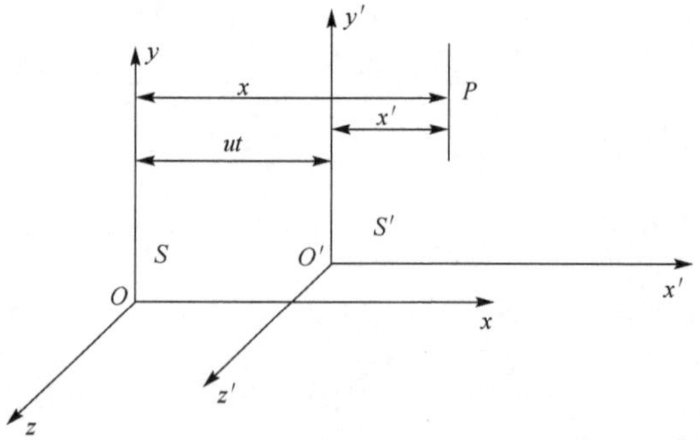


图 7-1

需要指出的是，$(x_0',y_0',z_0')$ 是由静止在 $S$ 系中的观察者测得的 $P$ 在 $S'$ 中的位置，而不是由静止在 $S'$ 系中的观察者在 $t'$ 时刻所测得 $P$ 的位置 $(x',y',z')$.

在经典的时空观中，认为一个刚性物体的尺寸与其运动状态无关，即任意两点之间的空间间隔是不随惯性系的运动而改变，因此有

$$x_0' = x',\ y_0' = y',\ z_0' = z'$$

此外，经典的时空观也认为，时间间隔是绝对的，即 $t' = t$. 这样根据以上讨论，可以得到如下时空坐标变换关系式：

$$\begin{cases} x' = x - ut \\ y' = y \\ z' = z \\ t' = t \end{cases} \tag{7.1-1}$$

这就是经典时空观下的伽利略(Galilei)变换.

下面考虑一个质点，其质量为 $m$，所受的力为 $F_x$. 在经典时空观中，认为物体的质量及所受的力不随坐标系的运动而改变. 根据伽利略变换，可以得到

$$\frac{\mathrm{d}x'}{\mathrm{d}t'} = \frac{\mathrm{d}x}{\mathrm{d}t} - u$$

即

$$v_x' = v_x - u \tag{7.1-2}$$

这就是经典力学中的速度相加公式，其中 $v_x'$ 及 $v_x$ 分别是质点在同一时刻相对 $S'$ 系和 $S$ 系的运动速度(沿着 $x$ 轴方向). 由于 $u$ 是一个常数(惯性系之间的相对运动速度)，根据式(7.1-1)，可以得到

$$\frac{\mathrm{d}^2 x'}{\mathrm{d}t'^2} = \frac{\mathrm{d}^2 x}{\mathrm{d}t^2}$$

因此有

$$F_x' = m'\frac{\mathrm{d}^2 x'}{\mathrm{d}t'^2},\quad F_x = m\frac{\mathrm{d}^2 x}{\mathrm{d}t^2} \tag{7.1-3}$$

该式表明，在经典的时空观中，牛顿运动方程在不同的惯性系中具有相同的形式，即牛顿运动方程在伽利略变换下具有协变性.

在狭义相对论诞生之前，人们普遍相信伽利略变换的正确性. 另外，那时人们也确信麦克斯韦电磁理论的正确性，因为它是描述电磁场变化的普遍规律，而且已被电磁波及电磁辐射等实验所证实. 那么就遇到这样一个问题：电磁规律在伽利略变换下是否具有协变性？为了说明这个问题，我们以真空中电场的波动方程为例进行讨论. 根据真空中的麦克斯韦方程组，电场服从如下波动方程(见第 5 章)：

$$\nabla^2 \boldsymbol{E} - \frac{1}{c^2}\frac{\partial^2 \boldsymbol{E}}{\partial t^2} = 0 \tag{7.1-4}$$

根据伽利略变换，有

$$\nabla' = \nabla, \quad \frac{\partial}{\partial t} = \frac{\partial}{\partial t'} - \boldsymbol{u}\cdot\nabla' \tag{7.1-5}$$

可以得到在以速度 $\boldsymbol{u}$ 运动的参照系中电场的波动方程为

$$\nabla'^2 \boldsymbol{E} - \frac{1}{c^2}\left(\frac{\partial}{\partial t'} - \boldsymbol{u}\cdot\nabla'\right)^2 \boldsymbol{E} = 0 \tag{7.1-6}$$

显然，在伽利略变换下波动方程的形式发生了变化. 这说明，如果认为伽利略变换是正确的，那么麦克斯韦方程组不能对任意惯性参照系都成立，只能在某一个特定的静止参照系中成立. 在当时，人们称这种特定的参照系为“以太”参照系，并假想以太是一种弹性介质，充满整个空间；电磁波在以太介质中的传播类似于声波在介质中的传播，其中光速 $c$ 为以太介质的振动速度.

如果认为以太介质存在，那么意味着电磁波在地面上的传播速度不再是麦克斯韦方程组中出现的常数 $c$，而应与地球相对以太的速度有关. 所以，当时人们试图利用地面上的实验去检验以太这种假说的正确性，其中最有代表性的实验是迈克耳孙-莫雷的干涉实验. 下节将对这种干涉实验进行详细介绍.

## 7.2　迈克耳孙-莫雷实验

由于以太充满整个宇宙，因此可以假设它相对太阳系是静止的. 另外，地球相对太阳是运动的，相对运动速度为 30km/s，也就是说地球相对以太的速度也是 30km/s. 地面上的观察者会感受到“以太风”，并且其运动方向随季节而改变. 如果能够在地面精确测量各个方向上光速的差异，就能确认以太参照系的存在. 在 1887 年，美国物理学家迈克耳孙(Michelson)和莫雷(Morley)试图利用干涉仪测量光速沿不同方向的差异.

迈克耳孙和莫雷的实验装置如图 7-2 所示. 由光源发出的光线在分光镜 $M$ 上被分成两束互为垂直的光线，它们分别经过反射镜 $M_1$ 和 $M_2$ 反射，最后到达目镜 $T$，并形成干涉条纹. 在他们的实验中，两个光臂的长度相等，即 $\overline{MM_1} = \overline{MM_2} = l$，其中一个光臂与地球的运动方向平行，而另一个光臂与地球的运动方向垂直. 由于地球相对以太有运动，两束光线的传播速度不同，即两束光有光程差，这样会在目镜 $T$ 中观察到干涉条纹. 如果再将仪器转动 90°，使两束光的位置互换，应该能观察到干涉条纹的移动.

先看经 $M \to M_1 \to M$ 传播的光束. 设地球(仪器)相对以太的速度为 $u$，光相对

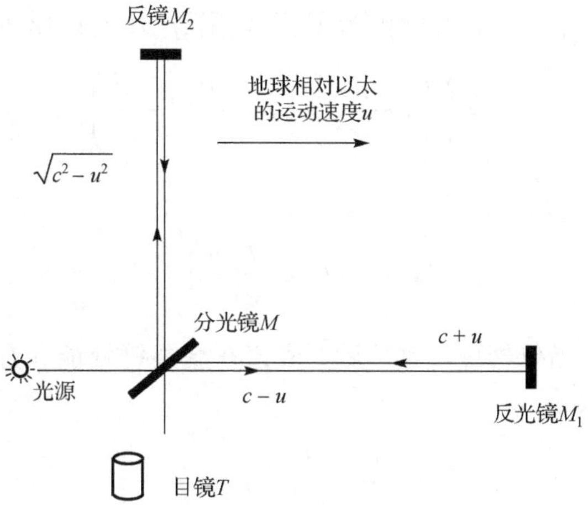


图 7-2

以太的速度为$c$．当光束从$M \to M_1$传播时，其速度为$c-u$；当光束从$M_1 \to M$传播时，其速度为$c+u$．这样光束在$M$和$M_1$之间往返一次所需要的时间为

$$t_1 = \frac{l}{c-u} + \frac{l}{c+u} = \frac{2l}{c}\left(1-\frac{u^2}{c^2}\right)^{-1}$$

由于$u \ll c$，因此可以把上式近似地表示为

$$t_1 \approx \frac{2l}{c}\left(1+\frac{u^2}{c^2}\right) \tag{7.2-1}$$

对于另一个沿着$M \to M_2 \to M$传播的光束，由于光束的传播方向与地球的运动方向垂直，根据速度合成法则，可以确定出光束的实际传播速度$\boldsymbol{V}$为

$$\boldsymbol{V} = \boldsymbol{c} - \boldsymbol{u}$$

即

$$V = \sqrt{c^2 - u^2} \tag{7.2-2}$$

这样，该光束在$M$和$M_2$之间往返所需要的时间为

$$t_2 = \frac{2l}{\sqrt{c^2-u^2}} \approx \frac{2l}{c}\left(1+\frac{u^2}{2c^2}\right) \tag{7.2-3}$$

根据式(7.2-1)及式(7.2-3)，可以得到两束光返回到观察目镜$T$的时间差为

$$\Delta t = t_1 - t_2 = \frac{l}{c}\left(\frac{u}{c}\right)^2 \tag{7.2-4}$$

现在把仪器旋转 90°，使得光臂$\overline{MM_1}$垂直于地球的运动方向，而光臂$\overline{MM_2}$平行于

地球的运动方向. 这样两束光分别沿着 $\overline{MM_1}$ 和 $\overline{MM_2}$ 往返传播的时间分别为

$$t_1' \approx \frac{2l}{c}\left(1+\frac{u^2}{2c^2}\right), \quad t_2' \approx \frac{2l}{c}\left(1+\frac{u^2}{c^2}\right)$$

对应的时间差为

$$\Delta t' = t_1' - t_2' = -\frac{l}{c}\left(\frac{u}{c}\right)^2 \tag{7.2-5}$$

根据以太假说，当仪器旋转 90° 后，应该在观察镜处能够看到干涉条纹的移动. 干涉条纹移动的个数为

$$N = \frac{\Delta t - \Delta t'}{T} = \frac{2l}{Tc}\left(\frac{u}{c}\right)^2 = \frac{2l}{\lambda}\left(\frac{u}{c}\right)^2 \tag{7.2-6}$$

其中，$T$ 和 $\lambda$ 分别是光波的周期和波长. 在迈克耳孙-莫雷的实验中，光臂的长度为 $l = 11\text{m}$，光的波长为 $\lambda = 5.9\times10^{-7}\,\text{m}$，这样由式(7.2-6)估算出移动条纹的个数为

$$N = \frac{22}{5.9\times10^{-7}}\left(\frac{3\times10^4}{3\times10^8}\right)^2 \approx 0.37$$

按照当时的仪器测量精度，在实验中应该可以观测到这种条纹移动. 然而，他们在实验中观察到的条纹移动个数仅为 0.01. 为了消除地球自转和公转带来的影响，他们在白天黑夜以及一年中的所有季节都进行了实验，始终都没有测量到干涉条纹的移动. 也就是说，实验结果否定了以太参照系的存在，表明光速不依赖于观察者所在的参照系.

迈克耳孙-莫雷的实验结果具有十分重大的意义，对当时的物理学产生了很大的影响. 根据迈克耳孙-莫雷的实验结果，人们不得不否认以太假说，认识到真空中光速不变是电磁现象的一条基本规律，真空中的光速 $c$ 是最基本的物理常数之一.

另外，如果坚信电磁规律是正确的，它与力学规律一样，满足相对性原理，即在不同的惯性系中应具有协变性，人们必须抛弃旧的经典时空观，建立新的时空观，并寻找新的变换来取代旧的伽利略变换，使电磁规律在新的变换下具有协变性. 同时，也要重新审视力学规律，看它在新的变换下是否也保持协变性. 正是在这种背景下，爱因斯坦的狭义相对论诞生了.

## 7.3　狭义相对论基本原理及洛伦兹变换

爱因斯坦于 1905 年发表了“论动体的电动力学”一文，并提出了狭义相对论的两个基本假设，即相对性原理和光速不变性原理，它们是狭义相对论的理论基础. 根

据狭义相对论的基本原理，可以推导出一种新的时空坐标变换关系，即洛伦兹变换，从而取代经典时空观中的伽利略变换.

1. 狭义相对论的基本原理

**(1) 相对性原理：** 物理规律在一切惯性参照系中都是等价的.

**(2) 光速不变原理：** 在任意参照系中，测量到的光在真空中的速度恒为常数 $c$，与光源的运动无关.

第一条原理明确地告诉我们，相对性原理具有普适性，适用于物理学各个领域，包括力学、光学、电磁学及热学等. 同一个物理规律在不同的惯性参照系都具有相同的数学形式，任何惯性参照系都是彼此等价的，不存在绝对静止的参照系. 这与经典时空理论中的相对性原理(伽利略变换)明显不同，后者只适用于力学规律.

第二条原理彻底否定了经典的绝对时空观，明确了时间和空间的相对性以及关联性. 光速不变原理具有广泛的实验基础，尽管在光速不变原理提出之前就完成了大量的实验观测(如迈克耳孙-莫雷实验)，但在光速不变原理提出之后仍有一些精密的实验观测继续开展. 例如，1964 年欧洲原子核中心对从高速 $\pi^0$ 介子 ($0.99975\,c$) 上辐射出来的光子进行测量，测得的光子速率仍为 $c$，这就明确地支持了光速不变原理的假设.

2. 间隔不变性

首先我们引入**事件**的概念. 可以把物质的运动看成是由一连串的事件构成的，尽管每个事件具有不同的内容，但总是发生在一个特定的地点和特定的时间. 相对论中的坐标变换就是在不同的参照系中观察同一个事件的时空坐标之间的变换关系.

在相对论情况下，要用四维坐标 $(x,y,z,t)$ 来代表一个事件，其中前三维为空间坐标，后一维是时间坐标. 下面先考虑两个特殊的事件，这两个事件以光信号进行联系，如图 7-3 所示. 在 $S$ 惯性参照系中，第一个事件为在 $t=0$ 时刻从坐标原点 $O$ 发出的光信号，对应的时空坐标为 $(0,0,0,0)$；第二个事件为在另一地点 $P$ 接收到该光信号，对应的时空坐标为 $(x,y,z,t)$. 在另一个惯性参照系 $S'$ 观察这两个事件，并选取 $S'$ 的坐标原点在光信号发出的时刻 $(t=0)$ 与 $S$ 的坐标原点重合，显然上述两个事件在 $S'$ 的时空坐标分别为 $(0,0,0,0)$ 和 $(x',y',z',t')$. 由于光速不变，在两个参照系中光波的波前都是以光速 $c$ 与它所经历时间的乘积为半径的球面，即

$$x^2+y^2+z^2-c^2t^2=0 \tag{7.3-1}$$

$$x'^2+y'^2+z'^2-c^2t'^2=0 \tag{7.3-2}$$

上式表明，对于以光波信号联系的两个事件，上面两个二次式都为零.

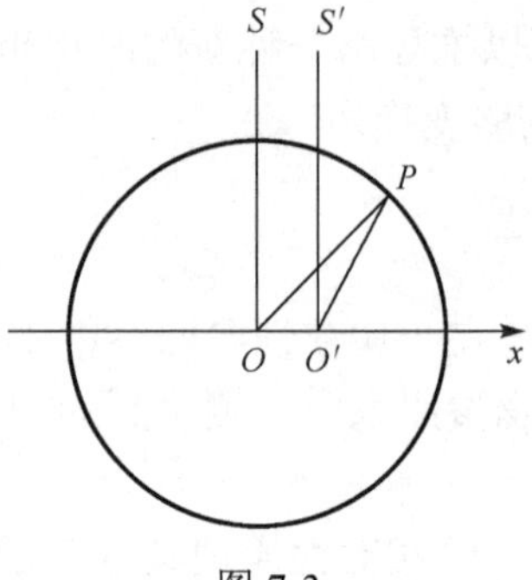


图 7-3

对于两个不是以光信号联系的事件，上面两个二次式不一定等于零. 但由于惯性参照系彼此是等价的，它们之间的坐标变换必须是线性的，这样对式(7.3-1)左边进行线性变换，必然有

$$x^2+y^2+z^2-c^2t^2=\lambda(x'^2+y'^2+z'^2-c^2t'^2)$$

其中，$\lambda$ 为常数. 反过来，同样有

$$x'^2+y'^2+z'^2-c^2t'^2=\lambda'(x^2+y^2+z^2-c^2t^2)$$

由于两个参照系等价，因此有 $\lambda=\lambda'$，由此给出 $\lambda^2=1$，即 $\lambda=\pm1$. 由于变换的连续性，这里应取 $\lambda=1$. 这样，可以得到如下关系式：

$$x'^2+y'^2+z'^2-c^2t'^2=x^2+y^2+z^2-c^2t^2 \tag{7.3-3}$$

关系式(7.3-3)是相对论时空观中一个基本的关系式，是基于惯性系等价及光速不变原理之上得到的.

定义 $S$ 参照系中两个事件 $(x,y,z,t)$ 和 $(0,0,0,0)$ 的间隔为

$$s^2=x^2+y^2+z^2-c^2t^2 \tag{7.3-4}$$

在另一个参照系 $S'$ 中，观察这两个事件的间隔为

$$s'^2=x'^2+y'^2+z'^2-c^2t'^2 \tag{7.3-5}$$

这样可以把等式(7.3-3)表示为

$$s'^2=s^2 \tag{7.3-6}$$

称这个关系式为时空间隔不变性，它表明两个事件的时空间隔不会因参照系的变换而改变.

### 3. 洛伦兹变换

下面根据相对论基本原理来推导出时空坐标之间的变换关系. 设 $S$ 和 $S'$ 为两个惯性参照系，其中 $S'$ 相对 $S$ 以速度 $u$ 沿着 $x$ 轴的正向做匀速运动. 设 $P$ 是一个要观察

的事件，它在两个坐标系中的时空坐标分别为 $(x,y,z,t)$ 和 $(x',y',z',t')$. 考虑到两个惯性系是彼此等价的，因此它们之间的时空坐标变换关系必须是线性的. 另外，由于两个坐标系在 $y$ 和 $z$ 方向没有相对运动，则有 $y'=y$ 和 $z'=z$. 因此，可以把两个惯性系之间的时空坐标变换关系写成如下形式：

$$\begin{cases} x' = a_1 x + a_2 t \\ y' = y \\ z' = z \\ t' = b_1 t + b_2 x \end{cases} \tag{7.3-7}$$

其中，$a_1$，$a_2$，$b_1$ 及 $b_2$ 是待定的常数.

利用时空间隔不变性，有

$$x'^2 + y'^2 + z'^2 - c^2 t'^2 = x^2 + y^2 + z^2 - c^2 t^2$$

及 $y'=y$ 和 $z'=z$，可以得到

$$(ct)^2 - x^2 = (ct')^2 - x'^2 \tag{7.3-8}$$

由于参照系 $S'$ 以匀速 $u$ 相对参照系 $S$ 沿 $x$ 方向运动，因此 $t$ 时刻在 $S$ 参照系中观察 $S'$ 参照系的坐标原点 $O'$ 的位置（$x'=0$）为 $x=ut$，这样有

$$x' = a_1 x + a_2 t = a_1(ut) + a_2 t = 0$$

由此解出

$$a_2 = -u a_1 \tag{7.3-9}$$

将式 (7.3-9) 代入 $x' = a_1 x + a_2 t$，有

$$x' = a_1(x - ut) \tag{7.3-10}$$

再将式 (7.3-10) 及 $t' = b_1 t + b_2 x$ 代入式 (7.3-8)，可以得到

$$c^2 t^2 - x^2 = c^2(b_1 t + b_2 x)^2 - a_1^2(x - ut)^2$$

即

$$(a_1^2 - c^2 b_2^2 - 1)x^2 + (c^2 - c^2 b_1^2 + a_1^2 u^2)t^2 - 2(a_1^2 u + c^2 b_1 b_2)xt = 0 \tag{7.3-11}$$

对于任意的 $x$ 及 $t$，要使上式成立，只有上式左端各项的系数为零，即

$$a_1^2 - c^2 b_2^2 - 1 = 0 \tag{7.3-12}$$

$$c^2 - c^2 b_1^2 + a_1^2 u^2 = 0 \tag{7.3-13}$$

$$a_1^2 u + c^2 b_1 b_2 = 0 \tag{7.3-14}$$

将式 (7.3-9)、式 (7.3-12)～式 (7.3-14) 联立，由此可以解得

$$\begin{cases} a_1 = \dfrac{1}{\sqrt{1-u^2/c^2}} \\ a_2 = -\dfrac{u}{\sqrt{1-u^2/c^2}} \\ b_1 = \dfrac{1}{\sqrt{1-u^2/c^2}} \\ b_2 = -\dfrac{u/c^2}{\sqrt{1-u^2/c^2}} \end{cases} \tag{7.3-15}$$

这里需要说明三点：①由于已选取 $x$ 轴和 $x'$ 轴的正向相同，因此选取了 $a>0$；②由于时间 $t$ 与 $t'$ 的正向相同，因此选取了 $b_1>0$；③可以看出，上面四个系数都依赖于因子 $\sqrt{1-u^2/c^2}$，要使上面的变换有意义，必须要求因子 $\sqrt{1-u^2/c^2}$ 为实数，即两个惯性系之间的相对运动速度要小于光速.

至此，我们已经把变换式(7.3-7)中的系数完全确定出来. 将这些系数再代回式(7.3-7)中，最终得到从 $S$ 参照系到 $S'$ 参照系的变换关系为

$$\begin{cases} x' = \dfrac{x-ut}{\sqrt{1-u^2/c^2}} \\ y' = y \\ z' = z \\ t' = \dfrac{t-ux/c^2}{\sqrt{1-u^2/c^2}} \end{cases} \tag{7.3-16}$$

称这组时空坐标变换关系为**洛伦兹变换**，这是因为在狭义相对论发现之前，荷兰物理学家、数学家洛伦兹(Lorentz)在研究电子论时就提出了这组变换关系. 不过洛伦兹在引入这组变换时，仅仅把它看成是数学上的辅助手段，并不包含相对论的时空观.

由式(7.3-16)可以看出：当惯性系的速度远小于光速时，即 $u \ll c$，洛伦兹变换可以退回到伽利略变换. 这表明新的时空理论包含了低速情况下的经典时空理论.

由式(7.3-16)，可以证明洛伦兹变换具有“可倒易性”，即令

$$(x',y',z',t') \to (x,y,z,t)$$

及 $u \to -u$，可以得到从 $S'$ 参照系到 $S$ 参照系的变换关系，即式(7.3-16)所示的逆变换

$$\begin{cases} x = \dfrac{x'+ut'}{\sqrt{1-u^2/c^2}} \\ y = y' \\ z = z' \\ t = \dfrac{t'+ux'/c^2}{\sqrt{1-u^2/c^2}} \end{cases} \tag{7.3-17}$$

这种变换的可逆性与相对论原理是一致的. 实际上，$S'$ 系以速度 $u$ 相对 $S$ 系运动，等价于 $S$ 系以速度 $-u$ 相对 $S'$ 系运动.

这里需要强调的是，洛伦兹变换是针对同一个事件在不同的惯性参照系中时空坐标之间的变换. 洛伦兹变换反映的是相对论的时空观，时空坐标是紧密相关的，这一点与伽利略变换不同.

上述洛伦兹变换适用于两个惯性参照系的相对运动速度平行于 $x$ 轴的情况. 在一般情况下，可以假设 $S'$ 参照系相对 $S$ 参照系的运动速度为 $\boldsymbol{u}$，并将空间位置矢量 $\boldsymbol{r}$ 分解为平行于 $\boldsymbol{u}$ 的分量 $\boldsymbol{r}_{/\!/}$ 和垂直于 $\boldsymbol{u}$ 的分量 $\boldsymbol{r}_{\perp}$，即

$$\boldsymbol{r}=\boldsymbol{r}_{/\!/}+\boldsymbol{r}_{\perp}, \quad \boldsymbol{r}_{/\!/}=\frac{\boldsymbol{u}\cdot\boldsymbol{r}}{u^2}\boldsymbol{u} \tag{7.3-18}$$

用 $\boldsymbol{r}_{/\!/}$ 取代 $x$，以及用 $\boldsymbol{r}_{\perp}$ 取代 $(y,z)$，这样可以把洛伦兹变换式(7.3-16)改写为

$$\begin{cases}\boldsymbol{r}'_{/\!/}=\dfrac{\boldsymbol{r}_{/\!/}-\boldsymbol{u}t}{\sqrt{1-u^2/c^2}}\\ \boldsymbol{r}'_{\perp}=\boldsymbol{r}_{\perp}\\ t'=\dfrac{t-\boldsymbol{u}\cdot\boldsymbol{r}/c^2}{\sqrt{1-u^2/c^2}}\end{cases} \tag{7.3-19}$$

4. 速度变换关系

下面根据洛伦兹变换式，推导出速度变换式. 设一个物体在 $S$ 参照系中 $t$ 时刻的位置为 $(x,y,z)$，对应的运动速度分量为

$$v_x=\frac{\mathrm{d}x}{\mathrm{d}t},\ v_y=\frac{\mathrm{d}y}{\mathrm{d}t},\ v_z=\frac{\mathrm{d}z}{\mathrm{d}t} \tag{7.3-20}$$

该物体在 $S'$ 参照系中的位置为 $(x',y',z')$，对应的速度为

$$v'_x=\frac{\mathrm{d}x'}{\mathrm{d}t'},\ v'_y=\frac{\mathrm{d}y'}{\mathrm{d}t'},\ v'_z=\frac{\mathrm{d}z'}{\mathrm{d}t'} \tag{7.3-21}$$

其中，$S'$ 参照系相对 $S$ 参照系以匀速 $u$ 沿 $x$ 方向运动. 对洛伦兹变换式

$$x'=\frac{x-ut}{\sqrt{1-u^2/c^2}},\quad t'=\frac{t-ux/c^2}{\sqrt{1-u^2/c^2}}$$

进行微分，有

$$\mathrm{d}x'=\frac{\mathrm{d}x-u\mathrm{d}t}{\sqrt{1-u^2/c^2}},\quad \mathrm{d}t'=\frac{\mathrm{d}t-u\mathrm{d}x/c^2}{\sqrt{1-u^2/c^2}}$$

将上面两式左右两端分别相除，可以得到

$$v'_x = \frac{v_x - u}{1 - uv_x / c^2} \tag{7.3-22}$$

类似地，还可以得到

$$v'_y = \frac{\sqrt{1-u^2/c^2}\, v_y}{1 - uv_x / c^2} \tag{7.3-23}$$

$$v'_z = \frac{\sqrt{1-u^2/c^2}\, v_z}{1 - uv_x / c^2} \tag{7.3-24}$$

式(7.3-22)～式(7.3-24)即为相对论情况下的速度变换公式. 注意，这里的$\boldsymbol{v}$是物体自身的运动速度，而$u$是参照系的运动速度. 由式(7.3-22)可以看出，如果一个物体在$S$系中以光速$c$运动，即$v_x = c$，则它在$S'$系中的运动速度也为$c$. 这正是光速不变性的体现.

在低速情况下，即$u \ll c$及$|\boldsymbol{v}| \ll 1$，可以把上面的速度变换公式近似地写为

$$v_x \approx v'_x + u,\ v_y \approx v'_y, v_z \approx v'_z$$

这就是经典力学中的伽利略变换式.

**例题 7.1** 如果一个物体在参照系$S$中的运动速度小于光速，即$|\boldsymbol{v}| < c$，证明它在另外一个参照系$S'$中的运动速度$\boldsymbol{v}'$也小于光速，其中$S'$相对$S$以速度$u$沿$x$方向做匀速运动.

**证明** 根据上述速度变换式，有

$$v'^2 = v'^2_x + v'^2_y + v'^2_z = \frac{1}{(1-uv_x/c^2)^2}[(v_x-u)^2 + (1-u^2/c^2)(v_y^2+v_z^2)]$$

由此可以得到

$$c^2 - v'^2 = \frac{1}{(1-uv_x/c^2)^2}[c^2(1-uv_x/c^2)^2 - (v_x-u)^2 - (1-u^2/c^2)(v_y^2+v_z^2)]$$

对上右端进行整理，有

$$c^2 - v'^2 = \frac{c^2(c^2-u^2)(c^2-v^2)}{(c^2-uv_x)^2}$$

由此可见，由于$v<c$及$u<c$，必然有$v'<c$.

## 7.4 狭义相对论的时空属性

本节将从洛伦兹变换得到一些重要的推论，它们构成了狭义相对论的时空基本属性. 根据经典时空观，很难理解狭义相对论的这些时空属性，但它们确实是客观存在的，并已被实验所验证.

1. 同时的相对性

根据洛伦兹变换可知，时间是相对的，而不是绝对的. 因此，在一个参照系中同时发生的两个事件，在另一个参照系中来看，却不是同时发生的，两者发生的时间会有先后.

考虑两个事件，它们在 $S$ 参照系中的时空坐标为 $(x_1,t_1)$ 和 $(x_2,t_2)$，而在 $S'$ 参照系中对应的时空坐标为 $(x_1',t_1')$ 和 $(x_2',t_2')$. 根据洛伦兹变换，有

$$t_1' = \frac{t_1 - ux_1/c^2}{\sqrt{1-u^2/c^2}}, \qquad t_2' = \frac{t_2 - ux_2/c^2}{\sqrt{1-u^2/c^2}}$$

其中，$u$ 是 $S'$ 系相对 $S$ 系的运动速度. 将上面两式相减，即得到

$$t_2' - t_1' = \frac{t_2 - t_1 - \dfrac{u}{c^2}(x_2 - x_1)}{\sqrt{1-u^2/c^2}}$$

如果在 $S$ 参照系中这两个事件是同时发生的，即 $t_1 = t_2$，但发生的地点不同，则在 $S'$ 系中观察这两个事件发生的时间间隔为

$$t_2' - t_1' = -\frac{\dfrac{u}{c^2}(x_2 - x_1)}{\sqrt{1-u^2/c^2}} \tag{7.4-1}$$

由此可见，在 $S$ 系中同时但不同地发生的两个事件，在 $S'$ 系中进行观察，却不是同时发生的. 当 $x_2 > x_1$ 时，有 $t_2' < t_1'$，说明第二个事件先发生；当 $x_2 < x_1$ 时，有 $t_2' > t_1'$，则第一个事件先发生. 仅对在 $S$ 系中同时又同地发生的两个事件，才能在 $S'$ 系中保持同时发生.

此外，从式(7.4-1)还可以看到，在 $S'$ 系中测量到的两个事件发生的时间间隔还与 $S'$ 的运动速度 $u$ 有关. 当参照系的运动速度 $u$ 远小于光速时，即 $u/c \to 0$，有 $t_2' \to t_1'$. 在我们的日常生活中，观察到的物体运动速度都很小($u \ll c$)，因此无法感觉到同时的相对性. 因此，同时的相对性只有在高速运动的现象中才能体现出来.

**例题 7.2**　如图 7-4 所示，设一闪光从 $O$ 点发出. 在 $S$ 参照系中观察，光信号于

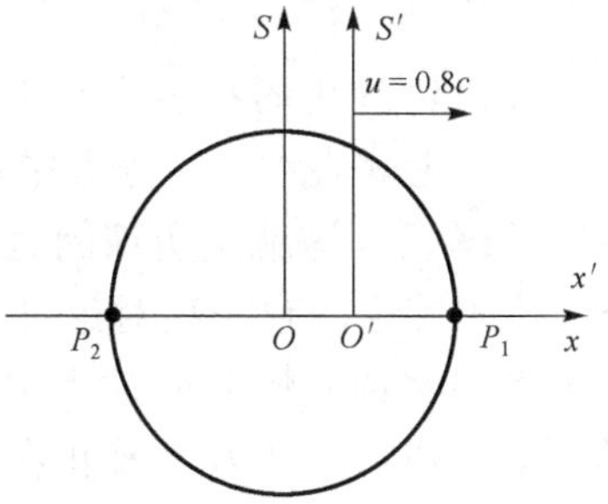


图 7-4

1s 后同时在 $P_1$ 和 $P_2$ 点被接收. 设 $S'$ 参照系以 $0.8c$ 速度相对 $S$ 沿 $x$ 轴正向运动. 求在 $S'$ 系中观察闪光达到 $P_1$ 和 $P_2$ 的时间间隔.

**解** 设 $P_1$ 点和 $P_2$ 点在 $S$ 系和 $S'$ 系中的时空坐标分别为 $(x_1,t_1)$ 和 $(x_2,t_2)$ 及 $(x_1',t_1')$ 和 $(x_2',t_2')$. 在 $S$ 系中观察，闪光是同时被 $P_1$ 点和 $P_2$ 点接收的，而且这两点的位置分别为 $x_1=1c$ 和 $x_2=-1c$. 根据式(7.4-1)，可以得到在 $S'$ 系中观察闪光达到 $P_1$ 和 $P_2$ 的时间间隔为

$$t_2'-t_1'=-\frac{\frac{u}{c^2}\times(-2c)}{\sqrt{1-u^2/c^2}}=\frac{2\times0.8}{\sqrt{1-(0.8)^2}}=\frac{8}{3}\,\text{s}$$

2. 运动时钟的变慢

让我们考虑一个时钟，它静止地放置在一个运动的参照系 $S'$ 中，其中该参照系相对固定在地面上的参照系 $S$ 以速度 $u$ 沿 $x$ 轴方向运动. 在 $S'$ 系中，当时钟的指针从 $t_1'$ 变到 $t_2'$ 时，所经历的时间间隔为 $\Delta t'=t_2'-t_1'$. 现在要问，在 $S$ 系中的观察者所看到的该时钟变化的时间间隔是多少？

我们可以把该时钟的指针从 $t_1'$ 变到 $t_2'$ 视为在 $S'$ 系中发生的两个事件，对应的时空坐标分别为 $(x_1',t_1')$ 和 $(x_2',t_2')$，但这两个事件是在同一地点发生的，即 $x_1'=x_2'$. 根据洛伦兹变换

$$t_1=\frac{t_1'+ux_1'/c^2}{\sqrt{1-u^2/c^2}},\qquad t_2=\frac{t_2'+ux_2'/c^2}{\sqrt{1-u^2/c^2}}$$

可以得到在 $S$ 系中观察这两个事件的时间间隔为

$$t_2-t_1=\frac{t_2'-t_1'+u(x_2'-x_1')/c^2}{\sqrt{1-u^2/c^2}}=\frac{t_2'-t_1'}{\sqrt{1-u^2/c^2}}$$

即

$$\Delta t=\frac{\Delta t'}{\sqrt{1-u^2/c^2}}\equiv\frac{\tau_0}{\sqrt{1-u^2/c^2}} \tag{7.4-2}$$

其中，$\tau_0=\Delta t'$ 为**固有时**，它是在时钟静止的参照系 $S'$ 中所测量的时间间隔. 由于因子 $\sqrt{1-u^2/c^2}<1$，显然有 $\Delta t>\Delta t'$. 上式表明，在 $S$ 系中观察到的两个事件的时间间隔要比在 $S'$ 系中观察到的时间间隔长，这就是所谓的运动时钟的变慢效应. 时钟变慢效应是洛伦兹变换的一个重要的推论，它是相对论时空的基本属性之一.

对于相对匀速运动的参照系，时钟变慢效应是相对的. 从参照系 $S$ 上看到静止在 $S'$ 上的时钟变慢了；同样，从参照系 $S'$ 上观察静止在 $S$ 上的时钟也会变慢.

时钟的变慢已在高能物理实验中得到大量的验证. 对于一些不稳定的基本粒

子，它们在静止时都有一定的平均寿命. 当这些基本粒子被加速到很高的速度时，实验测量到它们的实际平均寿命远大于它们静止时的寿命. 例如，带电的$\pi^+$介子可以衰变为带电的$\mu^+$子和中微子$\nu$，即

$$\pi^+ \longrightarrow \mu^+ + \nu$$

$\pi^+$介子的静止寿命约为$2.56\times10^{-8}$ s. 利用现代加速器，可以把$\pi^+$的能量加速到 10GeV，对应的速度为$u=(1-0.000098)c$. 在这种情况下，实验测量到$\pi^+$介子的平均寿命为$1.83\times10^{-6}$ s，与式(7.4-2)估算的结果基本一致.

### 3. 运动尺子的缩短

运动尺子的缩短是洛伦兹变换的另一个重要的推论. 让我们考虑一个直尺沿$x$轴方向静止地平放在参照系$S'$中，其两端的位置分别为$x_1'$和$x_2'$，即尺子的静止长度为

$$l_0 = x_2' - x_1' \tag{7.4-3}$$

假设参照系$S'$相对参照系$S$以速度$u$沿$x$轴运动. 现在要问，位于$S$系中的观察者要对这个随$S'$系一起运动的尺子进行测量，其长度为多少？

位于$S$系中的观察者在同一时刻$(t_1=t_2)$对这个运动的尺子进行观察，其两端的位置分别为$x_1$和$x_2$，即运动尺子的长度为

$$l = x_2 - x_1 \tag{7.4-4}$$

根据洛伦兹变换

$$x_1' = \frac{x_1 - ut_1}{\sqrt{1-u^2/c^2}}, \qquad x_2' = \frac{x_2 - ut_2}{\sqrt{1-u^2/c^2}}$$

将两式相减，并考虑到$(t_1=t_2)$，可以得到

$$x_2' - x_1' = \frac{x_2 - x_1}{\sqrt{1-u^2/c^2}}$$

即

$$l = l_0\sqrt{1-u^2/c^2} \tag{7.4-5}$$

可见，由于$\sqrt{1-u^2/c^2}<1$，有$l<l_0$，即运动尺子的长度缩短了. 与运动时钟的变慢一样，运动尺子的缩短也是相对论时空属性的体现，与物体(尺子)的内部结构无关.

长度缩短效应也是相对的. 在$S$系上测量到静止在$S'$系上的尺子缩短了；反过来，在$S'$系上也能测量到静止在$S$系上的尺子缩短了.

长度缩短效应同样也在高能物理实验中得到了验证. 例如，在大气层中宇宙射线可以产生大量的高能$\mu$子，它们的速度接近光速. 当这些$\mu$子处于静止状态时，其平均寿命大约为$\tau_0=2.2\times10^{-6}$s. 如果不考虑相对论效应，这些$\mu$子在大气层中穿

行的距离大约为 $c\tau_0 = 660\,\mathrm{m}$，但实际上这些运动的μ子可以穿透到大气层的底部. 如果考虑到相对论效应，从固定在地面上的参照系来看，这些运动的μ子的寿命延长了. 但从固定在μ子上的参照物来看，这些μ子的寿命并没有延长，而是它们穿越的距离缩短了.

根据上面得到的运动时钟的变慢及尺子的缩短效应，可以得到如下推论：**运动物体的体积元收缩，但时空体积元是一个不变量.** 考虑一个体积元 $\mathrm{d}V' = \mathrm{d}x'\mathrm{d}y'\mathrm{d}z'$ 静止在运动参照系 $S'$ 中，在参照系 $S$ 中测量到该体积元的大小为 $\mathrm{d}V = \mathrm{d}x\mathrm{d}y\mathrm{d}z$ . 根据洛伦兹变换，有

$$\mathrm{d}x' = \frac{dx}{\sqrt{1-u^2/c^2}},\quad \mathrm{d}y' = \mathrm{d}y,\quad \mathrm{d}z' = \mathrm{d}z$$

由此可以得到

$$\mathrm{d}V = \sqrt{1-u^2/c^2}\,\mathrm{d}x'\mathrm{d}y'\mathrm{d}z' = \sqrt{1-u^2/c^2}\,\mathrm{d}V' < \mathrm{d}V' \tag{7.4-6}$$

即在洛伦兹变换下，物体的体积元也发生了收缩. 再利用式(7.4-2)，有

$$\mathrm{d}V\mathrm{d}t = \mathrm{d}V'\mathrm{d}t' \tag{7.4-7}$$

即时空体积元在洛伦兹变换下是一个不变量.

4. 因果规律对速度的限制

任何事物的发展规律必然存在一定的因果关系，即作为原因的第一个事件导致作为结果的第二个事件. 例如，扬声器(喇叭)向外发出声音，并以声波的形式传到人的耳朵里. 声波的频率和强度都是由扬声器决定的. 扬声器发声在先，是因；而人们听到声音在后，是果. 因此，扬声器的发声和人们听到声音这两个事件服从因果关系. 现在要问，在什么前提下服从因果关系的两个事件的时序不会颠倒？下面根据洛伦兹变换来回答这个问题.

设两个事件在 $S$ 系和 $S'$ 系中的时空坐标分别为 $(x_1,t_1)$ 和 $(x_1',t_1')$ . 根据洛伦兹变换，有

$$t_2' - t_1' = \frac{t_2 - t_1 - \dfrac{u}{c^2}(x_2 - x_1)}{\sqrt{1-u^2/c^2}} \tag{7.4-8}$$

如果第一个事件是因，而第二个事件是果，即 $t_2 - t_1 > 0$ . 按照因果规律的要求，有 $t_2' - t_1' > 0$ ，这样由式(7.4-8)，有

$$t_2 - t_1 - \frac{u}{c^2}(x_2 - x_1) > 0 \tag{7.4-9}$$

设

$$v = \frac{|x_2 - x_1|}{t_2 - t_1}$$

为这两个事件的相互作用(传播)速度，则由式(7.4-9)可以得到

$$vu < c^2 \tag{7.4-10}$$

由于惯性系之间的相对运动速度不能大于光速，即 $u < c$. 因此，只有当

$$v \leqslant c \tag{7.4-11}$$

时，式(7.4-10)才能满足. 可见，只有两个事件之间的作用速度不超过光速，才能保证两个事件的时序符合因果规律. 从原则上，任何物体的运动过程都可以用一系列事件来描述，这些事件之间的传播速度就是物体的运动速度. 因此，按照因果规律的要求，物体的运动速度(事件的传播速度)不能超光速，这是相对论理论的要求.

## 7.5　相对论原理的四维表述

前面已经看到，洛伦兹变换是两个惯性参照系之间的时空坐标变换. 在爱因斯坦创立狭义相对论不久，德国数学家闵可夫斯基(Minkowski)意识到空间和时间是一个不可分割的整体，并于 1907 年引入了一个四维“伪欧几里得”空间，即所谓的闵可夫斯基空间. 在这个四维空间中，它的前三维是空间坐标，第四维是虚的时间坐标. 借助于这种四维坐标，可以把洛伦兹变换表示成一种更为简洁的数学形式. 而且更为重要的是，在这种四维空间中，不仅可以把一些物理量表示成四维形式，还可以把描述这些物理量的偏微分方程写成四维协变形式.

### 1. 洛伦兹变换的四维形式

在闵可夫斯基四维空间中，四个坐标变量为

$$x_1 = x,\quad x_2 = y,\quad x_3 = z,\quad x_4 = \mathrm{i}ct \tag{7.5-1}$$

简记为

$$x_\mu = (x_1, x_2, x_3, x_4) = (x, y, z, \mathrm{i}ct) \tag{7.5-2}$$

其中 $\mathrm{i} = \sqrt{-1}$ 是虚数单位. 需要说明一点，通常用希腊字母 $\mu, \nu, \tau, \cdots$ 来表示四维空间的指标 $1,2,3,\cdots$；而三维空间的指标则用拉丁字母 $i, j, k, \cdots$ 表示.

借助于这种四维坐标，可以把洛伦兹变换写成如下四维形式：

$$\begin{cases} x_1' = \gamma(x_1 + \mathrm{i}\beta x_4) \\ x_2' = x_2 \\ x_3' = x_3 \\ x_4' = \gamma(-\mathrm{i}\beta x_1 + x_4) \end{cases} \tag{7.5-3}$$

其中

$$\beta = u / c, \quad \gamma = \frac{1}{\sqrt{1 - u^2 / c^2}} \tag{7.5-4}$$

通常称 $\gamma$ 为相对论因子. 还可以把式(7.5-3)改写成更为简洁的形式

$$x'_\mu = a_{\mu\nu} x_\nu \tag{7.5-5}$$

其中，$a_{\mu\nu}$ 为变换系数，它构成了一个 $4\times4$ 的矩阵

$$\overleftrightarrow{\boldsymbol{a}} = \begin{pmatrix} \gamma & 0 & 0 & \mathrm{i}\gamma\beta \\ 0 & 1 & 0 & 0 \\ 0 & 0 & 1 & 0 \\ -\mathrm{i}\gamma\beta & 0 & 0 & \gamma \end{pmatrix} \tag{7.5-6}$$

这里需要说明一点，在四维空间的下标记号中，如果两个相邻的指标相同，则表示对这个指标进行求和，如在式(7.5-5)中是对指标 $\nu$ 求和.

很容易证明该矩阵元满足如下正交性条件：

$$a_{\mu\nu} a_{\mu\tau} = \delta_{\nu\tau} \tag{7.5-7}$$

对式(7.5-5)两边乘以 $a_{\mu\tau}$，并利用式(7.5-7)，有

$$a_{\mu\tau} x'_\mu = a_{\mu\tau} a_{\mu\nu} x_\nu = \delta_{\tau\nu} x_\nu = x_\tau$$

即可以得到洛伦兹变换的逆变换

$$x_\tau = a_{\mu\tau} x'_\mu \tag{7.5-8}$$

可见矩阵 $\overleftrightarrow{\boldsymbol{a}}$ 的转置全矩阵等于它的逆.

可以把洛伦兹变换看成四维时空中的坐标转动，其中保持 $x_2$ 和 $x_3$ 轴不变. 为了更清楚地说明这一点，令

$$\cos\theta = \gamma, \quad \sin\theta = \mathrm{i}\gamma\beta \tag{7.5-9}$$

这样可以把式(7.5-3)改写为

$$\begin{cases} x'_1 = \cos\theta x_1 + \sin\theta x_4 \\ x'_2 = x_2 \\ x'_3 = x_3 \\ x'_4 = \cos\theta x_4 - \sin\theta x_1 \end{cases} \tag{7.5-10}$$

这与三维空间的坐标旋转非常相似.

我们知道，对于三维空间的坐标旋转，位置矢量的模(间距)是不变的. 对于四维时空中的转动，也有类似的结论. 根据式(7.5-10)，显然有

$$x_1'^2 + x_2'^2 + x_3'^2 + x_4'^2 = x_1^2 + x_2^2 + x_3^2 + x_4^2$$

或

$$x'_{\mu}x'_{\mu}=x_{\mu}x_{\mu} \tag{7.5-11}$$

即在四维空间中，间隔 $s^2=x_{\mu}x_{\mu}$ 是不变量.

2. 四维协变量

在三维空间中，可以根据物理量在空间坐标转动下的变换性质把物理量分为标量、矢量和张量. 对于四维时空中变化的物理量，也可以做类似的划分.

1) 四维标量

如果一个物理量在四维时空中没有取向关系，而且在洛伦兹变换下保持不变，则称这个物理量为四维标量，也称为洛伦兹不变量. 例如，四维时空中的间隔 $s^2=x_{\mu}x_{\mu}$ 就是一个四维标量. 此外，前面提到的固有长度 $l_0$、固有时间 $\tau_0$、四维时空体积元 $\mathrm{d}V\mathrm{d}t$、真空中的光速 $c$ 等都是四维标量. 在后面的讨论中，我们还会遇到一些四维标量.

2) 四维矢量

若一个物理量需要四个分量 $A_{\mu}$ 表示，而且当时空坐标转动时，其分量的变换关系与时空坐标的变换关系相同，即

$$A'_{\mu}=a_{\mu\nu}A_{\nu} \tag{7.5-12}$$

则称这个物理量为四维矢量. 四维矢量的具体变换关系为

$$\begin{cases}A'_1=\gamma(A_1+\mathrm{i}\beta A_4)\\ A'_2=A_2\\ A'_3=A_3\\ A'_4=\gamma(-\mathrm{i}\beta A_1+A_4)\end{cases} \tag{7.5-13}$$

前面引入的四维时空坐标矢量 $x_{\mu}=(\boldsymbol{r},\mathrm{i}ct)$ 就是一个四维矢量. 在以下两节中，我们将陆续引入一些四维矢量，如四维势、四维电流、四维速度、四维动量及四维力等.

这里先介绍四维波矢量. 现在考虑一角频率为 $\omega$、波矢量为 $\boldsymbol{k}$ 的平面电磁波，可以把电场表示为

$$\boldsymbol{E}(\boldsymbol{r},t)=\boldsymbol{E}_0\mathrm{e}^{\mathrm{i}(\boldsymbol{k}\cdot\boldsymbol{r}-\omega t)}=\boldsymbol{E}_0\mathrm{e}^{\mathrm{i}\phi} \tag{7.5-14}$$

其中，$\phi=\boldsymbol{k}\cdot\boldsymbol{r}-\omega t$ 是相位. 引入四维波矢量

$$k_{\mu}=(k_1,k_2,k_3,\mathrm{i}\omega/c)=(\boldsymbol{k},\mathrm{i}\omega/c) \tag{7.5-15}$$

这样可以把相位表示为

$$\phi=x_{\mu}k_{\mu} \tag{7.5-16}$$

很容易证明，在洛伦兹变换下平面电磁波的相位是一个不变量，也就是说平面电磁

波的形状不会因惯性系的变换而改变. 在洛伦兹变换下，四维波矢量的变换关系为

$$k'_\mu = a_{\mu\nu} k_\nu \tag{7.5-17}$$

由此可以得到波数及角频率的变换关系为

$$\begin{cases} k'_1 = \gamma(k_1 - u\omega / c^2) \\ k'_2 = k_2 \\ k'_3 = k_3 \\ \omega' = \gamma(\omega - uk_1) \end{cases} \tag{7.5-18}$$

3) 四维张量

如果一个物理量有 16 个分量 $T_{\mu\nu}$，而且当坐标转动时它的分量按如下关系进行变换：

$$T'_{\mu\nu} = a_{\mu\lambda} T_{\lambda\rho} a_{\rho\nu} \tag{7.5-19}$$

则称这个物理量为四维张量. 如 7.6 节引入的电场张量，就是一个四维张量.

**例题 7.3** 设 $S$ 和 $S'$ 为两个惯性系，其中 $S'$ 相对 $S$ 以速度 $u$ 沿 $x$ 轴做匀速运动. 在 $S'$ 中有一个光源，以角频率 $\omega_0$ 向外发光，且光的传播方向与 $x$ 轴的夹角为 $\theta$. 确定在 $S$ 中观察到的光源的角频率.

**解** 设光波(电磁波)沿着 $xy$ 平面传播，即在 $S$ 和 $S'$ 系中的波矢量分别为 $\boldsymbol{k} = (k_x, k_y, 0)$ 及 $\boldsymbol{k}' = (k'_x, k'_y, 0)$. 根据四维波矢量的洛伦兹变换式(7.5-18)，有

$$\begin{cases} k'_x = \gamma(k_x - u\omega / c^2) \\ k'_y = k_y \\ \omega' = \omega_0 = \gamma(\omega - uk_x) \end{cases} \tag{7.5-20}$$

再假设 $\boldsymbol{k}$ 与 $x$ 轴的夹角为 $\theta$ 以及 $\boldsymbol{k}'$ 与 $x'$ 轴的夹角为 $\theta'$，有

$$k_x = k\cos\theta = \frac{\omega}{c}\cos\theta, \quad k'_x = k'\cos\theta' = \frac{\omega_0}{c}\cos\theta'$$

代入式(7.5-20)，可以得到在 $S$ 中观察到的光源的角频率为

$$\omega = \frac{\omega_0}{\gamma(1 - u\cos\theta / c)} \tag{7.5-21}$$

这就是相对论多普勒(Doppler)频移公式. 下面分四种情况进行讨论：

(1) 当光源的运动速度远小于光速时，即 $u \ll c$，有 $\gamma \approx 1$，式(7.5-21)就变成经典的多普勒公式

$$\omega = \frac{\omega_0}{1 - u\cos\theta / c} \tag{7.5-22}$$

(2) 当光波的传播方向与光源的运动方向垂直时，即 $\theta = \pi / 2$，有

$$\omega = \frac{\omega_0}{\gamma} = \omega_0\sqrt{1-\frac{u^2}{c^2}} \tag{7.5-23}$$

可见，这时观察到光的角频率小于光源静止时角频率，称这种现象为横向多普勒效应. 横向多普勒效应是一种纯相对论效应，在 1941 年已被实验所证实.

(3) 当光波的传播方向与光源的运动方向反向时，即 $\theta = \pi$，有

$$\omega = \frac{\omega_0}{\gamma(1+u/c)} = \omega_0\sqrt{\frac{1-u/c}{1+u/c}} < \omega_0 \tag{7.5-24}$$

称其为纵向多普勒效应，观察到光的角频率小于光源静止时角频率. 利用这种纵向多普勒效应可以解释天文学中的“红移现象”，即当一个天体远离我们所在的地球时，发出的光谱将向长波(红光)端移动. 红移现象为宇宙大爆炸理论提供了证据.

(4) 当光波的传播方向与光源的运动方向同向时，即 $\theta = 0$，有

$$\omega = \frac{\omega_0}{\gamma(1-u/c)} = \omega_0\sqrt{\frac{1+u/c}{1-u/c}} > \omega_0 \tag{7.5-25}$$

这也是一种纵向多普勒效应，但观察到光的角频率大于光源静止时角频率. 利用这种多普勒效应可以解释天文学中的“蓝移现象”，即当一个天体朝我们所在的地球运动时，发出的光谱将向短波(蓝光)端移动.

## 7.6 电磁规律的协变性

根据相对性原理，任何惯性参照系都是等价的，它要求物理规律在任何惯性系中应具有协变性. 因此，电磁规律也不例外，在洛伦兹变换下也应当具有协变性. 本节的主要内容是，通过引入四维电磁势、四维电流密度以及四维电磁场张量，建立具有四维协变形式的电荷守恒方程、洛伦兹规范方程、波动方程以及麦克斯韦方程组.

### 1. 电荷守恒方程的协变性

首先引入四维电流密度矢量

$$J_\mu = (\boldsymbol{J}, \mathrm{i}c\rho) \tag{7.6-1}$$

它的前三维为电流密度，第四维与电荷密度相关. 这样就把电荷密度与电流密度统一在一起了. 在洛伦兹变换下，四维电流密度矢量的变换关系为

$$J'_\mu = a_{\mu\nu}J_\nu \tag{7.6-2}$$

即

$$\begin{cases} J_x' = \gamma(J_x - u\rho) \\ J_y' = J_y \\ J_z' = J_z \\ \rho' = \gamma(\rho - uJ_x / c^2) \end{cases} \tag{7.6-3}$$

对应的逆变换（$J_\mu \to J_\mu', u \to -u$）为

$$\begin{cases} J_x = \gamma(J_x' + u\rho') \\ J_y = J_y' \\ J_z = J_z' \\ \rho = \gamma(\rho' + uJ_x' / c^2) \end{cases} \tag{7.6-4}$$

特别是当电荷在 $S'$ 系中处于静止状态时，没有电流分布，即 $\boldsymbol{J}'=0$，但在 $S$ 系中进行观察时，既有电荷分布，又有电流分布

$$J_x = \gamma u\rho', \quad J_y = 0, \quad J_z = 0, \quad \rho = \gamma\rho' \tag{7.6-5}$$

实验已经表明，带电粒子的电量 $Q$ 是一个洛伦兹不变量，即电量与带电粒子的运动速度无关. 下面证明这一结论. 考虑在 $S'$ 系中一个静止的电荷体，其密度为 $\rho'$，有

$$Q' = \int \rho' \mathrm{d}V'$$

在 $S$ 系中进行观察，该电荷体的电量为

$$Q = \int \rho \mathrm{d}V$$

利用式(7.6-5)及体积元收缩效应 $\mathrm{d}V = \mathrm{d}V'/\gamma$，可以得到

$$Q = \int \gamma\rho' \mathrm{d}V' / \gamma = \int \rho' \mathrm{d}V' = Q' \tag{7.6-6}$$

即电量是一个四维不变量.

借助于四维位置矢量 $x_\mu$ 及四维电流密度矢量 $J_\mu$，可以将电荷守恒方程

$$\frac{\partial\rho}{\partial t} + \nabla\cdot\boldsymbol{J} = 0$$

写成如下形式：

$$\frac{\partial J_\mu}{\partial x_\mu} = 0 \tag{7.6-7}$$

其中

$$\frac{\partial}{\partial x_\mu} = \left(\frac{\partial}{\partial x_1}, \frac{\partial}{\partial x_2}, \frac{\partial}{\partial x_3}, \frac{\partial}{\partial x_4}\right) = \left(\nabla, \frac{1}{\mathrm{i}c}\frac{\partial}{\partial t}\right) \tag{7.6-8}$$

为四维微分算子. 很容易证明方程(7.6-7)在洛伦兹变换下具有协变性，即

$$\frac{\partial J'_\mu}{\partial x'_\mu}=\frac{\partial J_\mu}{\partial x_\mu}=0 \tag{7.6-9}$$

也就是说，方程(7.6-7)的形式对任意惯性参照系都是不变的.

2. 洛伦兹规范条件的协变性

首先引入四维电磁势

$$A_\mu=(A_x,A_y,A_z,\mathrm{i}\varphi/c)=(\boldsymbol{A},\mathrm{i}\varphi/c) \tag{7.6-10}$$

它的前三维为磁矢势 $\boldsymbol{A}$，而第四维与标势 $\varphi$ 相关. 这样就把矢势和标势统一在一起了. 当坐标系转动时，四维电磁势的变换关系为

$$A'_\mu=a_{\mu\nu}A_\nu \tag{7.6-11}$$

即

$$\begin{cases} A'_x=\gamma\left(A_x-\dfrac{u}{c^2}\varphi\right)\\ A'_y=A_y\\ A'_z=A_z\\ \varphi'=\gamma(\varphi-uA_x)\end{cases} \tag{7.6-12}$$

对应的逆变换为

$$\begin{cases} A_x=\gamma\left(A'_x+\dfrac{u}{c^2}\varphi'\right)\\ A_y=A'_y\\ A_z=A'_z\\ \varphi=\gamma(\varphi'+uA'_x)\end{cases} \tag{7.6-13}$$

对于静止在 $S'$ 系中的电荷，它只产生标势 $\varphi'$，而不会产生矢势 $\boldsymbol{A}'$，但在 $S$ 系中观察，该电荷既产生标势 $\varphi$，又产生矢势 $\boldsymbol{A}$，即

$$\begin{cases} A_x=\gamma\dfrac{u}{c^2}\varphi'\\ A_y=0\\ A_z=0\\ \varphi=\gamma\varphi'\end{cases} \tag{7.6-14}$$

借助于四维位置矢量 $x_\mu$ 及四维电磁势 $A_\mu$，可以把洛伦茨规范条件

$$\nabla \cdot \boldsymbol{A}+\frac{1}{c^2}\frac{\partial \varphi}{\partial t}=0$$

表示为

$$\frac{\partial A_\mu}{\partial x_\mu}=0 \tag{7.6-15}$$

同样，可以证明方程(7.6-15)在洛伦兹变换下具有协变性，即

$$\frac{\partial A'_\mu}{\partial x'_\mu}=\frac{\partial A_\mu}{\partial x_\mu}=0 \tag{7.6-16}$$

**例题 7.4** 考虑一个静止在 $S'$ 系中的点电荷，其电量为 $Q$. 求它产生的电磁势.

**解** 设参照系 $S'$ 固定在点电荷上，这样在 $S'$ 中进行观察时，点电荷只产生标势，不产生矢势，即

$$\varphi'(\boldsymbol{r}')=\frac{Q}{4\pi\varepsilon_0 r'},\quad \boldsymbol{A}'(\boldsymbol{r}')=0$$

假设带电粒子以速度 $u$ 沿着 $x$ 轴方向做匀速运动. 在参照系 $S$ 中进行观察时，点电荷既产生标势，又产生矢势. 根据式(7.6-14)，有

$$\varphi(\boldsymbol{r},t)=\frac{\gamma Q}{4\pi\varepsilon_0 r'},\qquad A_x(\boldsymbol{r},t)=\frac{u}{c^2}\frac{\gamma Q}{4\pi\varepsilon_0 r'} \tag{7.6-17}$$

其中，$r'$ 为点电荷在 $S'$ 系中的位置矢量的大小. 根据洛伦兹变换，有

$$r'=\sqrt{x'^2+y'^2+z'^2}=\sqrt{\gamma^2(x-ut)^2+y^2+z^2} \tag{7.6-18}$$

仅当点电荷的运动速度远小于光速时，它在 $S$ 系中产生的矢势才为零.

3. 波动方程的协变性

根据第 4 章的讨论，我们知道在洛伦兹规范条件下，电磁势满足如下波动方程：

$$\left(\nabla^2-\frac{1}{c^2}\frac{\partial^2}{\partial t^2}\right)\boldsymbol{A}=-\mu_0\boldsymbol{J},\qquad \left(\nabla^2-\frac{1}{c^2}\frac{\partial^2}{\partial t^2}\right)\varphi=-\rho/\varepsilon_0 \tag{7.6-19}$$

借助于四维电磁势及四维电流密度，可以把上面的波动方程写成协变的形式. 首先引入四维达朗贝尔算子

$$\Box=\nabla^2-\frac{1}{c^2}\frac{\partial^2}{\partial t^2}=\frac{\partial}{\partial x_\mu}\frac{\partial}{\partial x_\mu} \tag{7.6-20}$$

由此可以把两个势方程合写成一个方程

$$\Box A_\mu=-\mu_0 J_\mu \tag{7.6-21}$$

由于达朗贝尔算子是一个标量算子，因此在洛伦兹变换下，波动方程(7.6-21)具有协变性.

在第 5 章中，我们把电磁势 $\boldsymbol{A}$ 和 $\varphi$ 看成是两个独立的物理量，它们服从各自的波动方程. 但在相对论的理论框架内，可以把这两个物理量统一表示为一个四维电磁势，并且可以把它们原来各自服从的波动方程合写为一个四维波动方程.

4. 电磁场张量

前面我们已经把电流密度和电荷密度统一为一个四维电流密度矢量，把磁矢势和标势统一为一个四维电磁势. 现在要问：能否把电场和磁场也统一为一个四维张量？我们注意到，电场和磁场各有三个独立的分量，它们合在一起有六个独立的分量；另外，一个反对称的张量也有六个独立的分量. 因此，下面将构造一个四维反对称张量来描述电磁场.

首先将电场和磁场用四维电磁势 $A_\mu$ 表示. 利用 $\boldsymbol{B}=\nabla\times\boldsymbol{A}$ 及 $\boldsymbol{E}=-\nabla\varphi-\dfrac{\partial\boldsymbol{A}}{\partial t}$，可以分别得到

$$B_1=\frac{\partial A_3}{\partial x_2}-\frac{\partial A_2}{\partial x_3},\quad B_2=\frac{\partial A_1}{\partial x_3}-\frac{\partial A_3}{\partial x_1},\quad B_3=\frac{\partial A_2}{\partial x_1}-\frac{\partial A_1}{\partial x_2} \tag{7.6-22}$$

$$E_1=\mathrm{i}c\left(\frac{\partial A_4}{\partial x_1}-\frac{\partial A_1}{\partial x_4}\right),\quad E_2=\mathrm{i}c\left(\frac{\partial A_4}{\partial x_2}-\frac{\partial A_2}{\partial x_4}\right),\quad E_3=\mathrm{i}c\left(\frac{\partial A_4}{\partial x_3}-\frac{\partial A_3}{\partial x_4}\right) \tag{7.6-23}$$

如果引入一个四维反对称张量

$$F_{\mu\nu}=\frac{\partial A_\nu}{\partial x_\mu}-\frac{\partial A_\mu}{\partial x_\nu} \tag{7.6-24}$$

则可以把电磁场的各分量用这个四维张量的分量表示

$$\begin{cases}B_1=F_{23}\\B_2=F_{31}\\B_3=F_{12}\end{cases},\quad\begin{cases}E_1=\mathrm{i}cF_{14}\\E_2=\mathrm{i}cF_{24}\\E_3=\mathrm{i}cF_{34}\end{cases} \tag{7.6-25}$$

因此，可以把四维张量 $F_{\mu\nu}$ 表示为

$$\overleftrightarrow{\boldsymbol{F}}=\begin{pmatrix}0 & B_3 & -B_2 & -\frac{\mathrm{i}}{c}E_1\\ -B_3 & 0 & B_1 & -\frac{\mathrm{i}}{c}E_2\\ B_2 & -B_1 & 0 & -\frac{\mathrm{i}}{c}E_3\\ \frac{\mathrm{i}}{c}E_1 & \frac{\mathrm{i}}{c}E_2 & \frac{\mathrm{i}}{c}E_3 & 0\end{pmatrix} \tag{7.6-26}$$

显然，它是一个四维反对称张量，它的前三行和前三列与磁场分量有关，而第四行和第四列与电场分量有关，且是虚的. 可见，借助于这个四维反对称张量，就可以把电场和磁场统一在一起.

5. 麦克斯韦方程组的协变性

将麦克斯韦方程组分成两组，即有源方程和无源方程. 两个有源的方程为

$$\nabla\times\boldsymbol{B}-\frac{1}{c^2}\frac{\partial\boldsymbol{E}}{\partial t}=\mu_0\boldsymbol{J},\quad \nabla\cdot\boldsymbol{E}=\frac{\rho}{\varepsilon_0} \tag{7.6-27}$$

借助于四维电磁场张量 $F_{\mu\nu}$ 和四维电流密度矢量 $J_\mu$，可以把这两个方程等效地表示为

$$\frac{\partial F_{\mu\nu}}{\partial x_\nu}=\mu_0 J_\mu \tag{7.6-28}$$

该方程共有四个分量方程 $(\mu=1,2,3,4)$，分别与式(7.6-27)的四个分量方程依次对应.

麦克斯韦方程组的另外两个无源方程为

$$\nabla\times\boldsymbol{E}+\frac{\partial\boldsymbol{B}}{\partial t}=0,\quad \nabla\cdot\boldsymbol{B}=0 \tag{7.6-29}$$

可以把它们统一地表示为四维协变形式

$$\frac{\partial F_{\nu\lambda}}{\partial x_\mu}+\frac{\partial F_{\lambda\mu}}{\partial x_\nu}+\frac{\partial F_{\mu\nu}}{\partial x_\lambda}=0 \tag{7.6-30}$$

该方程只有四个分量方程是独立的，当 $(\mu,\nu,\lambda)$ 分别取 $(2,3,4)$，$(3,1,4)$ 及 $(1,2,4)$ 时，依次对应方程 $\nabla\times\boldsymbol{E}+\dfrac{\partial\boldsymbol{B}}{\partial t}=0$ 的 $x,y,z$ 分量；当 $(\mu,\nu,\lambda)$ 取 $(1,2,3)$ 时，对应方程 $\nabla\cdot\boldsymbol{B}=0$.

6. 电磁场的变换关系

在洛伦兹变换下，电磁场张量的变换关系为

$$F'_{\mu\nu}=a_{\mu\lambda}F_{\lambda\tau}a_{\nu\tau} \tag{7.6-31}$$

根据矩阵的乘法规则，可以得到在洛伦兹变换下电磁场分量之间的变换关系为

$$\begin{cases}E_1'=E_1, & B_1'=B_1\\ E_2'=\gamma(E_2-uB_3), & B_2'=\gamma(B_2+uE_3/c^2)\\ E_3'=\gamma(E_3+uB_2), & B_3'=\gamma(B_3-uE_2/c^2)\end{cases} \tag{7.6-32}$$

或写出更为简洁的形式

$$\begin{cases}E_\parallel'=E_\parallel, & B_\parallel'=B_\parallel\\ \boldsymbol{E}_\perp'=\gamma(\boldsymbol{E}+\boldsymbol{u}\times\boldsymbol{B})_\perp, & \boldsymbol{B}_\perp'=\gamma(\boldsymbol{B}-\boldsymbol{u}\times\boldsymbol{E}/c^2)_\perp\end{cases} \tag{7.6-33}$$

其中，下标$\parallel$和$\perp$分别表示与参照系相对运动速度$\boldsymbol{u}$平行和垂直的分量. 可以看出，平行于相对运动速度的电磁场分量不受参照系变换的影响，而垂直分量受到影响.

7. 电磁场能量-动量守恒方程的协变性

在第 4 章我们曾分别得到了电磁场的能量和动量守恒方程，它们分别为

$$p=-\frac{\partial w}{\partial t}-\nabla\cdot\boldsymbol{S}\ ,\quad \boldsymbol{f}=-\frac{\partial \boldsymbol{g}}{\partial t}-\nabla\cdot\overleftrightarrow{\boldsymbol{T}} \tag{7.6-34}$$

其中

$$p=\boldsymbol{J}\cdot\boldsymbol{E} \tag{7.6-35}$$

为电磁功率密度(电场对电流所做的功率)，而

$$\boldsymbol{f}=\rho\boldsymbol{E}+\boldsymbol{J}\times\boldsymbol{B} \tag{7.6-36}$$

为洛伦兹力密度矢量. 此外，在式(7.6-34)中，$w$，$\boldsymbol{g}$，$\boldsymbol{S}$及$\overleftrightarrow{\boldsymbol{T}}$分别为电磁场的能量密度、动量密度、能流密度及动量流密度，参见第 4 章.

引入一个四维电磁力密度矢量

$$f_\mu=F_{\mu\nu}J_\nu \tag{7.6-37}$$

其中，$F_{\mu\nu}$和$J_\nu$分别为前面引入的四维电磁场张量和电流密度矢量. 很容易验证，$f_\mu$的前三维分量恰好是洛伦兹力密度$\boldsymbol{f}$，而第四维分量与功率密度相关

$$f_4=\mathrm{i}\boldsymbol{J}\cdot\boldsymbol{E}/c=\mathrm{i}p/c \tag{7.6-38}$$

这样可以把四维电磁力密度矢量改写为

$$f_\mu=(\boldsymbol{f},\mathrm{i}p/c) \tag{7.6-39}$$

借助于四维电磁力密度矢量，可以把电磁场的能量和动量守恒方程合写为一个四维协变方程

$$f_\mu=-\frac{\partial T_{\nu\mu}}{\partial x_\nu} \tag{7.6-40}$$

其中

$$T_{\nu\mu}=\begin{pmatrix} T_{11} & T_{12} & T_{13} & \frac{\mathrm{i}}{c}S_1 \\ T_{21} & T_{22} & T_{23} & \frac{\mathrm{i}}{c}S_2 \\ T_{31} & T_{32} & T_{33} & \frac{\mathrm{i}}{c}S_3 \\ \mathrm{i}cg_1 & \mathrm{i}cg_2 & \mathrm{i}cg_3 & -w \end{pmatrix}\equiv\begin{pmatrix} \overleftrightarrow{\boldsymbol{T}} & \mathrm{i}\boldsymbol{S}/c \\ \mathrm{i}c\boldsymbol{g} & -w \end{pmatrix} \tag{7.6-41}$$

为四维电磁场的能量动量张量. 方程(7.6-40)为四维空间中电磁场的能量-动量守恒方程，它在洛伦兹变换下具有协变性.

关于电磁规律的协变性问题，至此全部得到解决. 通过引入四维电流密度矢量及四维的电磁势，分别建立了四维电荷守恒方程、四维洛伦兹规范方程以及四维波动方程. 在此基础上，通过进一步引入四维电磁场张量、四维电磁力密度矢量及四维电磁场的能量动量张量，得到了四维麦克斯韦方程组和四维能量-动量守恒方程. 在洛伦兹变换下，所有这些描述电磁规律的四维方程均具有协变性.

**例题 7.5** 求电量为 $q$ 的匀速运动的带电粒子产生的电磁场，其中带电粒子运动的速度为 $u$.

**解** 选取参照系 $S'$ 固定在带电粒子上. 在 $S'$ 上进行观察时，它在空间任意一点 $\boldsymbol{r}'$ 处只产生静电场，而磁场为零，即

$$\boldsymbol{E}' = \frac{q\boldsymbol{r}'}{4\pi\varepsilon_0 r'^3},\quad \boldsymbol{B}' = 0 \tag{7.6-42}$$

在参照系 $S$ 中进行观察时，假设带电粒子以速度 $u$ 沿着 $x$ 轴方向做匀速运动. 根据式(7.6-32)，可以得到它的逆变换式(令 $u \to -u$)

$$\begin{cases} E_x = E'_x = \dfrac{qx'}{4\pi\varepsilon_0 r'^3} \\ E_y = \gamma E'_y = \dfrac{\gamma q y'}{4\pi\varepsilon_0 r'^3} \\ E_z = \gamma E'_z = \dfrac{\gamma q z'}{4\pi\varepsilon_0 r'^3} \end{cases},\quad \begin{cases} B_x = B'_x = 0 \\ B_y = \gamma\left(-\dfrac{u}{c^2}\right)E'_z = -\dfrac{u\gamma}{c^2}\dfrac{qz'}{4\pi\varepsilon_0 r'^3} \\ B_z = \gamma\left(\dfrac{u}{c^2}\right)E'_y = \dfrac{u\gamma}{c^2}\dfrac{qy'}{4\pi\varepsilon_0 r'^3} \end{cases}, \tag{7.6-43}$$

其中

$$x' = \gamma(x - ut),\quad y' = y,\quad z' = z$$

$$r' = \sqrt{x'^2 + y'^2 + z'^2} = \sqrt{\gamma^2(x-ut)^2 + y^2 + z^2}$$

可见，在 $S$ 系中观察，带电粒子不仅产生电场还产生磁场，而且电磁场都随时间变化.

对于 $t = 0$ 时刻，有

$$x' = \gamma x$$

$$r' = \gamma\sqrt{\left(\frac{\boldsymbol{u}\cdot\boldsymbol{r}}{c}\right)^2 + (1-\beta^2)r^2} = \gamma r\sqrt{1-\beta^2\sin^2\theta}$$

其中，$\theta$ 是速度 $\boldsymbol{u}$ 与场点位置矢量 $\boldsymbol{r}$ 的夹角. 电场和磁场分别为

$$\boldsymbol{E} = \frac{1-\beta^2}{(1-\beta^2\sin^2\theta)^{3/2}}\frac{q\boldsymbol{r}}{4\pi\varepsilon_0 r^3} \tag{7.6-44}$$

$$B = \frac{u \times E}{c^2} \tag{7.6-45}$$

可见，电场的空间分布与$\theta$有关，而且沿着径向分布. 在平行于$\boldsymbol{u}$的方向($\theta = 0, \pi$)，电场的值最小；而在垂直于$\boldsymbol{u}$的方向($\theta = \pm\pi/2$)，电场的值最大. 也就是说，做匀速运动的点电荷所产生的电场在运动方向上发生了“压缩”.

## 7.7　相对论力学

我们知道，在经典的伽利略变换下，牛顿力学方程是协变的，满足相对性原理. 可以验证，在洛伦兹变换下，牛顿力学方程不再是协变的，因此有必要对力学规律进行修正，使它符合新的相对论时空观. 在讨论相对论力学规律之前，我们首先引入四维速度和四维动量.

### 1. 四维速度

由 7.3 节的讨论可以看出，在洛伦兹变换下质点的运动速度$\boldsymbol{u}$不是一个协变量，因此必须对其修正. 可以引入一个四维速度矢量

$$U_\mu = \frac{\mathrm{d}x_\mu}{\mathrm{d}\tau} \tag{7.7-1}$$

其中，$\tau$为固有时，它不随坐标系的变换而改变. 根据时钟变慢效应，有

$$\tau = t\sqrt{1 - u^2/c^2} = \frac{t}{\gamma} \tag{7.7-2}$$

四维速度的前三个分量为

$$U_i = \frac{\mathrm{d}x_i}{\mathrm{d}\tau} = \gamma\frac{\mathrm{d}x_i}{\mathrm{d}t} = \gamma u_i \qquad (i = 1,2,3) \tag{7.7-3}$$

第四个分量

$$U_4 = \frac{\mathrm{d}x_4}{\mathrm{d}\tau} = \gamma\frac{\mathrm{d}x_4}{\mathrm{d}t} = \mathrm{i}\gamma c \tag{7.7-4}$$

把式(7.7-3)与式(7.7-4)合写起来，有

$$U_\mu = \gamma(\boldsymbol{u}, \mathrm{i}c) \tag{7.7-5}$$

显然$U_i \neq u_i$.

### 2. 四维动量

借助于四维速度，可以构造出一个四维动量

$$p_\mu = m_0 U_\mu = m_0 \gamma(\boldsymbol{u}, \mathrm{i}c) \tag{7.7-6}$$

其中，$m_0$ 是质点的静止质量. 四维动量的前三维分量是

$$\boldsymbol{p} = m_0 \gamma \boldsymbol{u} = \frac{m_0 \boldsymbol{u}}{\sqrt{1-u^2/c^2}} \equiv m\boldsymbol{u} \tag{7.7-7}$$

而第四个分量为

$$p_4 = m_0 U_4 = \frac{\mathrm{i} m_0 c}{\sqrt{1-u^2/c^2}} \equiv \mathrm{i}mc \tag{7.7-8}$$

其中

$$m = \gamma m_0 = \frac{m_0}{\sqrt{1-u^2/c^2}} \tag{7.7-9}$$

是质点的相对论质量或动质量，它随质点的速度变化. 当质点处于静止时，$m = m_0$；当质点的速度接近光速 $c$ 时，它的质量将趋于无限大. 可以把质点的四维动量改写为

$$p_\mu = (m\boldsymbol{u}, \mathrm{i}mc) \tag{7.7-10}$$

3. 相对论力学方程

借助于四维动量，定义四维动力学方程

$$\frac{\mathrm{d}p_\mu}{\mathrm{d}\tau} = K_\mu \tag{7.7-11}$$

其中，$K_\mu$ 为四维作用力，也称闵可夫斯基力. 利用固有时的定义，可以把上式改写为

$$\gamma \frac{\mathrm{d}p_\mu}{\mathrm{d}t} = K_\mu \tag{7.7-12}$$

显然，方程(7.7-11)或(7.7-12)在洛伦兹变换下具有协变性. 下面寻求四维力 $K_\mu$ 的表示式以及方程(7.7-12)的物理意义.

方程(7.7-12)的前三个分量为

$$K_i / \gamma = \frac{\mathrm{d}p_i}{\mathrm{d}t} \quad (i = 1,2,3) \tag{7.7-13}$$

如果令 $K_i / \gamma = F_i$，即

$$K_i = \frac{F_i}{\sqrt{1-u^2/c^2}} \tag{7.7-14}$$

则可以把方程(7.7-13)化为如下形式：

$$F_i = \frac{\mathrm{d}p_i}{\mathrm{d}t} = \frac{\mathrm{d}}{\mathrm{d}t}\left(\frac{m_0 u_i}{\sqrt{1-u^2/c^2}}\right) \tag{7.7-15}$$

可见这个方程在形式上与经典的牛顿力学方程相同，而且在低速情况下（$u \ll c$），可以退化为牛顿力学方程. 因此，称方程(7.7-15)为相对论质点运动（力学）方程，$F_i$ 是质点所受到的三维力，即真实的作用力.

下面再看 $K_4$ 的物理意义. 方程(7.7-12)的第四个分量为

$$K_4 = \gamma \frac{\mathrm{d}p_4}{\mathrm{d}t} = \mathrm{i}\gamma \frac{\mathrm{d}(\gamma m_0 c)}{\mathrm{d}t} \tag{7.7-16}$$

利用

$$p_\mu p_\mu = p_i p_i + p_4 p_4 = -m_0^2 c^2 \tag{7.7-17}$$

将上式两边对固有时 $\tau$ 微分，并考虑到 $m_0$ 和 $c$ 都是常数，则有

$$p_\mu \frac{\mathrm{d}p_\mu}{\mathrm{d}\tau} = p_\mu K_\mu = 0$$

即

$$p_i K_i = -p_4 K_4 \tag{7.7-18}$$

将 $K_i$， $p_i$ 及 $p_4$ 的表达式代入式(7.7-18)，可以得到 $K_4$ 的表示式为

$$K_4 = \mathrm{i}\gamma \boldsymbol{u} \cdot \boldsymbol{F} / c \tag{7.7-19}$$

我们知道，$\boldsymbol{u} \cdot \boldsymbol{F}$ 为力对质点所做的功率. 因此，四维力的第四个分量与功率有关. 这样，可以把四维力合写成

$$K_\mu = \gamma(\boldsymbol{F}, \mathrm{i}\boldsymbol{u} \cdot \boldsymbol{F} / c) \tag{7.7-20}$$

同时，可以把方程(7.7-16)改写为

$$\boldsymbol{u} \cdot \boldsymbol{F} = \frac{\mathrm{d}(mc^2)}{\mathrm{d}t} \tag{7.7-21}$$

**例题 7.6**　一静止质量为 $m_0$ 的粒子，在一恒定电场 $E_0$ 的作用下沿着 $x$ 轴方向运动，其中在 $t = 0$ 时刻，粒子位于坐标原点 $x(0) = 0$，且初始速度也为零 $u(0) = 0$. 确定在相对论情况下粒子的运动规律.

**解**　由于粒子只受到恒定电场的作用力，根据相对论的质点动力学方程，有

$$\frac{\mathrm{d}p}{\mathrm{d}t} = qE_0$$

将上式对时间积分，并利用初始条件，可以得到

$$p = qE_0 t$$

即

$$\frac{m_0 u}{\sqrt{1 - u^2 / c^2}} = (qE_0)t$$

其中，$u$ 为粒子的运动速度. 由上式可以解得

$$u=\frac{(qE_0/m_0)t}{\sqrt{1+(qE_0t/m_0c)^2}}$$

利用 $u=\mathrm{d}x/\mathrm{d}t$，并将上式两边对时间积分，可以得到粒子的位置随时间的变化关系：

$$\begin{aligned}x(t)&=\frac{qE_0}{m_0}\int_0^t\frac{\tau\mathrm{d}\tau}{\sqrt{1+(qE_0\tau/m_0c)^2}}\\&=\frac{m_0c^2}{qE_0}\left[\sqrt{1+(qE_0t/m_0c)^2}-1\right]\end{aligned}$$

在非相对论情况下（$u \ll c$），有

$$u(t)=\frac{qE_0t}{m_0},\quad x(t)=\frac{qE_0t^2}{2m_0}$$

4. 质能关系

方程(7.7-21)的左边为力对质点所做的功率. 根据能量守恒定律，它应等于质点动能随时间的变化率. 设质点的动能为 $T$，这样可以把方程(7.7-21)表示为

$$\frac{\mathrm{d}T}{\mathrm{d}t}=\frac{\mathrm{d}(mc^2)}{\mathrm{d}t}$$

将上式对时间积分，并利用 $t=0$ ($u=0$) 时，$m=m_0, T=0$，有

$$T=(m-m_0)c^2=\frac{m_0c^2}{\sqrt{1-u^2/c^2}}-m_0c^2 \tag{7.7-22}$$

这就是相对论情况下质点动能的表示式. 在低速 ($u \ll c$) 情况下，对式(7.7-22)右端的第一项进行级数展开，并保留到 $u^2/c^2$ 的一阶项，有

$$T\approx\frac{1}{2}m_0u^2$$

这就是经典牛顿力学中的动能公式.

引入

$$W=mc^2 \tag{7.7-23}$$

可以把(7.7-22)改写成如下形式：

$$W=T+m_0c^2 \tag{7.7-24}$$

显然 $W$ 为质点的能量，它为质点的动能和静止能量之和. 式(7.7-23)就是著名的爱因斯坦质能关系，它表示物体的质量和能量是紧密相关的. 当粒子的质量发生改变

时，它的能量也随着改变，且成正比，即

$$\Delta W = \Delta mc^2 \tag{7.7-25}$$

尤其重要的是，质能关系表明：当质点处于静止时，即 $u=0$，$m=m_0$，它的能量不为零，为

$$W_0 = m_0c^2 \tag{7.7-26}$$

这一点是经典力学所没有的.

物质的静止能量是非常巨大的. 例如，对于1 kg 的静止物质，它的静止能量约为 $9\times10^{16}$ J. 但在正常情况下，物质的静止能量是无法释放出来，仅当发生核反应过程或发生粒子的湮灭过程时，物质的静止能量才可能释放出来. 下面以氘氚核聚变为例进行说明. 氢的同位素氘（$^2$H）和氚（$^3$H）反应时，可以产生较重的元素氦（$^4$He），并释放出一个中子（n），即

$$^2\text{H} + {}^3\text{H} \longrightarrow {}^4\text{He} + \text{n}$$

其中反应前氘和氚的静止质量分别为 2.0147 u 和 3.0170 u, 总静止质量为 5.0317u（u 为原子质量单位，$1\,\text{u}=1.66\times10^{-27}$ kg）；反应后氦和中子的静止质量分别为 4.0039 u 和 1.0090 u，总静止质量为 5.0129u. 可见，在核聚变反应前后发生了质量亏损，亏损的质量为 0.0188 u，相当于 $2.81\times10^{-12}$ J 的能量. 按照质能关系，亏损的能量已转化为中子的动能，换算为兆电子伏特（$1\,\text{MeV}=1.60\times10^{-13}$ J），这部分能量相当于 17.5 MeV. 因此，在每一个氘氚聚变反应中，可以释放出一个能量为 17.5 MeV 的中子. 如果能对中子的动能进行吸收，转化成热能，就可以进行发电，被人类所利用. 这正是受控热核聚变的最终目的.

相对论的最大成就之一就是质能关系，它具有普适性. 对于任何形式的能量，都有与其对应的质量；反之，任何形式的质量也具有与其对应的能量. 我们知道电磁场具有能量，因此电磁场也具有质量. 由于电磁场有质量，它可以受到万有引力的作用. 如光线（电磁波）在万有引力的作用下将会产生弯曲，这已被天文观察所证实.

5. 能量与动量的关系

利用 $W=mc^2$，可以把四维动量的第四个分量表示为

$$p_4 = \mathrm{i}mc = \mathrm{i}W/c \tag{7.7-27}$$

将其代入式（7.7-17），可以得到

$$p^2 - W^2/c^2 = -m_0^2c^2$$

即

$$W = \sqrt{p^2c^2 + m_0^2c^4} \tag{7.7-28}$$

这就是相对论情况下的能量与动量关系. 特别是对于静止质量为零的粒子，如光子，其能量与动量的关系为

$$W = pc \tag{7.7-29}$$

**例题 7.7** 可以将自由电子对光子的散射看成光子-电子的二体碰撞，讨论散射前后光子的波长变化.

**解** 在碰撞前，假设电子处于静止状态，其动量为零，即 $\boldsymbol{p}_\mathrm{e}=0$，但其能量不为零，为 $W_\mathrm{e}=m_0c^2$，其中 $m_0$ 为电子的静止质量；光子的动量和能量分别为 $\boldsymbol{p}_\gamma=\hbar\boldsymbol{k}$ 及 $W_\gamma=p_\gamma c$，其中 $k=2\pi/\lambda$ 为波数，$\lambda$ 为散射前光子的波长；$\hbar=h/2\pi$，$h$ 为普朗克常量.

在碰撞后，假设电子的动量为 $\boldsymbol{p}'_\mathrm{e}$，对应的能量为 $W'_\mathrm{e}=\sqrt{p'^2_\mathrm{e}c^2+m_0^2c^4}$；光子的动量和能量分别为 $\boldsymbol{p}'_\gamma=\hbar\boldsymbol{k}'$ 和 $W'_\gamma=p'_\gamma c$. 在碰撞前后系统的总动量应守恒，因此有 $\boldsymbol{p}_\gamma=\boldsymbol{p}'_\gamma+\boldsymbol{p}'_\mathrm{e}$，即

$$\begin{cases} p_\gamma = p'_\gamma\cos\theta + p'_\mathrm{e}\cos\phi \\ 0 = p'_\gamma\sin\theta - p'_\mathrm{e}\sin\phi \end{cases}$$

其中，$\theta$ 和 $\phi$ 分别为光子的散射角和电子的反冲角，见图 7-5. 由上面两个式子消去 $\phi$，可以得到

$$p'^2_\mathrm{e} = p^2_\gamma - 2p_\gamma p'_\gamma\cos\theta + p'^2_\gamma$$

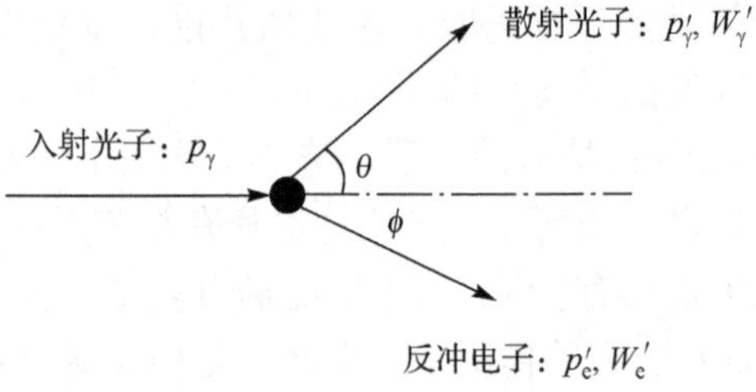


图 7-5

另外，根据碰撞前后的能量守恒，有

$$p_\gamma c + m_0c^2 = p'_\gamma c + \sqrt{p'^2_\mathrm{e}c^2 + m_0^2c^4}$$

将前面得到的 $p'_\mathrm{e}$ 代入上式，可以得到散射前后光子的动量之比为

$$\frac{p_\gamma}{p'_\gamma} = 1 + \frac{W_\gamma}{m_0c^2}(1-\cos\theta) = \frac{\hbar k}{\hbar k'} = \frac{\lambda'}{\lambda}$$

由此可以进一步得到光子的波长变化为

$$\Delta\lambda = \lambda' - \lambda = \frac{\lambda W_\gamma}{m_0 c^2}(1-\cos\theta) = \frac{h}{m_0 c}(1-\cos\theta)$$

该式即为康普顿(Compton)散射的数学表示式.

## 7.8　相对论分析力学

经典力学的最初形式是由牛顿创建的，它是以位置、速度、加速度及力等矢量作为最基本的物理量，因此也被称为矢量力学(牛顿力学). 后来拉格朗日、哈密顿、雅可比等通过引入广义坐标和变分原理，创建了分析力学. 与牛顿力学相比，分析力学更具有普适性，可以处理一些较为复杂的力学系统，包括质点系、刚体、弹性体、流体以及由它们构成的综合体. 此外，还可以把分析力学的方法推广到量子力学中，处理微观领域中粒子的运动问题.

在分析力学中，有两种描述方法，即拉格朗日描述方法和哈密顿描述方法. 本节将以带电粒子为例，分别介绍相对论情况下这两种描述方法.

### 1. 拉格朗日描述方法

对于一个在势场中运动的粒子，其拉格朗日函数的定义为

$$L = T - V \tag{7.8-1}$$

其中，$T$ 为粒子的动能；$V$ 为粒子的势能. 对应的拉格朗日方程为

$$\frac{\mathrm{d}}{\mathrm{d}t}\left(\frac{\partial L}{\partial \dot{q}_i}\right) - \frac{\partial L}{\partial q_i} = 0 \tag{7.8-2}$$

其中，$q_i$ 为广义坐标，$\dot{q}_i$ 为广义速度，它们是相互独立的. 很容易验证，对于一个在电场中做非相对论运动的质点，方程(7.8-2)与牛顿力学方程完全等价. 下面以带电粒子在电磁场中的运动为例，确定相对论情况下的拉格朗日函数.

我们知道，在相对论情况下带电粒子在电磁场中的运动方程为

$$\frac{\mathrm{d}\boldsymbol{p}}{\mathrm{d}t} = q(\boldsymbol{E} + \boldsymbol{u}\times\boldsymbol{B}) \tag{7.8-3}$$

其中粒子的动量为

$$\boldsymbol{p} = \frac{m_0 \boldsymbol{u}}{\sqrt{1-u^2/c^2}} \tag{7.8-4}$$

借助于电磁势 $\varphi$ 及 $\boldsymbol{A}$，有

$$\boldsymbol{E} + \boldsymbol{u}\times\boldsymbol{B} = -\nabla\varphi - \frac{\partial \boldsymbol{A}}{\partial t} + \boldsymbol{u}\times(\nabla\times\boldsymbol{A})$$

在拉格朗日描述中，由于粒子的坐标和速度是两个独立的变量，微分算子$\nabla$对$\boldsymbol{u}$不起作用，因此有

$$\boldsymbol{u}\times(\nabla\times\boldsymbol{A})=\nabla(\boldsymbol{u}\cdot\boldsymbol{A})-\boldsymbol{u}\cdot\nabla\boldsymbol{A}$$

这样，可以把方程(7.8-3)改写为

$$\frac{\mathrm{d}\boldsymbol{p}}{\mathrm{d}t}=q\left[-\nabla(\varphi-\boldsymbol{u}\cdot\boldsymbol{A})-\frac{\partial\boldsymbol{A}}{\partial t}-\boldsymbol{u}\cdot\nabla\boldsymbol{A}\right] \tag{7.8-5}$$

对于运动的带电粒子，在不同时刻其位置不同，所感受的矢势也不同. 因此，在d$t$时间内，矢势的变化量为

$$\mathrm{d}\boldsymbol{A}=\boldsymbol{A}(\boldsymbol{r}+\mathrm{d}\boldsymbol{r},t+\mathrm{d}t)-\boldsymbol{A}(\boldsymbol{r},t)=\frac{\partial\boldsymbol{A}}{\partial t}\mathrm{d}t+\boldsymbol{u}\cdot\frac{\partial\boldsymbol{A}}{\partial\boldsymbol{r}}\mathrm{d}t$$

即

$$\frac{\mathrm{d}\boldsymbol{A}}{\mathrm{d}t}=\frac{\partial\boldsymbol{A}}{\partial t}+\boldsymbol{u}\cdot\frac{\partial\boldsymbol{A}}{\partial\boldsymbol{r}} \tag{7.8-6}$$

其中，$\boldsymbol{u}=\dfrac{\mathrm{d}\boldsymbol{r}}{\mathrm{d}t}$. 利用式(7.8-6)，可以进一步把运动方程(7.8-5)改写为

$$\frac{\mathrm{d}}{\mathrm{d}t}(\boldsymbol{p}+q\boldsymbol{A})=-q\nabla(\varphi-\boldsymbol{u}\cdot\boldsymbol{A}) \tag{7.8-7}$$

根据式(7.8-4)，可以把质点的动量表示为

$$p_i=\frac{\partial}{\partial u_i}\left(-m_0c^2\sqrt{1-u^2/c^2}\right) \tag{7.8-8}$$

同时，由于矢势$\boldsymbol{A}$仅是位置矢量的函数，与粒子的速度$\boldsymbol{u}$无关，因此还可把矢势改写为

$$A_i=\frac{\partial}{\partial u_i}(u_iA_i) \tag{7.8-9}$$

这样，分别把式(7.8-8)和式(7.8-9)代入方程(7.8-7)，就可以把带电粒子的运动方程写成如下拉格朗日形式

$$\frac{\mathrm{d}}{\mathrm{d}t}\left(\frac{\partial L}{\partial u_i}\right)-\frac{\partial L}{\partial x_i}=0 \tag{7.8-10}$$

其中，拉格朗日函数$L$为

$$L=-m_0c^2\sqrt{1-u^2/c^2}-q(\varphi-\boldsymbol{u}\cdot\boldsymbol{A}) \tag{7.8-11}$$

利用前面引入的四维电磁势$A_\mu$和四维速度$U_\mu$，可将式(7.8-11)表示为

$$\gamma L=-m_0c^2+qA_\mu U_\mu \tag{7.8-12}$$

由于上式右边是一个四维标量，因此 $\gamma L$ 是一个洛伦兹不变量. 在分析力学中，拉格朗日函数对时间的积分被称为作用量，即

$$S = \int L\mathrm{d}t = \int \gamma L\mathrm{d}\tau \tag{7.8-13}$$

其中，$\tau$ 为固有时. 由于 $\gamma L$ 和 $\tau$ 都是不变量，因此作用量 $S$ 也是一个洛伦兹不变量. 实际上，分析力学的出发点是从作用量 $S$ 开始的. 首先，根据 $S$ 是一个不变量构造出一个拉格朗日函数，然后再根据最小作用量原理，即

$$\delta S = 0$$

确定出系统的运动方程，即拉格朗日方程(7.8-2).

2. 哈密顿描述方法

在哈密顿描述方法中，是通过引入哈密顿量以及正则坐标来描述系统的运动规律的. 借助于拉格朗日函数，系统的哈密顿函数为

$$H = \sum_i P_i \dot{q}_i - L \equiv H(q_i, P_i) \tag{7.8-14}$$

它是正则坐标 $q_i$ 和正则动量 $P_i$ 的函数，其中正则动量的定义式为

$$P_i = \frac{\partial L}{\partial \dot{q}_i} \tag{7.8-15}$$

与哈密顿函数对应的正则运动方程为

$$\dot{q}_i = \frac{\partial H}{\partial P_i}, \quad \dot{P}_i = -\frac{\partial H}{\partial \dot{q}_i} \tag{7.8-16}$$

下面我们仍以带电粒子在电磁场中的运动为例，寻找其在相对论情况下的哈密顿函数.

利用式(7.8-11)，带电粒子的广义动量为

$$P_i = \frac{\partial L}{\partial u_i} = p_i + qA_i \tag{7.8-17}$$

带电粒子的哈密顿函数为

$$H = \boldsymbol{P} \cdot \boldsymbol{u} - L = \frac{m_0 c^2}{\sqrt{1 - u^2 / c^2}} + q\varphi \tag{7.8-18}$$

再利用 $W = \gamma m_0 c^2$，$W = \sqrt{p^2 c^2 + m_0^2 c^4}$ 及式(7.8-17)，可以进一步地把式(7.8-18)改写为

$$H = \sqrt{(\boldsymbol{P} - q\boldsymbol{A})^2 c^2 + m_0^2 c^4} + q\varphi \tag{7.8-19}$$

这样就把哈密顿量 $H$ 表示成广义坐标 $q_i$ 和广义动量 $P_i$ 的函数.

# 本章小结

本章讨论了两大部分内容. 第一大部分介绍了狭义相对论的基本理论，它包括狭义相对论的基本原理、洛伦兹变换、相对论的时空属性以及相对论原理的四维描述. 第二大部分介绍了相对论对物理学的影响，主要包括相对论电动力学和相对论质点力学. 本章的重点是相对论原理及电磁规律在洛伦兹变换下的协变性. 此外，还要做如下几点说明：

(1) 为了解决电磁学理论与经典时空的冲突，20 世纪初诞生了狭义相对论. 因此，可以说狭义相对论是电磁学发展的产物. 狭义相对论要求电磁学规律与力学规律一样，在一切惯性系中都成立.

(2) 在通常的电磁场分析与计算中，狭义相对论基本上不会带来太大的影响. 狭义相对论效应主要是在高能物理领域中体现出来. 例如，在高速带电粒子与电磁场相互作用过程中，相对论效应不仅影响带电粒子的运动，同时也影响电磁场的空间分布. 我们已经看到，一个接近光速运动的带电粒子所产生的电磁场，其空间分布具有明显的各向异性.

(3) 在狭义相对论质点力学中，能量守恒和动量守恒依然成立，只不过这时粒子的动能不再是经典力学中的动量 $\frac{1}{2}m_0u^2$ ，而是相对论形式的能量 $mc^2$ ；粒子的质量也不是经典力学中的静止质量 $m_0$ ，而是动质量 $m_0\gamma$ . 此外，质能关系是相对论质点力学的重点，它反映了作为惯性度量的质量与作为运动度量的能量之间的关系，同时它也是核能开发和利用的主要理论依据.

## 物理学家简介(九)：爱因斯坦

爱因斯坦

阿尔伯特・爱因斯坦(Albert Einstein，1879—1955)，物理学家. 主要科学成就：创立了狭义相对论和广义相对论；提出光子假设，并成功解释了光电效应.

爱因斯坦于 1879 年 3 月 14 日出生于德国乌尔姆市的一个犹太人家庭. 他在青少年时期就开始对哲学和高等数学感兴趣. 1889 年开始阅读通俗科学读物和哲学著作；1891 年自学欧几里得几何，同时开始自学高等数学；1892 年开始读康德的著作；1895 年自学完微积分. 1896 年，在瑞士联邦理工学院就读. 1900 年 8 月，毕业于苏黎世联邦工业大学.

1905 年是爱因斯坦的奇迹之年：3 月，他发表了“量子论”，提出光量子假说，成功地解释了光电效应；4 月他向苏黎世大学提交学位论文“分子大小的新测定法”，获得哲学博士学位；5 月他完成论文“论动体的电动力学”，独立而完整地提出狭义相对性原理，开创了物理学的新纪元. 1913 年，他任柏林威廉皇帝物理研究所长和洪堡大学教授，并当选为普鲁士科学院院士. 1915 年 11 月，他提出“广义相对论”，并且成功地解释了水星近日点运动. 1916 年 3 月，他完成“广义相对论的基础”一文；同年 5 月他又提出宇宙空间有限无界的假说；8 月完成“关于辐射的量子理论”，总结量子论的发展，提出受激辐射理论. 1921 年，他因光电效应的研究而获得诺贝尔物理学奖.

1933 年，爱因斯坦为躲避德国纳粹的迫害，移居美国，并任普林斯顿大学客座教授. 爱因斯坦的后半生，一边从事科学研究，一边从事反对战争、维护世界和平的社会活动. 爱因斯坦于 1955 年 4 月 18 日去世，享年 76 岁.

爱因斯坦被公认为是继伽利略、牛顿以来最伟大的物理学家. 1999 年 12 月 26 日，爱因斯坦被美国《时代周刊》评选为“世纪伟人”.

(注：该简介的内容是根据百度搜索整理而成，人物肖像也是源自百度搜索)

## 习　　题

1．设两根相互平行的尺子，它们各自的静止长度均为 $l_0$. 现在两个尺子以相同的速度 $u$ 相对某一参照系运动，但运动方向相反. 站在一根尺子上测量另外一根尺子的长度.

2．静止长度为 $l_0$ 的车厢，以速度 $u$ 相对地面运动. 现在从车厢的后壁以均匀速度 $u_0$ 向前推出一个小球，求地面上的观察者看到小球从车厢后壁到前壁的运动时间.

3．一辆以均匀速度 $u$ 运动的列车在经过一高大建筑物时，车上的观察者观察到建筑物上的避雷针上跳起一脉冲电火花，并以光的速度先后照亮铁路沿线上的两座铁塔. 求列车上的观察者看到的两座铁塔被照亮的时间差. 设建筑物与两座铁塔都在一条直线上，与列车前进的方向一致，建筑物到两座铁塔的距离均为 $l_0$.

4．由于纵向多普勒效应，一个类星体的红移值为 $\dfrac{\lambda-\lambda_0}{\lambda_0}=2$，其中 $\lambda_0$ 和 $\lambda$ 分别为红移前后的波长. 求该类星体后退的速度 $u$.

5．一个极矩为 $\boldsymbol{p}_0$ 的电偶极子以速度 $u$ 做匀速运动，求它产生的电磁势和电磁场.

6．试比较下面两种情况下两个点电荷之间的作用力：

(1) 两个静止电荷位于 $y$ 轴，相距为 $l$；

(2) 两个电荷都以相同的速度 $u$ 沿 $x$ 轴方向做匀速运动.

7．试写出齐次波动方程

$$\nabla^2 \boldsymbol{E} - \frac{1}{c^2}\frac{\partial^2 \boldsymbol{E}}{\partial t^2} = 0, \quad \nabla^2 \boldsymbol{B} - \frac{1}{c^2}\frac{\partial^2 \boldsymbol{B}}{\partial t^2} = 0$$

的洛伦兹协变形式.

8．已知一静止质量为 $m_0$ 的粒子，在静止状态下通过核反应衰变成两个质量分别为 $m_1$ 和 $m_2$ 的粒子，求质量为 $m_1$ 的粒子的动量和能量.

9．已知一质量为 $m$ 的粒子通过核反应衰变成两个粒子，它们的质量和动量分别为 $m_1$，$m_2$ 和 $\boldsymbol{p}_1$，$\boldsymbol{p}_2$，其中 $\boldsymbol{p}_1$ 与 $\boldsymbol{p}_2$ 之间的夹角为 $\theta$. 求该粒子的质量 $m$.

# 第 8 章　运动带电粒子的电磁辐射

在第 6 章中，我们已经讨论了给定的电流源产生的电磁辐射问题，其中为了便于分析，采用了小场源近似，即要求电流源的线尺度远小于观察点到场源的距离以及电磁波的波长. 实际上，这种近似等价于对场源中带电粒子的运动范围和速度进行一定的限制，即带电粒子的运动速度远小于光速，以及运动区域的线尺度远小于电磁波的波长.

本章将介绍单个运动带电粒子产生的电场辐射问题，但对粒子的运动速度和运动范围不再进行限制. 首先将从推迟势出发，计算单个运动带电粒子产生的电磁势，即李纳-维谢尔势；其次，计算运动带电粒子产生的辐射电磁场及辐射功率；最后，讨论电磁质量、辐射阻尼及电磁波的散射和吸收.

## 8.1　李纳-维谢尔势

这里我们不考虑带电粒子在外场作用下的运动细节，而是假设它的运动规律(如运动轨迹、速度或加速度)已知. 设一个电量为 $q$ 的带电粒子，在 $t$ 时刻的位置矢量为 $\boldsymbol{r}_q(t)$，对应的速度为

$$\boldsymbol{u}(t)=\frac{\mathrm{d}\boldsymbol{r}_q(t)}{\mathrm{d}t} \tag{8.1-1}$$

这个运动带电粒子的电荷密度和电流密度分别为

$$\rho(\boldsymbol{r},t)=q\delta[\boldsymbol{r}-\boldsymbol{r}_q(t)] \tag{8.1-2}$$

$$\boldsymbol{J}(\boldsymbol{r},t)=q\boldsymbol{u}(t)\delta[\boldsymbol{r}-\boldsymbol{r}_q(t)] \tag{8.1-3}$$

下面我们将从第 6 章介绍的推迟势公式出发，计算它产生的电磁势.

首先以标势 $\varphi$ 为例进行讨论. 根据式(6.1-15)，标势的形式为

$$\varphi(\boldsymbol{r},t)=\frac{1}{4\pi\varepsilon_0}\int_V\frac{\rho(\boldsymbol{r}',t')}{|\boldsymbol{r}-\boldsymbol{r}'|}\mathrm{d}V' \tag{8.1-4}$$

其中，$t'=t-|\boldsymbol{r}-\boldsymbol{r}'|/c$. 将式(8.1-2)代入式(8.1-4)，有

$$\varphi(\boldsymbol{r},t)=\frac{q}{4\pi\varepsilon_0}\int\frac{\delta[\boldsymbol{r}'-\boldsymbol{r}_q(t-|\boldsymbol{r}-\boldsymbol{r}'|/c)]}{|\boldsymbol{r}-\boldsymbol{r}'|}\mathrm{d}V' \tag{8.1-5}$$

注意，仅当 $\boldsymbol{r}'=\boldsymbol{r}_q(t-|\boldsymbol{r}-\boldsymbol{r}'|/c)$ 时上式右端的积分才不为零. 但是我们注意到，$\boldsymbol{r}_q$ 又

是 $\boldsymbol{r}'$ 的隐函数，即与积分变量有关，因此无法对式(8.1-5)进行直接积分.

为了便于完成上面的积分，我们作如下变量替换：

$$R=|\boldsymbol{r}-\boldsymbol{r}'|,\quad t'=t-R/c,\quad \boldsymbol{r}''=\boldsymbol{r}'-\boldsymbol{r}_q(t') \tag{8.1-6}$$

当把积分变量由 $\boldsymbol{r}'$ 变为 $\boldsymbol{r}''$ 时，也要对三维的积分体积元进行变换，即

$$\mathrm{d}V'=J^{-1}\mathrm{d}V'' \tag{8.1-7}$$

其中，$J$ 为雅可比变换行列式，即

$$J=\left\|\frac{\partial(x'',y'',z'')}{\partial(x',y',z')}\right\|=\|\nabla'\boldsymbol{r}''\| \tag{8.1-8}$$

利用式(8.1-6)，有

$$\|\nabla'\boldsymbol{r}''\|=\|\nabla'\boldsymbol{r}'-\nabla'\boldsymbol{r}_q(t')\|=\left\|\overleftrightarrow{\boldsymbol{I}}-\nabla't'\frac{\mathrm{d}\boldsymbol{r}_q(t')}{\mathrm{d}t'}\right\| \tag{8.1-9}$$

其中

$$\nabla't'=-\frac{1}{c}\nabla'R=\frac{1}{c}\nabla R=\frac{\boldsymbol{R}}{cR},\quad \boldsymbol{R}=\boldsymbol{r}-\boldsymbol{r}' \tag{8.1-10}$$

再利用 $\dfrac{\mathrm{d}\boldsymbol{r}_q(t')}{\mathrm{d}t'}=\boldsymbol{u}(t')$，可以把雅可比行列式表示为

$$J=\left\|\overleftrightarrow{\boldsymbol{I}}-\frac{\boldsymbol{R}\boldsymbol{u}(t')}{cR}\right\| \tag{8.1-11}$$

考虑雅可比行列式的值与坐标轴的取向无关，这里不妨设带电粒子的速度 $\boldsymbol{u}$ 沿着 $x$ 轴方向，因此有

$$J=1-\frac{u(t')R_x}{cR} \tag{8.1-12}$$

对于带电粒子的速度为任意取向，有

$$J=1-\frac{\boldsymbol{u}(t')\cdot\boldsymbol{R}}{cR} \tag{8.1-13}$$

实际上，在进行雅可比变换时，隐含地要求 $J\neq 0$. 当带电粒子的速度小于光速，即 $u<c$ 时，式(8.1-13)右端的第二项是小于 1 的，这可以保证 $J\neq 0$.

利用上面的结果，可以把标势 $\varphi$ 表示为

$$\varphi(\boldsymbol{r},t)=\frac{q}{4\pi\varepsilon_0}\int\frac{\delta(\boldsymbol{r}'')}{R}J^{-1}\mathrm{d}V''=\frac{q}{4\pi\varepsilon_0}\frac{1}{\left\{R\left[1-\dfrac{\boldsymbol{u}(t')\cdot\boldsymbol{R}}{cR}\right]\right\}_{\boldsymbol{r}''=0}} \tag{8.1-14}$$

由于 $\boldsymbol{r}''=0$，根据式(8.1-6)，有

$$\boldsymbol{r}' = \boldsymbol{r}_q(t'),\quad R = \left|\boldsymbol{r} - \boldsymbol{r}_q(t')\right|,\quad t' = t - R/c \tag{8.1-15}$$

这样，运动的带电粒子产生的标势为

$$\varphi(\boldsymbol{r},t) = \frac{q}{4\pi\varepsilon_0\left(R - \dfrac{\boldsymbol{u}\cdot\boldsymbol{R}}{c}\right)} \tag{8.1-16}$$

注意，这时带电粒子的速度 $\boldsymbol{u}$ 及相对位置矢量 $\boldsymbol{R} = \boldsymbol{r} - \boldsymbol{r}_q$ 都是空间变量 $\boldsymbol{r}$ 和时间变量 $t$ 的隐函数. 采用类似的过程，并利用式(6.1-16)及式(8.1-3)，也可以得到矢势的表示式

$$\boldsymbol{A}(\boldsymbol{r},t) = \frac{\mu_0 q\boldsymbol{u}}{4\pi\left(R - \dfrac{\boldsymbol{u}\cdot\boldsymbol{R}}{c}\right)} \tag{8.1-17}$$

称式(8.1-16)及式(8.1-17)为李纳-维谢尔势，分别由法国物理学家李纳(Lienard)和德国物理学家维谢尔(Wiechert)于 1898 年和 1900 年独立地推导出.

可以看出，推迟效应明显地体现在李纳-维谢尔势中，即带电粒子 $t$ 时刻在 $\boldsymbol{r}$ 处产生的电磁势是由较早时刻 $t' = t - R/c$ 的运动状态(如位置 $\boldsymbol{r}_q(t')$、速度 $\boldsymbol{u}(t')$)决定的. 此外，推迟势与带电粒子的运动方向有关. 当带电粒子的速度远小于光速时，式(8.1-16)即可以退化为静电势.

这里顺便指出，也可以利用第 7 章的洛伦兹变换方法求出李纳-维谢尔势. 尽管带电粒子可以做加速运动，但由于 $t$ 时刻在 $\boldsymbol{r}$ 处产生的电磁势仅与较早时刻 $t'$ 的带电粒子的运动状态有关，而此前的运动状态不会影响 $t$ 时刻在 $\boldsymbol{r}$ 处的电磁势，因此，可以假设带电粒子做“瞬间”匀速运动，这样就可采用洛伦兹变换求出电磁势. 具体求解方法见第 7 章的讨论，这里不再赘述.

## 8.2　运动带电粒子产生的电磁场

从原则上讲，一旦知道了电磁势 $\varphi$ 及 $\boldsymbol{A}$，就可以由如下两式确定出电场和磁场：

$$\boldsymbol{E} = -\nabla\varphi - \frac{\partial \boldsymbol{A}}{\partial t} \tag{8.2-1}$$

$$\boldsymbol{B} = \nabla\times\boldsymbol{A} \tag{8.2-2}$$

但由于带电粒子的速度 $\boldsymbol{u}$ 及相对位置矢量 $\boldsymbol{R}$ 都是空间变量 $\boldsymbol{r}$ 和时间变量 $t$ 的隐函数，对电磁势的偏微分极为复杂. 下面为了便于处理，令

$$s = R - \frac{\boldsymbol{u}\cdot\boldsymbol{R}}{c} \tag{8.2-3}$$

这样可以把李纳-维谢尔势表示为

$$\varphi(\boldsymbol{r},t)=\frac{q}{4\pi\varepsilon_0 s} \tag{8.2-4}$$

$$\boldsymbol{A}(\boldsymbol{r},t)=\frac{\mu_0 q\boldsymbol{u}}{4\pi s} \tag{8.2-5}$$

注意，由于$R=\left|\boldsymbol{r}-\boldsymbol{r}_q(t')\right|$及$t'=t-R/c$，$t'$，$R$及$s$都是$\boldsymbol{r}$和$t$的隐函数，即

$$t'=t'(\boldsymbol{r},t),\quad R=R(\boldsymbol{r},t),\quad s=s(\boldsymbol{r},t)$$

因此在对电磁势求偏导之前，首先要知道这些量对时间变量和空间变量的偏导.

1) 关于$t'$的偏导

先求$t'$对$t$的偏导. 根据式(8.1-15)，有

$$\frac{\partial t'}{\partial t}=1-\frac{1}{c}\frac{\partial R(t')}{\partial t}=1+\frac{\boldsymbol{R}}{cR}\cdot\frac{\partial \boldsymbol{r}_q(t')}{\partial t'}\frac{\partial t'}{\partial t}=1+\frac{\boldsymbol{R}\cdot\boldsymbol{u}}{cR}\frac{\partial t'}{\partial t}$$

由此可以得到

$$\frac{\partial t'}{\partial t}=\frac{R}{s} \tag{8.2-6}$$

将$t'$对$\boldsymbol{r}$求偏导，有

$$\nabla t'=-\frac{1}{c}\nabla R(t')=-\frac{1}{c}\nabla R(t')\Big|_{t'=\text{常数}}-\frac{1}{c}\frac{\partial R(t')}{\partial t'}\nabla t'$$

$$=-\frac{\boldsymbol{R}}{cR}+\frac{\boldsymbol{R}\cdot\boldsymbol{u}}{cR}\nabla t'$$

即得

$$\nabla t'=-\frac{\boldsymbol{R}}{cs} \tag{8.2-7}$$

2) 关于$R$的偏导

将$R$对$t$求偏导，并利用式(8.2-6)，有

$$\frac{\partial R}{\partial t}=-\frac{\boldsymbol{R}}{R}\cdot\frac{\partial \boldsymbol{r}_q}{\partial t}=-\frac{\boldsymbol{R}}{R}\cdot\left(\frac{\partial t'}{\partial t}\frac{\partial \boldsymbol{r}_q}{\partial t'}\right)=-\frac{\boldsymbol{R}}{R}\cdot\left(\frac{R}{s}\boldsymbol{u}\right)$$

由此得到

$$\frac{\partial R}{\partial t}=-\frac{\boldsymbol{R}\cdot\boldsymbol{u}}{s} \tag{8.2-8}$$

根据$t'=t-R/c$，并利用式(8.2-7)，有

$$\nabla R(t')=-c\nabla t'=\frac{\boldsymbol{R}}{s} \tag{8.2-9}$$

3) 关于 $s$ 的偏导

根据式(8.2-3)，有

$$\frac{\partial s}{\partial t}=\frac{\partial R}{\partial t}-\frac{1}{c}\frac{\partial(\boldsymbol{u}\cdot\boldsymbol{R})}{\partial t}=-\frac{\boldsymbol{R}\cdot\boldsymbol{u}}{s}-\frac{1}{c}\left(\frac{\partial t'}{\partial t}\frac{\partial\boldsymbol{u}}{\partial t'}\right)\cdot\boldsymbol{R}-\frac{1}{c}\boldsymbol{u}\cdot\frac{\partial\boldsymbol{R}}{\partial t}$$

由于

$$\frac{\partial\boldsymbol{R}}{\partial t}=-\frac{\partial\boldsymbol{r}_q}{\partial t}=-\frac{\partial t'}{\partial t}\frac{\partial\boldsymbol{r}_q}{\partial t'}=-\frac{R}{s}\boldsymbol{u}$$

$$\frac{\partial\boldsymbol{u}}{\partial t'}=\boldsymbol{a}$$

其中，$\boldsymbol{a}$ 为带电粒子在 $t'$ 时刻的加速度. 根据以上结果，可以得到

$$\frac{\partial s}{\partial t}=\frac{1}{cs}(-c\boldsymbol{R}\cdot\boldsymbol{u}+Ru^2-R\boldsymbol{a}\cdot\boldsymbol{R}) \tag{8.2-10}$$

再将 $s$ 对 $\boldsymbol{r}$ 求偏导，有

$$\nabla s=\nabla R-\frac{1}{c}(\nabla\boldsymbol{R})\cdot\boldsymbol{u}-\frac{1}{c}(\nabla\boldsymbol{u})\cdot\boldsymbol{R}$$

利用

$$\nabla\boldsymbol{r}_q=\nabla t'\frac{\partial\boldsymbol{r}_q}{\partial t'}=\left(-\frac{\boldsymbol{R}}{cs}\right)\boldsymbol{u}=-\frac{\boldsymbol{R}\boldsymbol{u}}{cs}$$

$$\nabla\boldsymbol{R}=\nabla(\boldsymbol{r}-\boldsymbol{r}_q)=\overleftrightarrow{\boldsymbol{I}}-\nabla\boldsymbol{r}_q=\overleftrightarrow{\boldsymbol{I}}+\frac{\boldsymbol{R}\boldsymbol{u}}{cs}$$

$$\nabla\boldsymbol{u}=\nabla t'\frac{\partial\boldsymbol{u}}{\partial t'}=\left(-\frac{\boldsymbol{R}}{cs}\right)\boldsymbol{a}=-\frac{\boldsymbol{R}\boldsymbol{a}}{cs}$$

可以得到

$$\nabla s=\frac{\boldsymbol{R}}{s}\left(1-\frac{u^2}{c^2}+\frac{\boldsymbol{a}\cdot\boldsymbol{R}}{c^2}\right)-\frac{\boldsymbol{u}}{c} \tag{8.2-11}$$

至此，我们已经全部得到关于 $t'$，$R$ 及 $s$ 的偏导数，下面将利用这些结果进一步确定出电磁场.

首先确定运动带电粒子产生的电场. 根据式(8.2-4)及式(8.2-11)，有

$$\begin{aligned}\nabla\varphi&=-\frac{q}{4\pi\varepsilon_0 s^2}\nabla s\\&=-\frac{q}{4\pi\varepsilon_0 s^2}\left[\frac{\boldsymbol{R}}{s}\left(1-\frac{u^2}{c^2}+\frac{\boldsymbol{a}\cdot\boldsymbol{R}}{c^2}\right)-\frac{\boldsymbol{u}}{c}\right]\end{aligned} \tag{8.2-12}$$

根据式(8.2-5)，有

$$\frac{\partial \boldsymbol{A}}{\partial t}=\frac{\mu_0 q}{4\pi}\left(\frac{1}{s}\frac{\partial \boldsymbol{u}}{\partial t}-\frac{\boldsymbol{u}}{s^2}\frac{\partial s}{\partial t}\right)=\frac{\mu_0 q}{4\pi}\left(\frac{1}{s}\frac{\partial t'}{\partial t}\frac{\partial \boldsymbol{u}}{\partial t'}-\frac{\boldsymbol{u}}{s^2}\frac{\partial s}{\partial t}\right)$$

$$=\frac{\mu_0 q}{4\pi s^2}\left(R\boldsymbol{a}-\frac{\partial s}{\partial t}\boldsymbol{u}\right) \tag{8.2-13}$$

将式(8.2-10)代入，有

$$\frac{\partial \boldsymbol{A}}{\partial t}=\frac{\mu_0 q}{4\pi s^2}\left[R\boldsymbol{a}-\frac{1}{cs}(-c\boldsymbol{R}\cdot\boldsymbol{u}+Ru^2-R\boldsymbol{a}\cdot\boldsymbol{R})\boldsymbol{u}\right] \tag{8.2-14}$$

将以上结果代入式(8.2-1)，并经过整理之后，可以得到电场的最终形式为

$$\boldsymbol{E}=\frac{q}{4\pi\varepsilon_0 s^3}\left(1-\frac{u^2}{c^2}\right)\left(\boldsymbol{R}-\frac{R}{c}\boldsymbol{u}\right)$$

$$+\frac{q}{4\pi\varepsilon_0 c^2 s^3}\boldsymbol{R}\times\left[\left(\boldsymbol{R}-\frac{R}{c}\boldsymbol{u}\right)\times\boldsymbol{a}\right] \tag{8.2-15}$$

可以看出，运动带电粒子产生的电场分为两部分：第一部分与粒子的加速度无关，称为固有电场；第二部分正比于粒子的加速度，称为辐射电场.

下面再确定运动带电粒子产生的磁场. 将式(8.2-5)代入式(8.2-2)，有

$$\boldsymbol{B}=\nabla\times\left(\frac{\mu_0 q\boldsymbol{u}}{4\pi s}\right)=\frac{\mu_0 q}{4\pi}\left(\frac{1}{s}\nabla\times\boldsymbol{u}-\frac{1}{s^2}\nabla s\times\boldsymbol{u}\right)$$

利用

$$\nabla\times\boldsymbol{u}=\nabla t'\times\frac{\partial \boldsymbol{u}}{\partial t'}=\left(-\frac{\boldsymbol{R}}{cs}\right)\times\boldsymbol{a}=-\frac{\boldsymbol{R}\times\boldsymbol{a}}{cs}$$

及式(8.2-11)，可以得到

$$\boldsymbol{B}=\frac{q}{4\pi\varepsilon_0 c^2 s^3}\boldsymbol{R}\times\left[-\left(1-\frac{u^2}{c^2}\right)\boldsymbol{u}\right]+\frac{q}{4\pi\varepsilon_0 c^2 s^3}\boldsymbol{R}\times\left(-\frac{\boldsymbol{a}}{c}s-\frac{\boldsymbol{a}\cdot\boldsymbol{R}}{c^2}\boldsymbol{u}\right)$$

可以看出，如果分别对上式右边第一项和第二项括号内添加

$$\frac{c}{R}\left(1-\frac{u^2}{c^2}\right)\boldsymbol{R}\quad\text{和}\quad\frac{1}{Rc}(\boldsymbol{a}\cdot\boldsymbol{R})\boldsymbol{R}$$

对结果没有影响. 这样可以把磁场表示为

$$\boldsymbol{B}=\frac{1}{cR}\boldsymbol{R}\times\boldsymbol{E} \tag{8.2-16}$$

同样，也可把磁场分为两部分，即固有磁场和辐射磁场. 由式(8.2-15)及式(8.2-16)

可以看出，辐射电场 $\boldsymbol{E}$ 、磁场 $\boldsymbol{B}$ 与相对位置矢量 $\boldsymbol{R}$ 三者相互垂直.

如果带电粒子做匀速直线运动，它的速度 $\boldsymbol{u}$ 为常矢量，加速度为零. 这样它产生的电磁场仅有固有场，辐射场为零. 下面分析固有电磁场的性质. 根据式(8.2-15)，固有电场为

$$\boldsymbol{E}=\frac{q}{4\pi\varepsilon_0 s^3}\left(1-\frac{u^2}{c^2}\right)\left(\boldsymbol{R}-\frac{R}{c}\boldsymbol{u}\right) \tag{8.2-17}$$

在匀速情况下，带电粒子的运动轨迹为

$$\boldsymbol{r}_q(t')=\boldsymbol{r}_q(t)+(t'-t)\boldsymbol{u}$$

为讨论方便，这里我们设在 $t$ 时刻带电粒子位于坐标原点，即 $\boldsymbol{r}_q(t)=0$ ，有

$$\boldsymbol{r}_q(t')=(t'-t)\boldsymbol{u}$$

再利用 $t'=t-R/c$ ，有 $\boldsymbol{r}_q(t')=-\frac{R}{c}\boldsymbol{u}$ 及

$$\boldsymbol{R}=\boldsymbol{r}-\boldsymbol{r}_q(t')=\boldsymbol{r}+\frac{R}{c}\boldsymbol{u} \tag{8.2-18}$$

这样可以把式(8.2-17)改写为

$$\boldsymbol{E}=\frac{q}{4\pi\varepsilon_0 s^3}\left(1-\frac{u^2}{c^2}\right)\boldsymbol{r} \tag{8.2-19}$$

可以看出固有电场沿着 $\boldsymbol{r}$ 的方向.

下面再确定 $s$ 与 $\boldsymbol{r}$ 的关系. 对式(8.2-18)两边进行平方，有

$$R^2=r^2+\left(\frac{Ru}{c}\right)^2+2\frac{Ru}{c}r_{\parallel}$$

由此解得

$$R=\gamma^2\left(\beta r_{\parallel}+\sqrt{r_{\perp}^2/\gamma^2+r_{\parallel}^2}\right) \tag{8.2-20}$$

其中，$\beta=u/c$, $\gamma=(1-\beta^2)^{-1/2}$ ，$r_{\parallel}$ 和 $r_{\perp}$ 分别是 $\boldsymbol{r}$ 平行和垂直于速度 $\boldsymbol{u}$ 的分量. 利用以上结果，可以得到

$$s=R-\frac{\boldsymbol{u}\cdot\boldsymbol{R}}{c}=\sqrt{r_{\perp}^2/\gamma^2+r_{\parallel}^2} \tag{8.2-21}$$

这样就可以进一步把固有电场表示为

$$\boldsymbol{E}=\frac{q\gamma}{4\pi\varepsilon_0\left(r_{\perp}^2+\gamma^2 r_{\parallel}^2\right)^{3/2}}\boldsymbol{r} \tag{8.2-22}$$

令粒子的位置矢量 $\boldsymbol{r}$ 与速度 $\boldsymbol{u}$ 的夹角为 $\theta$，有 $r_{\parallel}=r\cos\theta$，$r_{\perp}=r\sin\theta$，这样得到固有电场的最终形式为

$$\boldsymbol{E}=\frac{(1-\beta^2)q}{4\pi\varepsilon_0(1-\beta^2\sin^2\theta)^{3/2}}\frac{\boldsymbol{r}}{r^3} \tag{8.2-23}$$

根据式(8.2-16)，可以得到对应的固有磁场为

$$\boldsymbol{B}=\frac{(1-\beta^2)q}{4\pi\varepsilon_0 c^2(1-\beta^2\sin^2\theta)^{3/2}}\frac{\boldsymbol{u}\times\boldsymbol{r}}{r^3} \tag{8.2-24}$$

可以看出，这与第 7 章用洛伦兹变换得到的结果完全一致，见第 7 章例题 7.5. 此外，还可以看到，由于固有电磁场都正比于 $\frac{1}{r^2}$，因此对应的能流密度正比于 $\frac{1}{r^4}$，即当 $r\to\infty$ 时，辐射功率为零. 因此，在真空中固有电磁场不会产生电磁辐射.

## 8.3 运动带电粒子的辐射功率

在 8.2 节中我们已经看到，运动带电粒子产生的电磁场分成两部分，即固有电磁场和辐射电磁场. 固有电磁场不会产生电磁辐射，仅当带电粒子做加速运动时才有可能产生电磁辐射. 本节将讨论做加速运动的带电粒子产生的辐射问题.

根据 8.2 节的讨论，辐射电场和磁场分别为

$$\boldsymbol{E}=\frac{q}{4\pi\varepsilon_0 c^2 s^3}\boldsymbol{R}\times\left[\left(\boldsymbol{R}-\frac{R}{c}\boldsymbol{u}\right)\times\boldsymbol{a}\right] \tag{8.3-1}$$

$$\boldsymbol{B}=\frac{1}{cR}\boldsymbol{R}\times\boldsymbol{E} \tag{8.3-2}$$

由此可以得到对应的辐射能流密度为

$$\boldsymbol{S}=\frac{1}{\mu_0}\boldsymbol{E}\times\boldsymbol{B}=\frac{1}{\mu_0 cR}[(\boldsymbol{E}\cdot\boldsymbol{E})\boldsymbol{R}-(\boldsymbol{E}\cdot\boldsymbol{R})\boldsymbol{E}] \tag{8.3-3}$$

由于辐射电场 $\boldsymbol{E}$ 与 $\boldsymbol{R}$ 垂直，因此有

$$\boldsymbol{S}=\frac{1}{\mu_0 cR}|\boldsymbol{E}|^2\boldsymbol{R} \tag{8.3-4}$$

将式(8.3-1)代入，可以把辐射能流密度表示为

$$\boldsymbol{S}=\frac{q^2}{16\pi^2\varepsilon_0 c^3 R^2}\frac{\left|\boldsymbol{e}_R\times\left[\left(\boldsymbol{e}_R-\frac{\boldsymbol{u}}{c}\right)\times\boldsymbol{a}\right]\right|^2}{\left(1-\frac{\boldsymbol{u}\cdot\boldsymbol{e}_R}{c}\right)^6}\boldsymbol{e}_R \tag{8.3-5}$$

其中，$\boldsymbol{e}_R = \boldsymbol{R}/R$ 为单位矢量. 注意，由于带电粒子的相对位置矢量 $\boldsymbol{R}$，速度 $\boldsymbol{u}$ 以及加速度 $\boldsymbol{a}$ 都是时间 $t$ 的函数，因此辐射能流密度 $\boldsymbol{S}$ 也是时间 $t$ 的函数. 式(8.3-5)给出了在 $t$ 时刻观察一个带电粒子在较早时刻 $t'$ 所产生的辐射能流密度，其中 $t' = t - R/c$.

在第 6 章我们讨论给定的场源产生的电场辐射时，由于场源的空间位置不变，可以作一个中心固定的很大的球面，用来计算从球面上辐射出去的功率. 但对于现在的情况，产生辐射的场源是运动的带电粒子，其位置是随时间变化的，不能直接套用第 6 章的方法来计算辐射功率.

假设带电粒子在 $t_1'$ 时刻的位置为 $\boldsymbol{r}_q(t_1')$，现在以带电粒子所在的位置为圆心 $O_1$，以 $R_1 = c(t - t_1')$ 为半径作一球面 $\Sigma_1$，如图 8-1 所示. 这样带电粒子在 $t_1'$ 时刻所产生的电磁辐射正好在 $t_1 = t_1' + R_1/c$ 时刻传到球面 $\Sigma_1$. 而在 $t_2'$ $(> t_1')$ 时刻，带电粒子运动到 $\boldsymbol{r}_q(t_1')$，即图中的 $O_2$ 点. 同样，以 $O_2$ 为圆心、以 $R_2 = c(t - t_2')$ 为半径作一球面(见图中的虚线). 这样带电粒子在 $t_2'$ 时刻所产生的电磁辐射正好在 $t_2 = t_2' + R_2/c$ 时刻传到球面 $\Sigma_2$ 上. 可见，带电粒子在 $t_1' \sim t_2'$ 时间内辐射出来的能量就是 $t_1 \sim t_2$ 时间内观测到的能量.

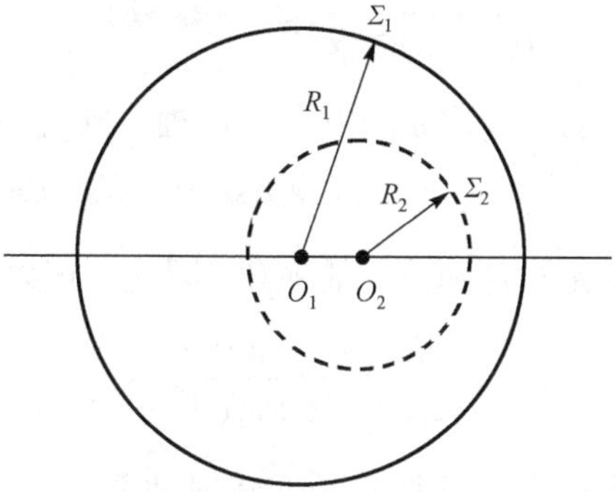


图 8-1

令 $\Delta t' = t_2' - t_1'$ 及 $\Delta t = t_2 - t_1$，且 $\Delta t' \to 0$，$\Delta t \to 0$，注意 $\Delta t \neq \Delta t'$. 显然，带电粒子在 $\Delta t'$ 时间内所辐射的能量

$$P(t')\Delta t' = \oint_{\Sigma} \boldsymbol{S} \cdot \boldsymbol{e}_R R^2 \mathrm{d}\Omega\, \Delta t$$

即

$$P(t') = \oint_{\Sigma} \boldsymbol{S} \cdot \boldsymbol{e}_R R^2 \mathrm{d}\Omega \frac{\Delta t}{\Delta t'} \tag{8.3-6}$$

其中，$P(t')$ 为带电粒子在 $t'$ 时刻所辐射的功率；$\mathrm{d}\Omega$ 为立体角元；$\Sigma$ 是一个半径为 $R$ 的球面，位于球面 $\Sigma_1$ 和 $\Sigma_2$ 之间. 利用式(8.2-6)，有

$$\frac{\Delta t'}{\Delta t} \to \frac{\partial t'}{\partial t} = \frac{1}{1 - \dfrac{\boldsymbol{u} \cdot \boldsymbol{e}_R}{c}} \tag{8.3-7}$$

将式(8.3-5)及式(8.3-7)代入式(8.3-6)，可以得到$t'$时刻带电粒子辐射功率的角分布为

$$\frac{\mathrm{d}P(t')}{\mathrm{d}\Omega} = \frac{q^2}{16\pi^2 \varepsilon_0 c^3} \frac{\left|\boldsymbol{e}_R \times [(\boldsymbol{e}_R - \boldsymbol{u}/c) \times \boldsymbol{a}]\right|^2}{(1 - \boldsymbol{u} \cdot \boldsymbol{e}_R / c)^5} \tag{8.3-8}$$

可以看出，辐射功率的角分布与粒子的加速度的平方成正比. 除此之外，辐射功率的角分布还依赖于加速度$\boldsymbol{a}$与速度$\boldsymbol{u}$之间的夹角以及相对位置矢量$\boldsymbol{R}$与速度$\boldsymbol{u}$之间的夹角.

1. 低速带电粒子的辐射功率

当带电粒子的速度远小于光速时，即$u \ll c$，忽略式(8.3-8)中的因子$u/c$，这样可以把辐射功率简化为

$$\frac{\mathrm{d}P}{\mathrm{d}\Omega} = \frac{q^2}{16\pi^2 \varepsilon_0 c^3} \left|\boldsymbol{e}_R \times (\boldsymbol{e}_R \times \boldsymbol{a})\right|^2 \tag{8.3-9}$$

在球坐标系中，选取粒子的加速度$\boldsymbol{a}$的方向为极轴，则有

$$\boldsymbol{e}_R \times (\boldsymbol{e}_R \times \boldsymbol{a}) = \boldsymbol{e}_R \times (-\boldsymbol{e}_\phi a \sin\theta) = a \sin\theta \boldsymbol{e}_\theta$$

其中，$\theta$为相对位置矢量$\boldsymbol{R}$与加速度$\boldsymbol{a}$的夹角. 因此，可以把式(8.3-9)写为

$$\frac{\mathrm{d}P}{\mathrm{d}\Omega} = \frac{q^2 a^2 \sin^2\theta}{16\pi^2 \varepsilon_0 c^3} \tag{8.3-10}$$

可见在垂直于加速度的方向上，低速粒子的辐射功率最强. 对上式进行角度积分，可以得到低速粒子的辐射功率为

$$P = \frac{q^2 a^2}{6\pi \varepsilon_0 c^3} \tag{8.3-11}$$

可以把单个带电粒子看成一个简单的电偶极子，其极矩为$\boldsymbol{p} = q\boldsymbol{r}_q$，因此有

$$\ddot{\boldsymbol{p}} = q\dot{\boldsymbol{u}} = q\boldsymbol{a}$$

这样可以把式(8.3-11)改写为

$$P = \frac{\mu_0 |\ddot{\boldsymbol{p}}|^2}{6\pi c} \tag{8.3-12}$$

该式与第 6 章讨论的电偶极辐射的平均功率

$$P = \frac{\mu_0 |\ddot{\boldsymbol{p}}|^2}{12\pi c}$$

几乎相同，只相差一个 1/2 因子，这是因为平均功率为峰值功率一半. 可见，低速带电粒子产生的电磁辐射等价于电偶极辐射.

2. 高速带电粒子的辐射功率

利用现代大型加速器(如直线加速器或回旋加速器)，可以把带电粒子加速到很高的速度，甚至接近光速. 与低速带电粒子相比，高速带电粒子产生的电磁辐射会有很大的不同. 下面首先分两种情况讨论高速带电粒子的电磁辐射，即速度分别平行和垂直于加速度的情况，前者对应于直线型的加速器，而后者对应于同步回旋加速器. 最后再讨论一般情况下带电粒子的电磁辐射.

1) 加速度平行于速度的情况

当带电粒子的加速度平行于速度时，可以把式(8.3-8)化简为

$$\frac{\mathrm{d}P_{\parallel}}{\mathrm{d}\Omega}=\frac{q^2}{16\pi^2\varepsilon_0 c^3}\frac{\left|\boldsymbol{e}_R\times(\boldsymbol{e}_R\times\boldsymbol{a}_{\parallel})\right|^2}{(1-\boldsymbol{u}\cdot\boldsymbol{e}_R/c)^5} \tag{8.3-13}$$

在球坐标系中，选取加速度 $\boldsymbol{a}_{\parallel}$ 的方向沿极轴，有

$$\boldsymbol{u}\cdot\boldsymbol{e}_R=u\cos\theta,\ \boldsymbol{e}_R\times\boldsymbol{a}_{\parallel}=-a_{\parallel}\sin\theta\boldsymbol{e}_{\phi},\ \boldsymbol{e}_R\times(\boldsymbol{e}_R\times\boldsymbol{a}_{\parallel})=a_{\parallel}\sin\theta\boldsymbol{e}_{\theta}$$

这样可以把式(8.3-13)写成

$$\frac{\mathrm{d}P_{\parallel}}{\mathrm{d}\Omega}=\frac{q^2a_{\parallel}^2}{16\pi^2\varepsilon_0 c^3}\frac{\sin^2\theta}{(1-\beta\cos\theta)^5} \tag{8.3-14}$$

其中，$\beta=u/c$. 由式(8.3-14)可以看出，由于因子 $(1-\beta\cos\theta)^5$ 的出现，辐射功率的角分布呈现出很强的方向性. 为了便于分析，引入辐射分析因子

$$f(\theta)=\frac{\sin^2\theta}{(1-\beta\cos\theta)^5} \tag{8.3-15}$$

由 $\mathrm{d}f(\theta)/\mathrm{d}\theta=0$，可以确定出辐射最强的角度 $\theta_{\max}$ 为

$$\cos\theta_{\max}=\left[\left(\sqrt{1+15\beta^2}-1\right)/(3\beta)\right] \tag{8.3-16}$$

在低速情况下($\beta\to 0$)，有 $\cos\theta_{\max}\approx 0$，即 $\theta_{\max}\approx\pi/2$. 在相对论情况下($\beta=1$)，令 $\varepsilon=1-\beta^2=1/\gamma^2$，有

$$\cos\theta_{\max}\approx\left[\frac{\sqrt{16-15\varepsilon}-1}{3(1-\varepsilon/2)}\right]\approx 1-\frac{\varepsilon}{8} \tag{8.3-17}$$

由此可以看出 $\theta_{\max}$ 也是一个小量. 利用 $\cos\theta_{\max}\approx 1-\theta_{\max}^2/2$，可以得到

$$\theta_{\max}\approx\frac{\sqrt{\varepsilon}}{2}=\frac{1}{2\gamma}\to 0 \tag{8.3-18}$$

可以看出，在相对论情况下，辐射最强的方向朝着速度方向偏转，且速度越高，偏转得越明显，如图 8-2 所示.

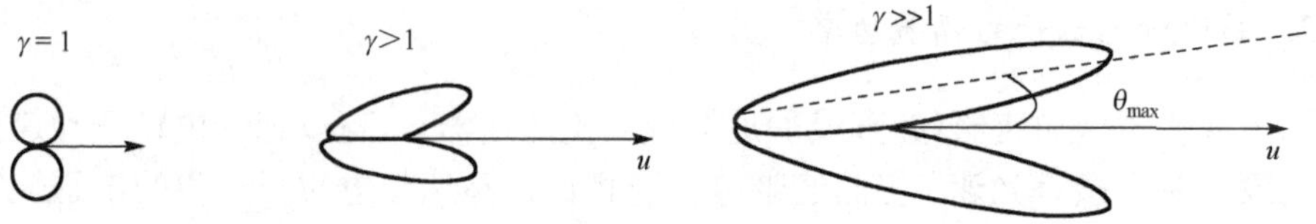


图 8-2

对式(8.3-14)进行角度积分，可以得到辐射功率为

$$P_{\parallel}=\frac{q^2a_{\parallel}^2}{6\pi\varepsilon_0c^3}\gamma^6 \tag{8.3-19}$$

其中，$\gamma=1/\sqrt{1-\beta^2}$ 为相对论因子. 可见，这种情况下的辐射功率与低速粒子的辐射功率很相似，但相差一个因子$\gamma^6$. 当粒子的速度接近光速时，由于$\gamma\gg1$，其辐射功率远远大于低速粒子的辐射功率.

在加速度平行于速度的情况下，根据相对论质点力学方程，可以得到

$$\boldsymbol{F}_{\parallel}=\frac{\mathrm{d}}{\mathrm{d}t}\left(\frac{m_0\boldsymbol{u}}{\sqrt{1-u^2/c^2}}\right)=m_0\gamma^3\boldsymbol{a}_{\parallel} \tag{8.3-20}$$

将式(8.3-19)中的加速度$a_{\parallel}$用作用在带电粒子上的力$F_{\parallel}$来表示，有

$$P_{\parallel}=\frac{q^2}{6\pi\varepsilon_0m_0^2c^3}F_{\parallel}^2 \tag{8.3-21}$$

可见在作用力$F_{\parallel}$一定的情况下，对于做直线运动的带电粒子，其辐射功率与其能量无关.

**例题 8.1**　对于电子直线加速器，如果加速电场的值为10MV/m，电子的速度为$u=0.999c$. (1)确定电子的辐射功率是多少？(2)在 1s 内电子从加速电场中获得的能量是多少？由于辐射而损失的能量是多少？

**解**　(1)电子受到加速电场的作用力为

$$F_{\parallel}=eE_{dc}=10\ \mathrm{MeV/m}$$

将其代入式(8.3-21)，可以得到电子的辐射功率为

$$P_{\parallel}=110.2\mathrm{eV/s}$$

(2)对于速度为$u=0.999c$的相对论电子，在 1s 内穿行的长度为

$$l=ut=0.999\times3\times10^8\mathrm{m}$$

这样从电场中加速获得的能量约为

$$W_{\mathrm{G}} = eE_{dc}l = 3\times10^{15}\,\mathrm{eV}$$

而由于辐射其损失掉的能量为

$$W_{\mathrm{L}} = P_{\|}t \approx 1.1\times10^{2}\,\mathrm{eV}$$

可见，对于电子直线加速器，电子能量的辐射损失几乎可以忽略不计. 因此，目前能量较高的电子加速器一般都是采用直线加速器，如 TeV 量级的电子直线对撞机.

2) 加速度垂直于速度的情况

在这种情况下，设带电粒子的运动速度 $\boldsymbol{u}$ 沿着 $z$ 轴，加速度 $\boldsymbol{a}_{\perp}$ 沿着 $x$ 轴，相对位置矢量 $\boldsymbol{R}$ 与速度 $\boldsymbol{u}$ 的夹角为 $\theta$，见图 8-3. 显然有

$$\boldsymbol{e}_R\cdot\boldsymbol{u} = u\cos\theta,\quad \boldsymbol{e}_R\cdot\boldsymbol{a}_{\perp} = a_{\perp}\sin\theta\cos\phi$$

由此可以得到

$$\begin{aligned}\boldsymbol{e}_R\times[(\boldsymbol{e}_R-\boldsymbol{u}/c)\times\boldsymbol{a}_{\perp}] &= (\boldsymbol{e}_R\cdot\boldsymbol{a}_{\perp})(\boldsymbol{e}_R-\boldsymbol{u}/c)-\boldsymbol{e}_R\cdot(\boldsymbol{e}_R-\boldsymbol{u}/c)\boldsymbol{a}_{\perp}\\ &= a_{\perp}\sin\theta\cos\phi(\boldsymbol{e}_R-\boldsymbol{u}/c)-(1-\beta\cos\theta)\boldsymbol{a}_{\perp}\end{aligned}$$

考虑到 $\boldsymbol{a}_{\perp}$ 垂直于 $\boldsymbol{u}$，有

$$\left|\boldsymbol{e}_R\times[(\boldsymbol{e}_R-\boldsymbol{u}/c)\times\boldsymbol{a}_{\perp}]\right|^2 = a_{\perp}^2[(1-\beta\cos\theta)^2-(1-\beta^2)\sin^2\theta\cos^2\phi]$$

将上式代入式(8.3-8)，可以得到辐射功率的角分布为

$$\frac{\mathrm{d}P_{\perp}}{\mathrm{d}\Omega} = \frac{q^2a_{\perp}^2}{16\pi^2\varepsilon_0c^3}\frac{(1-\beta\cos\theta)^2-(1-\beta^2)\sin^2\theta\cos^2\phi}{(1-\beta\cos\theta)^5}\tag{8.3-22}$$

可以看出，辐射功率的角分布较为复杂，它不仅与极角 $\theta$ 有关，还与方位角 $\phi$ 有关. 但从总体上说，在 $\phi=0,\pi$ 时，辐射强度较弱；而在 $\phi=\pi/2,3\pi/2$ 时，辐射强度较强. 此外，在相对论情况下（$\gamma\gg1$），当 $\theta=0$ 时将出现辐射极大值，且辐射集中在一个很小的角度内.

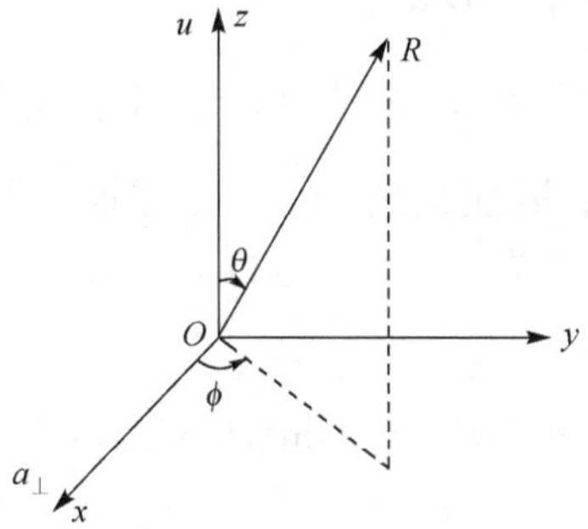


图 8-3

对式(8.3-22)中角度进行积分，得到的辐射功率为

$$P_{\perp} = \frac{q^2 a_{\perp}^2}{6\pi\varepsilon_0 c^3}\gamma^4 \tag{8.3-23}$$

可见在这种情况下，辐射功率正比于$\gamma^4$. 在加速度垂直于速度的情况下，根据相对论质点力学方程，可以得到

$$\boldsymbol{F}_{\perp} = \frac{\mathrm{d}}{\mathrm{d}t}\left(\frac{m_0\boldsymbol{u}}{\sqrt{1-u^2/c^2}}\right) = m_0\gamma\boldsymbol{a}_{\perp} \tag{8.3-24}$$

这里已假定电子的速率$u$不变. 将加速度$a_{\perp}$用$F_{\perp}$表示，可以把辐射功率表示为

$$P_{\perp} = \frac{q^2\gamma^2}{6\pi\varepsilon_0 m_0^2 c^3}F_{\perp}^2 \tag{8.3-25}$$

上式表明，对于加速度与速度垂直的情况，当作用力一定时，粒子的辐射功率与$\gamma^2$成正比，即正比于能量($W = m_0\gamma c^2$)的平方. 也就是说，粒子的能量越高，辐射损失越大. 对于重粒子(如质子)同步加速器，可以忍受其辐射损失；但对于电子同步加速器，其辐射损失太大. 因此，对于电子同步加速器，电子的能量不能太高.

电子同步加速器产生的电磁辐射可以作为一种新型的光源，具有高准直、高偏振、高亮度及窄脉冲等特点，在原子分子、材料科学、生物化学等领域有着重要的应用. 目前世界上已有100多台同步辐射装置投入应用. 中国先后于1989年和2009年分别在合肥和上海建成了同步辐射装置，还计划在北京建设新一代的同步辐射光源，即“北京光源”.

3) 一般情况

在一般情况下，把加速度$\boldsymbol{a}$分解为平行于速度的分量$\boldsymbol{a}_{\parallel}$和垂直于速度的分量$\boldsymbol{a}_{\perp}$，$\boldsymbol{a} = \boldsymbol{a}_{\parallel} + \boldsymbol{a}_{\perp}$，这样有

$$\begin{aligned}
&\left|\boldsymbol{e}_R \times [(\boldsymbol{e}_R - \boldsymbol{u}/c)\times\boldsymbol{a}]\right|^2 \\
&= \left|\boldsymbol{e}_R \times (\boldsymbol{e}_R \times \boldsymbol{a}_{\parallel}) + \boldsymbol{e}_R \times [(\boldsymbol{e}_R - \boldsymbol{u}/c)\times\boldsymbol{a}_{\perp}]\right|^2 \\
&= \left|\boldsymbol{e}_R \times (\boldsymbol{e}_R \times \boldsymbol{a}_{\parallel})\right|^2 + \left|\boldsymbol{e}_R \times [(\boldsymbol{e}_R - \boldsymbol{u}/c)\times\boldsymbol{a}_{\perp}]\right|^2 + 2[\boldsymbol{e}_R \times (\boldsymbol{e}_R \times \boldsymbol{a}_{\parallel})]\cdot\{\boldsymbol{e}_R \times [(\boldsymbol{e}_R - \boldsymbol{u}/c)\times\boldsymbol{a}_{\perp}]\}
\end{aligned}$$

这里仍然取速度$\boldsymbol{u}$沿着$z$轴；取加速度$\boldsymbol{a}$位于$xz$平面，即$\boldsymbol{a}_{\parallel}$沿着$z$轴，$\boldsymbol{a}_{\perp}$沿着$x$轴；取相对位置矢量$\boldsymbol{R}$与$\boldsymbol{u}$的夹角为$\theta$. 由此可以得到

$$\begin{aligned}
&\left|\boldsymbol{e}_R \times [(\boldsymbol{e}_R - \boldsymbol{u}/c)\times\boldsymbol{a}]\right|^2 \\
&= a_{\parallel}^2\sin^2\theta + a_{\perp}^2[(1-\beta\cos\theta)^2 - (1-\beta^2)\sin^2\theta\cos^2\phi] + 2a_{\parallel}a_{\perp}\sin\theta\cos\phi(\beta-\cos\theta)
\end{aligned}$$

将其代入式(8.3-8)，有

$$\frac{\mathrm{d}P}{\mathrm{d}\varOmega} = \frac{\mathrm{d}P_{\parallel}}{\mathrm{d}\varOmega} + \frac{\mathrm{d}P_{\perp}}{\mathrm{d}\varOmega} + \frac{q^2}{8\pi^2\varepsilon_0 c^3}\frac{a_{\parallel}a_{\perp}\sin\theta\cos\phi(\beta-\cos\theta)}{(1-\beta\cos\theta)^5} \tag{8.3-26}$$

其中上式右边第一项和第二项分别为加速度平行于速度和垂直于速度时的辐射功率角分布，见式(8.3-14)及式(8.3-22)，而上式右边第三项为交叉项. 对式(8.3-26)进行角度积分，由于交叉项的积分结果为零，有

$$P = P_{\parallel} + P_{\perp} \tag{8.3-27}$$

其中，$P_{\parallel}$ 和 $P_{\perp}$ 分别由式(8.3-19)和式(8.3-23)给出. 可见，在一般情况下，辐射功率是 $P_{\parallel}$ 和 $P_{\perp}$ 的简单代数叠加. 也就是说，交叉项对辐射功率没有贡献，但对辐射功率的角分布有影响.

将式(8.3-19)和式(8.3-23)代入式(8.3-27)，有

$$P = \frac{q^2\gamma^4}{6\pi\varepsilon_0 c^3}(\gamma^2 a_{\parallel}^2 + a_{\perp}^2) \tag{8.3-28}$$

再利用式(8.3-21)和式(8.3-25)，可以得到

$$P = \frac{q^2}{6\pi\varepsilon_0 c^3 m_0^2}(F_{\parallel}^2 + \gamma^2 F_{\perp}^2) \tag{8.3-29}$$

可见，当 $F_{\parallel} \ll \gamma F_{\perp}$ 时，辐射功率主要来自于 $a_{\perp}$ 的贡献.

## 8.4　电磁质量与辐射阻尼

在一般情况下，带电粒子与电磁场是相互作用的，即运动的带电粒子可以激发出电磁场，电磁场反过来又可以作用在带电粒子上. 对于由大量带电粒子组成的系统，严格地研究它与电磁场的相互作用是一个非常复杂的问题，已超出本课程的范围. 本节仍以单个运动的带电粒子为例，讨论它所激发的电磁场对其自身的反作用.

根据 8.1 节的讨论可知，可以把一个运动带电粒子激发的电磁场分为两部分，即固有电磁场和辐射电磁场. 固有电磁场只能局限于带电粒子周围，并随带电粒子一起运动. 由于固有电磁场具有能量，根据相对论的质能关系，必然有一定的惯性质量与其相对应. 这相当于增加了带电粒子的惯性. 这就是所谓的“电磁质量”的概念. 对于带电粒子产生的辐射电磁场，将导致粒子的能量不断减少，运动速度要降低，这相当于辐射对带电粒子的运动产生了一种阻尼力. 这就是所谓的“辐射阻尼”的概念. 下面分别对电磁质量和辐射阻尼进行介绍.

### 1. 电磁质量

为简单起见，我们假设带电粒子的速度远小于光速，即 $u \ll c$. 根据式(8.2-23)和式(8.2-24)，可以得到低速带电粒子产生的固有电场和磁场分别为

$$\boldsymbol{E}=\frac{(1-\beta^2)}{(1-\beta^2\sin^2\theta)^{3/2}}\boldsymbol{E}_0$$
$$\approx\left(1+\frac{1}{2}\beta^2-\frac{3}{2}\beta^2\cos^2\theta\right)\boldsymbol{E}_0 \tag{8.4-1}$$

$$\boldsymbol{B}=\frac{1}{c^2}\boldsymbol{u}\times\boldsymbol{E}\approx\frac{1}{c^2}\boldsymbol{u}\times\boldsymbol{E}_0 \tag{8.4-2}$$

其中，$\beta=u/c$；$\theta$ 为速度 $\boldsymbol{u}$ 与位置矢量 $\boldsymbol{r}$ 的夹角；$\boldsymbol{E}_0$ 为带电粒子静止时产生的库仑场

$$\boldsymbol{E}_0=\frac{q}{4\pi\varepsilon_0}\frac{\boldsymbol{r}}{r^3} \tag{8.4-3}$$

下面确定固有电磁场携带的电磁能量. 根据式(4.4-12)，电磁能量为

$$W=\frac{1}{2}\int_V\left(\varepsilon_0E^2+\frac{1}{\mu_0}B^2\right)\mathrm{d}V\equiv W_E+W_B \tag{8.4-4}$$

先计算固有电场的能量

$$W_E=\frac{\varepsilon_0}{2}\int_V E^2\mathrm{d}V=\frac{\varepsilon_0}{2}\int_V E_0^2[1+\beta^2/2-(3\beta^2/2)\cos^2\theta]^2\mathrm{d}V$$
$$\approx\frac{\varepsilon_0}{2}\int_V E_0^2(1+\beta^2-3\beta^2\cos^2\theta)\mathrm{d}V$$

由于

$$\int_V E_0^2(\beta^2-3\beta^2\cos^2\theta)\mathrm{d}V=0$$

因此有

$$W_E=\frac{\varepsilon_0}{2}\int_V E_0^2\mathrm{d}V\equiv W_0 \tag{8.4-5}$$

其中，$W_0$ 为静止电荷的电场能. 固有磁场对应的能量为

$$W_B=\frac{1}{2\mu_0}\int_V B^2\mathrm{d}V=\frac{1}{2\mu_0c^4}\int_V(\boldsymbol{u}\times\boldsymbol{E}_0)^2\mathrm{d}V$$
$$=\frac{\varepsilon_0\beta^2}{2}\int_V E_0^2(1-\cos^2\theta)\mathrm{d}V$$
$$=\frac{2\beta^2}{3}W_0 \tag{8.4-6}$$

将式(8.4-5)和式(8.4-6)代入式(8.4-4)，电磁能量为

$$W = \left(1 + \frac{2\beta^2}{3}\right) W_0 \tag{8.4-7}$$

将带电粒子与固有电磁场视为一个系统，则系统的总能量 $W_T$ 为带电粒子的机械能 $\frac{1}{2}m_0u^2$ 和固有电磁场的电磁能 $W$ 之和，即

$$\begin{aligned} W_T &= \frac{1}{2}m_0u^2 + \left(1 + \frac{2\beta^2}{3}\right) W_0 \\ &\equiv W_0 + \frac{1}{2}(m_0 + m_{\mathrm{em}})u^2 \end{aligned} \tag{8.4-8}$$

其中

$$m_{\mathrm{em}} = \frac{4W_0}{3c^2} \tag{8.4-9}$$

$m_{\mathrm{em}}$ 为电磁质量. 式(8.4-8)右边的第一项为静电场的能量，第二项为系统的总动能. 可以看出，带电粒子携带固有场一起运动，使得其惯性增大，总质量为带电粒子的非电磁质量 $m_0$ 与电磁质量 $m_{\mathrm{em}}$ 之和，即 $m = m_0 + m_{\mathrm{em}}$.

可以利用式(8.4-3)和式(8.4-5)来计算出 $W_0$，但积分是发散的，这是因为把电荷看成是一个几何点. 为了避免积分发散，假设带电粒子的电荷均匀分布在一个半径为 $r_0$ 的球面上，有

$$W_0 = \frac{\varepsilon_0}{2}\int_{r_0}^{\infty}\left(\frac{q}{4\pi\varepsilon_0 r^2}\right)^2 4\pi r^2 \mathrm{d}r = \frac{q^2}{8\pi\varepsilon_0 r_0} \tag{8.4-10}$$

则带电粒子的电磁质量为

$$m_{\mathrm{em}} = \frac{2}{3}\left(\frac{q^2}{4\pi\varepsilon_0 c^2 r_0}\right) \tag{8.4-11}$$

对于电子，可以把电磁质量表示为

$$m_{\mathrm{em}} = \frac{2r_{\mathrm{e}}}{3r_0} m_{\mathrm{e}} \tag{8.4-12}$$

其中

$$r_{\mathrm{e}} = \frac{e^2}{4\pi\varepsilon_0 m_{\mathrm{e}} c^2} = 2.82\times 10^{-15}\,\mathrm{m} \tag{8.4-13}$$

$m_{\mathrm{e}}$ 是电子的静止质量；$r_{\mathrm{e}}$ 为电子经典半径，它是一个基本常数，在原子物理学中常用到. 由式(8.4-12)可见，若取 $r_0 = r_{\mathrm{e}}$，有 $m_{\mathrm{em}} = \frac{2}{3}m_{\mathrm{e}}$；若取 $r_0 < 2r_{\mathrm{e}}/3$，则会出现 $m_{\mathrm{em}} > m_{\mathrm{e}}$，这是一个非物理的结果. 实验已经表明，即使在 $10^{-17}\,\mathrm{m}$ 的范围，电子

仍然像一个点粒子，但目前人们对电子内部的结构一无所知. 因此，经典电子半径$r_e$根本不能反映电子内部结构的线尺度，只能把它当成一个具有长度量纲的量来使用.

2. 辐射阻尼

实际上，辐射阻尼问题反映的是带电粒子产生的辐射电磁场对它自身的反作用问题. 要严 格地处理这个问题是比较困难的. 为简单起见，这里以非相对论情况下的辐射为例，进行简单讨论.

设作用在带电粒子上的辐射阻尼力为$\boldsymbol{F}_s$. 根据能量守恒定律，单位时间内辐射阻尼力对带电粒子所做的负功应等于带电粒子辐射出去的能量，即

$$\boldsymbol{F}_s \cdot \boldsymbol{u} = -P(t) \tag{8.4-14}$$

其中

$$P = \frac{q^2 a^2}{6\pi\varepsilon_0 c^3} \tag{8.4-15}$$

$P(t)$为低速带电粒子的辐射功率. 我们假设带电粒子做周期性的运动，并将式(8.4-14)对一个运动周期$T$进行平均，有

$$\int_{t_0}^{T+t_0} \boldsymbol{F}_s \cdot \boldsymbol{u} \mathrm{d}t = -\int_{t_0}^{T+t_0} P(t) \mathrm{d}t \tag{8.4-16}$$

其中，$t_0$为一个周期内的任意时刻. 将式(8.4-15)代入式(8.4-16)右端，并利用$\boldsymbol{a} = \mathrm{d}\boldsymbol{u} / \mathrm{d}t$，进行分部积分后有

$$-\int_{t_0}^{T+t_0} P(t) \mathrm{d}t = -\frac{q^2}{6\pi\varepsilon_0 c^3} (\boldsymbol{u} \cdot \boldsymbol{a}) \Big|_{t_0}^{T+t_0} + \frac{q^2}{6\pi\varepsilon_0 c^3} \int_{t_0}^{T+t_0} \boldsymbol{u} \cdot \frac{\mathrm{d}\boldsymbol{a}}{\mathrm{d}t} \mathrm{d}t \tag{8.4-17}$$

由于带电粒子是做周期性运动的，它的运动状态在$t_0$时刻和在$T+t_0$时刻是相同的，上式右端的第一项为零，因此有

$$\int_{t_0}^{T+t_0} \boldsymbol{F}_s \cdot \boldsymbol{u} \mathrm{d}t = \frac{q^2}{6\pi\varepsilon_0 c^3} \int_{t_0}^{T+t_0} \boldsymbol{u} \cdot \frac{\mathrm{d}\boldsymbol{a}}{\mathrm{d}t} \mathrm{d}t$$

比较上式两边的被积函数，可以得到辐射阻尼力的表示式为

$$\boldsymbol{F}_s = \frac{q^2}{6\pi\varepsilon_0 c^3} \frac{\mathrm{d}\boldsymbol{a}}{\mathrm{d}t} \equiv m\tau \dot{\boldsymbol{a}} \tag{8.4-18}$$

其中

$$\tau = \frac{q^2}{6\pi\varepsilon_0 c^3 m} \tag{8.4-19}$$

具有时间的量纲. 这里需要说明一点，由于辐射消耗了带电粒子的能量，速度与加

速度的乘积 $\boldsymbol{u}\cdot\boldsymbol{a}$ 在经历一个周期后并不能完全回到原来的值，即式(8.4-17)右边第一项不能严格地为零. 但如果粒子的运动周期 $T \gg \tau$，可以忽略该项的贡献，因为这一项正比于 $\tau / T$. 以电子为例，由式(8.4-19)可以估算出 $\tau = 6.4\times10^{-24}\mathrm{s}$. 因此，只要粒子的运动周期 $T \gg 6.4\times10^{-24}$ s，就可忽略这一项的贡献.

### 3. 谱线展宽

我们知道处于受激态的原子或分子，其内部的电子可以从高能级往低能级跃迁，并同时产生一定频率的辐射. 在通常的情况下，辐射的光谱线不是单色的，而是有一定的频率分布宽度. 光谱线展宽就是由辐射阻尼引起的. 下面我们对此进行分析.

我们将采用经典谐振子模型来描述辐射阻尼对电子跃迁辐射的影响. 把电子看成一个谐振子，在简谐力 $-m\omega_0^2 x$ 的作用下沿 $x$ 轴做一维振动，其中 $m$ 为谐振子的质量，$\omega_0$ 为谐振子的固有频率. 当考虑辐射阻尼力 $F_s$ 的作用时，谐振子的运动方程为

$$m\ddot{x} = -m\omega_0^2 x + F_s \tag{8.4-20}$$

把式(8.4-18)代入，可以得到

$$\ddot{x} + \omega_0^2 x = \tau\dddot{x} \tag{8.4-21}$$

对于原子内部的跃迁辐射，有 $T = \dfrac{2\pi}{\omega_0} \gg \tau$，因此可以采用微扰方法来求解此方程. 在零级近似下，可以忽略辐射阻尼力的作用，方程(8.4-21)的解为

$$x(t) = x_0 \mathrm{e}^{-\mathrm{i}\omega_0 t}$$

在这个近似下，有 $\dddot{x} = -\omega_0^2 \dot{x}$，因此可以把方程(8.4-21)改写为

$$\ddot{x} + \gamma\dot{x} + \omega_0^2 x = 0 \tag{8.4-22}$$

其中

$$\gamma = \tau\omega_0^2 = \frac{q^2\omega_0^2}{6\pi\varepsilon_0 c^3 m} \tag{8.4-23}$$

方程(8.4-22)是一个标准型的阻尼谐振子方程，其解为

$$x(t) = A_0 \mathrm{e}^{-\frac{\gamma t}{2} - \mathrm{i}\omega_0 t} \tag{8.4-24}$$

其中，$A_0$ 为常数. 由此可以得到谐振子的加速度为

$$a = \ddot{x} \approx a_0 \mathrm{e}^{-\frac{\gamma t}{2} - \mathrm{i}\omega_0 t} \tag{8.4-25}$$

这里，$a_0 = -\omega_0^2 A_0$.

由于辐射电场正比于加速度，见式(8.3-1)，因此可以把辐射电场表示为

$$E(t)=\begin{cases}E_0 e^{-\frac{\gamma t}{2}-i\omega_0 t} & (t>0)\\ 0 & (t<0)\end{cases} \tag{8.4-26}$$

其中，$E_0$ 与时间无关. 这里已经假定在 $t>0$ 时刻谐振子才开始做振荡激发. 对辐射电场进行傅里叶积分变换，可以得到电场的频谱函数为

$$E(\omega)=\frac{1}{2\pi}\int_{-\infty}^{\infty}E(t)e^{i\omega t}dt=-\frac{E_0}{2\pi i}\frac{1}{\omega-\omega_0+i\gamma/2} \tag{8.4-27}$$

对应的辐射强度 $I(\omega)$ 正比于 $|E(\omega)|^2$：

$$I(\omega)\propto\frac{1}{(\omega-\omega_0)^2+\gamma^2/4} \tag{8.4-28}$$

图 8-4 给出了辐射强度随频率 $\omega_0$ 的分布. 可以看出，当 $\omega=\omega_0$ 时，辐射强度有极大值；在 $\omega=\omega_0\pm\gamma/2$ 处，强度的值降低到峰值的一半，因此称 $\gamma$ 为谱线的宽度. 这种频谱的展宽恰好体现了辐射阻尼的效应.

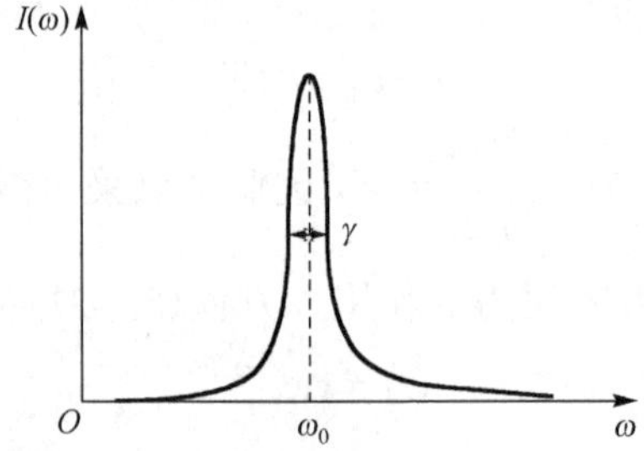


图 8-4

上述谱线展宽是由于辐射阻尼而自然产生的，因此也称为谱线的自然展宽. 实际上，气体中的原子或分子要有热运动，热运动效应也会引起谱线的展宽，被称为多普勒展宽. 原子谱线的多普勒展宽要远大于自然展宽.

4. 经典理论的限制

按照玻尔的轨道理论，电子在原子核的静电力作用下绕原子核做周期性运动. 由于电子有加速，因此按照前面的经典辐射理论，电子要向外辐射电磁波，从而使得其动能不断减小，最终会掉到原子核内. 这显然与客观事实不符. 我们知道，按照量子力学理论，原子处在基态时是稳定的，不会产生辐射. 仅当受到外界扰动时，如带电粒子束或电磁场的作用，处在基态的原子才能产生能级跃迁，并向外辐射光(电磁波). 因此，上面介绍的经典辐射理论不适用于描述微观粒子的运动情况.

## 8.5　切连科夫辐射

在 1934 年，苏联物理学家切连科夫(Cherenkov)发现，液体在$\gamma$射线的作用下可以发出一种淡蓝色的光. 切连科夫指出，这种光的起源在本质上不同于荧光，而是一种新的辐射. 进一步研究表明，这种辐射来自于一种二次效应，即$\gamma$射线在液体中打出一些快电子，这些快电子再与液体相互作用而产生辐射. 后来人们称这种辐射为切连科夫辐射. 1937 年弗兰克和塔姆对此进行了理论解释，指出当电子的运动速度超过光在介质中的相速度时，就会产生电磁辐射，而且这种辐射具有明显的方向性和强偏振等特性.

切连科夫辐射的物理机制为：当高速电子在介质中穿行时，会在它的路径周围产生电磁场，并使介质中的分子极化. 当快电子过去之后，这些分子就会退极化，这相当于一次偶极子振荡. 于是这些被极化的分子沿着电子路径的每一点，会依次辐射出球面次波，它们相互叠加，就形成了切连科夫辐射.

根据前面几节的讨论可知，对于在真空中运动的带电粒子，仅当其加速度不为零时，才会产生电磁辐射. 但在切连科夫辐射中，即使电子为匀速运动，只要它的速度超过光在介质中的相速度，也会产生电磁辐射. 这与前面介绍的辐射理论并不矛盾，因为在切连科夫辐射中，电子是在介质中运动，而不是在真空中.

考虑一个电量为$q$、速度为$u$的高速带电粒子在介质中做匀速直线运动，即其运动轨迹为$\boldsymbol{r}_q=\boldsymbol{u}t$，对应的电流密度为

$$\boldsymbol{J}(\boldsymbol{r},t)=q\boldsymbol{u}\delta(\boldsymbol{r}-\boldsymbol{u}t) \tag{8.5-1}$$

它所产生的推迟势为$\boldsymbol{A}$为

$$\boldsymbol{A}(\boldsymbol{r},t)=\frac{\mu_0}{4\pi}\int_V\frac{\boldsymbol{J}(\boldsymbol{r}',t-n|\boldsymbol{r}-\boldsymbol{r}'|/c)}{|\boldsymbol{r}-\boldsymbol{r}'|}\mathrm{d}V' \tag{8.5-2}$$

该式与第 6 章给出的推迟势在形式上几乎相同，见式(6.1-16)，仅有的区别是用电磁波在介质中的相速度$c/n$取代了真空中的光速$c$. 对式(8.5-2)进行关于时间变量的傅里叶变换，有

$$\begin{aligned}\boldsymbol{A}(\boldsymbol{r},\omega)&=\frac{1}{2\pi}\int_{-\infty}^{\infty}\boldsymbol{A}(\boldsymbol{r},t)\mathrm{e}^{\mathrm{i}\omega t}\mathrm{d}t\\&=\frac{\mu_0}{8\pi^2}\iint_{-\infty}^{\infty}\frac{\boldsymbol{J}(\boldsymbol{r}',t)}{|\boldsymbol{r}-\boldsymbol{r}'|}\mathrm{e}^{\mathrm{i}\omega(t+n|\boldsymbol{r}-\boldsymbol{r}'|/c)}\mathrm{d}t\mathrm{d}V'\end{aligned}$$

将式(8.5-1)代入，可以得到

$$\boldsymbol{A}(\boldsymbol{r},\omega)=\frac{\mu_0 q}{8\pi^2}\int_{-\infty}^{\infty}\frac{\boldsymbol{u}}{|\boldsymbol{r}-\boldsymbol{u}t|}\mathrm{e}^{\mathrm{i}\omega(t+n|\boldsymbol{r}-\boldsymbol{u}t|/c)}\mathrm{d}t \tag{8.5-3}$$

假设在 $t$ 时刻观察点到坐标原点的距离远大于带电粒子运动的线尺度，即 $r \gg ut$，则有 $|\boldsymbol{r}-\boldsymbol{u}t| \approx r - ut\cos\theta$，其中 $\theta$ 为位置矢量 $\boldsymbol{r}$ 与带电粒子速度 $\boldsymbol{u}$ 的夹角. 这样，可以把式(8.5-3)改写为

$$\boldsymbol{A}(\boldsymbol{r},\omega)=\frac{\mu_0 q \mathrm{e}^{\mathrm{i}kr}}{8\pi^2 r}\int_{-\infty}^{\infty}\mathrm{e}^{\mathrm{i}\omega\left(\frac{1}{u}-\frac{n}{c}\cos\theta\right)ut}\boldsymbol{u}\mathrm{d}t \tag{8.5-4}$$

其中，$k=n\omega/c$ 为电磁波在介质中传播的波数. 为讨论方便，不妨假设带电粒子沿着 $x$ 轴方向运动，即 $\boldsymbol{u}=u\boldsymbol{e}_x$. 这样，可以把上式对时间的积分换成对粒子的轨迹 $x_q=ut$ 的积分，有

$$A_x(\boldsymbol{r},\omega)=\frac{\mu_0 q \mathrm{e}^{\mathrm{i}kr}}{8\pi^2 r}\int_{-\infty}^{\infty}\mathrm{e}^{\mathrm{i}\omega\left(\frac{1}{u}-\frac{n}{c}\cos\theta\right)x_q}\mathrm{d}x_q \tag{8.5-5}$$

利用上面得到的矢势，可以进一步确定出带电粒子在远区产生的辐射磁场：

$$\boldsymbol{B}=\nabla\times\boldsymbol{A}=\mathrm{i}k\boldsymbol{e}_r\times\boldsymbol{A} \tag{8.5-6}$$

其中磁场的傅里叶变换为

$$B(r,\omega)=\frac{\mathrm{i}qn\omega \mathrm{e}^{\mathrm{i}kr}}{8\pi^2 c^3\varepsilon_0 r}\sin\theta\int_{-\infty}^{\infty}\mathrm{e}^{\mathrm{i}\omega\left(\frac{1}{u}-\frac{n}{c}\cos\theta\right)x_q}\mathrm{d}x_q \tag{8.5-7}$$

实际上，带电粒子在介质中穿行的路径是有限的，不妨设为 $2L$. 完成式(8.5-7)右边的积分后，有

$$B(r,\omega)=\frac{\mathrm{i}qn\omega}{4\pi^2 c^3\varepsilon_0}\frac{\sin\theta\sin\kappa L}{\kappa}\frac{\mathrm{e}^{\mathrm{i}kr}}{r} \tag{8.5-8}$$

其中

$$\kappa=\frac{\omega}{u}(1-n\beta\cos\theta),\quad \beta=\frac{u}{c} \tag{8.5-9}$$

再利用远区近似下的麦克斯韦方程

$$\nabla\times\boldsymbol{B}=\mu_0\varepsilon\frac{\partial\boldsymbol{E}}{\partial t}$$

可以得到辐射电场为

$$\boldsymbol{E}=\mathrm{i}\frac{c^2}{\omega n^2}\nabla\times\boldsymbol{B}=-\frac{c}{n}\boldsymbol{e}_r\times\boldsymbol{B} \tag{8.5-10}$$

注意在上面的推导中，利用了远区近似 $\nabla\left(\frac{\mathrm{e}^{\mathrm{i}kr}}{r}\right)\approx\frac{1}{r}\nabla\mathrm{e}^{\mathrm{i}kr}=\frac{\mathrm{i}k}{r}\boldsymbol{e}_r$. 可见，辐射电磁场相互垂直.

再利用式(8.5-10)，可以得到辐射能流密度为

$$\boldsymbol{S}\cdot\boldsymbol{e}_r=(\boldsymbol{E}\times\boldsymbol{H})\cdot\boldsymbol{e}_r=\frac{c}{\mu_0 n}B^2 \tag{8.5-11}$$

注意，由于电磁场随时间的变化不是简谐振荡的，因此需要用实数形式的电磁场来计算能流密度. 辐射能流的角分布为

$$\frac{\mathrm{d}W}{\mathrm{d}\Omega}=\int_{-\infty}^{\infty}(\boldsymbol{S}\cdot\boldsymbol{e}_r)r^2\mathrm{d}t=\frac{c}{n\mu_0}\int_{-\infty}^{\infty}B^2(\boldsymbol{r},t)\,r^2\mathrm{d}t \tag{8.5-12}$$

利用傅里叶变换，可以证明：对于任意随时间变化的函数 $f(t)$ 有下式成立：

$$\int_{-\infty}^{\infty}f^2(t)\mathrm{d}t=4\pi\int_0^{\infty}\left|f(\omega)\right|^2\mathrm{d}\omega$$

由此可以把式(8.5-12)改写为

$$\frac{\mathrm{d}W}{\mathrm{d}\Omega}=\frac{4\pi c}{n\mu_0}\int_0^{\infty}B^2(\boldsymbol{r},\omega)r^2\mathrm{d}\omega\equiv\int_0^{\infty}\frac{\mathrm{d}^2W(\omega)}{\mathrm{d}\Omega\mathrm{d}\omega}\mathrm{d}\omega \tag{8.5-13}$$

其中

$$\frac{\mathrm{d}^2W(\omega)}{\mathrm{d}\Omega\mathrm{d}\omega}=\frac{4\pi\varepsilon_0c^3\left|B(\omega)\right|^2}{n}r^2 \tag{8.5-14}$$

为单位频率间隔辐射到单位立体角内的能量角分布. 把式(8.5-8)代入，有

$$\frac{\mathrm{d}^2W(\omega)}{\mathrm{d}\Omega\mathrm{d}\omega}=\frac{q^2\omega^2n}{4\pi^3\varepsilon_0c^3}\frac{\sin^2(\kappa L)}{\kappa^2}\sin^2\theta \tag{8.5-15}$$

为了更清楚地看出辐射能量角分布的特点，令 $f(\kappa)=\dfrac{\sin^2(\kappa L)}{(\kappa L)^2}$. 从图 8-5 可以看出，$f(\kappa)$ 是一个快速振荡的函数，而且当 $\kappa=0$，即 $\cos\theta=\dfrac{1}{n\beta}$ 时，有一个尖锐的振荡峰，其他峰值都很小，几乎可以忽略不计. 也就是说，仅当 $\theta=\theta_{\mathrm{c}}=\arccos\left(\dfrac{1}{n\beta}\right)$ 时，带电粒子的运动才能产生明显的辐射，称 $\theta_{\mathrm{c}}$ 为切连科夫角. 此外，由于 $\cos\theta<0$，因此有 $n\beta>1$.

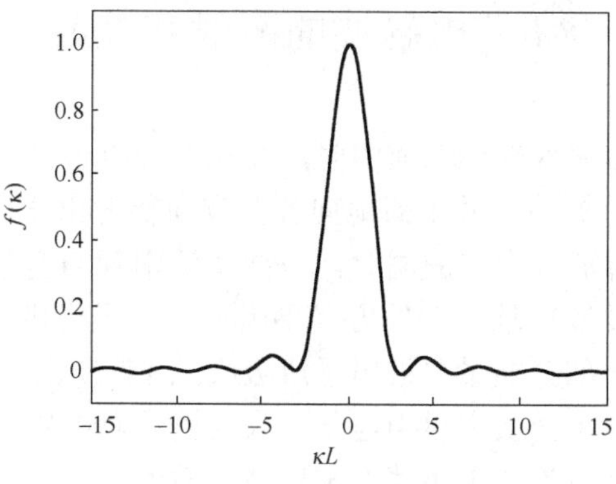


图 8-5

将式(8.5-15)两边对 $\mathrm{d}\Omega$ 积分，并把 $\sin^2\theta$ 近似地用 $\sin^2\theta_{\mathrm{c}}$ 来代替，有

$$\frac{\mathrm{d}W(\omega)}{\mathrm{d}\omega}=\frac{q^2\omega^2 n}{2\pi^2\varepsilon_0 c^3}\sin^2\theta_{\mathrm{c}}\int_{-\pi}^{0}\frac{\sin^2(\kappa L)}{\kappa^2}\mathrm{d}\cos\theta$$

再利用 $\mathrm{d}\kappa=-\frac{\omega}{u}n\beta d\cos\theta$，可以把上面的积分进一步转化为

$$\begin{aligned}\frac{\mathrm{d}W(\omega)}{\mathrm{d}\omega}&=\frac{q^2\omega}{2\pi^2\varepsilon_0 c^3}\sin^2\theta_{\mathrm{c}}\frac{u}{\beta}\int_{\kappa_1}^{\kappa_2}\frac{\sin^2(\kappa L)}{\kappa^2}\mathrm{d}\kappa\\&=\frac{q^2\omega}{2\pi^2\varepsilon_0 c^3}\sin^2\theta_{\mathrm{c}}\frac{Lu}{\beta}\int_{L\kappa_1}^{L\kappa_2}\frac{\sin^2 x}{x^2}\mathrm{d}x\end{aligned}\tag{8.5-16}$$

其中，$\kappa_1=\frac{\omega}{u}(1-n\beta)$ 及 $\kappa_2=\frac{\omega}{u}(1+n\beta)$. 由于 $n\beta>1$，因此积分下限小于零，即

$$\kappa_1<0\tag{8.5-17}$$

根据图 8-5，可以把积分上下限延伸到 $\pm\infty$. 再利用已知积分 $\int_{-\infty}^{\infty}\frac{\sin^2 x}{x^2}\mathrm{d}x=\pi$，最后得到带电粒子在单位路程单位频率间隔的辐射能量角为

$$\frac{\mathrm{d}^2W(\omega)}{\mathrm{d}L\mathrm{d}\omega}\equiv\frac{\mathrm{d}W(\omega)}{2L\mathrm{d}\omega}=\frac{q^2\omega}{4\pi\varepsilon_0 c^2}\left(1-\frac{1}{n^2\beta^2}\right)\tag{8.5-18}$$

由此可以得出结论，仅当 $u>\frac{c}{n}$ 时，带电粒子在介质中穿行才会产生电磁辐射.

切连科夫辐射具有明显的方向性，而且只有带电粒子的速度大于阈值速度 $u_{\mathrm{c}}=\frac{c}{n}$ 时才会产生辐射. 利用切连科夫辐射的特性，可以研制出一种高能粒子计数器，它的优点是只能记录大于一定速度的快粒子，从而避免低速粒子的干扰.

## 8.6　电磁波的散射和吸收

当一定频率的电磁波入射到介质中时，介质中的电子就会在入射电磁波的作用下以相同的频率做强迫振荡，并不断地向各个方向辐射出次波. 这种现象称为电磁波的散射. 电子在不断辐射次波的同时，也要不断消耗自身的能量. 为了维持电子的振动，入射电磁波要以电场做功的方式不断地向电子提供能量. 也就是说，电磁波在传播的同时，其一部分能量要被电子所吸收. 这就是电磁波的吸收.

本节将首先分别介绍介质中自由电子和束缚电子对电磁波的散射，然后介绍电磁波的共振吸收，最后讨论介电小球对电磁波的散射.

1. 自由电子对电磁波的散射

为简单起见，在以下讨论中我们作如下假设：

(1) 入射电磁波为平面波，以及电子的运动尺度远小于电磁波的波长，这样可以近似地认为电场是空间均匀的，即电场为 $\boldsymbol{E}=\boldsymbol{E}_0\mathrm{e}^{-\mathrm{i}\omega t}$，其中 $\boldsymbol{E}_0$ 为电场的振幅，$\omega$ 为角频率.

(2) 不考虑介质中其他粒子对自由电子的作用，电子只受入射电磁波的作用.

(3) 电子的运动速度远小于光速，这样可以忽略电磁波的磁场对它的作用.

(4) 辐射阻尼系数 $\gamma$ 远小于电磁波的角频率 $\omega$，因此可以忽略辐射阻尼对电磁波散射的影响.

在上述假设下，介质中自由电子的运动方程为

$$m_{\mathrm{e}}\ddot{\varsigma}=-e\boldsymbol{E}_0\mathrm{e}^{-\mathrm{i}\omega t} \tag{8.6-1}$$

其中，$e$ 为基本电荷的电量，$m_{\mathrm{e}}$ 为电子质量，$\varsigma$ 为电子的位移. 如果取电子的初始位移和初始速度为零，则可以得到

$$\varsigma=\frac{e\boldsymbol{E}_0}{m_{\mathrm{e}}\omega^2}\mathrm{e}^{-\mathrm{i}\omega t} \tag{8.6-2}$$

电子一方面在入射电磁波的作用下做强迫振动，另一方面不断对外辐射次波，即散射波. 由式(8.6-1)，可以得到自由电子的加速度为

$$\boldsymbol{a}=\ddot{\varsigma}=-\frac{e\boldsymbol{E}_0}{m_{\mathrm{e}}}\mathrm{e}^{-\mathrm{i}\omega t} \tag{8.6-3}$$

需要说明一下，本节讨论的自由电子的振动速度不是太高，要求 $\dfrac{eE_0}{m_{\mathrm{e}}\omega}\ll c$. 根据式 (8.3-1)，可以得到自由电子振荡产生的辐射电场(即散射电场)为

$$\boldsymbol{E}=\frac{e^2\mathrm{e}^{-\mathrm{i}\omega t}}{4\pi\varepsilon_0 m_{\mathrm{e}}c^2 r}\boldsymbol{e}_r\times(\boldsymbol{e}_r\times\boldsymbol{E}_0) \tag{8.6-4}$$

其中，$\boldsymbol{e}_r$ 为散射方向的单位矢量. 设入射电场 $\boldsymbol{E}_0$ 与单位矢量 $\boldsymbol{e}_r$ 的夹角为 $\alpha$，则散射波的电场强度的大小为

$$E=\frac{e^2E_0\sin\alpha}{4\pi\varepsilon_0 m_{\mathrm{e}}c^2 r}\mathrm{e}^{-\mathrm{i}\omega t} \tag{8.6-5}$$

可见，对于自由电子引起的散射，散射波的频率与入射波的频率相同.

对时间平均的散射电磁波的能流密度为

$$\overline{S}=\frac{1}{2\mu_0 c}(\boldsymbol{E}^*\cdot\boldsymbol{E}) \tag{8.6-6}$$

将式(8.6-5)代入，可以得到

$$\overline{S}=\frac{\varepsilon_0 c}{2}\frac{e^4E_0^2}{16\pi^2\varepsilon_0^2m_e^2c^4r^2}\sin^2\alpha=I_0\frac{r_e^2}{r^2}\sin^2\alpha \tag{8.6-7}$$

其中，$r_e$ 为经典电子半径，见式(8.4-13)；$I_0$ 为入射电磁波的强度：

$$I_0=\frac{\varepsilon_0 c}{2}E_0^2 \tag{8.6-8}$$

根据式(8.6-7)，可以得到散射波功率的角分布为

$$\frac{\mathrm{d}P}{\mathrm{d}\Omega}=\overline{S}r^2=r_e^2I_0\sin^2\alpha \tag{8.6-9}$$

对立体角 $\mathrm{d}\Omega=2\pi\sin\alpha\mathrm{d}\alpha$ 积分，可以得到散射波的总功率为

$$P=\sigma_{\mathrm{T}}I_0 \tag{8.6-10}$$

称为汤姆孙散射公式，其中 $\sigma_{\mathrm{T}}$ 具有面积的量纲：

$$\sigma_{\mathrm{T}}=\frac{8\pi}{3}r_e^2=6.65\times10^{-29}\,\mathrm{m}^2 \tag{8.6-11}$$

为汤姆孙散射截面. 汤姆孙散射截面很小，只有电子经典物理截面 $\pi r_e^2$ 的 8/3 倍.

式(8.6-10)给出了散射电磁波的功率在各个方向上的分布，它依赖于入射电场 $\boldsymbol{E}_0$ 的取向. 下面以入射电磁波的传播方向为基准来讨论电磁波的散射行为. 选取如图 8-6 所示的直角坐标系，其中入射波沿着 $z$ 轴传播，电场 $\boldsymbol{E}_0$ 与 $x$ 轴的夹角为 $\phi$ ($E_0$ 在 $xy$ 平面上). 设观察点 $P$ 位于 $xz$ 平面上，其位置矢量为 $\boldsymbol{r}$，它与 $z$ 轴的夹角为 $\theta$. 显然，有

$$\begin{aligned}\cos\alpha&=\frac{1}{E_0}\boldsymbol{E}_0\cdot\boldsymbol{e}_r=(\cos\phi\boldsymbol{e}_x+\sin\phi\boldsymbol{e}_y)\cdot(\sin\theta\boldsymbol{e}_x+\cos\theta\boldsymbol{e}_z)\\&=\cos\phi\sin\theta\end{aligned} \tag{8.6-12}$$

$$\sin^2\alpha=1-\cos^2\phi\sin^2\theta \tag{8.6-13}$$

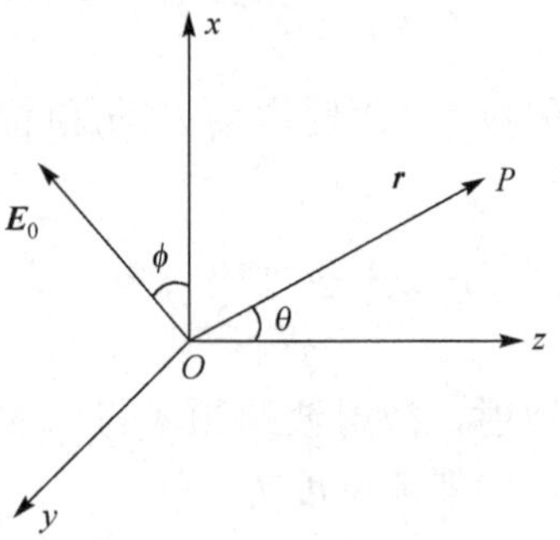


图 8-6

在一般情况下，入射波是一个非偏振波，因此角度$\phi$的取值是随机的. 将式 (8.6-13) 对$\phi$求平均，有

$$\overline{\sin^2\alpha}=\frac{1}{2\pi}\int_0^{2\pi}(1-\sin^2\theta\cos^2\phi)\mathrm{d}\phi=\frac{1}{2}(1+\cos^2\theta) \tag{8.6-14}$$

将其代入式(8.6-9)，可以得到在$\theta$方向观测到的散射功率为

$$\overline{\frac{\mathrm{d}P}{\mathrm{d}\Omega}}=\frac{I_0r_\mathrm{e}^2}{2}(1+\cos^2\theta) \tag{8.6-15}$$

定义汤姆孙散射的微分散射截面，即单位立体角内的散射功率与入射波强度$I_0$之比，记为

$$\frac{\mathrm{d}\sigma}{\mathrm{d}\Omega}=\frac{1}{I_0}\overline{\frac{\mathrm{d}P}{\mathrm{d}\Omega}}=\frac{r_\mathrm{e}^2}{2}(1+\cos^2\theta) \tag{8.6-16}$$

可以看出，自由电子对非偏振电磁波(自然光)的汤姆孙散射有如下特点：①散射波的频率与入射波的频率相同，散射强度与入射波的频率无关；②散射波的强度在平行于入射电场方向上最强，在垂直于入射电场的方向上最弱，如图 8-7 中的实线所示. 上述性质在可见光散射的实验中已得到证实.

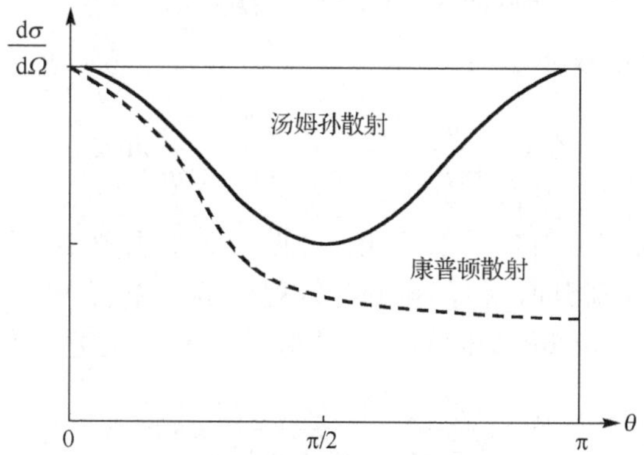


图 8-7

汤姆孙散射适用于低频电磁波的散射，它要求入射光子的能量远小于电子的静止能量，即$\hbar\omega\ll m_\mathrm{e}c^2$. 这时式(8.6-16)给出的结果与实验结果是一致的. 当入射电磁波的频率很高时，即$\hbar\omega\gg m_\mathrm{e}c^2$，散射呈现出明显的量子效应，尤其是散射波的频率不等于入射波的频率，而且散射强度丧失前后对称性，即向前的散射较强，向后的散射较弱，如图 8-7 中的虚线所示. 1922 年康普顿和吴有训在进行 X 射线散射实验时观察到上述规律，因此称这种散射为康普顿散射.

### 2. 束缚电子对电磁波的散射

本节将考虑原子或分子中的束缚电子对入射电磁波的散射. 可以把绕原子核做

周期运动的束缚电子看成一个简谐振子，其固有振荡频率为 $\omega_0$. 此外，为了避免振幅发散，需要考虑辐射阻尼的影响. 在入射电磁波的作用下，束缚电子的运动方程为

$$m_e\ddot{\boldsymbol{\varsigma}} + m_e\omega_0^2\boldsymbol{\varsigma} = -e\boldsymbol{E}_0 e^{-i\omega t} + m_e\tau\dddot{\boldsymbol{\varsigma}} \tag{8.6-17}$$

其中右边第二项为辐射阻尼力，参数 $\tau$ 由式(8.4-19)给出. 在一般情况下，可以将方程(8.6-17)的解分为两部分，一部分是强迫振荡，其频率为 $\omega$；另一部分为固有振荡，其频率为 $\omega_0$. 由于固有振荡将被阻尼掉，因此下面只讨论强迫振动引起的电磁波散射. 设强迫振荡的解为

$$\boldsymbol{\varsigma} = \boldsymbol{\varsigma}_0 e^{-i\omega t} \tag{8.6-18}$$

将其代入方程(8.6-17)，可以得到

$$\boldsymbol{\varsigma}_0 = -\frac{e\boldsymbol{E}_0}{m_e(\omega_0^2 - \omega^2 - i\omega\gamma)} \tag{8.6-19}$$

其中，$\gamma = \omega^2\tau$. 根据式(8.3-1)，可以得到束缚电子振荡产生的散射电场为

$$\boldsymbol{E} = -\frac{\omega^2 e^2}{4\pi\varepsilon_0 m_e c^2 r}\frac{e^{-i\omega t}}{\omega_0^2 - \omega^2 - i\gamma\omega}\boldsymbol{e}_r \times (\boldsymbol{e}_r \times \boldsymbol{E}_0) \tag{8.6-20}$$

对应的散射电场强度的大小为

$$E = -\frac{\omega^2 e^2 E_0}{4\pi\varepsilon_0 m_e c^2 r}\frac{e^{-i\omega t}}{\omega_0^2 - \omega^2 - i\gamma\omega}\sin\alpha \tag{8.6-21}$$

其中，$\alpha$ 为散射方向与入射电场的夹角. 可见，对于束缚电子产生的散射，散射波的频率与入射波的频率相同，但其振幅与入射波的频率有关.

利用式(8.6-21)，可以得到时间平均的散射波的能流密度为

$$\overline{S} = I_0\frac{r_e^2}{r^2}\frac{\omega^4}{(\omega_0^2 - \omega^2)^2 + \gamma^2\omega^2}\sin^2\alpha \tag{8.6-22}$$

对应的散射功率的角分布为

$$\frac{dP}{d\Omega} = I_0\frac{r_e^2\omega^4}{(\omega_0^2 - \omega^2)^2 + \gamma^2\omega^2}\sin^2\alpha \tag{8.6-23}$$

将对立体角积分，可以得到散射波的总功率为

$$P = \frac{8\pi}{3}r_e^2\frac{\omega^4}{(\omega_0^2 - \omega^2)^2 + \gamma^2\omega^2}I_0 \tag{8.6-24}$$

进而得到微分散射截面

$$\sigma = \sigma_T\frac{\omega^4}{(\omega_0^2 - \omega^2)^2 + \gamma^2\omega^2} \tag{8.6-25}$$

其中，$\sigma_{\mathrm{T}}$ 为汤姆孙散射截面.

下面根据入射电磁波的频率不同，对式(8.6-25)给出的散射截面进行讨论：

(1)当入射电磁波的频率远小于束缚电子的固有振荡频率时，即 $\omega \ll \omega_0$，有

$$\sigma = \sigma_{\mathrm{T}}\left(\frac{\omega}{\omega_0}\right)^4 \tag{8.6-26}$$

可见，这时散射截面与 $\omega^4$ 成正比. 称这种低频散射为瑞利散射，式(8.6-26)为瑞利定律. 瑞利首次利用这个定律解释了天空的颜色为什么是蓝色的. 在晴朗的天空中，漂浮的尘埃粒子比较少，以氮、氧分子为主. 这些分子的固有频率远大于可见光的频率（$4.2\times10^{14} \sim 7.8\times10^{14}$ Hz），故可见光的散射遵从瑞利散射定律. 在可见光中，蓝光的频率比红光的频率约高 1 倍，因此蓝光的散射截面近似地为红光的散射截面的 16 倍，故可被大气分子散射的光以蓝光为主(紫外光很容易被大气层中的臭氧分子吸收掉)，导致晴朗的天空呈蓝色.

(2)当 $\omega \gg \omega_0$ 时，有

$$\sigma = \sigma_{\mathrm{T}} \tag{8.6-27}$$

这种情况对应于自由电子的汤姆孙散射. 从微观上看，当 $\omega \gg \omega_0$ 时，入射光子的能量已远超过分子的电离能，使得分子被电离，束缚电子变成了自由电子，因此这时光的散射服从汤姆孙散射的理论.

(3)当 $\omega = \omega_0$ 时，有

$$\sigma = \sigma_{\mathrm{T}}\left(\frac{\omega}{\gamma}\right)^2 \tag{8.6-28}$$

这对应于共振散射. 在一般情况下，$\gamma \ll \omega$，因此共振散射的截面远大于汤姆孙散射的截面. 图 8-8 给出了散射截面随入射电磁波角频率 $\omega$ 变化的示意图. 可见，散射截面有一个尖锐的峰值，它对应于共振散射.

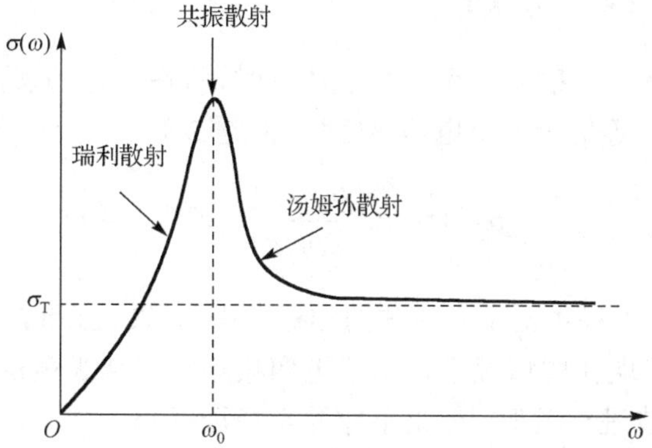


图 8-8

3. 电磁波的共振吸收

将式(8.6-24)对角频率 $\omega$ 积分，可以得到束缚电子辐射的总能量为

$$W=\int_0^{\infty}P(\omega)\mathrm{d}\omega=\frac{8\pi}{3}r_{\mathrm{e}}^2\int_0^{\infty}\frac{\omega^4 I_0(\omega)}{(\omega_0^2-\omega^2)^2+\gamma^2\omega^2}\mathrm{d}\omega \tag{8.6-29}$$

其中，$I_0(\omega)$ 为入射电磁波的强度，见式(8.6-8). 在一般情况下，它是频率 $\omega$ 函数. 在共振情况下（$\omega=\omega_0$），上式的被积函数值最大，见图 8-8. 因此，辐射的总功率主要来自于 $\omega=\omega_0$ 的贡献，有

$$\begin{aligned}W&\approx\frac{8\pi}{3}r_{\mathrm{e}}^2\int_0^{\infty}\frac{\omega_0^4 I_0(\omega_0)}{4\omega_0^2(\omega-\omega_0)^2+\gamma^2\omega_0^2}\mathrm{d}\omega\\&=\frac{2\pi}{3}r_{\mathrm{e}}^2\omega_0^2 I_0(\omega_0)\int_0^{\infty}\frac{\mathrm{d}\omega}{(\omega-\omega_0)^2+\gamma^2/4}\\&=\frac{2\pi}{3}r_{\mathrm{e}}^2\omega_0^2 I_0(\omega_0)\int_{-\omega_0}^{\infty}\frac{\mathrm{d}u}{u^2+\gamma^2/4}\quad(u=\omega-\omega_0)\end{aligned}$$

在一般情况下，$\omega_0\gg\gamma$，因此可以把上式的积分下限变为 $-\infty$，则完成积分后得到

$$W=\frac{2\pi}{3}r_{\mathrm{e}}^2\omega_0^2 I_0(\omega_0)\frac{2\pi}{\gamma}$$

再利用 $r_{\mathrm{e}}$ 及 $\gamma$ 的表示式，分别见式(8.4-13)和式(8.4-23)，最后得到束缚电子的辐射能量为

$$W=2\pi^2 r_{\mathrm{e}}cI_0(\omega_0) \tag{8.6-30}$$

根据能量守恒定律，束缚电子辐射出去的能量来自于吸收电磁波的能量. 在共振情况下，束缚电子首先从入射电磁波吸收能量，然后再通过振动把能量辐射出去.

4. 介质小球对电磁波的散射

当一个平面电磁波入射到一个介质小球上时，将在小球的表面上产生极化电荷，并且可以把极化电荷等价于一个电偶极矩(见例题 2.8)

$$\boldsymbol{p}=4\pi a^3\varepsilon_0\left(\frac{\varepsilon_{\mathrm{r}}-1}{\varepsilon_{\mathrm{r}}+2}\right)\boldsymbol{E}_0\mathrm{e}^{-\mathrm{i}\omega t} \tag{8.6-31}$$

其中，$a$ 是介质球的半径；$\varepsilon_{\mathrm{r}}$ 是介质球的相对介电常数；$\omega$ 和 $\boldsymbol{E}_0$ 分别是入射电磁波的角频率和振幅. 在现在的情况下，由于电偶极矩是简谐振荡的，因此它可以辐射电磁波，即对电磁波进行散射. 如果小球的半径远远小于电磁波的波长，可以采用第 6 章给出的电偶极矩辐射模型来计算散射电场：

$$\begin{aligned}\boldsymbol{E}&=\frac{\mu_0\mathrm{e}^{\mathrm{i}kr}}{4\pi r}(\ddot{\boldsymbol{p}}\times\boldsymbol{e}_r)\times\boldsymbol{e}_r\\&=-\frac{\omega^2a^3}{c^2r}\left(\frac{\varepsilon_{\mathrm{r}}-1}{\varepsilon_{\mathrm{r}}+2}\right)\mathrm{e}^{\mathrm{i}(kr-\omega t)}(\boldsymbol{E}_0\times\boldsymbol{e}_r)\times\boldsymbol{e}_r\end{aligned} \tag{8.6-32}$$

设入射波电场 $\boldsymbol{E}_0$ 与单位矢量 $\boldsymbol{e}_r$ 的夹角为 $\alpha$，则散射波的电场强度的大小为

$$E=-\frac{\omega^2a^3}{c^2r}\left(\frac{\varepsilon_{\mathrm{r}}-1}{\varepsilon_{\mathrm{r}}+2}\right)\sin\alpha E_0\mathrm{e}^{\mathrm{i}(kr-\omega t)} \tag{8.6-33}$$

类似于前面的做法，可以得到微分散射截面为

$$\frac{\mathrm{d}\sigma}{\mathrm{d}\Omega}=\frac{\omega^4a^6}{2c^4}\left|\frac{\varepsilon_{\mathrm{r}}-1}{\varepsilon_{\mathrm{r}}+2}\right|^2(1+\cos^2\theta) \tag{8.6-34}$$

总散射截面为

$$\sigma=\frac{8\pi}{3}\frac{\omega^4a^6}{c^4}\left|\frac{\varepsilon_{\mathrm{r}}-1}{\varepsilon_{\mathrm{r}}+2}\right|^2 \tag{8.6-35}$$

可见散射截面正比于电磁波频率的四次方，因此介质小球对电磁波的散射属于瑞利散射.

# 本 章 小 结

本章从李纳-维谢尔势出发，推导出运动带电粒子产生的电磁场，在此基础上进一步讨论了带电粒子产生的辐射功率；还介绍了带电粒子产生的电磁辐射对自身运动的影响，以及介质对电磁波的散射. 此外，还要做如下几点说明：

(1) 运动带电粒子所产生的电磁场分为两部分，一部分为固有电磁场，另一部分为辐射电磁场，前者与粒子的加速度无关，而后者正比于粒子的加速度. 在真空中，固有电磁场不会产生电磁辐射，只有辐射电磁场才能对外辐射能量. 但在介质中，即使带电粒子是匀速运动的，但当其速度大于电磁波在介质中的相速度时，也会产生电磁辐射，这就是切连科夫辐射.

(2) 运动带电粒子的辐射功率不仅与加速度有关，还与加速度相对速度的取向有关. 当加速度的方向与速度的方向平行时，如果作用在带电粒子上的力一定，辐射功率与能量无关；当加速度的方向与速度的方向垂直时，在外界作用力一定的情况下，辐射功率正比于粒子的能量平方. 前者对应直线加速器，用于加速接近相对论速度的高能(TeV 量级)电子；而后者对应于同步回旋加速器，用于加速重粒子或能量为 MeV～GeV 的电子.

(3) 当电磁波入射到介质上时，介质中的自由电子和束缚电子都要在入射波电场

的作用下做强迫振荡，从而对外辐射次波. 因此，从本质上看，介质对电磁波的散射实际上就是微观粒子运动产生电磁辐射的一种宏观体现.

## 物理学家简介(十)：切连科夫

切连科夫

帕维尔·阿列克谢耶维奇·切连科夫(Pavel Alekseevich Cherenkov，1904—1990)，苏联物理学家. 主要科学成就：发现了γ射线在液体中产生的电磁辐射现象，即切连科夫辐射.

切连科夫于1904年出生于苏联沃罗涅什州的一个农民家庭. 1928年从沃罗涅什州立大学毕业，1930年开始在列别捷夫物理研究所担任高级研究员职务. 1932年在苏联科学院院士瓦维洛夫领导下开始做研究工作，1940年，获得了博士学位.

1934年，切连科夫在研究γ放射线穿过流体时观察到了一种淡蓝色的辉光. 虽然这种蓝光已经被前人所观察到，但是都认为是荧光. 切连科夫在实验中仔细排除了水中产生荧光的杂质，而蓝色辉光仍然存在. 他于1934～1937年间陆续发表了一系列论文，详细记载了这一现象的性质，该现象因此被称为“切连科夫辐射”. 1937年，切连科夫的同事弗兰克和塔姆成功地解释了切连科夫辐射的成因. 1946年，切连科夫同瓦维洛夫、弗兰克和塔姆一道获得苏维埃国家奖. 1958年，切连科夫又与弗兰克、塔姆共同获得诺贝尔物理学奖.

切连科夫曾参与研制最早的电子加速器——同步加速器，特别是250MeV的同步加速器的设计和建造工作. 为此，他在1952年获苏联国家奖. 他对轫致辐射、光致核反应、光介子反应等问题进行了一系列的研究，为此于1977年再次获苏联国家奖.

(注：该简介的内容是根据百度搜索整理而成，人物肖像也是源自百度搜索)

## 习　题

1. 证明在非相对论情况下，电量为$q$的粒子运动产生的辐射电磁场为

$$\boldsymbol{E}_2=\frac{q}{4\pi\varepsilon_0c^2R}\boldsymbol{e}_R\times(\boldsymbol{e}_R\times\boldsymbol{a}),\quad \boldsymbol{B}_2=\frac{1}{c}\boldsymbol{e}_R\times\boldsymbol{E}$$

其中，$\boldsymbol{e}_R=\boldsymbol{R}/R$为单位矢量，$\boldsymbol{a}$为加速度.

2. 一静止质量为$m_0$、能量为$W$及电量为$q$的高速带电粒子在均匀恒定磁场$\boldsymbol{B}=B\boldsymbol{e}_z$中做回旋运动，求它的辐射功率.

3．有一电量为 $q$ 的粒子在 $xy$ 平面上绕 $z$ 轴做匀速圆周运动，角频率为 $\omega$，半径为 $a$．设粒子的速度远小于光速，即 $v=\omega a\ll c$，计算辐射电磁场及平均辐射能流密度.

4．静止质量为 $m_0$、电量为 $q$ 的粒子在垂直于均匀磁场 $B$ 的平面上运动.

(1) 计算辐射功率，并用 $m_0$、$q$、$B$ 及相对论因子 $\gamma$ 表示.

(2) 若在 $t_0$ 时刻粒子的能量为 $W_0=\gamma_0 m_0 c^2$，求 $t$ 时刻粒子的能量 $W(t)$.

# 习 题 答 案

## 第 1 章　矢量场分析

1．略

2．提示：考虑到微分算子$\nabla$既具有微分性，又有矢量性的特点，首先利用如下式子：

$$\nabla(\boldsymbol{A}\cdot\boldsymbol{B})=\nabla_A(\boldsymbol{A}\cdot\boldsymbol{B})+\nabla_B(\boldsymbol{A}\cdot\boldsymbol{B})$$

其中微分算子只作用于矢量$\boldsymbol{A}$上，$\nabla_B$只作用在矢量$\boldsymbol{B}$上. 然后再利用三个矢量叉积的公式.

3．提示：利用如下等式：

$$\nabla\times(\boldsymbol{A}\times\boldsymbol{B})=\nabla_A\times(\boldsymbol{A}\times\boldsymbol{B})+\nabla_B\times(\boldsymbol{A}\times\boldsymbol{B})$$

4．提示：令$\boldsymbol{A}=\boldsymbol{p}$，$\boldsymbol{B}=\dfrac{\boldsymbol{r}}{r^3}$，利用习题 2 的结果.

5．提示：令$\boldsymbol{A}=\boldsymbol{m}$，$\boldsymbol{B}=\dfrac{\boldsymbol{r}}{r^3}$，利用习题 3 的结果.

6．(1) $\nabla\nabla r=-\dfrac{1}{r^3}(\boldsymbol{rr}-r^2\overleftrightarrow{\boldsymbol{I}})$；(2) $\nabla\nabla\left(\dfrac{1}{r}\right)=\dfrac{1}{r^5}(3\boldsymbol{rr}-r^2\overleftrightarrow{\boldsymbol{I}})$

## 第 2 章　静电场

1．略

2．(1) 电场分布为

$$E=\begin{cases}0 & (r<a_1)\\ \dfrac{\rho_0}{3\varepsilon r^2}(r^3-a_1^3) & (a_1<r<a_2)\\ \dfrac{\rho_0}{3\varepsilon_0 r^2}(a_2^3-a_1^3) & (a_2<r<\infty)\end{cases}$$

电场的方向沿球的径向.

(2) 在$a_1<r<a_2$的区域内，束缚电荷的体密度为$\rho_p=-\left(1-\dfrac{\varepsilon_0}{\varepsilon}\right)\rho_0$；在$r<a_1$和$r>a_2$的区域，束缚电荷的体密度为零.

在 $r=a_1$ 的球面上，束缚电荷的面密度为零；在 $r=a_2$ 的球面上，束缚电荷的面密度为 $\sigma_p=\dfrac{a_2^3-a_1^3}{3a_2^2}\left(1-\dfrac{\varepsilon_0}{\varepsilon}\right)\rho_0$.

3．(1)空间各处的电场强度为

$$E=\begin{cases}\dfrac{Q}{4\pi\varepsilon_0 r^2} & (a_1<r<a_2)\\ \dfrac{Q}{4\pi\varepsilon r^2} & (a_2<r<a_3)\\ \dfrac{Q}{4\pi\varepsilon_0 r^2} & (r>a_3)\end{cases}$$

其中电场的方向沿球的径向.

(2)介质球内外表面的束缚电荷面密度分布分别为 $-\dfrac{Q}{4\pi a_2^2}\left(1-\dfrac{\varepsilon_0}{\varepsilon}\right)$ 和 $\dfrac{Q}{4\pi a_3^2}\left(1-\dfrac{\varepsilon_0}{\varepsilon}\right)$.

4．两个平板上的束缚电荷面密度分别为

$$\sigma_p=\pm\frac{\varepsilon_1\varepsilon_2 V}{\varepsilon_1 d_2+\varepsilon_2 d_1}$$

5．(1)当导体球上的电势为 $\varphi_0$ 时，球外的电势分布为

$$\varphi_2=\frac{a\varphi_0}{r}-E_0 r\cos\theta+E_0\frac{a^3}{r^2}\cos\theta\quad(r>a)$$

(2)当导体球上的电量为 $Q$ 时，球外的电势分布为

$$\varphi=-E_0 r\cos\theta+\frac{Q}{4\pi\varepsilon_0 r}+\frac{E_0 a^3}{r^2}\cos\theta\quad(r>a)$$

6．球内外的电势分布为

$$\begin{cases}\varphi_1=-\dfrac{\rho_0}{6\varepsilon}(r^2-a^2)+\dfrac{\rho_0}{3\varepsilon_0}a^2-\dfrac{3\varepsilon_0}{\varepsilon+2\varepsilon_0}rE_0\cos\theta & (r<a)\\ \varphi_2=\dfrac{\rho_0 a^3}{3\varepsilon_0 r}-E_0 r\cos\theta+\dfrac{\varepsilon-\varepsilon_0}{\varepsilon+2\varepsilon_0}\dfrac{a^3}{r^2}E_0\cos\theta & (r>a)\end{cases}$$

7．球内外的电势分布为

$$\begin{cases}\varphi_1=\dfrac{Q_0}{4\pi\varepsilon r}-\dfrac{Q_0}{4\pi a}\left(\dfrac{1}{\varepsilon}-\dfrac{1}{\varepsilon_0}\right) & (r<a)\\ \varphi_2=\dfrac{Q_0}{4\pi\varepsilon_0 r} & (r>a)\end{cases}$$

8．球内外的电势分布为

$$\begin{cases} \varphi_1 = \dfrac{p\cos\theta}{4\pi\varepsilon r^2} + \dfrac{p}{2\pi\varepsilon}\dfrac{\varepsilon-\varepsilon_0}{\varepsilon+2\varepsilon_0}\dfrac{r}{a^3}\cos\theta & (r<a) \\ \varphi_2 = \dfrac{3p}{4\pi(\varepsilon+2\varepsilon_0)}\dfrac{\cos\theta}{r^2} & (r>a) \end{cases}$$

球面上的极化电荷面密度为

$$\sigma_p = \frac{3\varepsilon_0(\varepsilon-\varepsilon_0)}{2\pi\varepsilon(\varepsilon+2\varepsilon_0)}\frac{p}{a^3}\cos\theta$$

9．球外的电势分布为

$$\varphi = \frac{q}{4\pi\varepsilon\sqrt{r^2+b^2-2rb\cos\theta}} - \frac{q}{4\pi\varepsilon b}\sum_{l=0}^{\infty}\left(\frac{a}{b}\right)^l\left(\frac{a}{r}\right)^{l+1}P_l\,(\cos\theta)$$

10．球腔内的电势分布为

$$\varphi(r,\theta) = \frac{q}{4\pi\varepsilon_0\sqrt{r^2+b^2-2rb\cos\theta}} + \frac{q'}{4\pi\varepsilon_0\sqrt{r^2+b'^2-2rb'\cos\theta}}$$

其中 $q' = -q\dfrac{a}{b}$, $b' = \dfrac{a^2}{b}$．球腔外的电势为零.

11．电四极矩为

$$\overleftrightarrow{\boldsymbol{D}} = -2Q(b^2-a^2)(\overleftrightarrow{\boldsymbol{I}} - 3\boldsymbol{e}_z\boldsymbol{e}_z)$$

电势分布为

$$\varphi = \frac{Q(b^2-a^2)}{4\pi\varepsilon_0 r^3}(3\cos^2\theta - 1)$$

12．电四极矩和电势分布分别为

$$\overleftrightarrow{\boldsymbol{D}} = \frac{Qa^2}{2}(\overleftrightarrow{\boldsymbol{I}} - 3\boldsymbol{e}_z\boldsymbol{e}_z)\,, \quad \varphi = \frac{Qa^2}{16\pi\varepsilon_0 r^3}(1-3\cos^2\theta)$$

13．电四极矩和电势分布分别为

$$\overleftrightarrow{\boldsymbol{D}} = \frac{Qa^2}{4}(\overleftrightarrow{\boldsymbol{I}} - 3\boldsymbol{e}_z\boldsymbol{e}_z)\,, \quad \varphi = \frac{Qa^2}{32\pi\varepsilon_0 r^3}(1-3\cos^2\theta)$$

## 第 3 章　静磁场

1．轴线上任意一点的磁感应强度为

$$B=\frac{\mu_0 I}{2a}\left\{\frac{1}{[1+(z-z_0)^2/a^2]^{3/2}}+\frac{1}{[1+(z+z_0)^2/a^2]^{3/2}}\right\}$$

其方向沿着 $z$ 轴.

2．空心圆柱体内外的磁感应强度为

$$\boldsymbol{B}=\begin{cases}0 & (r<a_1)\\ \dfrac{\mu}{2r}(r^2-a_1^2)J\boldsymbol{e}_\phi & (a_1<r<a_2)\\ \dfrac{\mu_0}{2r}(a_2^2-a_1^2)J\boldsymbol{e}_\phi & (r>a_2)\end{cases}$$

磁化电流的体密度分布分别为

$$J_M=\left(\frac{\mu}{\mu_0}-1\right)J\quad (a_1<r<a_2)$$

磁化电流的面密度为

$$\alpha_M=\begin{cases}0 & (r=a_1)\\ -\dfrac{1}{2a_2}(a_2^2-a_1^2)\left(\dfrac{\mu}{\mu_0}-1\right)J & (r=a_2)\end{cases}$$

3．磁矢势的分布为

$$A=\begin{cases}\dfrac{\mu_0 nI}{2}r & (r<a)\\ \dfrac{\mu_0 nI}{2}\dfrac{a^2}{r} & (r>a)\end{cases}$$

其方向沿着环向，即电流的方向.

4．磁矢势的分布为

$$A=\begin{cases}A_0+\dfrac{\mu_0\alpha_0 b}{2}r\cos\phi & (r<a)\\ A_0-\mu_0\alpha_0 a\ln(r/a)+\dfrac{\mu_0\alpha_0 ba^2}{2r}\cos\phi & (r>a)\end{cases}$$

其中 $A_0$ 为常数.

5．磁矩和在远处的磁场分别为

$$\boldsymbol{m}=\frac{1}{2}q\omega a^2\boldsymbol{e}_z,\quad \boldsymbol{B}=\frac{\mu_0}{4\pi}\left[\frac{3(\boldsymbol{m}\cdot\boldsymbol{r})\boldsymbol{r}}{r^5}-\frac{\boldsymbol{m}}{r^3}\right]$$

6．在 $\mu \gg \mu_0$ 的情况下，球腔内外的磁场分布为

$$\begin{cases} \boldsymbol{B}_1 = \dfrac{9\mu_0}{2\mu}\dfrac{\boldsymbol{B}_0}{1-(a_1/a_2)^3} & (r<a_1) \\ \boldsymbol{B}_2 = \dfrac{1}{1-(a_1/a_2)^3}\left\{\boldsymbol{B}_0 - \dfrac{3a_1^3}{2}\left[3\dfrac{(\boldsymbol{B}_0\cdot\boldsymbol{r})\boldsymbol{r}}{r^5} - \dfrac{\boldsymbol{B}_0}{r^3}\right]\right\} & (a_1<r<a_2) \\ \boldsymbol{B}_3 = \boldsymbol{B}_0 + a_2^3\left[3\dfrac{(\boldsymbol{B}_0\cdot\boldsymbol{r})\boldsymbol{r}}{r^5} - \dfrac{\boldsymbol{B}_0}{r^3}\right] & (r>a_2) \end{cases}$$

球腔内的磁场 $B_1$ 远远小于 $B_0$，即

$$\frac{B_1}{B_0} = \frac{9\mu_0}{2\mu}\frac{1}{1-(a_1/a_2)^3} \approx \frac{9\mu_0}{2\mu}\frac{a_2}{\Delta a} \ll 1, \qquad \Delta a = a_2 - a_1$$

7．磁感应强度的分布为

$$\boldsymbol{B} = \begin{cases} \dfrac{2\mu_0^2}{\mu+2\mu_0}\boldsymbol{M}_0 & (r<a) \\ \dfrac{\mu_0^2}{\mu+2\mu_0}\dfrac{a^3}{r^3}\left[\dfrac{3(\boldsymbol{M}_0\cdot\boldsymbol{r})\boldsymbol{r}}{r^2} - \boldsymbol{M}_0\right] & (r>a) \end{cases}$$

在 $r=a$ 的球面上，磁化电流的面密度分布为

$$\boldsymbol{\alpha}_M = -\frac{3\mu_0}{\mu+2\mu_0}\boldsymbol{e}_r \times \boldsymbol{M}_0$$

8．球壳内外的磁标势和磁感应强度的分布分别为

$$\varphi = \begin{cases} -\dfrac{\omega Q}{6\pi a}z & (r<a) \\ \dfrac{\boldsymbol{m}\cdot\boldsymbol{r}}{4\pi r^3} & (r>a) \end{cases}$$

$$\boldsymbol{B} = \begin{cases} \dfrac{\mu_0\omega Q}{6\pi a}\boldsymbol{e}_z & (r<a) \\ \dfrac{\mu_0}{4\pi}\left[\dfrac{3(\boldsymbol{m}\cdot\boldsymbol{r})\boldsymbol{r}}{r^5} - \dfrac{\boldsymbol{m}}{r^3}\right] & (r>a) \end{cases}$$

## 第 4 章　电磁现象的普遍规律

1．略

2．提示：从麦克斯韦方程的第一式出发.

3．有旋电磁场满足的方程组为

$$\begin{cases}\nabla\times\boldsymbol{E}_{\mathrm{T}}=-\dfrac{\partial\boldsymbol{B}_{\mathrm{T}}}{\partial t}\\\nabla\times\boldsymbol{B}_{\mathrm{T}}=\mu_0\boldsymbol{J}_{\mathrm{T}}+\varepsilon_0\mu_0\dfrac{\partial\boldsymbol{E}_{\mathrm{T}}}{\partial t}\\\nabla\cdot\boldsymbol{B}_{\mathrm{T}}=0\\\nabla\cdot\boldsymbol{E}_{\mathrm{T}}=0\end{cases}$$

无旋电磁场满足的方程为

$$\begin{cases}\nabla\times\boldsymbol{E}_{\mathrm{L}}=0\\\mu_0\boldsymbol{J}_{\mathrm{L}}+\varepsilon_0\mu_0\dfrac{\partial\boldsymbol{E}_{\mathrm{L}}}{\partial t}=0\\\nabla\cdot\boldsymbol{E}_{\mathrm{L}}=\rho/\varepsilon_0\end{cases}$$

其中传导电流密度被分解为$\boldsymbol{J}=\boldsymbol{J}_{\mathrm{T}}+\boldsymbol{J}_{\mathrm{L}}$.

4．在库仑规范下，矢势$\boldsymbol{A}$满足的方程为

$$\begin{cases}\nabla^2\boldsymbol{A}-\varepsilon\mu\dfrac{\partial^2\boldsymbol{A}}{\partial t^2}=0\\\nabla\cdot\boldsymbol{A}=0\end{cases}$$

5．略

6．介质中的电磁能量守恒方程为

$$-\frac{\partial w}{\partial t}=\nabla\cdot\boldsymbol{S}+\boldsymbol{E}\cdot\boldsymbol{J}$$

其中能量密度为$w=\dfrac{\varepsilon}{2}E^2+\dfrac{1}{2\mu}B^2$.

7．略

8．电容器内部的电磁场能量密度和能流密度分别为

$$w=\frac{\varepsilon_0}{2}\frac{V_0^2}{d^2}\left[\cos^2(\omega t)+\frac{\mu_0\varepsilon_0\omega^2}{4}r^2\sin^2(\omega t)\right]$$

$$S=\frac{\varepsilon_0\omega V_0^2}{4d^2}r\sin(2\omega t)$$

## 第 5 章 电磁波的传播

1．合成的波为

$$\boldsymbol{A}(z,t)=2\boldsymbol{A}_0\cos(k_0z-\omega_0t)\mathrm{e}^{\mathrm{i}kz-\mathrm{i}\omega t}$$

2．(1) 电磁波为圆偏振波，波的传播方向与电场和磁场相互垂直；

(2) $B_x = -\dfrac{kE_0}{\omega}\sin(kz-\omega t),\ B_y = \dfrac{kE_0}{\omega}\cos(kz-\omega t)$；

(3) $S_z = \dfrac{1}{\mu_0}\dfrac{kE_0^2}{\omega}$

3．略

4．略

5．平均能流密度矢量和平均传输功率分别为

$$\bar{\boldsymbol{S}} = \frac{E_0^2}{2\mu_0}\frac{k_z}{\omega}\sin^2\left(\frac{\pi}{a}x\right),\quad \bar{P} = \frac{E_0^2 k_z}{2\mu_0}\frac{ab}{2\omega}$$

6．电磁场分别为

$$\begin{cases} E_x(x,y,z) = A\sin\left(\dfrac{n\pi}{b}y\right)\mathrm{e}^{\mathrm{i}k_z z} \\ E_y = 0 \\ E_z = 0 \end{cases},\quad \begin{cases} B_x = 0 \\ B_y = A\dfrac{k_z}{\omega}\sin\left(\dfrac{n\pi}{b}y\right)\mathrm{e}^{\mathrm{i}k_z z} \\ B_z = \mathrm{i}A\dfrac{n\pi}{b\omega}\cos\left(\dfrac{n\pi}{b}y\right)\mathrm{e}^{\mathrm{i}k_z z} \end{cases}$$

其中电场为线偏振，磁场为椭圆偏振.

7．波导管内磁场的边界条件为

$$B_n\big|_\Sigma = 0,\ \ (\nabla\times\boldsymbol{B})_t\big|_\Sigma = 0$$

## 第 6 章　电磁波的辐射

1．略

2．略

3．辐射电磁场及辐射功率为

$$\boldsymbol{B} = \mathrm{i}\frac{\mu_0 a\omega^3 p_0}{4\pi c^2 r}\mathrm{e}^{\mathrm{i}(kr-\omega t)}\cos\theta\sin\theta\boldsymbol{e}_\phi$$

$$\boldsymbol{E} = -c\boldsymbol{e}_r\times\boldsymbol{B}$$

$$P = \frac{\mu_0 a^2\omega^6 p_0^2}{60\pi c^3}$$

4．辐射电磁场及平均辐射能流密度为

$$\boldsymbol{B} = -\mathrm{i}\frac{\mu_0 a\omega^3 p_0}{4\pi c^2 r}\cos\theta(\cos\theta\cos\phi\boldsymbol{e}_\phi + \sin\phi\boldsymbol{e}_\theta)\mathrm{e}^{\mathrm{i}(kr-\omega t)}$$

$$\boldsymbol{E} = -c\boldsymbol{e}_r\times\boldsymbol{B}$$

$$\overline{\boldsymbol{S}}=\frac{\mu_0 a^2\omega^6 p_0^2}{32\pi^2c^3r^2}\cos^2\theta(\cos^2\theta\cos^2\phi+\sin^2\phi)\boldsymbol{e}_r$$

5．辐射电磁场和辐射功率为

$$\boldsymbol{B}=\frac{\mu_0 m_0\omega^2 \mathrm{e}^{\mathrm{i}(kr-\omega t+\phi)}}{4\pi c^2 r}(\cos\theta\boldsymbol{e}_\theta+\mathrm{i}\boldsymbol{e}_\phi)$$

$$\boldsymbol{E}=-c\boldsymbol{e}_r\times\boldsymbol{B}$$

$$P=\frac{\mu_0 m_0^2\omega^4}{6\pi c^3}$$

## 第 7 章　狭义相对论基础

1．另外一根尺子的长度为

$$l=l_0\frac{c^2-u^2}{c^2+u^2}$$

2．地面上的观察者看到小球从车厢后壁到前壁的运动时间为

$$\Delta t=\frac{l_0(c^2+uu_0)}{u_0c^2\sqrt{1-u^2/c^2}}$$

3．列车上的观察者看到的两座铁塔被照亮的时间差为

$$\Delta t'=-\frac{2ul_0/c^2}{\sqrt{1-u^2/c^2}}$$

4．该类星体后退的速度为 $u=0.8c$ .

5．在静止参照系中，电偶极子产生的电磁势和电磁场为

$$\begin{cases}A_{/\!/}=\gamma\dfrac{u^2}{c^2}\dfrac{\boldsymbol{p}\cdot\boldsymbol{r}'}{4\pi\varepsilon_0 r'^3}\\ \boldsymbol{A}_\perp=0\\ \varphi=\gamma\dfrac{\boldsymbol{p}\cdot\boldsymbol{r}'}{4\pi\varepsilon_0 r'^3}\end{cases},\qquad \begin{cases}E_{/\!/}=\dfrac{1}{4\pi\varepsilon_0}\left(\dfrac{3px'^2}{r'^5}-\dfrac{p}{r'^3}\right)\\ \boldsymbol{E}_\perp=\gamma\dfrac{3px'\boldsymbol{r}'_\perp}{4\pi\varepsilon_0 r'^5}\end{cases}$$

其中 $\boldsymbol{r}'=x'\boldsymbol{e}_x+y'\boldsymbol{e}_y+z'\boldsymbol{e}_z$, $\boldsymbol{r}'_\perp=y'\boldsymbol{e}_y+z'\boldsymbol{e}_z$，及 $x'=\gamma(x-ut/c)$, $y'=y$, $z'=z$ .

6．(1) $\boldsymbol{F}_0=\dfrac{q_1q_2}{4\pi\varepsilon_0 l^2}\boldsymbol{e}_y$ ;

(2) $\boldsymbol{F}=\dfrac{1}{\gamma}\dfrac{q_1q_2}{4\pi\varepsilon_0 l^2}\boldsymbol{e}_y$

7．可以把电场和磁场的波动方程合在一起，并表示成如下协变形式：

$$\frac{\partial^2 F_{\sigma\tau}}{\partial x_\mu \partial x_\mu}=0$$

8．质量为 $m_1$ 的粒子的动量和能量分别为

$$p_1=\frac{c}{2m_0}\sqrt{[(m_1+m_0)^2-m_2^2][(m_1-m_0)^2-m_2^2]}$$

$$W_1=\frac{m_1^2-m_2^2+m_0^2}{2m_0}c^2$$

9．粒子的质量 $m$ 为

$$m^2=m_1^2+m_1^2+\frac{2}{c^2}\left[\sqrt{(p_1^2+m_1^2c^2)(p_2^2+m_2^2c^2)}-\frac{2}{c^2}p_1p_2\cos\theta\right]$$

## 第 8 章　运动带电粒子的电磁辐射

1．略

2．辐射功率为

$$P_\perp=\frac{q^4B^2}{6\pi\varepsilon_0 m_0^2c^3}\frac{W^2-m_0^2c^4}{m_0^2c^2}$$

3．辐射电磁场及平均辐射能流密度分别为

$$\boldsymbol{E}=\frac{qa\omega^2}{4\pi\varepsilon_0 c^2 R}(\cos\theta\boldsymbol{e}_\theta+\mathrm{i}\boldsymbol{e}_\phi)\mathrm{e}^{\mathrm{i}\phi}$$

$$\boldsymbol{B}=\frac{qa\omega^2}{4\pi\varepsilon_0 c^3 R}(\cos\theta\boldsymbol{e}_\phi-\mathrm{i}\boldsymbol{e}_\theta)\mathrm{e}^{\mathrm{i}\phi}$$

$$\overline{\boldsymbol{S}}=\frac{q^2a^2\omega^4}{32\pi^2\varepsilon_0 c^3R^2}(1+\cos^2\theta)\boldsymbol{e}_r$$

4．(1) $P_\perp=\dfrac{q^4B^2}{6\pi\varepsilon_0 m_0^2c^2}(\gamma^2-1)$；

(2) $W(t)=m_0c^2\dfrac{1+A(\gamma_0)\mathrm{e}^{-\eta}}{1-A(\gamma_0)\mathrm{e}^{-\eta}}$，$\eta=\dfrac{2(t-t_0)}{m_0c^2}\dfrac{q^4B^2}{6\pi\varepsilon_0 m_0^2c}$，$A(\gamma_0)=\dfrac{\gamma_0-1}{\gamma_0+1}$

# 参考文献


[1] 郭硕鸿. 电动力学. 第三版. 北京: 高等教育出版社, 2014.

[2] 阚仲元. 电动力学教程. 北京: 人民出版社, 1981.

[3] 俞允强. 电动力学简明教程. 北京: 北京大学出版社, 2012.

[4] 胡友秋, 程福臻. 电磁学与电动力学. 第二版. 北京: 科学出版社, 2015.

[5] 虞国寅, 周国全. 电动力学. 武汉: 武汉大学出版社, 2008.

[6] 俎栋林. 电动力学. 第二版. 北京: 清华大学出版社, 2016.

[7] 尹真. 电动力学. 第三版. 北京: 科学出版社, 2014.

[8] Griffiths David J. Introduction to Electrodynamics. Third Edition. New Jersey: Prentice Hall,1999.

[9] Jackson J D. Classical Electrodynamics(影印版). Third Edition.北京: 高等教育出版社, 2004.

[10] 赵凯华, 陈熙谋. 电磁学(上, 下). 北京: 人民教育出版社, 1979.

[11] 王友年, 宋远红, 张钰如. 数学物理方法. 第二版. 大连: 大连理工大学出版社, 2014.

# 附录A　电磁学的两种单位制

在物理学中有两种单位制，即国际单位制(SI)和高斯单位制(Gaussian units)，前者分别用米、千克和秒作为长度、质量和时间的度量单位，而后者则分别用厘米、克和秒作为长度、质量和时间的度量单位. 为了便于交流，目前国际上通行国际单位制. 本教材使用的也是国际单位制. 不过，高斯单位制也有一定的优点，尤其是在电磁学中，使用高斯单位制可以使得一些基本公式的数学表述相对简洁，同时也可以避免量纲的复杂性，因此国外一些书刊和文献中使用的是高斯单位制. 为了便于读者阅读国外的书刊和文献，下面将给出电动力学中的一些基本公式在两种单位制下的转换关系.

在国际单位制中，真空中的电容率 $\varepsilon_0$ 和磁导率 $\mu_0$ 是两个重要的物理常数，一些电磁学的基本规律与它们有关. 在高斯单位制中，将 $\varepsilon_0$ 和 $\mu_0$ 用光速表示，并把 $c$ 作为一个基本常数. 借助于如下替代关系式：

$$\varepsilon_0 \to \frac{1}{4\pi},\ \mu_0 \to \frac{4\pi}{c^2}, \boldsymbol{B} \to \frac{\boldsymbol{B}}{c} \tag{A-1}$$

就很容易把真空中一些电磁规律从国际单位制的形式转换到高斯单位制的形式，见表 A-1.

**表 A-1　真空中的电磁规律**

| | 国际单位制 | 高斯单位制 |
|---|---|---|
| 静电场 | $\boldsymbol{E}=\frac{1}{4\pi\varepsilon_0}\frac{Q'}{\lvert\boldsymbol{r}-\boldsymbol{r}'\rvert^2}\boldsymbol{e}_{r-r'}$ | $\boldsymbol{E}=\frac{Q'}{\lvert\boldsymbol{r}-\boldsymbol{r}'\rvert^2}\boldsymbol{e}_{r-r'}$ |
| 静磁场 | $\boldsymbol{B}=\frac{\mu_0}{4\pi}\int_V\frac{\boldsymbol{J}(\boldsymbol{r}')\times(\boldsymbol{r}-\boldsymbol{r}')}{\lvert\boldsymbol{r}-\boldsymbol{r}'\rvert^3}\mathrm{d}V'$ | $\boldsymbol{B}=\frac{1}{c}\int_V\frac{\boldsymbol{J}(\boldsymbol{r}')\times(\boldsymbol{r}-\boldsymbol{r}')}{\lvert\boldsymbol{r}-\boldsymbol{r}'\rvert^3}\mathrm{d}V'$ |
| 麦克斯韦方程组 | $\begin{cases}\nabla\times\boldsymbol{E}=-\frac{\partial\boldsymbol{B}}{\partial t}\\ \nabla\times\boldsymbol{B}=\mu_0\boldsymbol{J}+\varepsilon_0\mu_0\frac{\partial\boldsymbol{E}}{\partial t}\\ \nabla\cdot\boldsymbol{B}=0\\ \nabla\cdot\boldsymbol{E}=\rho/\varepsilon_0\end{cases}$ | $\begin{cases}\nabla\times\boldsymbol{E}=-\frac{1}{c}\frac{\partial\boldsymbol{B}}{\partial t}\\ \nabla\times\boldsymbol{B}=\frac{4\pi}{c}\boldsymbol{J}+\frac{1}{c}\frac{\partial\boldsymbol{E}}{\partial t}\\ \nabla\cdot\boldsymbol{B}=0\\ \nabla\cdot\boldsymbol{E}=4\pi\rho\end{cases}$ |
| 洛伦兹力 | $\boldsymbol{f}=\rho\boldsymbol{E}+\boldsymbol{J}\times\boldsymbol{B}$ | $\boldsymbol{f}=\rho\boldsymbol{E}+\frac{1}{c}\boldsymbol{J}\times\boldsymbol{B}$ |
| 能量密度 | $w=\frac{1}{2}\left(\varepsilon_0E^2+\frac{1}{\mu_0}B^2\right)$ | $w=\frac{1}{8\pi}(E^2+B^2)$ |
| 能流密度 | $\boldsymbol{S}=\frac{1}{\mu_0}\boldsymbol{E}\times\boldsymbol{B}$ | $\boldsymbol{S}=\frac{c}{4\pi}\boldsymbol{E}\times\boldsymbol{B}$ |

在介质中，利用电位移矢量 $\boldsymbol{D}$、磁场强度 $\boldsymbol{H}$ 及磁化强度 $\boldsymbol{M}$ 在这两种单位制中的转换关系为

$$\boldsymbol{D}\to\frac{1}{4\pi}\boldsymbol{D},\quad \boldsymbol{H}\to\frac{c}{4\pi}\boldsymbol{H},\quad \boldsymbol{M}\to c\boldsymbol{M} \tag{A-2}$$

及式(A-1)，很容易得到介质中的电磁规律及边值关系在两种单位制中的转换关系，如表 A-2 所示.

**表 A-2　介质中的电磁规律及边值关系**

| | 国际单位制 | 高斯单位制 |
|---|---|---|
| 麦克斯韦方程组 | $\begin{cases}\nabla\times\boldsymbol{E}=-\dfrac{\partial\boldsymbol{B}}{\partial t}\\ \nabla\times\boldsymbol{H}=\boldsymbol{J}+\dfrac{\partial\boldsymbol{D}}{\partial t}\\ \nabla\cdot\boldsymbol{B}=0\\ \nabla\cdot\boldsymbol{D}=\rho\end{cases}$ | $\begin{cases}\nabla\times\boldsymbol{E}=-\dfrac{1}{c}\dfrac{\partial\boldsymbol{B}}{\partial t}\\ \nabla\times\boldsymbol{H}=\dfrac{4\pi}{c}\boldsymbol{J}+\dfrac{1}{c}\dfrac{\partial\boldsymbol{D}}{\partial t}\\ \nabla\cdot\boldsymbol{B}=0\\ \nabla\cdot\boldsymbol{D}=4\pi\rho\end{cases}$ |
| 定义式 | $\begin{cases}\boldsymbol{D}=\varepsilon_0\boldsymbol{E}+\boldsymbol{P}\\ \boldsymbol{H}=\boldsymbol{B}/\mu_0-\boldsymbol{M}\end{cases}$ | $\begin{cases}\boldsymbol{D}=\boldsymbol{E}+4\pi\boldsymbol{P}\\ \boldsymbol{H}=\boldsymbol{B}-4\pi\boldsymbol{M}\end{cases}$ |
| 响应关系 | $\begin{cases}\boldsymbol{P}=\varepsilon_0\chi_{\mathrm{e}}\boldsymbol{E}\\ \boldsymbol{M}=\chi_{\mathrm{M}}\boldsymbol{H}\end{cases}$ | $\begin{cases}4\pi\boldsymbol{P}=\chi_{\mathrm{e}}\boldsymbol{E}\\ 4\pi\boldsymbol{M}=\chi_{\mathrm{M}}\boldsymbol{H}\end{cases}$ |
| 能量密度 | $w=\boldsymbol{E}\cdot\boldsymbol{D}+\boldsymbol{H}\cdot\boldsymbol{B}$ | $w=\dfrac{1}{8\pi}(\boldsymbol{E}\cdot\boldsymbol{D}+\boldsymbol{H}\cdot\boldsymbol{B})$ |
| 边值关系 | $\begin{cases}\boldsymbol{e}_n\cdot(\boldsymbol{B}_2-\boldsymbol{B}_1)=0\\ \boldsymbol{e}_n\cdot(\boldsymbol{D}_2-\boldsymbol{D}_1)=\sigma\\ \boldsymbol{e}_n\times(\boldsymbol{H}_2-\boldsymbol{H}_1)=\boldsymbol{\alpha}\\ \boldsymbol{e}_n\times(\boldsymbol{E}_2-\boldsymbol{E}_1)=0\end{cases}$ | $\begin{cases}\boldsymbol{e}_n\cdot(\boldsymbol{B}_2-\boldsymbol{B}_1)=0\\ \boldsymbol{e}_n\cdot(\boldsymbol{D}_2-\boldsymbol{D}_1)=4\pi\sigma\\ \boldsymbol{e}_n\times(\boldsymbol{H}_2-\boldsymbol{H}_1)=\dfrac{4\pi}{c}\boldsymbol{\alpha}\\ \boldsymbol{e}_n\times(\boldsymbol{E}_2-\boldsymbol{E}_1)=0\end{cases}$ |

在两种单位制下，矢势的转换关系为

$$\boldsymbol{A}\to\frac{1}{c}\boldsymbol{A} \tag{A-3}$$

利用式(A-1)及式(A-2),可以得到电磁势描述的规律在两种单位制中的转换关系，见表 A-3.

**表 A-3　电磁势及势方程**

| | 国际单位制 | 高斯单位制 |
|---|---|---|
| 场与势的关系 | $\begin{cases}\boldsymbol{B}=\nabla\times\boldsymbol{A}\\ \boldsymbol{E}=-\nabla\varphi-\dfrac{\partial\boldsymbol{A}}{\partial t}\end{cases}$ | $\begin{cases}\boldsymbol{B}=\nabla\times\boldsymbol{A}\\ \boldsymbol{E}=-\nabla\varphi-\dfrac{1}{c}\dfrac{\partial\boldsymbol{A}}{\partial t}\end{cases}$ |
| | $\nabla\cdot\boldsymbol{A}+\varepsilon_0\mu_0\dfrac{\partial\varphi}{\partial t}=0$ | $\nabla\cdot\boldsymbol{A}+\dfrac{1}{c}\dfrac{\partial\varphi}{\partial t}=0$ |

续表

| | 国际单位制 | 高斯单位制 |
|---|---|---|
| 势方程 | $\begin{cases}\nabla^2\varphi-\varepsilon_0\mu_0\dfrac{\partial^2\varphi}{\partial t^2}=-\dfrac{1}{\varepsilon_0}\rho\\ \nabla^2\boldsymbol{A}-\varepsilon_0\mu_0\dfrac{\partial^2\boldsymbol{A}}{\partial t^2}=-\mu_0\boldsymbol{J}\end{cases}$ | $\begin{cases}\nabla^2\varphi-\dfrac{1}{c^2}\dfrac{\partial^2\varphi}{\partial t^2}=-\dfrac{4\pi}{c}\rho_0\\ \nabla^2\boldsymbol{A}-\dfrac{1}{c^2}\dfrac{\partial^2\boldsymbol{A}}{\partial t^2}=-\dfrac{4\pi}{c}\boldsymbol{J}\end{cases}$ |
| 推迟势 | $\varphi(\boldsymbol{r},t)=\dfrac{1}{4\pi\varepsilon_0}\displaystyle\int\dfrac{\rho(\boldsymbol{r}',t-R/c)}{R}\mathrm{d}V'$ <br> $\boldsymbol{A}(\boldsymbol{r},t)=\dfrac{\mu_0}{4\pi}\displaystyle\int\dfrac{\boldsymbol{J}(\boldsymbol{r}',t-R/c)}{R}\mathrm{d}V'$ | $\varphi(\boldsymbol{r},t)=\displaystyle\int\dfrac{\rho(\boldsymbol{r}',t-R/c)}{R}\mathrm{d}V'$ <br> $\boldsymbol{A}(\boldsymbol{r},t)=\dfrac{1}{c}\displaystyle\int\dfrac{\boldsymbol{J}(\boldsymbol{r}',t-R/c)}{R}\mathrm{d}V'$ |

在狭义相对论框架内，可以把电流密度和电荷密度、矢势和标势以及电场和磁场统用四维电流密度 $J_\mu$、四维电磁势 $A_\mu$ 和四维电磁场张量 $F_{\mu\nu}$，其中 $A_\mu$ 和 $F_{\mu\nu}$ 在两种单位制下的转换关系为

$$A_\mu\to\frac{1}{c}A_\mu,\quad F_{\mu\nu}\to\frac{1}{c}F_{\mu\nu}\tag{A-4}$$

在两种单位制中，四维势方程及四维场方程的形式均不变，但四维电磁势和四维电磁张量的形式不同，见表 A-4.

**表 A-4　电磁场张量及四维电磁势**

| | 国际单位制 | 高斯单位制 |
|---|---|---|
| 电磁场张量 | $\overleftrightarrow{F}=\begin{pmatrix}0&B_3&-B_2&-\mathrm{i}E_1/c\\-B_3&0&B_1&-\mathrm{i}E_2/c\\B_2&-B_1&0&-\mathrm{i}E_3/c\\\mathrm{i}E_1/c&\mathrm{i}E_2/c&\mathrm{i}E_3/c&0\end{pmatrix}$ | $\overleftrightarrow{F}=\begin{pmatrix}0&B_3&-B_2&-\mathrm{i}E_1\\-B_3&0&B_1&-\mathrm{i}E_2\\B_2&-B_1&0&-\mathrm{i}E_3\\\mathrm{i}E_1&\mathrm{i}E_2&\mathrm{i}E_3&0\end{pmatrix}$ |
| 四维电磁势 | $A_\mu=(\boldsymbol{A},\mathrm{i}\varphi/c)$ | $A_\mu=(\boldsymbol{A},\mathrm{i}\varphi)$ |
| 李纳-谢维尔势 | $\begin{cases}\varphi(\boldsymbol{r},t)=\dfrac{q}{4\pi\varepsilon_0\left(R-\dfrac{\boldsymbol{u}\cdot\boldsymbol{R}}{c}\right)}\\ \boldsymbol{A}(\boldsymbol{r},t)=\dfrac{\mu_0q\boldsymbol{u}}{4\pi\left(R-\dfrac{\boldsymbol{u}\cdot\boldsymbol{R}}{c}\right)}\end{cases}$ | $\begin{cases}\varphi(\boldsymbol{r},t)=\dfrac{q}{\left(R-\dfrac{\boldsymbol{u}\cdot\boldsymbol{R}}{c}\right)}\\ \boldsymbol{A}(\boldsymbol{r},t)=\dfrac{\mu_0q\boldsymbol{u}}{c\left(R-\dfrac{\boldsymbol{u}\cdot\boldsymbol{R}}{c}\right)}\end{cases}$ |

在两种单位制下，一些电磁学物理量(如电荷、电流强度、电场强度、磁感应强度等)的单位不同. 表 A-5 给出了这些物理量在两种单位制中的换算关系.

**表 A-5　两种单位制中电磁学物理量的换算关系**

| 物理量 | 符号 | 高斯单位制 | 国际单位制 |
|---|---|---|---|
| 长度 | $l$ | 1 厘米(cm) | $10^{-2}$ 米(m) |
| 质量 | $m$ | 1 克(g) | $10^{-3}$ 千克(kg) |

续表

| 物理量 | 符号 | 高斯单位制 | 国际单位制 |
|---|---|---|---|
| 时间 | $t$ | 1 秒(s) | 1 秒(s) |
| 力 | $F$ | 1 达因(dyn) | $10^{-5}$ 牛顿(N) |
| 电荷 | $q$ | 1 静电库仑 | $\frac{1}{3}\times10^{-9}$ 库仑(C) |
| 电流强度 | $I$ | 1 静电安培 | $\frac{1}{3}\times10^{-9}$ 安培(A) |
| 电场强度 | $E$ | 1 静电伏特/厘米 | $3\times10^{4}$ 伏特/米(V/m) |
| 电流密度 | $J$ | 1 静电安培/厘米$^2$ | $\frac{1}{3}\times10^{-5}$ 安培/米$^2$($A/m^2$) |
| 电导率 | $\sigma$ | 1/秒 | $\frac{1}{9}\times10^{-9}$ 欧姆($\Omega$/m) |
| 磁通量 | $\Phi$ | 1 高斯/厘米$^2$ | $10^{-8}$ 韦伯(Wb) |
| 磁感应强度 | $B$ | 1 高斯 | $10^{-4}$ 特斯拉(T) |
| 电容 | $C$ | 1 厘米 | $\frac{1}{9}\times10^{-11}$ 法拉第(F) |
| 电感 | $L$ | 1 秒$^2$/厘米 | $9\times10^{11}$ 亨利(H) |

# 附录B 物 理 常 数

| 物理常数 | 数值(国际单位制) |
|---|---|
| 真空中光速 | $c=2.9979\times10^{9}\,\text{m/s}$ |
| 真空介电常量 | $\varepsilon_0=8.8542\times10^{-12}\,\text{F/m}$ |
| 真空磁导率 | $\mu_0=12.566\times10^{-7}\,\text{H/m}$ |
| 基本电荷 | $e=1.6022\times10^{-19}\,\text{C}$ |
| 电子静止质量 | $m_e=9.1094\times10^{-31}\,\text{kg}$ |
| 质子静止质量 | $m_p=1.6726\times10^{-27}\,\text{kg}$ |
| 氢原子玻尔半径 | $a_B=5.2918\times10^{-11}\,\text{m}$ |
| 经典电子半径 | $r_e=2.8179\times10^{-15}\,\text{m}$ |
| 普朗克常量 | $h=6.6261\times10^{-34}\,\text{J}\cdot\text{s}$ |
| 电子伏特 | $1\text{eV}=1.6022\times10^{9}\,\text{J}$ |

# 附录 C　中英文名词对照

## 第 1 章

矢量　Vector
微分算子　Differential operator
梯度　Gradient
散度　Divergence
旋度　Curl
拉普拉斯算子　Laplace operator
散度定理　Theorem of divergences
旋度定理　Theorem of curls
直角坐标系　Rectangular coordinates
圆柱坐标系　Cylindrical coordinates
球坐标系　Spherical coordinates

## 第 2 章

电荷　Charge
电荷密度　Charge density
真空电容率　Permittivity of free space
库仑定律　Coulomb's law
静电场　Electrostatic field
高斯定理　Gauss's law
静电势　Electrostatic potential
泊松方程　Poisson's equation
拉普拉斯方程　Laplace's equation
边界条件　Boundary conditions
电偶极矩　Electric dipole moment
电四极矩　Electric quadrupole moment
静电能　Electrostatic energy
导体　Conductor
介质　Dielectric

介电常数　Dielectric constant
极化强度　Polarization
极化率　Polarizability
束缚电荷密度　Bound charge density
自由电荷　Free-charge density
电位移矢量　Electric displacement vector

**第 3 章**

磁场　Magnetic field
静磁场　Magnetostatic field
电流　Current
电流密度　Current density
电荷守恒方程　Charge conservation equation
毕奥-萨伐尔定理　Biot-Savart law
安培定律　Ampere's law
真空磁导率　Permeability of free space
磁矢势　Magnetic vector potential
磁偶极矩　Magnetic dipole moment
磁标势　Magnetic scalar potential
磁化强度　Magnetization
磁化率　Magnetic susceptibility
磁导率　Permeability
洛伦兹力　Lorentz force
静磁能　Magnetostatic energy

**第 4 章**

电磁感应　Electromagnetic induction
法拉第定律　Faraday's law
感应电场　Induced electric field
位移电流　Displacement current
麦克斯韦方程　Maxwell's equation
极化电流　Polarization current
坡印亭矢量　Poynting's vector
电磁能流密度　Electromagnetic energy flow density
电磁能量　Electromagnetic energy

电磁动量 Electromagnetic momentum
电磁动量流密度 Electromagnetic momentum flow density
电磁势 Electromagnetic potential
库仑规范 Coulomb gauge
洛伦兹规范 Lorentz gauge

## 第 5 章

电磁波 Electromagnetic waves
波方程 Wave equation
平面波 Plane wave
波矢量 Wave vector
波数 Wave number
折射率 Index of refraction
真空中的光速 Speed of light in vacuum
波的相速 Wave phase velocity
角频率 Angular frequency
反射定律 Reflection law
折射定律 Refraction law
全反射 Total reflection
菲涅耳公式 Fresnel formula
电导率 Conductivity
趋肤效应 Skin effect
电磁波的色散 Dispersion of Electromagnetic wave
等离子体 Plasma
等离子体振荡频率 Frequency of plasma oscillations
谐振腔 Resonant cavity
波导管 Wave guide
截止频率 Cutoff frequency
横电波 Transverse electric wave
横磁波 Transverse magnetic wave

## 第 6 章

电磁波的辐射 Electromagnetic wave radiation
推迟势 Retarded potential
电偶极辐射 Electric dipole radiation

磁偶极辐射　Magnetic dipole radiation
电四极辐射　Electric quadrupole radiation
天线辐射　Antenna radiation
辐射功率　Radiation power
辐射功率角分布　Angular distribution of radiation power

## 第 7 章

狭义相对论　Special theory of relativity
相对论原理　Principle of relativity
光速不变原理　Principle of invariance of light speed
洛伦兹变换　Lorentz transformation
固有时间　Proper time
固有长度　Proper length
四维坐标　4-dimensional coordinates
四维标量　4-dimensional scalar
四维矢量　4-dimensional vector
四维张量　4-dimensional tensor
四维电流密度　4-dimensional current density
四维电磁势　4-dimensional electromagnetic potential
四维波动方程　4-dimensional wave equation
四维电磁场张量　4-dimensional electromagnetic tensor
四维速度　4-dimensional velocity
四维动量　4-dimensional momentum
四维力　4-dimensional force
相对论电动力学　Relativistic electrodynamics
相对论能量　Relativistic energy
相对论力学　Relativistic mechanics
相对论质能关系　Relativistic mass-energy relation

## 第 8 章

运动带电粒子　Moving charged particles
李纳-维谢尔势　Lienard-Wiechert
固有电磁场　Proper electromagnetic field
辐射电磁场　Radiation electromagnetic field
直线加速器　Linear accelerator

同步回旋加速器　Synchrocyclotron
同步辐射　Synchrotron radiation
电磁质量　Electromagnetic mass
辐射阻尼　Radiation damping
切连科夫辐射　Cherenkov radiation
散射　Scattering
散射截面　Scattering cross section
汤姆孙散射　Thomson scattering
瑞利散射　Rayleigh scattering
共振散射　Resonant scattering
康普顿散射　Compton scattering
共振吸收　Resonant absorption